从电工菜鸟到大侠

PLC

自学手册

蔡杏山◎主编

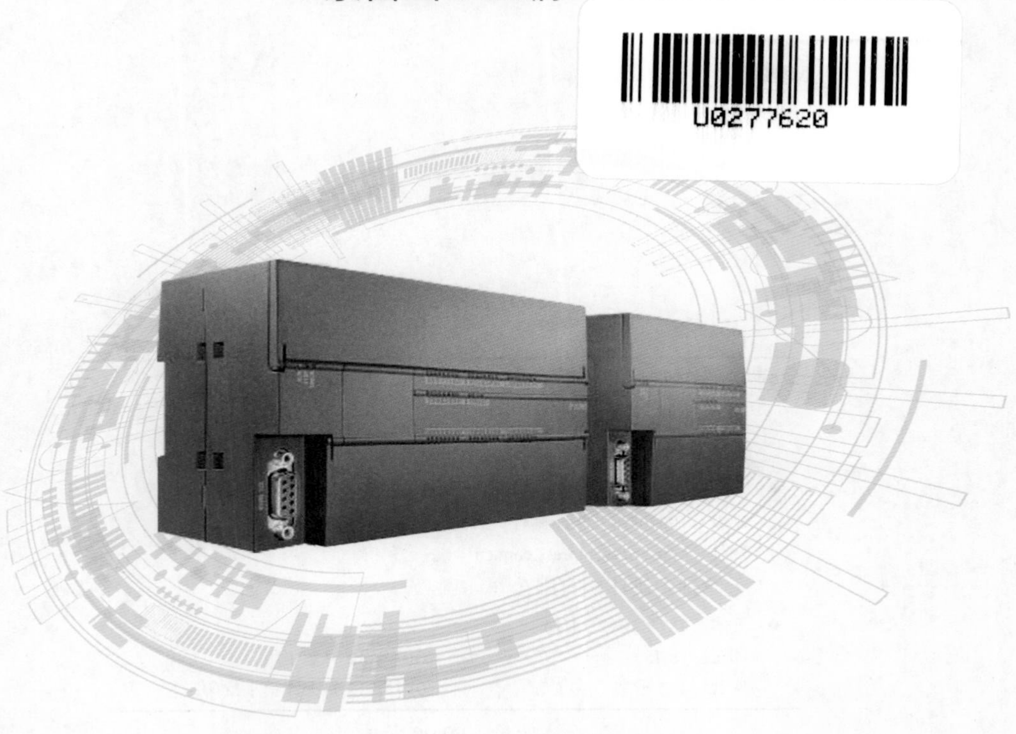

人民邮电出版社
北京

图书在版编目（CIP）数据

PLC自学手册 / 蔡杏山主编. -- 北京 : 人民邮电出版社, 2019.12
ISBN 978-7-115-52169-9

Ⅰ. ①P… Ⅱ. ①蔡… Ⅲ. ①PLC技术－技术手册
Ⅳ. ①TM571.61-62

中国版本图书馆CIP数据核字(2019)第220854号

内 容 提 要

本书是一本介绍PLC技术的图书，主要内容包括PLC快速入门、三菱FX系列PLC硬件系统介绍、三菱PLC编程与仿真软件的使用、基本指令的使用及实例、步进指令的使用及实例、应用指令的使用举例、模拟量模块的使用、PLC通信、触摸屏与PLC的综合应用。

本书具有起点低、由浅入深、语言通俗易懂等特点，内容结构安排符合学习认知规律。本书适合作PLC技术自学图书，也适合作职业学校电类专业的PLC技术教材。

◆ 主　　编　蔡杏山
责任编辑　黄汉兵
责任印制　彭志环
◆ 人民邮电出版社出版发行　　北京市丰台区成寿寺路11号
邮编　100164　　电子邮件　315@ptpress.com.cn
网址　http://www.ptpress.com.cn
天津画中画印刷有限公司印刷
◆ 开本：787×1092　1/16
印张：18.75　　2019年12月第1版
字数：432千字　　2019年12月天津第1次印刷

定价：99.00元

读者服务热线：(010)81055493　印装质量热线：(010)81055316
反盗版热线：(010)81055315
广告经营许可证：京东工商广登字20170147号

前言

在当今社会，各领域的电气化程度越来越高，这使得电气及相关行业需要越来越多的电工技术人才。学习者要想掌握电工技术并达到较高的层次，可以在培训机构参加培训，也可以在职业学校系统学习，还可以自学，不管是哪种情况，都需要一些合适的图书。选择一些好图书，不但可以让学习者轻松迈入电工技术大门，而且能让学习者的技术水平迅速提高，快速成为电工技术领域的行家里手。

为了让更多人能掌握电工技术，我们推出“从电工菜鸟到大侠”丛书，丛书分 6 册，分别为《电工基础自学手册》《电动机及控制线路自学手册》《电工识图自学手册》《家装水电工自学手册》《PLC 自学手册》《变频器、伺服与步进技术自学手册》。

“从电工菜鸟到大侠”丛书主要有以下特点。

◆基础起点低。读者只需具有初中文化程度即可阅读本套丛书。

◆语言通俗易懂。书中少用专业化的术语，遇到较难理解的内容用形象比喻说明，尽量避免复杂的理论分析和烦琐的公式推导，读者阅读起来十分顺畅。

◆内容解说详细。考虑到自学时一般无人指导，因此在编写过程中对书中的知识技能进行详细解说，让读者能轻松理解所学内容。

◆采用图文并茂的表现方式。书中大量采用读者喜欢的直观形象的图表方式来表现内容，使阅读变得非常轻松，不易产生阅读疲劳。

◆内容安排符合认知规律。图书按照循序渐进、由浅入深的原则来确定各章节内容的先后顺序，读者只需从前往后阅读图书，便会水到渠成。

◆突出显示知识要点。为了帮助读者掌握书中的知识要点，书中用阴影和文字加粗的方法突出显示知识要点和学习重点。

◆网络免费辅导。读者在阅读时遇到难理解的问题，可登录易天电学网观看有关辅导材料或向老师提问，读者也可以在该网站了解本套丛书的新书信息。

本书在编写过程中得到了很多老师的支持，其中蔡玉山、詹春华、何慧、蔡理杰、黄晓玲、蔡春霞、邓艳姣、黄勇、刘凌云、邵永亮、蔡理忠、何彬、刘海峰、蔡理峰、李清荣、万四香、蔡任英、邵永明、蔡理刚、何丽、梁云、吴泽民、蔡华山、王娟等参与了部分章节的编写工作，在此一致表示感谢。由于我们水平有限，书中的错误和疏漏之处在所难免，望广大读者和同仁批评指正。

编 者

2019 年 5 月

目录

第1章 PLC快速入门

1.1 认识PLC

1.1.1 PLC的定义

PLC（Programmable Logic Controller，可编程序逻辑控制器）是一种专为工业应用而设计的控制器。世界上公认的第一台PLC于1969年由美国数字设备公司（DEC）研制成功。随着科学技术的发展，PLC的功能越来越强大，不仅限于逻辑控制，因此美国电气制造协会（NEMA）于1980年对它进行重命名，称为可编程控制器（Programmable Controller，PC），但由于PC容易和个人计算机（Personal Computer，PC）混淆，故人们仍习惯将PLC作为可编程控制器的缩写。

由于可编程序控制器一直在发展中，至今尚未对其下最后的定义。国际电工委员会（IEC）对PLC的最新定义如下。

可编程控制器是一种数字运算操作电子系统，专为在工业环境下应用而设计，采用了可编程序的存储器，用来在其内部存储执行逻辑运算、顺序控制、定时、计数和算术运算等操作的指令，并通过数字的、模拟的输入和输出，控制各种类型的机械或生产过程，可编程控制器及其有关的外围设备，都应按易于与工业控制系统形成一个整体、易于扩充其功能的原则设计。

图1-1列出了几种常见的PLC实物图。

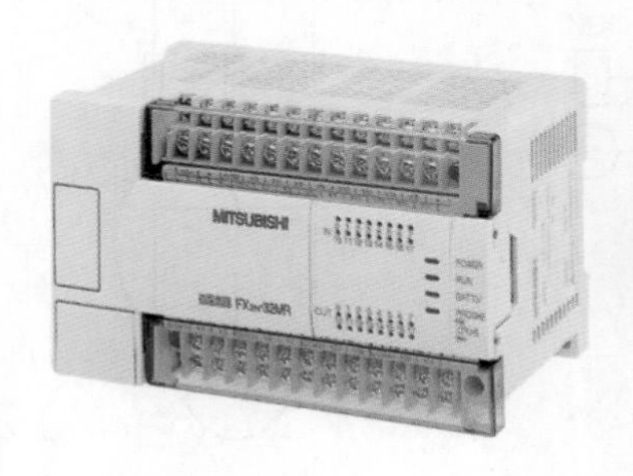

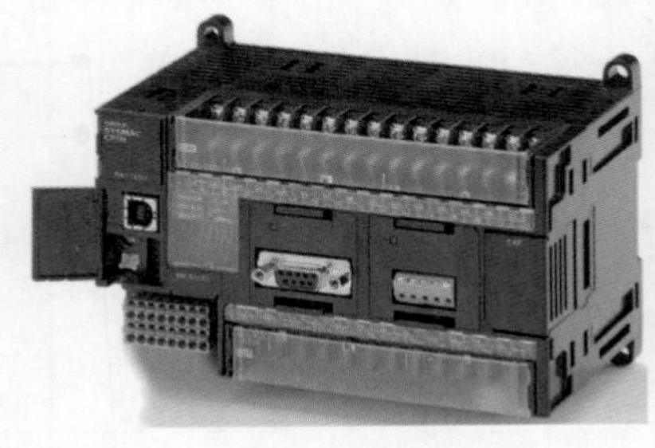

图1-1　几种常见的PLC实物图

1.1.2 PLC控制与继电器控制比较

PLC控制是在继电器控制基础上发展起来的，为了让读者能初步了解PLC的控制方式，下面以电动机正转控制为例对两种控制系统进行比较。

1 继电器正转控制

图 1-2 为一种常见的继电器正转控制线路，可以对电动机进行正转和停转控制，图 1-2（a）为控制电路，图 1-2（b）为主电路。

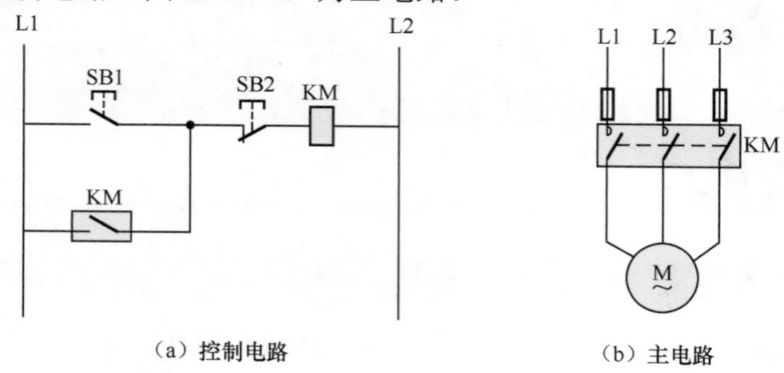

（a）控制电路 （b）主电路

图 1-2 继电器正转控制线路

电路工作原理说明如下。

按下启动按钮 SB1，接触器 KM 线圈得电，主电路中的 KM 主触点闭合，电动机得电运转，与此同时，控制电路中的 KM 常开自锁触点也闭合，锁定 KM 线圈得电（即 SB1 断开后 KM 线圈仍可得电）。

按下停止按钮 SB2，接触器 KM 线圈失电，KM 主触点断开，电动机失电停转，同时 KM 常开自锁触点也断开，解除自锁（即 SB2 闭合后 KM 线圈无法得电）。

2 PLC 正转控制

图 1-3 所示为 PLC 正转控制线路，它可以实现与图 1-2 所示的继电器正转控制线路相同的功能。PLC 正转控制线路也可分为主电路和控制电路两部分，PLC 与外接的输入、输出部件构成控制电路，主电路与继电器正转控制主线路相同。

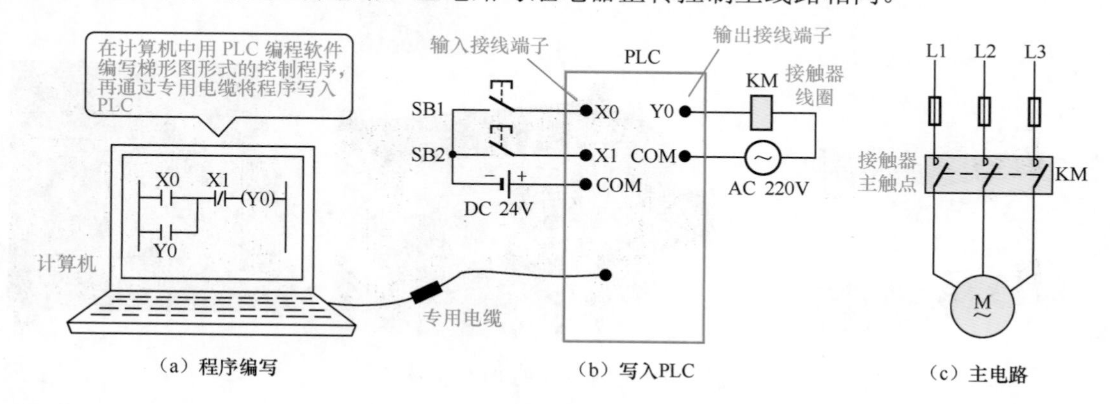

（a）程序编写 （b）写入PLC （c）主电路

图 1-3 PLC 正转控制线路

在组建 PLC 控制系统时，先要进行硬件连接，再编写控制程序。PLC 正转控制线路的硬件接线如图 1-3（a）和图 1-3（b）所示，PLC 输入端子连接 SB1（启动）、SB2（停止）和电源，输出端子连接接触器线圈 KM 和电源。PLC 硬件连接完成后，在计算机中使用专门的 PLC 编程软件编写图 1-3（a）所示的梯形图程序，然后通过计算机与 PLC 之间的专用电缆将程序写入 PLC。

PLC 软、硬件准备好后就可以操作运行。操作运行过程说明如下。

按下启动按钮 SB1，PLC 端子 X0、COM 之间的内部电路与 24V 电源、SB1 构成回路，有电流流过 X0、COM 端子间的电路，PLC 内部程序运行，运行结果使 PLC 的 Y0、COM 端子之间的内部电路导通，接触器线圈 KM 得电，主电路中的 KM 主触点闭合，电动机运转，松开 SB1 后，内部程序维持 Y0、COM 端子之间的内部电路导通，让 KM 线圈继续得电（自锁）。

按下停止按钮 SB2，PLC 端子 X1、COM 之间的内部电路与 24V 电源、SB2 构成回路，有电流流过 X1、COM 端子间的电路，PLC 内部程序运行，运行结果使 PLC 的 Y0、COM 端子之间的内部电路断开，接触器线圈 KM 失电，主电路中的 KM 主触点断开，电动机停转，松开 SB2 后，内部程序让 Y0、COM 端子之间的内部电路维持断开状态。

1.2 PLC 分类与特点

1.2.1 PLC 的分类

PLC 的种类很多，可以按结构形式、控制规模和实现功能对 PLC 进行分类。

1 按结构形式分类

按硬件的结构形式不同，PLC 可分为整体式和模块式。

整体式 PLC 又称箱式 PLC，如图 1-4（a）所示，其外形像一个方形的箱体。这种 PLC 的 CPU、存储器、I/O 接口电路等都安装在一个箱体内，结构简单、体积小、价格低。小型 PLC 一般采用整体式结构。

模块式 PLC 又称组合式 PLC，如图 1-4（b）所示。模块式 PLC 有一个总线基板，基板上有很多总线插槽，其中由 CPU、存储器和电源构成的一个模块通常固定安装在某个插槽中，其他功能模块可随意安装在其他不同的插槽内。模块式 PLC 配置灵活，可通过增减模块来组成不同规模的系统，安装维修方便，但价格较贵。大、中型 PLC 一般采用模块式结构。

（a）整体式 PLC

（b）模块式 PLC

图 1-4 PLC 的两种类型

2 按控制规模分类

I/O 点数（输入 / 输出端子的个数）是衡量 PLC 控制规模的重要参数，根据 I/O 点数的多少，可将 PLC 分为小型、中型和大型三类。

（1）小型 PLC

其 I/O 点数小于 256 点，采用 8 位或 16 位单 CPU，程序存储器容量小于 4KB。

（2）中型 PLC

其 I/O 点数为 256 ～ 2048 点，采用双 CPU，程序存储器容量为 4 ～ 8KB。

（3）大型 PLC

其 I/O 点数大于 2048 点，采用 16 位、32 位多 CPU，程序存储器容量为 8 ～ 16KB。

3 按实现功能分类

根据 PLC 具有的功能不同，可将 PLC 分为低档、中档和高档三类。

（1）低档 PLC

它具有逻辑运算、定时、计数、移位、自诊断、监控等基本功能，有些还具有少量模拟量输入 / 输出、算术运算、数据传送和比较、通信等功能。低档 PLC 主要用于逻辑控制、顺序控制或少量模拟量控制的单机控制系统。

（2）中档 PLC

它除了具有低档 PLC 的功能外，还具有较强的模拟量输入 / 输出、算术运算、数据传送和比较、数制转换、远程 I/O、子程序、通信联网等功能，有些还增设中断控制、PID 控制等功能。中档 PLC 适用于比较复杂的控制系统。

（3）高档 PLC

它除了具有中档 PLC 的功能外，还增加了带符号算术运算、矩阵运算、位逻辑运算、平方根运算及其他特殊功能函数运算、制表及表格传送等功能。高档 PLC 具有很强的通信联网功能，一般用于大规模的过程控制或构成分布式网络控制系统，实现工厂控制自动化。

1.2.2 PLC 的特点

PLC 是一种专为工业应用而设计的控制器。它主要有以下特点。

（1）可靠性高，抗干扰能力强

为了适应工业应用要求，PLC 从硬件和软件方面采用了大量的技术措施，以便能在恶劣环境下长时间可靠运行。现在，大多数 PLC 的平均无故障运行时间已达到几十万小时，如三菱公司的 F_1、F_2 系列 PLC 平均无故障运行时间可达 30 万小时。

（2）通用性强，控制程序可变，使用方便

PLC 可利用各种硬件装置来组成各种控制系统，用户不必自己再设计和制作硬件装置。用户在硬件确定以后，在生产工艺流程改变或生产设备更新的情况下，无须大量改变 PLC 的硬件设备，只需要更改程序就可以满足要求。

（3）功能强，适应范围广

现代 PLC 不仅有逻辑运算、计时、计数、顺序控制等功能，还具有数字和模拟量的输入/输出、功率驱动、通信、人机对话、自检、记录显示等功能，既可控制一台生产机械、一条生产线，也可控制一个生产过程。

（4）编程简单，易用易学

目前，大多数PLC采用梯形图编程方式，梯形图语言的编程元件符号和表达方式与继电器控制电路原理图相当接近，便于大多数工厂电气技术人员接受和掌握。

（5）系统设计、调试和维修方便

PLC用软件来取代继电器控制系统中大量的中间继电器、时间继电器、计数器等器件，使控制柜的设计安装接线工作量大为减少。另外，PLC的用户程序可以通过计算机在实验室进行仿真调试，减少了现场的调试工作量。此外，由于PLC的模块化结构和很强的自我诊断能力，维修也极为方便。

1.3 PLC组成与工作原理

1.3.1 PLC的组成方框图

PLC种类很多，但结构大同小异，典型的PLC控制系统组成方框图如图1-5所示。在组建PLC控制系统时，需要给PLC的输入端子连接有关的输入设备（如按钮、触点和行程开关等），给输出端子连接有关的输出设备（如指示灯、电磁线圈、电磁阀等），如果需要PLC与其他设备通信，可在PLC的通信接口连接其他设备，如果希望增强PLC的功能，可在PLC的扩展接口连接扩展单元。

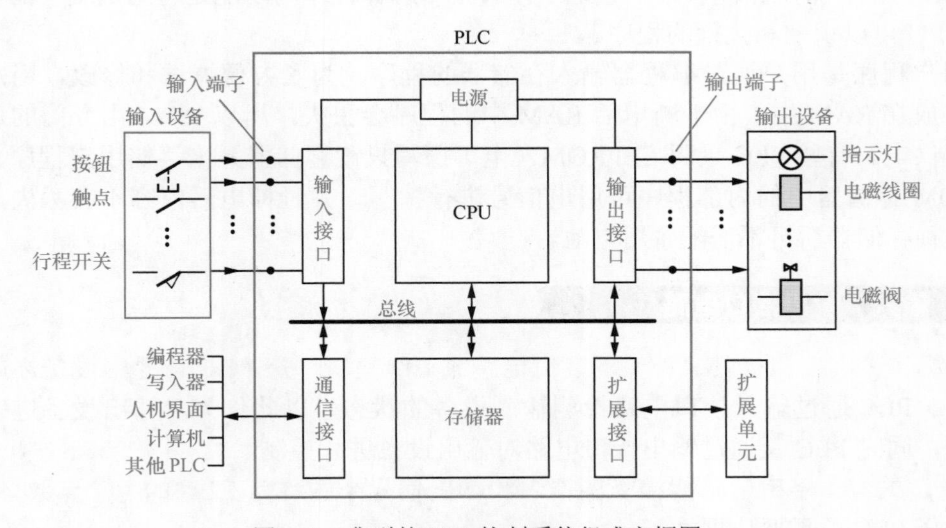

图1-5 典型的PLC控制系统组成方框图

1.3.2 PLC各组成部分说明

从图1-5可以看出，PLC内部主要由CPU、存储器、输入接口电路、输出接口电路、通信接口、扩展接口等组成。

1 CPU

CPU 又称中央处理器，是 PLC 的控制中心，通过总线（包括数据总线、地址总线和控制总线）与存储器和各种接口连接，以控制它们有条不紊地工作。CPU 的性能对 PLC 的工作速度和效率有较大的影响，故大型 PLC 通常采用高性能的 CPU。

CPU 的主要功能如下。

① 接收通信接口送来的程序和信息，并将它们存入存储器。

② 采用循环检测（即扫描检测）方式不断检测输入接口电路送来的状态信息，以判断输入设备的状态。

③ 逐条运行存储器中的程序，并进行各种运算，再将运算结果存储下来，然后经输出接口电路对输出设备进行有关的控制。

④监测和诊断内部各电路的工作状态。

2 存储器

存储器的功能是存储程序和数据。PLC 通常配有 ROM（只读存储器）和 RAM（随机存储器）两种存储器，ROM 用来存储系统程序，RAM 用来存储用户程序和程序运行时产生的数据。

系统程序由厂家编写并固化在 ROM 存储器中，用户无法访问和修改系统程序。系统程序主要包括系统管理程序和指令解释程序。系统管理程序的功能是管理整个 PLC，让内部各个电路能有条不紊地工作。指令解释程序的功能是将用户编写的程序翻译成 CPU 可以识别和执行的程序。

用户程序是用户通过编程器输入存储器的程序。为了方便调试和修改，用户程序通常存放在 RAM 中，由于断电后 RAM 中的程序会丢失，所以 RAM 由专门的后备电池进行供电。有些 PLC 采用 EEPROM（电可擦写只读存储器）来存储用户程序，由于 EEPROM 存储器中的内部程序可用电信号进行擦写，并且掉电后内容不会丢失，因此采用这种存储器后可不需配备用电池。

3 输入 / 输出接口电路

输入 / 输出接口电路又称 I/O 接口电路或 I/O 模块，是 PLC 与外围设备之间的连接部件。PLC 通过输入接口电路检测输入设备的状态，以此作为对输出设备进行控制的依据，同时 PLC 又通过输出接口电路对输出设备进行控制。

PLC 的 I/O 接口电路能接受的输入和输出信号个数称为 PLC 的 I/O 点数。I/O 点数是选择 PLC 的重要依据之一。

PLC 外围设备提供或需要的信号电平是多种多样的，而 PLC 内部 CPU 只能处理标准电平信号，所以 I/O 接口电路需进行电平转换。另外，为了提高 PLC 的抗干扰能力，I/O 接口电路一般具有光电隔离和滤波功能。此外，为了便于了解 I/O 接口电路的工作状态，I/O 接口电路还带有状态指示灯。

（1）输入接口电路

PLC 的输入接口电路分为开关量输入接口电路和模拟量输入接口电路，开关量输入接口电路用于接收开关通断信号，模拟量输入接口电路用于接收模拟量信号。模拟量输入接口电路通常采用 A/D 转换电路，将模拟量信号转换成数字信号。开关量输入接口电路采用的电路形式较多，根据使用电源的不同，可分为内部直流输入接口电路、外部交流输入接口电路和外部交 / 直流输入接口电路。三种类型开关量输入接口电路如图 1-6 所示。

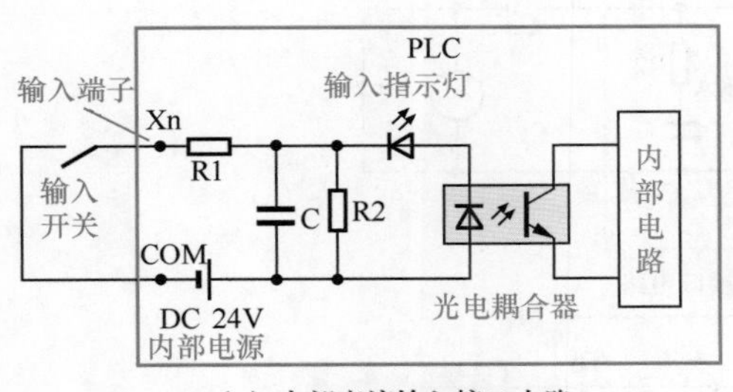

（a）内部直流输入接口电路

（b）外部交流输入接口电路

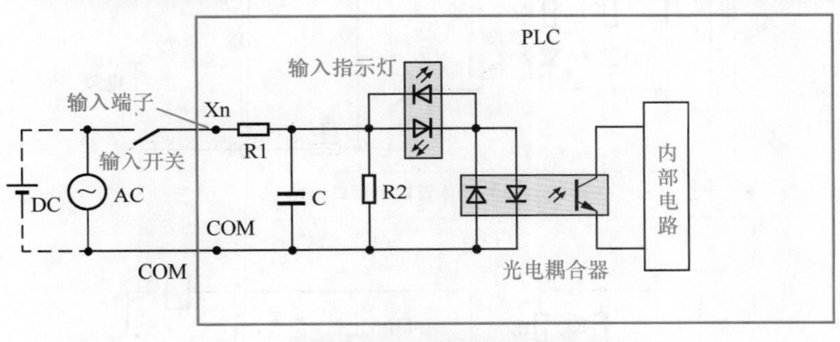

（c）外部直 / 交流输入接口电路

图 1-6　三种类型开关量输入接口电路

图 1-6（a）所示为内部直流输入接口电路，输入接口电路的电源由 PLC 内部直流电源提供。当闭合输入开关后，有电流流过光电耦合器和输入指示灯，光电耦合器导通，将输入开关状态送给内部电路，由于光电耦合器内部是通过光线传递，故可以将外部电路与内部电路有效隔离开来，输入指示灯点亮用于指示输入端子有输入。R2、C 为滤波电路，用于滤除输入端子窜入的干扰信号，R1 为限流电阻。

图 1-6（b）所示为外部交流输入接口电路，输入接口电路的电源由外部的交流电源提供。为了适应交流电源的正负变化，接口电路采用了发光管正负极并联的光电耦合器和输入指示灯。

图 1-6（c）所示为外部直/交流输入接口电路，输入接口电路的电源由外部的直流或交流电源提供。

（2）输出接口电路

PLC 的输出接口电路也分为模拟量输出接口电路和开关量输出接口电路。模拟量输出接口电路通常采用 D/A 转换电路，将数字量信号转换成模拟量信号；开关量输出接口电路采用的电路形式较多，根据使用的输出开关器件不同可分为继电器输出接口电路、晶体管输出接口电路和双向晶闸管输出接口电路。三种类型开关量输出接口电路如图 1-7 所示。

图 1-7（a）所示为继电器输出接口电路，当 PLC 内部电路产生电流流经继电器 KA 线圈时，继电器常开触点 KA 闭合，负载有电流通过。继电器输出接口电路可驱动交流或直流负载，但其响应时间长，动作频率低。

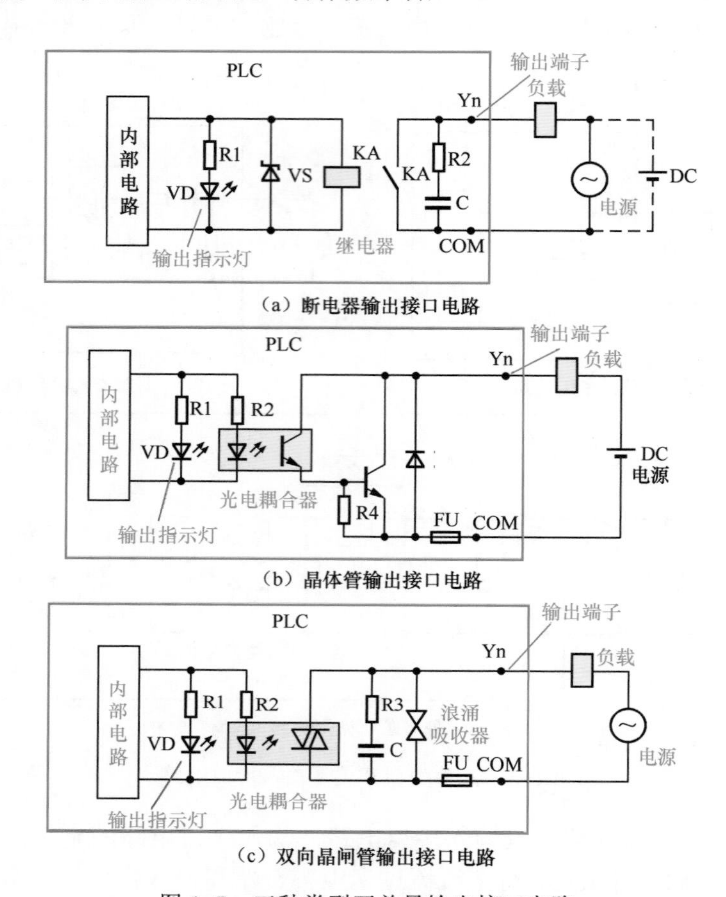

（a）断电器输出接口电路

（b）晶体管输出接口电路

（c）双向晶闸管输出接口电路

图 1-7　三种类型开关量输出接口电路

图 1-7（b）所示为晶体管输出接口电路，它采用光电耦合器与晶体管配合使用。晶体管输出接口电路响应速度快，动作频率高，但只能用于驱动直流负载。

图 1-7（c）所示为双向晶闸管输出接口电路，它采用双向晶闸管型光电耦合器，在受光照射时，光电耦合器内部的双向晶闸管可以双向导通。双向晶闸管输出接口电路响应速度快，动作频率高，用于驱动交流负载。

4　通信接口

PLC 配有通信接口，可通过通信接口与监视器、打印机、人机界面、其他 PLC、计算机等设备实现通信。PLC 与打印机连接，可将过程信息、系统参数等打印出来；PLC 与人机界面（如触摸屏）连接，可以在人机界面直接操作 PLC 或监视 PLC 的工作状态；PLC 与其他 PLC 连接，可组成多机系统或连成网络，实现更大规模控制；与计算机连接，可组成多级分布式控制系统，实现控制与管理相结合。

5 扩展接口

为了提升 PLC 的性能，增强 PLC 的控制功能，可以通过扩展接口给 PLC 增接一些专用功能模块，如高速计数模块、闭环控制模块、运动控制模块、中断控制模块等。

6 电源

PLC 一般采用开关电源供电，与普通电源相比，PLC 电源的稳定性好、抗干扰能力强。PLC 的电源对电网提供的电源稳定度要求不高，一般允许电源电压在其额定值 ±15% 的范围内波动。有些 PLC 还可以通过端子向外提供直流 24V 稳压电源。

1.3.3 PLC 的工作方式

PLC 是一种由程序控制运行的设备，其工作方式与微型计算机不同，微型计算机运行到结束指令 END 时，程序运行结束。**PLC 运行程序时，会按顺序依次逐条执行存储器中的程序指令，当执行完最后的指令后，并不会马上停止，而是又重新开始再次执行存储器中的程序，如此周而复始。PLC 的这种工作方式称为循环扫描方式。**

PLC 的工作过程如图 1-8 所示。

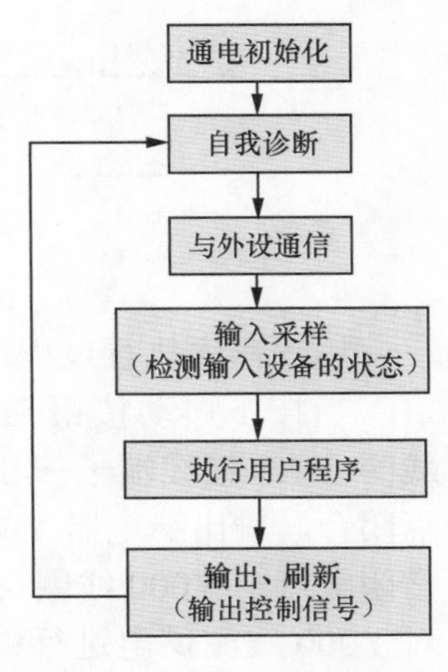

图 1-8 PLC 的工作过程

PLC 通电后，首先进行系统初始化，将内部电路恢复为起始状态，然后进行自我诊断，检测内部电路是否正常，以确保系统能正常运行，诊断结束后对通信接口进行扫描，若接有外设则与其通信。通信接口无外设或通信完成后，系统开始进行输入采样，检测输入设备（开关、按钮等）的状态，然后根据输入采样结果依次执行用户程序，程序运行结束后对输出进行刷新，即输出程序运行时产生的控制信号。以上过程完成后，系统又返回，重新开始自我诊断，以后不断重复上述过程。

PLC 有两个工作状态：RUN（运行）状态和 STOP（停止）状态。当 PLC 处于 RUN 状态时，系统会完整执行图 1-8 所示的过程；当 PLC 处于 STOP 状态时，系统不执行用户程序。PLC 正常工作时应处于 RUN 状态，而在编制和修改程序时，应让 PLC 处于 STOP 状态。PLC 的两种工作状态可通过开关进行切换。

PLC 处于 RUN 状态时，完整执行图 1-8 所示的过程所需的时间称为扫描周期，一般为 1 ～ 100ms。扫描周期与用户程序的长短、指令的种类和 CPU 执行指令的速度都有很大的关系。

1.3.4 用实例说明 PLC 程序的执行控制过程

PLC 的用户程序执行过程很复杂，下面以 PLC 正转控制线路为例进行说明。图 1-9 所示为 PLC 正转控制线路，为了便于说明，图中画出了 PLC 内部等效图。

图 1-9 中 PLC 内部等效图中的 X000、X001、X002 称为输入继电器，由线圈和

触点两部分组成，由于线圈与触点都是等效而来，故又称为软线圈和软触点。Y000 称为输出继电器，也包括线圈和触点两部分。PLC 内部中间部分为用户程序（梯形图程序），程序形式与继电器控制电路相似，两端相当于电源线，中间为触点和线圈。

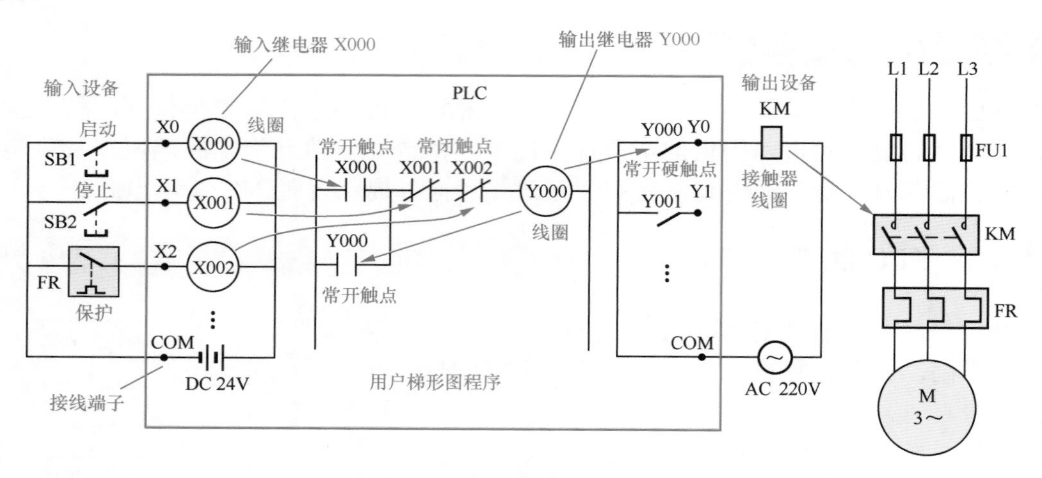

图 1-9　PLC 正转控制线路

用户程序执行过程说明如下。

当按下启动按钮 SB1 时，输入继电器 X000 线圈得电（电流途径：24V+ → X000 线圈→ X0 接线端子→ SB1 → COM 接线端子→ 24V-），使用户程序中的 X000 常开触点闭合，输出继电器 Y000 线圈得电（左等效电源线→已闭合的 X000 常开触点→ X001 常闭触点→ Y000 线圈→右等效电源线），一方面使用户程序中的 Y000 常开触点闭合，对 Y000 线圈供电进行锁定，另一方面使输出端的 Y000 常开硬触点（实际为继电器的常开触点或晶体管）闭合，接触器 KM 线圈得电，主电路中的 KM 主触点闭合，电动机得电运转。

当按下停止按钮 SB2 时，输入继电器 X001 线圈得电，使用户程序中的 X001 常闭触点断开，输出继电器 Y000 线圈失电，用户程序中的 Y000 常开触点断开，解除自锁，另外输出端的 Y000 常开硬触点断开，接触器 KM 线圈失电，KM 主触点断开，电动机失电停转。

若电动机在运行过程中电流过大，热继电器 FR 动作，FR 触点闭合，输入继电器 X002 线圈得电，使用户程序中的 X002 常闭触点断开，输出继电器 Y000 线圈失电，输出端的 Y000 常开硬触点断开，接触器 KM 线圈失电，KM 主触点断开，电动机失电停转，从而避免电动机长时间过流运行。

1.4　三菱 PLC 小型编程软件 FXGP_WIN-C 的使用

在编写 PLC 控制程序时，不同的 PLC 需要使用相配套的编程软件。本章以三菱 FX_{2N} 系列 PLC 为例来介绍，该系列 PLC 可使用 GX Developer 软件（在后面的章节介绍）或 FXGP_WIN-C 软件编程，其中 FXGP_WIN-C 是一款安装文件大小不到 3MB 的小型编程软件，特别适合初学者使用。

1.4.1 软件的安装和启动

1 软件的安装

三菱 FXGP_WIN-C 软件推出时间较早，新购买的三菱 FX 系列 PLC 一般不配备该软件，读者可以在互联网上搜索查找，也可到易天电学网免费下载。

打开 fxgpwinC 安装文件夹，找到安装文件 SETUP32.EXE，双击该文件即开始安装 FXGP_WIN-C 软件，如图 1-10 所示。

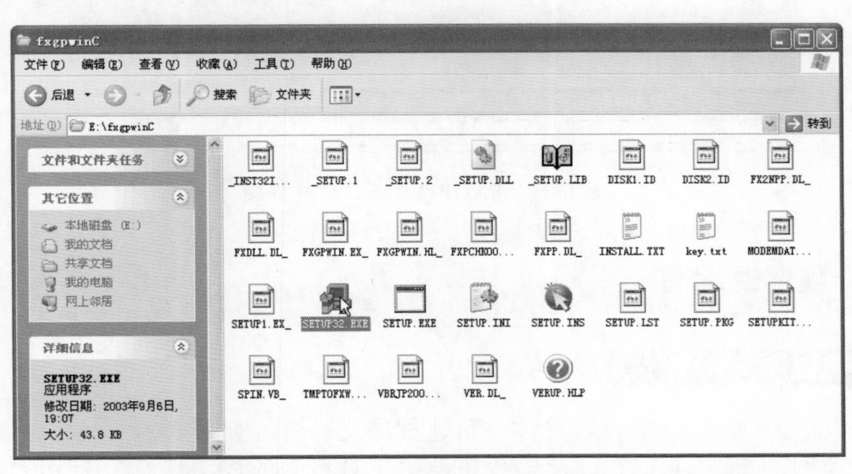

图 1-10 双击 SETUP32.EXE 文件开始安装 FXGP_WIN-C 软件

2 软件的启动

FXGP_WIN-C 软件安装完成后，从开始菜单的“程序”选项中找到 FXGP_WIN-C 命令，如图 1-11 所示，单击该命令即开始启动 FXGP_WIN-C 软件。启动完成的软件界面如图 1-12 所示。

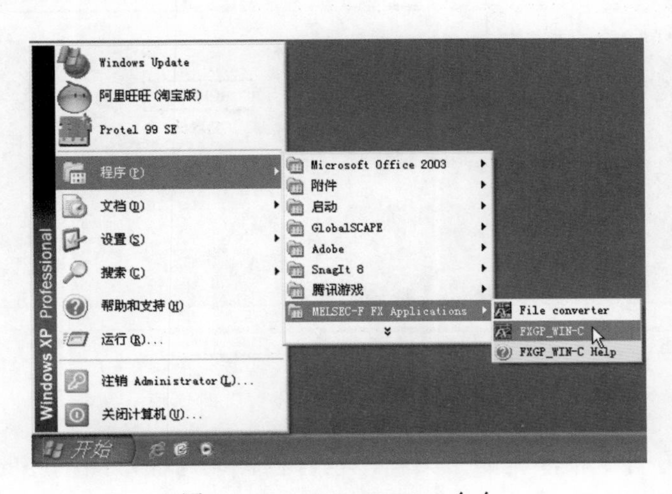

图 1-11 FXGP_WIN-C 命令

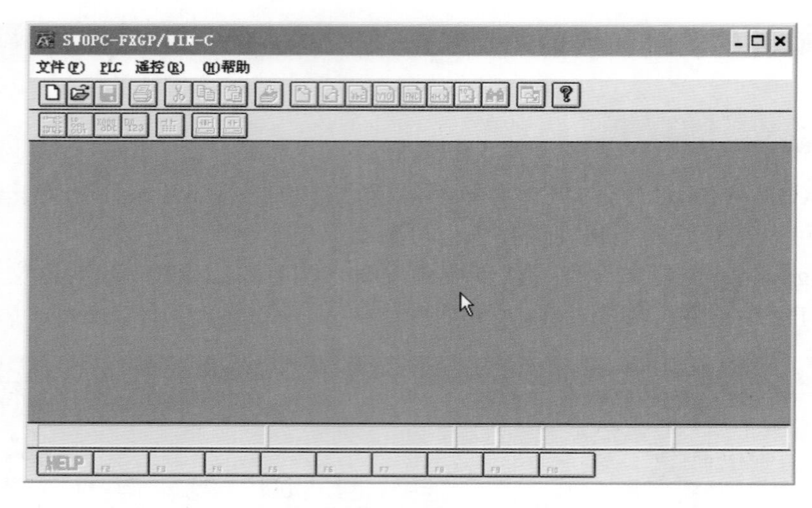

图 1-12　FXGP_WIN-C 软件界面

1.4.2　程序的编写

1　新建程序文件

要编写程序，需先新建程序文件。新建程序文件过程如下。

执行“文件→新文件”菜单命令，也可单击工具栏中的图标，弹出“PLC 类型设置”对话框，如图 1-13 所示，选择“FX_{2N}/FX_{2NC}”类型，单击“确认”按钮，即新建一个程序文件，如图 1-14 所示。程序文件提供了“指令表”和“梯形图”两种编程方式，若要编写梯形图程序，可单击“梯形图”编辑窗口右上方的“最大化”按钮，即可将该窗口最大化。

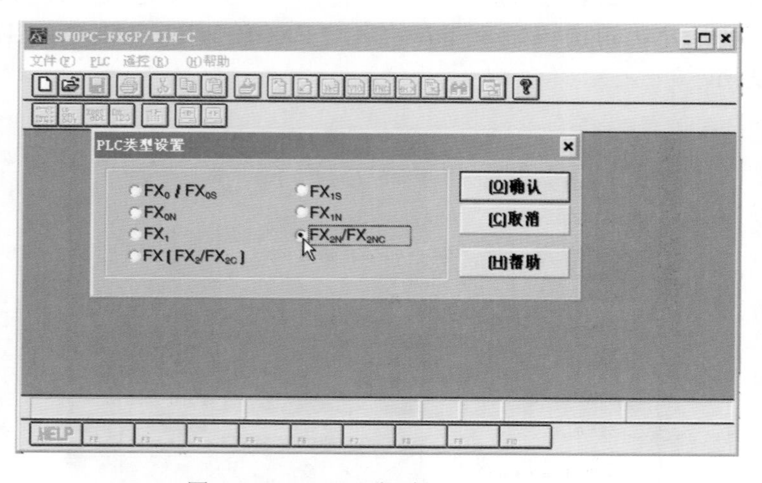

图 1-13　“PLC 类型设置”对话框

在窗口的右方有一个浮置的工具箱，包含各种编写梯形图程序的工具。工具箱中各个工具的功能如图 1-15 所示。

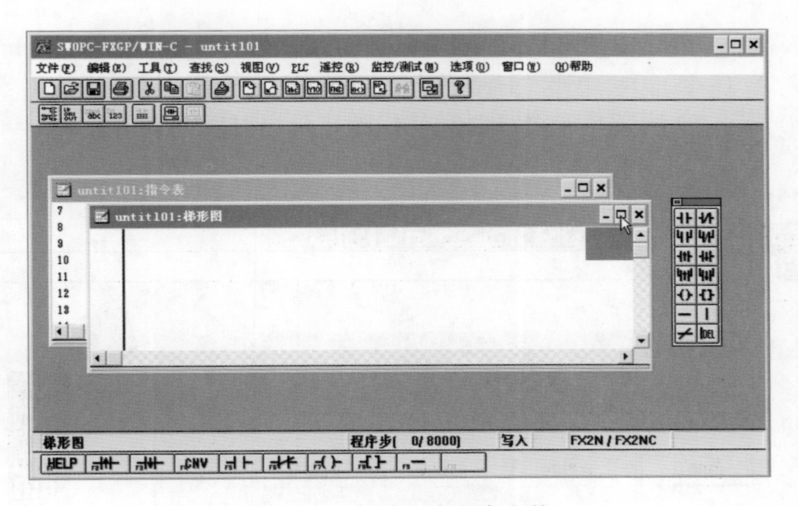

图 1-14 新建一个程序文件

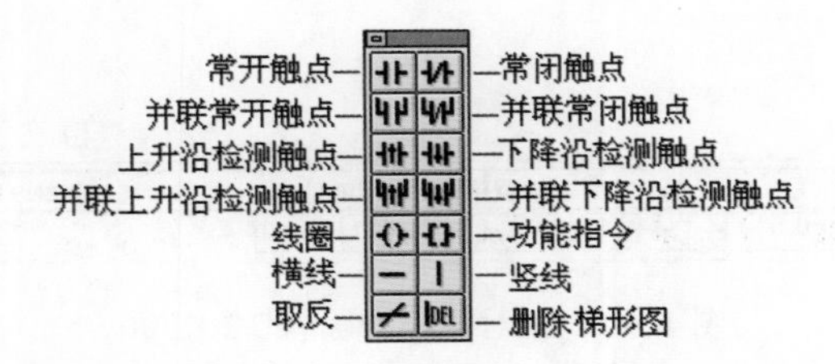

图 1-15 工具箱中各个工具的功能

2 程序的编写

编写程序过程如下。

① 单击浮置工具箱中的图标，弹出“输入元件”对话框，如图 1-16 所示，在该文本框中输入 X000，单击“确认”按钮后，在程序编写区出现 X000 常开触点，高亮光标自动后移。

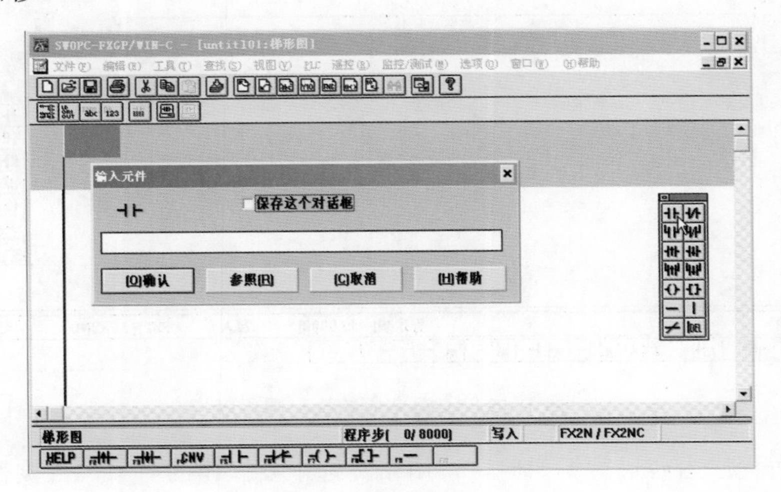

图 1-16 “输入元件”对话框

② 单击浮置工具箱中的图标，弹出“输入元件”对话框，如图 1-17 所示，在该文本框中输入 T2 K200，单击“确认”按钮后，在程序编写区出现定时器线圈，线圈内的 T2 K200 表示 T2 线圈是一个延时动作线圈，延迟时间为 0.1s×200 = 20s。

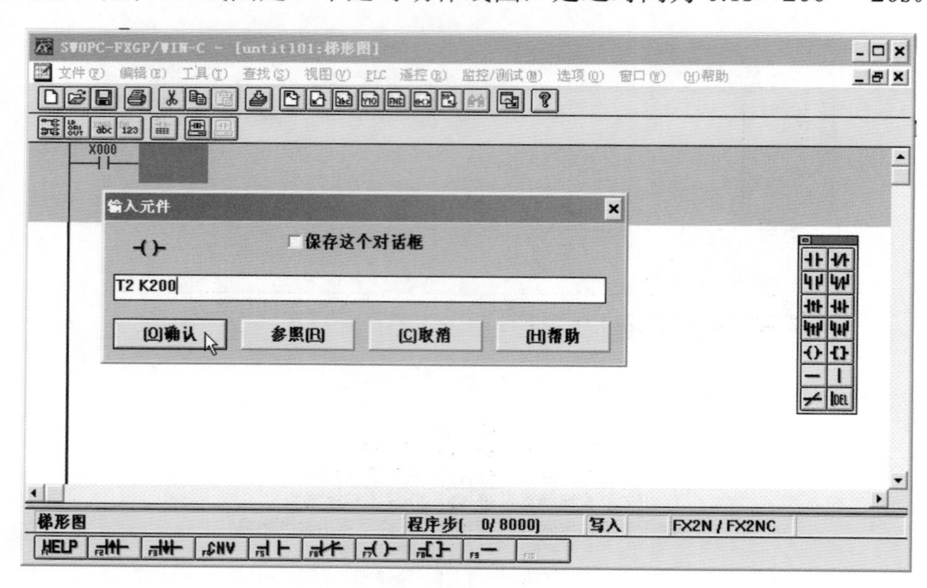

图 1-17　在对话框内输入 T2 K200

③ 采用上面步骤依次使用浮置工具箱中的工具输入 X001、工具输入 RST T2、工具输入 T2、工具输入 Y000。

编写完成的梯形图程序如图 1-18 所示。

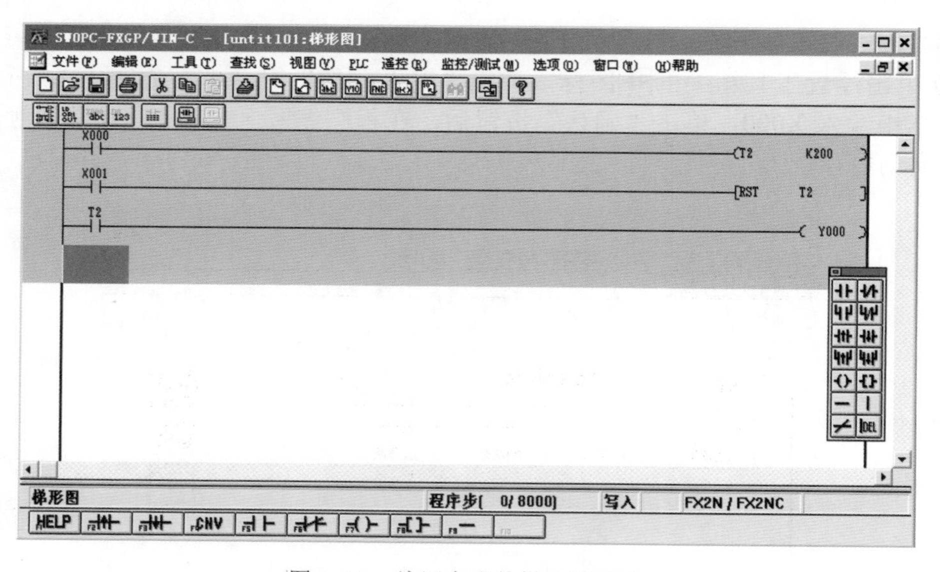

图 1-18　编写完成的梯形图程序

若需要对程序内容进行编辑时，可用鼠标选中要操作的对象，再执行“编辑”菜单下的命令对程序进行复制、粘贴、删除、插入等操作。

1.4.3　程序的转换与传送

梯形图程序编写完成后，需要先转换成指令表程序，并将计算机与PLC连接好，再将计算机中的程序下载到PLC中。

1　程序的转换

单击工具栏中的图标，也可执行“工具→转换”菜单命令，软件自动将梯形图程序转换成指令表程序。执行“视图→指令表”菜单命令，程序编程区就切换到指令表形式，如图1-19所示。

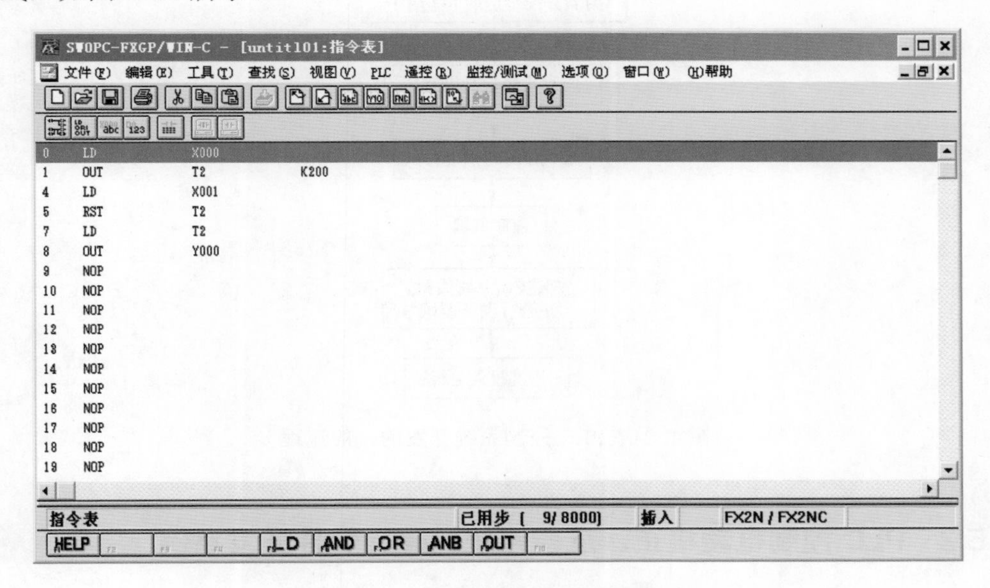

图1-19　编程区切换到指令表形式

2　将程序传送到PLC

要将编写好的程序传送到PLC中，先将计算机与PLC连接好，再执行“PLC→传送→写出”菜单命令，出现“PC程序写入”对话框，如图1-20所示，选择“所有范围”单选按钮，单击“确认”按钮后，编写的程序就会全部写入PLC。

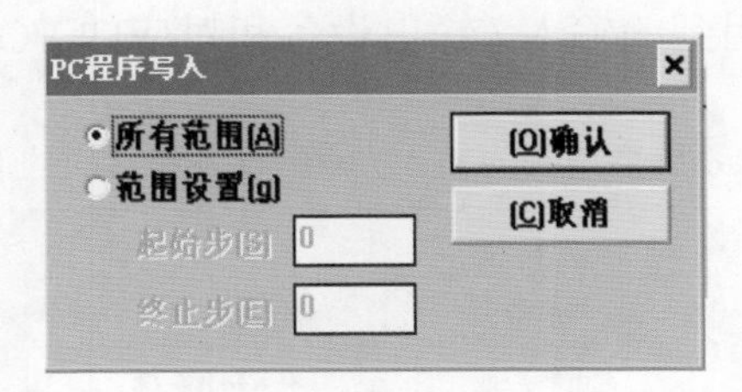

图1-20　“PC程序写入”对话框

如果要修改PLC中的程序，可执行“PLC→传送→读入”菜单命令，PLC中的程序就会被读入计算机编程软件中，然后就可以对程序进行修改。

1.5 PLC 控制系统开发实例

1.5.1 PLC 控制系统开发的一般流程

PLC 控制系统开发的一般流程如图 1-21 所示。

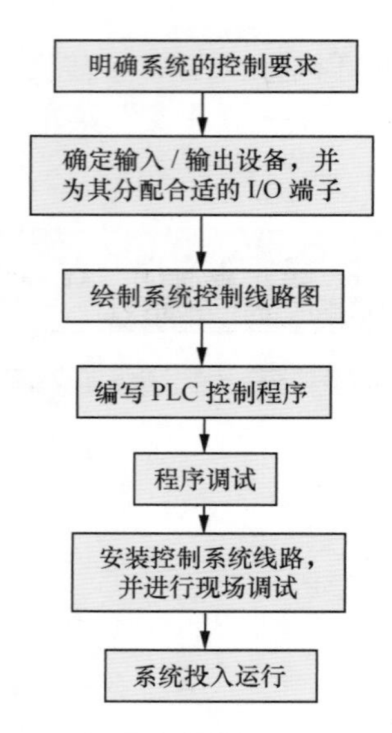

图 1-21　PLC 控制系统开发的一般流程

1.5.2 PLC 控制电动机正、反转系统的硬、软件开发举例

1 明确系统的控制要求

系统要求通过 3 个按钮分别控制电动机连续正转、反转和停转，还要求采用热继电器对电动机进行过载保护，另外要求正、反转控制联锁。

2 确定输入 / 输出设备，并为其分配合适的 I/O 端子

表 1-1 列出了系统要用到的输入 / 输出设备和对应的 I/O 端子。

表 1-1　系统要用到的输入 / 输出设备和对应的 I/O 端子

输入			输出		
输入设备	对应 I/O 端子	功能说明	输出设备	对应 I/O 端子	功能说明
SB2	X000	正转控制	KM1 线圈	Y000	驱动电动机正转
SB3	X001	反转控制	KM2 线圈	Y001	驱动电动机反转
SB1	X002	停转控制	—	—	—
FR 常开触点	X003	过载保护	—	—	—

3 绘制系统控制线路图

图1-22所示为PLC控制电动机正、反转线路图。

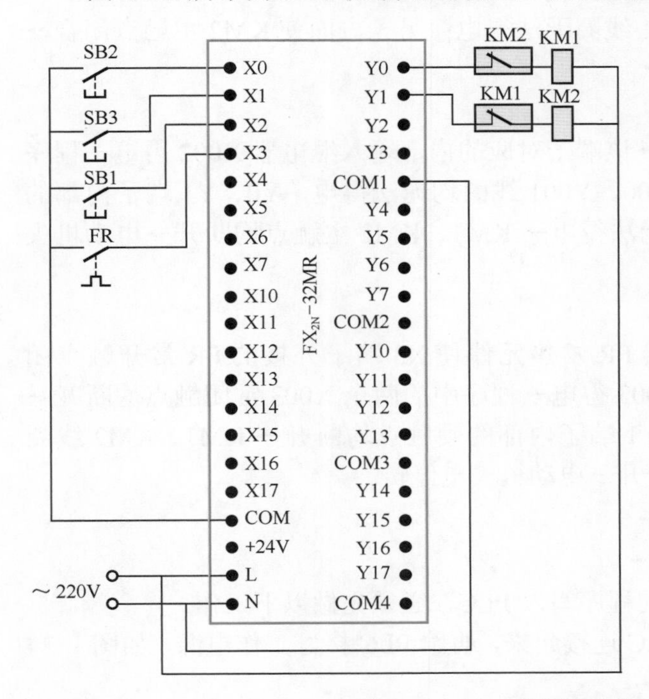

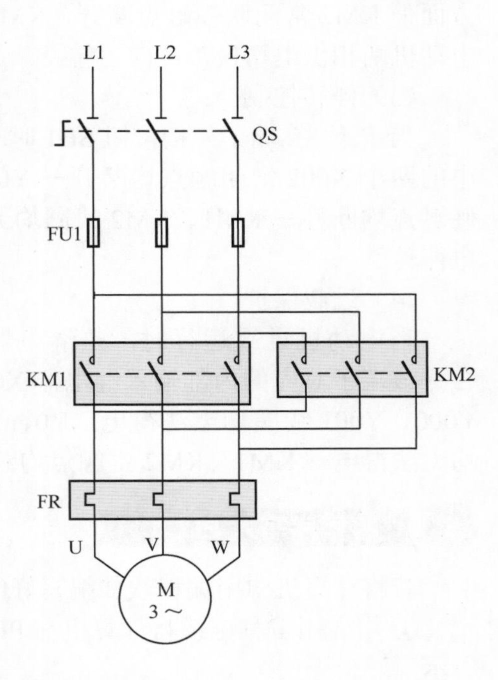

图1-22　PLC控制电动机正、反转线路图

4 编写PLC控制程序

启动三菱PLC编程软件，编写图1-23所示的控制电动机正、反转的PLC梯形图程序。下面对照图1-22线路图来说明图1-23梯形图程序的工作原理。

（1）正转控制

当按下PLC的X0端子外接按钮SB2时→该端子对应的内部输入继电器X000得电→程序中的X000常开触点闭合→输出继电器Y000线圈得电，一方面使程序中的Y000常开自锁触点闭合，锁定Y000线圈供电；另一方面使程序中的Y000常闭触点断开，Y001线圈无法得电。此外，还使Y0端子内部的硬触点闭合→Y0端子外接的KM1线圈得电，一方面使KM1常闭联锁触点断开，KM2线圈无法得电；另一方面使KM1主触点闭合→电动机得电正向运转。

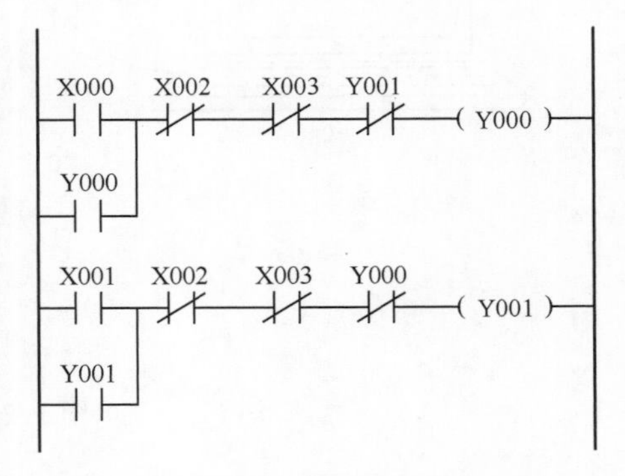

图1-23　控制电动机正、反转的PLC梯形图程序

（2）反转控制

当按下X1端子外接按钮SB3时→该端子对应的内部输入继电器X001得电→程序

中的 X001 常开触点闭合→输出继电器 Y001 线圈得电，一方面使程序中的 Y001 常开自锁触点闭合，锁定 Y001 线圈供电；另一方面使程序中的 Y001 常闭触点断开，Y000 线圈无法得电，还使 Y1 端子内部的硬触点闭合→ Y1 端子外接的 KM2 线圈得电，一方面使 KM2 常闭联锁触点断开，KM1 线圈无法得电；另一方面使 KM2 主触点闭合→电动机两相供电切换，反向运转。

（3）停转控制

当按下 X2 端子外接按钮 SB1 时→该端子对应的内部输入继电器 X002 得电→程序中的两个 X002 常闭触点均断开→ Y000、Y001 线圈均无法得电，Y0、Y1 端子内部的硬触点均断开→ KM1、KM2 线圈均无法得电→ KM1、KM2 主触点均断开→电动机失电停转。

（4）过载保护

当电动机过载运行时，热继电器 FR 发热元件使 X3 端子外接的 FR 常开触点闭合→该端子对应的内部输入继电器 X003 得电→程序中的两个 X003 常闭触点均断开→ Y000、Y001 线圈均无法得电，Y0、Y1 端子内部的硬触点均断开→ KM1、KM2 线圈均无法得电→ KM1、KM2 主触点均断开→电动机失电停转。

5 将程序写入 PLC

若将计算机中用编程软件编写好的程序写入 PLC，必须先做以下工作。

① 用专用编程电缆将计算机与 PLC 连接起来，再给 PLC 接好工作电源，如图 1-24 所示。

② 将 PLC 的 RUN/STOP 开关置于 STOP 位置，再在计算机编程软件中执行 PLC 程序写入操作，将编写好的程序由计算机通过电缆传送到 PLC 中。

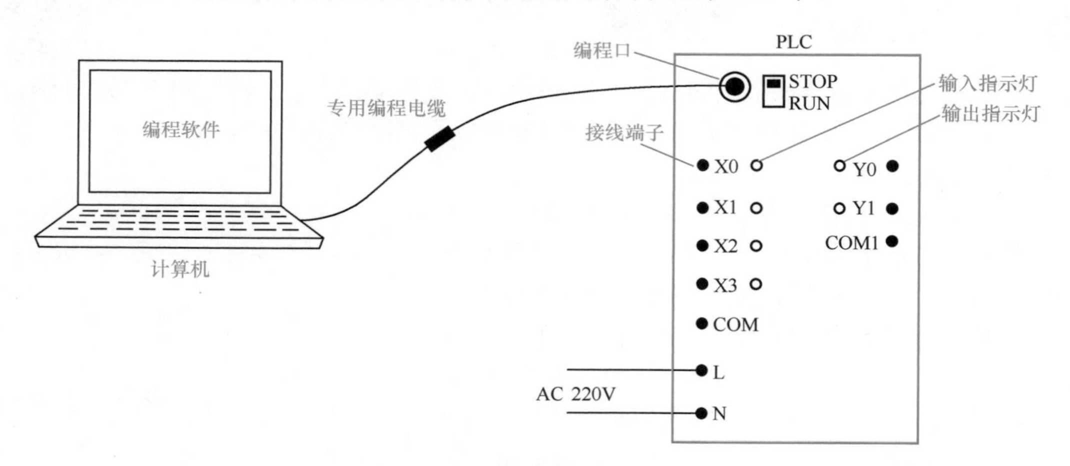

图 1-24 PLC 与计算机的连接

6 模拟运行

程序写入 PLC 后，将 PLC 的 RUN/STOP 开关置于 RUN 位置，然后用导线将 PLC 的 X0 端子和输入端的 COM 端子短接一下，相当于按下正转按钮。在短接时，PLC 的

X0端子的对应指示灯正常应该会亮，表示X0端子有输入信号。根据梯形图分析，在短接X0端子和COM端子时，Y0端子应该有输出，即Y0端子的对应指示灯应该会亮；如果X0端子指示灯亮，而Y0端子指示灯不亮，可能是程序有问题，也可能是PLC不正常。

若X0端子模拟控制的运行结果正常，再对X1、X2、X3端子进行模拟控制，并查看运行结果是否与控制要求一致。

7 安装系统控制线路，并进行现场调试

模拟运行正常后，就可以按照绘制的系统控制线路图，将PLC及外围设备安装在实际现场，线路安装完成后，还要进行现场调试，观察是否达到控制要求，若达不到要求，需检查是硬件问题还是软件问题，并解决这些问题。

8 系统投入运行

系统现场调试通过后，可试运行一段时间，若无问题可正式投入运行。

第2章　三菱 FX 系列 PLC 硬件系统介绍

2.1　概述

三菱 FX 系列 PLC 是三菱公司推出的小型整体式 PLC，在我国用量非常大，可分为 FX_{1S}\$FX_{1N}$\$FX_{1NC}$\$FX_{2N}$\$FX_{2NC}$\$FX_{3U}$\$FX_{3UC}$\$FX_{3G}$ 等多个子系列，FX_{1S}\$FX_{1N}$\$FX_{1NC}$ 为一代机，FX_{2N}\$FX_{2NC}$ 为二代机，FX_{3U}\$FX_{3UC}$\$FX_{3G}$ 为三代机。目前，社会上使用最多的为一、二代机，由于三代机性能强大且价格与二代机相差不大，故越来越多的用户开始选用三代机。

FX_{1NC}\$FX_{2NC}$\$FX_{3UC}$ 分别是三菱 FX 系列的一、二、三代机变形机种，变形机种与普通机种的区别：①变形机种较普通机种体积小，适合安装在狭小的空间；②变形机种的端子采用插入式连接，普通机种的端子采用接线端子连接；③变形机种的输入电源只能使用 24V DC，普通机种的输入电源可以使用 24V DC 或 AC 电源。

2.1.1　三菱 FX 系列各类型 PLC 的特点

三菱 FX 系列各类型 PLC 的特点与控制规模说明见表 2-1。

表 2-1　三菱 FX 系列各类型 PLC 的特点与控制规模

类型	特点与控制规模	类型	特点与控制规模
FX_{1S}	追求低成本和节省安装空间。 控制规模：10 ～ 30 点，基本单元的点数有 10/14/20/30	FX_{1N}	追求扩展性和低成本。 控制规模：14 ～ 128 点，基本单元的点数有 14/24/40/60
FX_{1NC}	追求节省安装空间和扩展性。 控制规模：16 ～ 128 点，基本单元的点数有 16/32	FX_{2N}	追求扩展性和处理速度。 控制规模：16 ～ 256 点，基本单元的点数有 16/32/48/64/80/128

续表

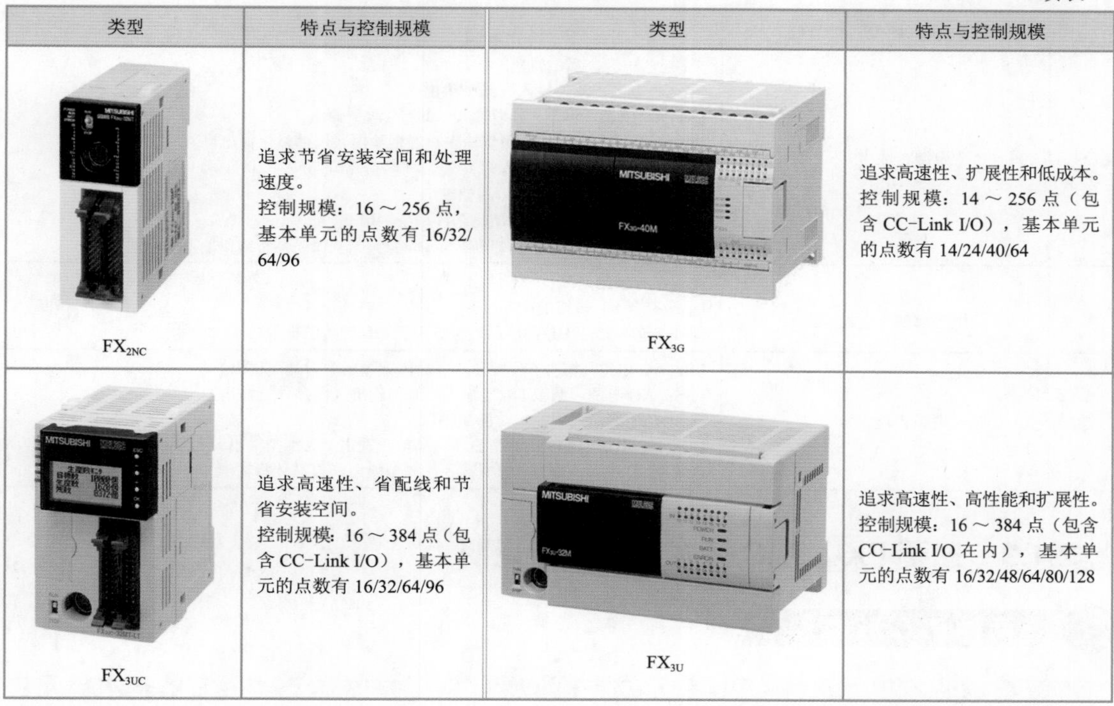

类型	特点与控制规模	类型	特点与控制规模
FX_{2NC}	追求节省安装空间和处理速度。 控制规模：16 ～ 256 点，基本单元的点数有 16/32/64/96	FX_{3G}	追求高速性、扩展性和低成本。 控制规模：14 ～ 256 点（包含 CC-Link I/O），基本单元的点数有 14/24/40/64
FX_{3UC}	追求高速性、省配线和节省安装空间。 控制规模：16 ～ 384 点（包含 CC-Link I/O），基本单元的点数有 16/32/64/96	FX_{3U}	追求高速性、高性能和扩展性。 控制规模：16 ～ 384 点（包含 CC-Link I/O 在内），基本单元的点数有 16/32/48/64/80/128

2.1.2　三菱 FX 系列 PLC 型号的命名方法

三菱 FX 系列 PLC 型号的命名方法如下。各个序号代表的名称和意义见表 2-2。

FX2N-16MR-□-UA1/UL

①　②③④　⑤　⑥　⑦

FX3U-16MR/ES

①　②③④　⑧

表 2-2　三菱 FX 系列 PLC 型号中各部分名称及意义

	区分	内容
①	系列名称	FX_{1S}、FX_{1N}、FX_{2N}、FX_{3G}、FX_{3U}、FX_{1NC}、FX_{2NC}、FX_{3UC}
②	输入 / 输出合计点数	8、16、32、48、64 等
③	单元区分	M：基本单元 E：输入 / 输出混合扩展设备 EX：输入扩展模块 EY：输出扩展模块
④	输出形式	R：继电器 S：双向晶闸管 T：晶体管
⑤	连接形式等	T：FX_{2NC} 的端子排方式 LT(-2)：内置 FX_{3UC} 的 CC-Link/LT 主站功能

续表

	区分	内容
⑥	电源、输出方式	无：AC 电源，漏型输出 E：AC 电源，漏型输入、漏型输出 ES：AC 电源，漏型 / 源型输入，漏型 / 源型输出 ESS：AC 电源，漏型 / 源型输入，源型输出（仅晶体管输出） UA1：AC 电源，AC 输入 D：DC 电源，漏型输入，漏型输出 DS：DC 电源，漏型 / 源型输入，漏型输出 DSS：DC 电源，漏型 / 源型输入，源型输出（仅晶体管输出）
⑦	UL 规格 （电气部件安全性标准）	无：不符合的产品 UL：符合 UL 规格的产品 即使是⑦未标注 UL 的产品，也有符合 UL 规格的机型
⑧	电源、输出方式	ES：AC 电源，漏型 / 源型输入（晶体管输出型为漏型输出） ESS：AC 电源，漏型 / 源型输入，源型输出（仅晶体管输出） D：DC 电源，漏型输入，漏型输出 DS：DC 电源，漏型 / 源型输入（晶体管输出型为漏型输出） DSS：DC 电源，漏型 / 源型输入，源型输出（仅晶体管输出）

2.1.3 三菱 FX_{2N} PLC 基本单元面板说明

1 两种 PLC 形式

PLC 的基本单元又称 CPU 单元或主机单元。对于整体式 PLC，它的基本单元自身带有一定数量的 I/O 端子（输入和输出端子），可以作为一个 PLC 独立使用。在组建 PLC 控制系统时，如果基本单元的 I/O 端子不够用，除了可以选用点数更多的基本单元外，还可以给点数少的基本单元连接上其他的 I/O 单元，以增加 I/O 端子。如果希望基本单元具有一些特殊处理功能（如温度处理），而基本单元本身不具备该功能，给基本单元连接上温度模块就可解决这个问题。

图 2-1（a）所示为一种形式的 PLC，它是一台能独立使用的基本单元。图 2-1（b）所示为另一种形式的 PLC，它是由基本单元连接扩展单元组成的。一个 PLC 既可以是一个能独立使用的基本单元，也可以是基本单元与扩展单元的组合体，由于扩展单元不能单独使用，故单独的扩展单元不能称为 PLC。

（a）PLC 形式一（基本单元）

（b）PLC 形式二（基本单元 + 扩展单元）

图 2-1　两种形式的 PLC

2 三菱 FX_{2N} PLC 基本单元面板说明

三菱 FX 系列 PLC 的类型很多，基本单元面板大同小异，这里以三菱

FX_{2N} 基本单元为例进行说明。三菱 FX_{2N} 基本单元（型号为 FX_{2N}-32MR）外形如图 2-2（a）所示，该面板各部分名称如图 2-2（b）标注所示。

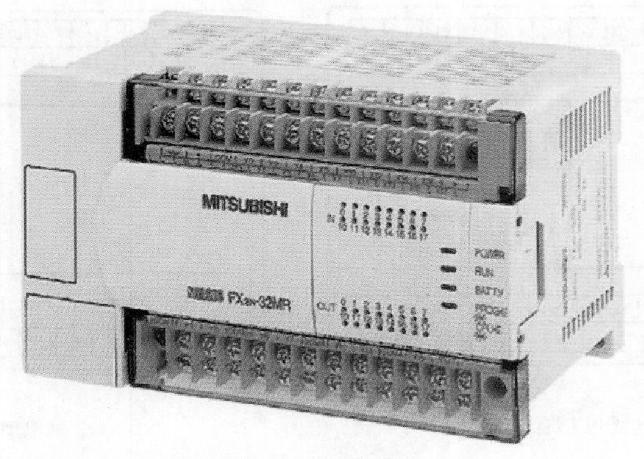

（a）三菱 FX_{2N}-32MR 外形

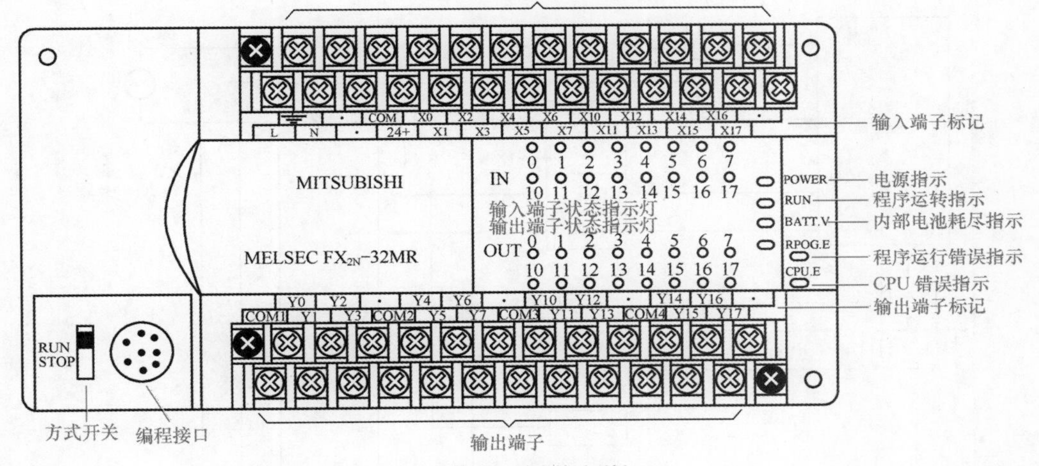

（b）三菱 FX_{2N} 基本单元面板

图 2-2　三菱 FX_{2N} 基本单元面板及说明

2.2 三菱 FX PLC 的硬件接线

2.2.1 电源端子的接线

三菱 FX 系列 PLC 工作时需要供电电源，供电电源类型有 AC（交流）和 DC（直流）两种。AC 供电型 PLC 有 L、N 两个端子（旁边有一个接地端子）；DC 供电型 PLC 有 +、- 两个端子，在 PLC 型号中还含有“D”字母，如图 2-3 所示。

1 AC 供电型 PLC 的电源端子接线

AC 供电型 PLC 的电源接线如图 2-4 所示。AC 100 ～ 240V 交流电源接到 PLC 基本单元和扩展单元的 L、N 端子，交流电压在内部经 AC/DC 电源电路转换得到 DC

24V 和 DC 5V 直流电压。这两个电压一方面通过扩展电缆提供给扩展模块，另一方面 DC 24V 电压还会从 24+、COM 端子向外输出。

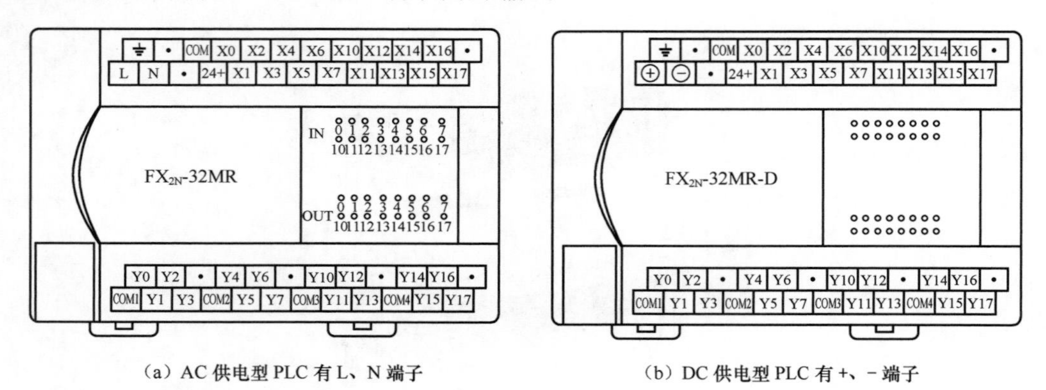

（a）AC 供电型 PLC 有 L、N 端子　　（b）DC 供电型 PLC 有 +、- 端子

图 2-3　两种供电类型的 PLC

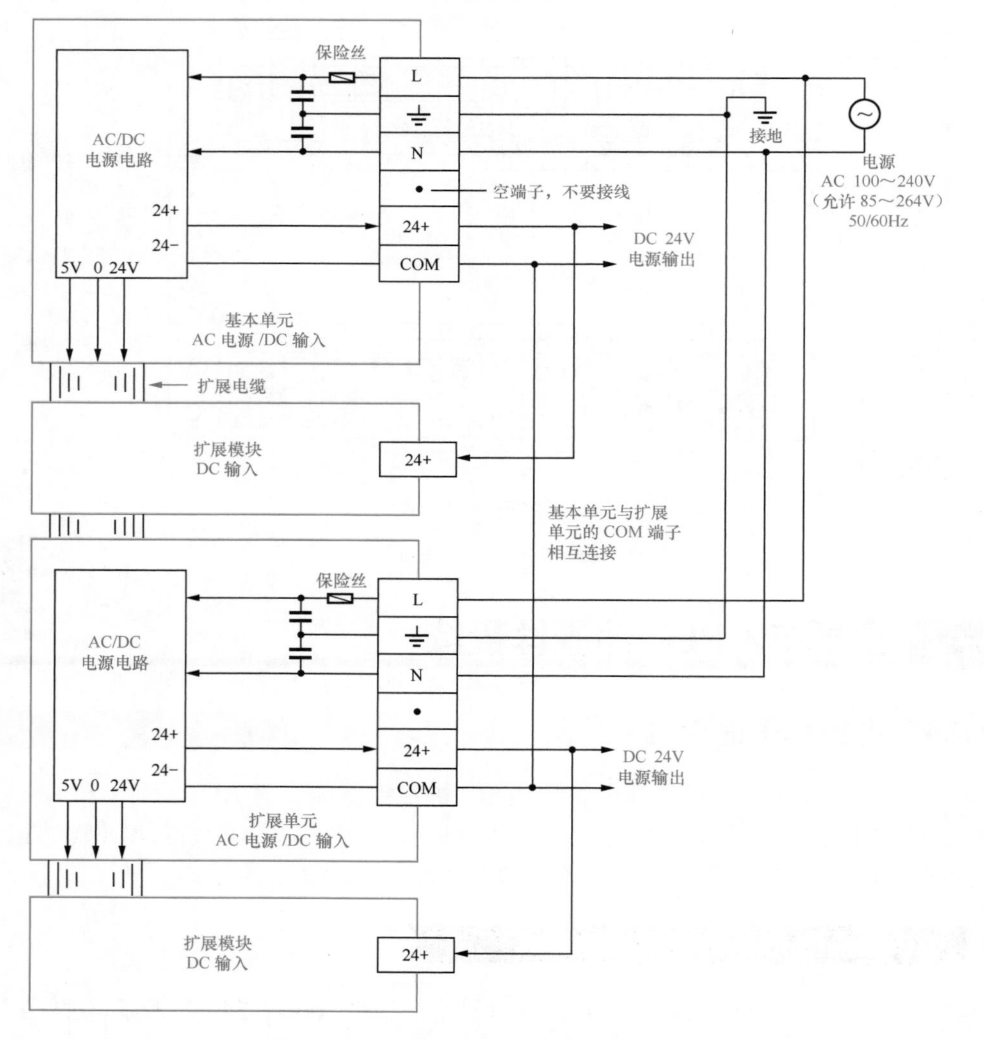

图 2-4　AC 供电型 PLC 的电源端子接线

扩展单元和扩展模块的区别：扩展单元内部有电源电路，可以向外部输出电压，而扩展模块内部无电源电路，只能从外部输入电压。由于基本单元和扩展单元内部的电源电路功率有限，不要用同一个单元的输出电压提供给所有的扩展模块。

2　DC 供电型 PLC 的电源端子接线

DC 供电型 PLC 的电源端子接线如图 2-5 所示。DC 24V 电源接到 PLC 基本单元和扩展单元的 +、- 端子，该电压在内部经 DC/DC 电源电路转换得 DC 5V 和 DC 24V。这两个电压一方面通过扩展电缆提供给扩展模块，另一方面 DC 24V 电压还会从 24+、COM 端子向外输出。为了减轻基本单元或扩展单元内部电源电路的负担，扩展模块所需的 DC 24V 可以直接由外部 DC 24V 电源提供。

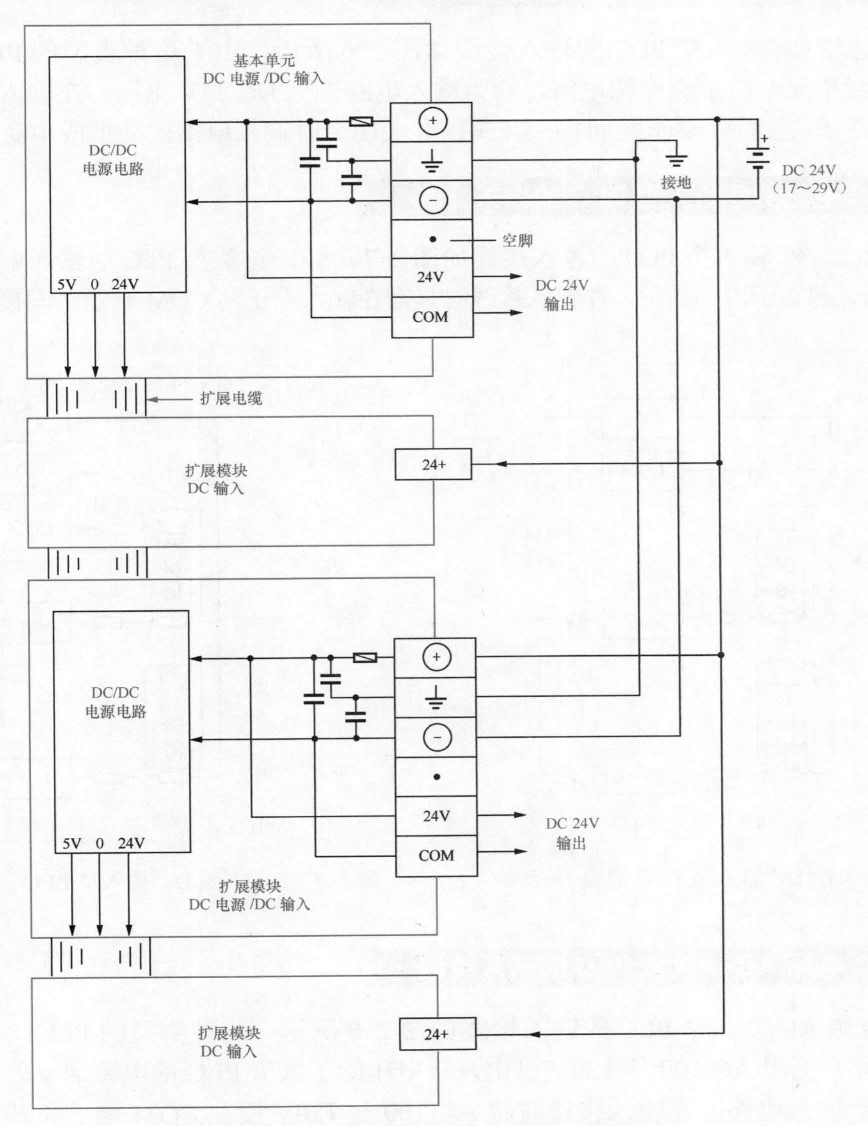

图 2-5　DC 供电型 PLC 的电源端子接线

2.2.2　三菱 FX_{1S}\$FX_{1N}$\$FX_{1NC}$\$FX_{2N}$\$FX_{2NC}$\$FX_{3UC}$ PLC 的输入端子接线

PLC 输入端子接线方式与 PLC 的供电类型有关，具体可分为 AC 电源 DC 输入型、DC 电源 DC 输入型和 AC 电源 AC 输入型三种方式，在这三种方式中，AC 电源 DC 输入型 PLC 最为常用，AC 电源 AC 输入型 PLC 使用较少。

三菱 FX_{1NC}\$FX_{2NC}$\$FX_{3UC}$ PLC 主要用于空间狭小的场合，为了减小体积，其内部未设较占空间的 AC/DC 电源电路，只能从电源端子直接输入 DC 电源，这类 PLC 只有 DC 电源 DC 输入型。

1　AC 电源 DC 输入型 PLC 的输入接线

AC 电源 DC 输入型 PLC 的输入接线如图 2-6 所示，由于这种类型的 PLC（基本单元和扩展单元）内部有电源电路，它为输入电路提供 DC 24V 电压，在输入接线时只需在输入端子与 COM 端子之间接入开关，开关闭合时输入电路就会形成电源回路。

2　DC 电源 DC 输入型 PLC 的输入接线

DC 电源 DC 输入型 PLC 的输入接线如图 2-7 所示，该类型 PLC 的输入电路所需的 DC 24V 由电源端子内部提供，在输入接线时只需在输入端子与 COM 端子之间接入开关。

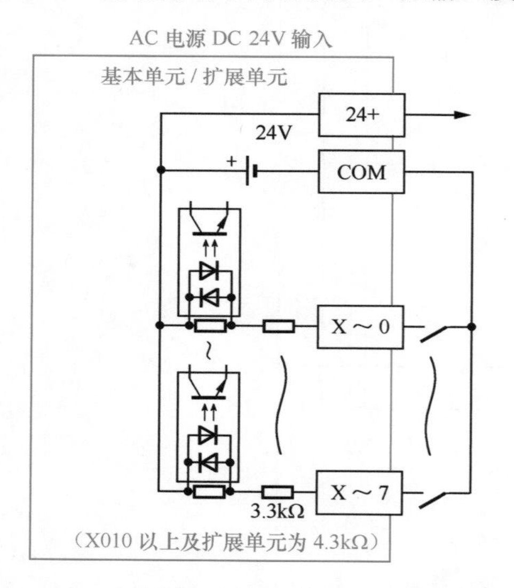

图 2-6　AC 电源 DC 输入型 PLC 的输入接线

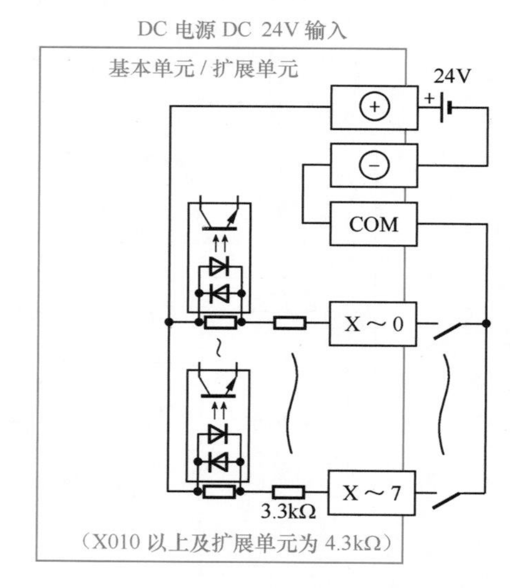

图 2-7　DC 电源 DC 输入型 PLC 的输入接线

3　AC 电源 AC 输入型 PLC 的输入接线

AC 电源 AC 输入型 PLC 的输入接线如图 2-8 所示，这种类型的 PLC（基本单元和扩展单元）采用 AC 100 ～ 120V 供电，该电压除了供给 PLC 的电源端子外，还要在外部提供给输入电路，在输入接线时将 AC 100 ～ 120V 接在 COM 端子和开关之间，开关另一端接输入端子。

4　扩展模块的输入接线

扩展模块的输入接线如图 2-9 所示，由于扩展模块内部没有电源电路，它只能由外部为输入电路提供 DC 24V 电压，在输入接线时将 DC 24V 正极接扩展模块的 24+ 端子，DC 24V 负极接开关，开关另一端接输入端子。

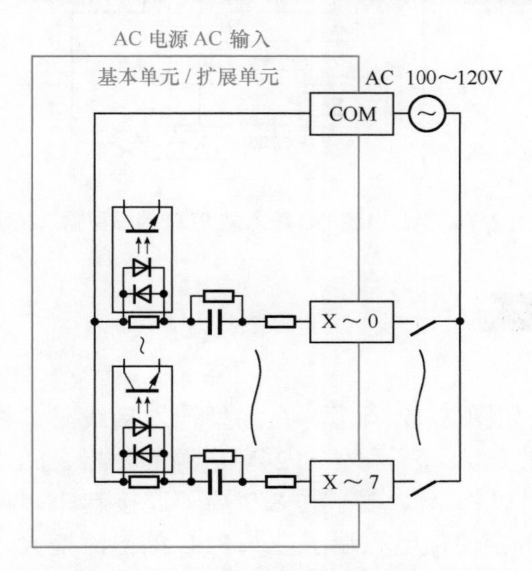

图 2-8　AC 电源 AC 输入型 PLC 的输入接线

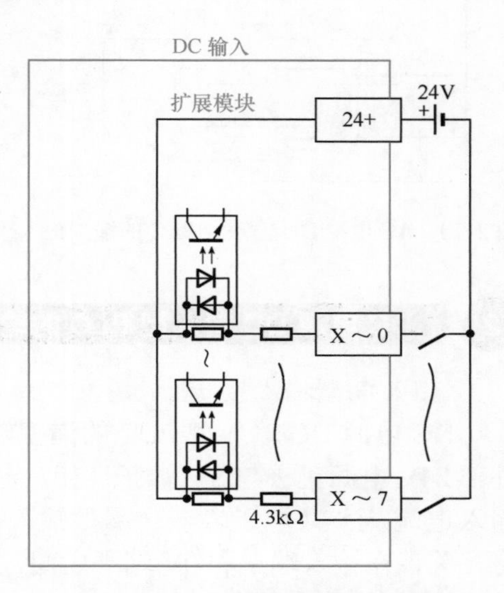

图 2-9　扩展模块的输入接线

2.2.3　三菱 FX_{3U}\FX_{3G} PLC 的输入端子接线

在三菱 FX_{1S}\$FX_{1N}$\$FX_{1NC}$\$FX_{2N}$\$FX_{2NC}$\$FX_{3UC}$ PLC 的输入端子中，COM 端子既作为公共端，又作为 0V 端，而在三菱 FX_{3U}\$FX_{3G}$ PLC 的输入端子取消了 COM 端子，增加了 S/S 端子和 0V 端子，其中 S/S 端子用作公共端。三菱 FX_{3U}\$FX_{3G}$ PLC 只有 AC 电源 DC 输入型和 DC 电源 DC 输入型两种类型，每种类型又分为漏型输入接线和源型输入接线。

1　AC 电源 DC 输入型 PLC 的输入接线

（1）漏型输入接线

AC 电源 DC 输入型 PLC 的漏型输入接线如图 2-10 所示。在漏型输入接线时，将 24V 端子与 S/S 端子连接，再将开关接在输入端子和 0V 端子之间，开关闭合时有电流流过输入电路，电流途径是：24V 端子→ S/S 端子→ PLC 内部光电耦合器→输入端子→ 0V 端子。电流由 PLC 输入端的公共端子（S/S 端）输入，将这种输入方式称为漏型输入，为了方便记忆理解，可将公共端子理解为漏极，电流从公共端输入就是漏型输入。

（2）源型输入接线

AC 电源 DC 输入型 PLC 的源型输入接线如图 2-11 所示。在源型输入接线时，将 0V 端子与 S/S 端子连接，再将开关接在输入端子和 24V 端子之间，开关闭合时有电流流过输入电路，电流途径是：24V 端子→开关→输入端子→ PLC 内部光电耦合器→ S/S 端子→ 0V 端子。电流由 PLC 的输入端子输入，将这种输入方式称为源型输入，为了方便记忆理解，可将输入端子理解为源极，电流从输入端子输入就是源型输入。

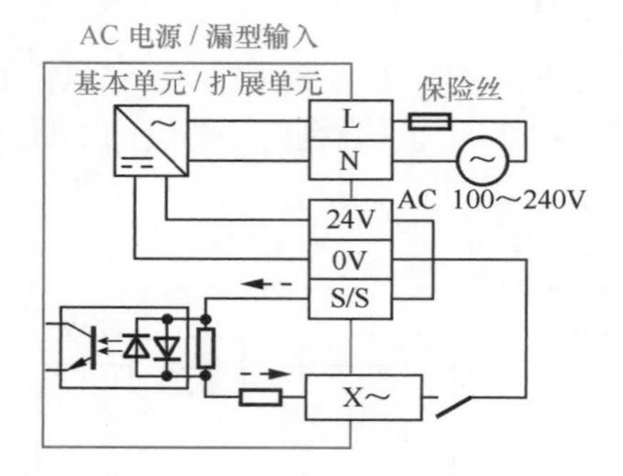

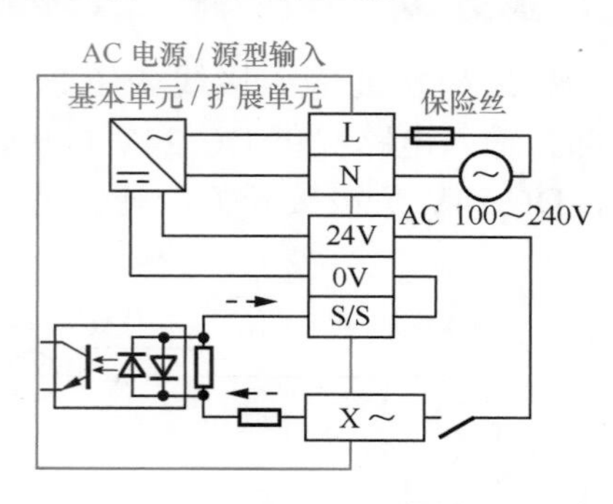

图 2-10　AC 电源 DC 输入型 PLC 的漏型输入接线　　图 2-11　AC 电源 DC 输入型 PLC 的源型输入接线

2　DC 电源 DC 输入型 PLC 的输入接线

（1）漏型输入接线

DC 电源 DC 输入型 PLC 的漏型输入接线如图 2-12 所示。在漏型输入接线时，将外部 24V 电源正极与 S/S 端子连接，将开关接在输入端子和外部 24V 电源的负极之间，输入电流从公共端子输入（漏型输入）。也可以将 24V 端子与 S/S 端子连接起来，再将开关接在输入端子和 0V 端子之间，但这样做会使从电源端子进入 PLC 的电流增大，从而增大 PLC 出现故障的概率。

（2）源型输入接线

DC 电源 DC 输入型 PLC 的源型输入接线如图 2-13 所示。在源型输入接线时，将外部 24V 电源负极与 S/S 端子连接，再将开关接在输入端子和外部 24V 电源正极之间，输入电流从输入端子输入（源型输入）。

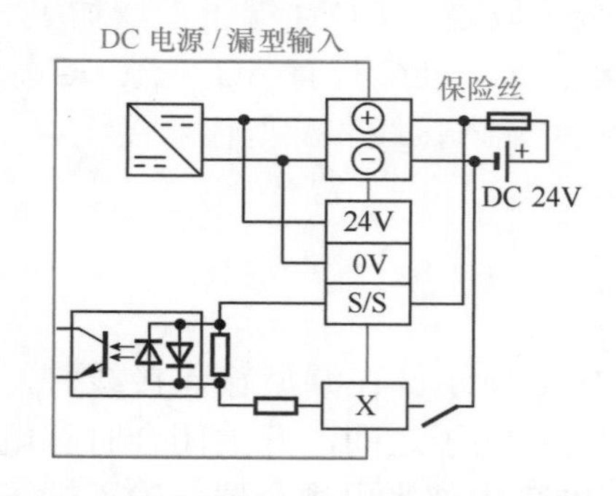

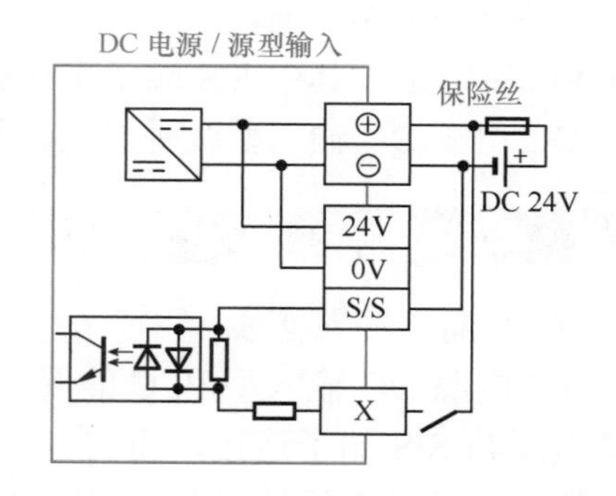

图 2-12　DC 电源 DC 输入型 PLC 的漏型输入接线　　图 2-13　DC 电源 DC 输入型 PLC 的源型输入接线

2.2.4　无触点接近开关与 PLC 输入端子的接线

PLC 的输入端子除了可以接普通有触点的开关外，还可以接一些无触点开关，如无触点接近开关，如图 2-14（a）所示，当金属体靠近探测头时，内部的晶体管导通，相当于开关闭合。根据晶体管不同，无触点接近开关可分为 NPN 型和 PNP 型，根据引出线数量不同，可分为 2 线式和 3 线式，无触点接近开关常用图 2-14（b）、（c）所示的符号表示。

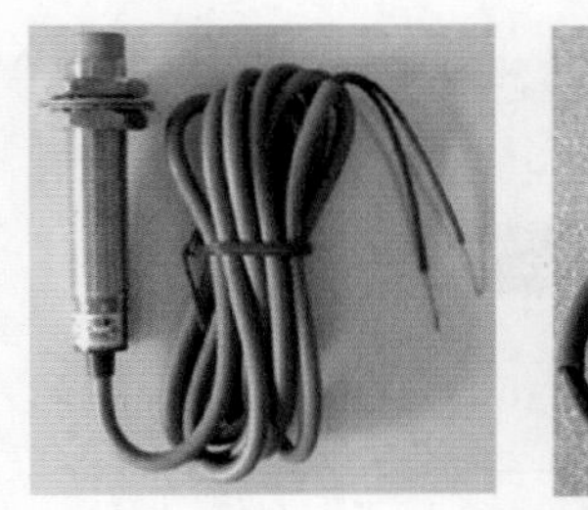

（a）无触点接近开关

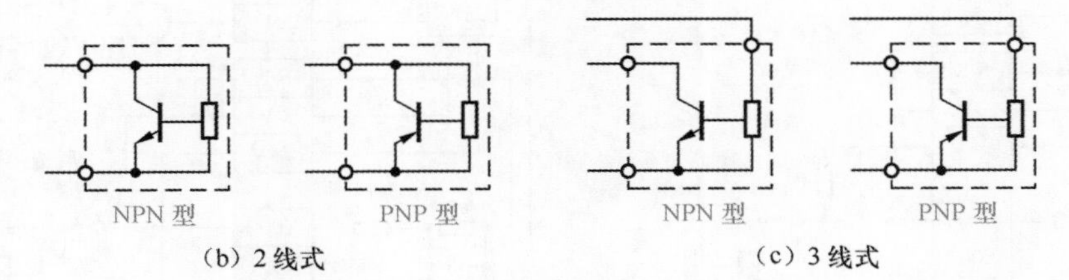

（b）2 线式　　（c）3 线式

图 2-14　无触点接近开关的符号

1　3 线式无触点接近开关的接线

3 线式无触点接近开关的接线如图 2-15 所示。

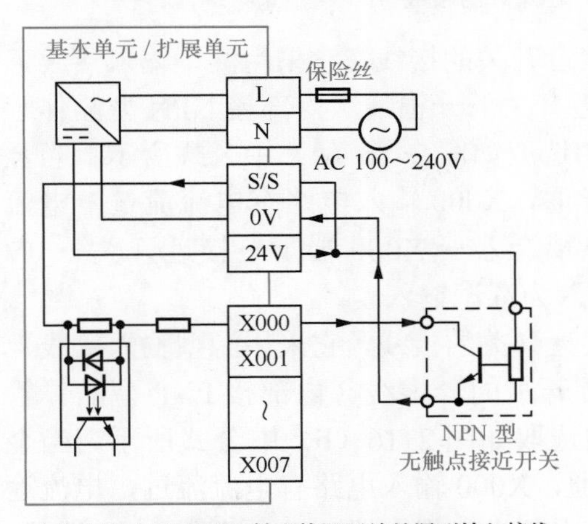

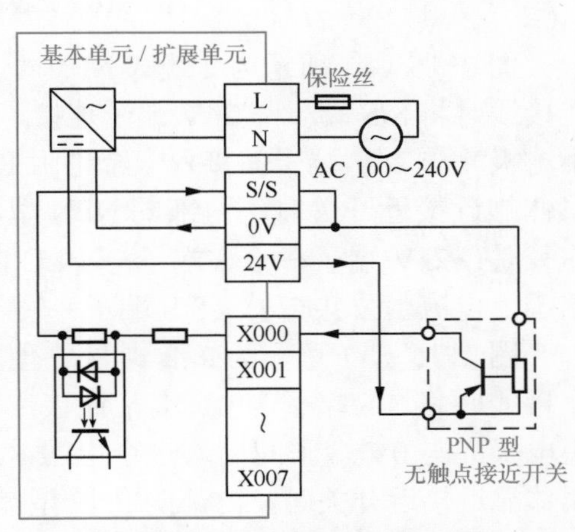

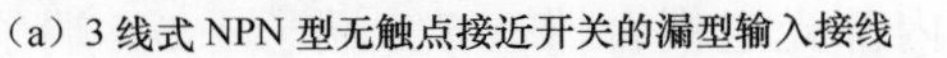

（a）3 线式 NPN 型无触点接近开关的漏型输入接线　　（b）3 线式 PNP 型无触点接近开关的源型输入接线

图 2-15　3 线式无触点接近开关的接线

图 2-15（a）所示为 3 线式 NPN 型无触点接近开关的接线，它采用漏型输入接线，在接线时将 S/S 端子与 24V 端子连接，当金属体靠近接近开关时，内部的 NPN 型晶体管导通，X000 输入电路有电流流过，电流途径是：24V 端子→ S/S 端子→ PLC 内部光电耦合器→ X000 端子→接近开关→ 0V 端子，电流由公共端子（S/S 端子）输入，此输入为漏型输入。

图 2-15（b）所示为 3 线式 PNP 型无触点接近开关的接线，它采用源型输入接线，在接线时将 S/S 端子与 0V 端子连接，当金属体靠近接近开关时，内部的 PNP 型晶体

管导通，X000 输入电路有电流流过，电流途径是：24V 端子→接近开关→ X000 端子→ PLC 内部光电耦合器→ S/S 端子→ 0V 端子，电流由输入端子（X000 端子）输入，此输入为源型输入。

2　2 线式无触点接近开关的接线

2 线式无触点接近开关的接线如图 2-16 所示。

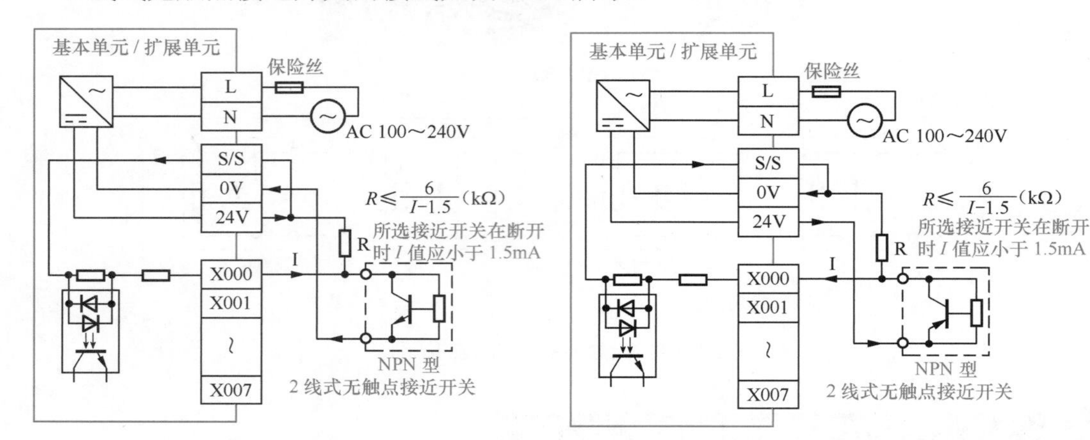

（a）2 线式 NPN 型无触点接近开关的漏型输入接线　　（b）2 线式 PNP 型无触点接近开关的源型输入接线

图 2-16　2 线式无触点接近开关的接线

图 2-16（a）所示为 2 线式 NPN 型无触点接近开关的接线，它采用漏型输入接线，在接线时将 S/S 端子与 24V 端子连接，再在接近开关的一根线（内部接 NPN 型晶体管集电极）与 24V 端子间接入一个电阻 R，*R* 值的选取如图 2-16（a）中公式所示。当金属体靠近接近开关时，内部的 NPN 型晶体管导通，X000 输入电路有电流流过，电流途径是：24V 端子→ S/S 端子→ PLC 内部光电耦合器→ X000 端子→接近开关→ 0V 端子，电流由公共端子（S/S 端子）输入，此输入为漏型输入。

图 2-16（b）所示为 2 线式 PNP 型无触点接近开关的接线，它采用源型输入接线，在接线时将 S/S 端子与 0V 端子连接，再在接近开关的一根线（内部接 PNP 型晶体管集电极）与 0V 端子间接入一个电阻 R，*R* 值的选取如图 2-16（b）中公式所示。当金属体靠近接近开关时，内部的 PNP 型晶体管导通，X000 输入电路有电流流过，电流途径是：24V 端子→接近开关→ X000 端子→ PLC 内部光电耦合器→ S/S 端子→ 0V 端子，电流由输入端子（X000 端子）输入，此输入为源型输入。

2.2.5　三菱 FX 系列 PLC 的输出端子接线

PLC 的输出类型有继电器输出、晶体管输出和晶闸管输出，对于不同输出类型的 PLC，其输出端子接线应按照相应的接线方式进行接线。

1　继电器输出型 PLC 的输出端子接线

继电器输出型是指 PLC 输出端子内部采用继电器触点开关，当触点闭合时表示输出为 ON，触点断开时表示输出为 OFF。继电器输出型 PLC 的输出端子接线如图 2-17 所示。

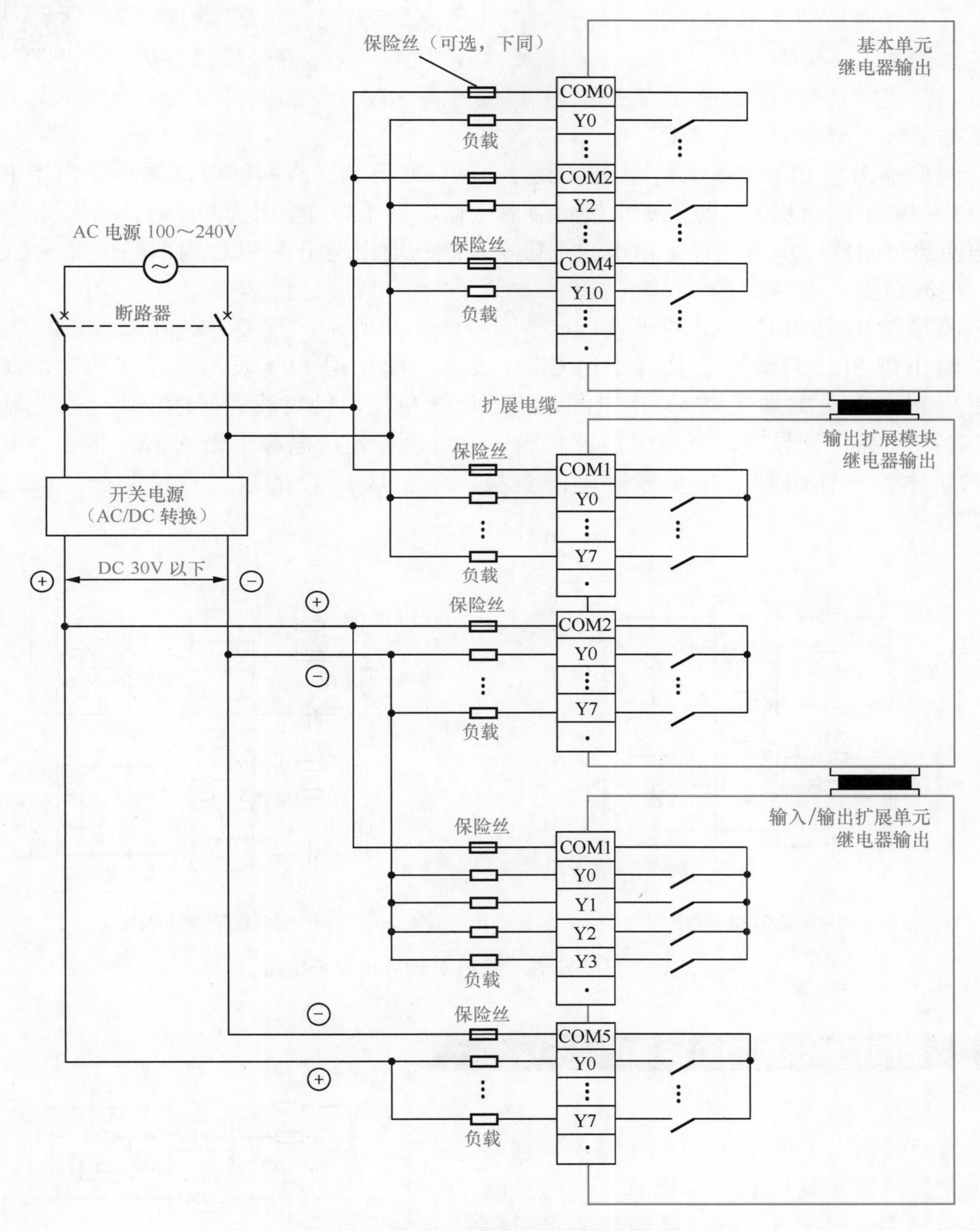

图 2-17　继电器输出型 PLC 的输出端子接线

由于继电器的触点无极性，故输出端使用的负载电源既可使用交流电源（AC 100～240V），也可使用直流电源（DC 30V 以下）。在接线时，将电源与负载串接起来，再接在输出端子和公共端子之间，当 PLC 输出端内部的继电器触点闭合时，输出电路形成回路，有电流流过负载（如线圈、灯泡等）。

2 晶体管输出型 PLC 的输出端子接线

晶体管输出型是指 PLC 输出端子内部采用晶体管，当晶体管导通时表示输出为 ON，晶体管截止时表示输出为 OFF。由于晶体管是有极性的，输出端使用的负载电源必须是直流电源（DC 5 ～ 30V），晶体管输出型具体又可分为漏型输出和源型输出。

漏型输出型 PLC 输出端子接线如图 2-18（a）所示。在接线时，漏型输出型 PLC 的公共端接电源负极，电源正极串接负载后接输出端子，当输出为 ON 时，晶体管导通，有电流流过负载，电流途径是：电源正极→负载→输出端子→ PLC 内部晶体管→ COM 端→电源负极。电流从 PLC 输出端的公共端子输出，称之为漏型输出。

源型输出型 PLC 输出端子接线如图 2-18（b）所示，三菱 FX_{3U}/FX_{3UC}/FX_{3G} 的晶体管输出型 PLC 的输出公共端不用 COM 表示，而是用 +V* 表示。在接线时，源型输出型 PLC 的公共端（+V*）接电源正极，电源负极串接负载后接输出端子，当输出为 ON 时，晶体管导通，有电流流过负载，电流途径是：电源正极→ +V* 端子→ PLC 内部晶体管→输出端子→负载→电源负极。电流从 PLC 的输出端子输出，称之为源型输出。

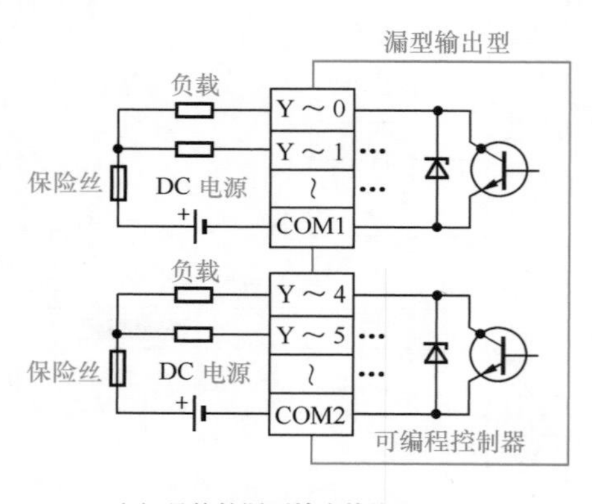

（a）晶体管漏型输出接线

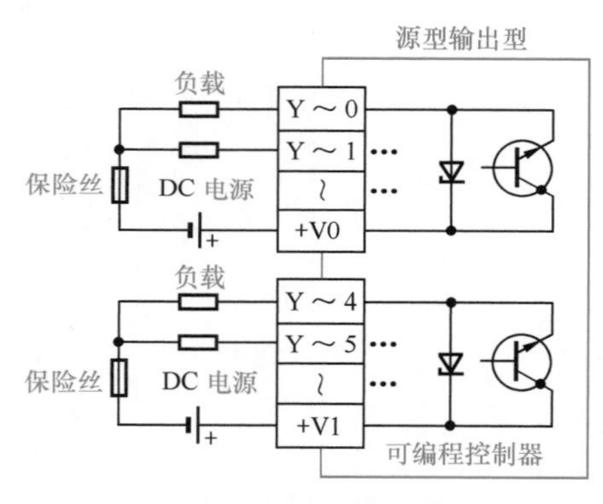

（b）晶体管源型输出接线

图 2-18　晶体管输出型 PLC 的输出端子接线

3 晶闸管输出型 PLC 的输出端子接线

晶闸管输出型是指 PLC 输出端子内部采用双向晶闸管（又称双向可控硅），当晶闸管导通时表示输出为 ON，晶闸管截止时表示输出为 OFF。晶闸管是无极性的，输出端使用的负载电源必须是交流电源（AC 100 ～ 240V）。晶闸管输出型 PLC 的输出端子接线如图 2-19 所示。

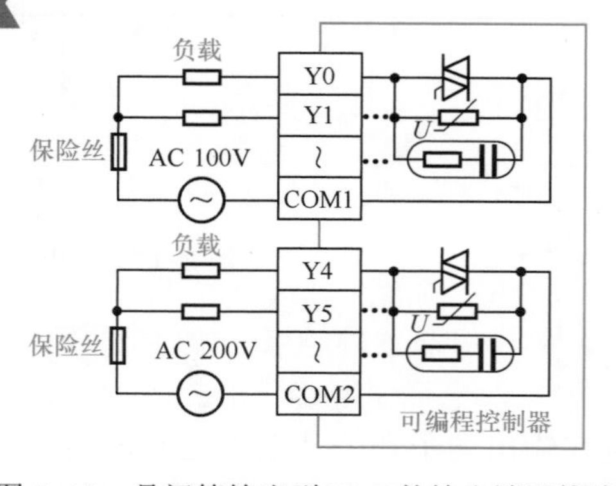

图 2-19　晶闸管输出型 PLC 的输出端子接线

2.3 三菱 FX 系列 PLC 的软元件说明

PLC 是在继电器控制线路基础上发展起来的，继电器控制线路有时间继电器、中间继电器等，而 PLC 内部也有类似的器件，由于这些器件以软件形式存在，故称为软元件。PLC 程序由指令和软元件组成，指令的功能是发出命令，软元件是指令的执行对象。比如，SET 为置 1 指令，Y000 是 PLC 的一种软元件（输出继电器），SET Y000 就是命令 PLC 的输出继电器 Y000 的状态变为 1。由此可见，编写 PLC 程序必须要了解 PLC 的指令及软元件。

PLC 的软元件很多，主要有输入继电器、输出继电器、辅助继电器、定时器、计数器、数据寄存器、常数等。三菱 FX 系列 PLC 分很多子系列，越高档的子系列，其支持的指令和软元件数量就越多。

2.3.1 输入继电器（X）和输出继电器（Y）

1 输入继电器（X）

输入继电器用于接收 PLC 输入端子送入的外部开关信号，它与 PLC 的输入端子连接，其表示符号为 X，按八进制方式编号，输入继电器与外部对应的输入端子编号是相同的。三菱 FX_{2N}-48M 型 PLC 外部有 24 个输入端子，其编号为 X000 ～ X007、X010 ～ X017、X020 ～ X027，内部有 24 个相同编号的输入继电器来接收这些端子输入的开关信号。

一个输入继电器可以有无数个编号相同的常闭触点和常开触点，当某个输入端子（如 X000）外接开关闭合时，PLC 内部相同编号输入继电器（X000）状态变为 ON，那么程序中相同编号的常开触点处于闭合，常闭触点处于断开。

2 输出继电器（Y）

输出继电器（常称输出线圈）用于将 PLC 内部开关信号送出，它与 PLC 输出端子连接，其表示符号为 Y，也按八进制方式编号，输出继电器与外部对应的输出端子编号是相同的。三菱 FX_{2N}-48M 型 PLC 外部有 24 个输出端子，其编号为 Y000 ～ Y007、Y010 ～ Y017、Y020 ～ Y027，内部有 24 个相同编号的输出继电器，这些输出继电器的状态由相同编号的外部输出端子送出。

一个输出继电器只有一个与输出端子连接的常开触点（又称硬触点），但在编程时可使用无数个编号相同的常开触点和常闭触点。当某个输出继电器（如 Y000）状态为 ON 时，它除了会使相同编号的输出端子内部的硬触点闭合外，还会使程序中的相同编号的常开触点闭合，常闭触点断开。

三菱 FX 系列 PLC 支持的输入继电器、输出继电器如表 2-3 所示。

表 2-3　三菱 FX 系列 PLC 支持的输入继电器、输出继电器

型号	FX_{1S}	FX_{1N}、FX_{1NC}	FX_{2N}、FX_{2NC}	FX_{3G}	FX_{3U}、FX_{3UC}
输入继电器	X000 ～ X017 （16 点）	X000 ～ X177 （128 点）	X000 ～ X267 （184 点）	X000 ～ X177 （128 点）	X000 ～ X367 （248 点）

续表

型号	FX_{1S}	FX_{1N}、FX_{1NC}	FX_{2N}、FX_{2NC}	FX_{3G}	FX_{3U}、FX_{3UC}
输出继电器	Y000 ~ Y015（14 点）	Y000 ~ Y177（128 点）	Y000 ~ Y267（184 点）	Y000 ~ Y177（128 点）	Y000 ~ Y367（248 点）

2.3.2　辅助继电器（M）

辅助继电器是 PLC 内部继电器，它与输入、输出继电器不同，不能接收输入端子送来的信号，也不能驱动输出端子。辅助继电器表示符号为 M，按十进制方式编号，如 M0 ~ M499、M500 ~ M1023 等。一个辅助继电器可以有无数个编号相同的常闭触点和常开触点。

辅助继电器分为四类：一般型、停电保持型、停电保持专用型和特殊用途型。三菱 FX 系列 PLC 支持的辅助继电器如表 2-4 所示。

表 2-4　三菱 FX 系列 PLC 支持的辅助继电器

型号	FX_{1S}	FX_{1N}、FX_{1NC}	FX_{2N}、FX_{2NC}	FX_{3G}	FX_{3U}、FX_{3UC}
一般型	M0 ~ M383（384 点）	M0 ~ M383（384 点）	M0 ~ M499（500 点）	M0 ~ M383（384 点）	M0 ~ M499（500 点）
停电保持型（可设成一般型）	无	无	M500 ~ M1023（524 点）	无	M500 ~ M1023（524 点）
停电保持专用型	M384 ~ M511（128 点）	M384 ~ M511（128 点，EEPROM 长久保持）M512 ~ M1535（1024 点，电容 10 天保持）	M1024 ~ M3071（2048 点）	M384 ~ M1535（1152 点）	M1024 ~ M7679（6656 点）
特殊用途型	M8000 ~ M8255（256 点）	M8000 ~ M8255（256 点）	M8000 ~ M8255（256 点）	M8000 ~ M8511（512 点）	M8000 ~ M8511（512 点）

1　一般型辅助继电器

一般型（又称通用型）辅助继电器在 PLC 运行时，如果电源突然停电，则全部线圈状态均变为 OFF。当电源再次接通时，除了因其他信号而变为 ON 的以外，其余的仍将保持 OFF 状态，没有停电保持功能。

三菱 FX_{2N} 系列 PLC 的一般型辅助继电器点数默认为 M0 ~ M499，也可以用编程软件将一般型设为停电保持型，设置方法如图 2-20 所示，在 GX Developer 软件的工程列表区双击参数项中的“PLC 参数”，弹出“FX 参数设置”对话框，切换到“软元件”选项卡，从辅助继电器一栏可以看出，系统默认 M500（起始）~ M1023（结束）范围内的辅助继电器具有锁存（停电保持）功能，如果将起始值改为 550，结束值仍为 1023，那么 M0 ~ M550 范围内的都是一般型辅助继电器。

从图 2-20 所示的对话框可以看出，不但可以设置辅助继电器停电保持点数，还可以设置状态继电器、定时器、计数器和数据寄存器的停电保持点数，编程时选择的 PLC 类型不同，该对话框的内容也有所不同。

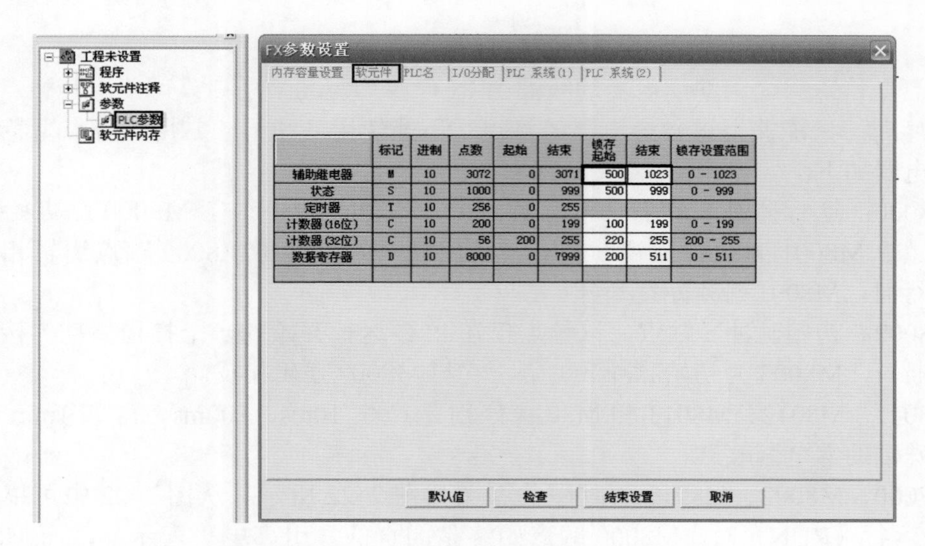

	标记	进制	点数	起始	结束	锁存起始	结束	锁存设置范围
辅助继电器	M	10	3072	0	3071	500	1023	0 - 1023
状态	S	10	1000	0	999	500	999	0 - 999
定时器	T	10	256	0	255			
计数器(16位)	C	10	200	0	199	100	199	0 - 199
计数器(32位)	C	10	56	200	255	220	255	200 - 255
数据寄存器	D	10	8000	0	7999	200	511	0 - 511

图 2-20　软元件停电保持（锁存）点数设置

2　停电保持型辅助继电器

停电保持型辅助继电器与一般型辅助继电器的区别主要在于，前者具有停电保持功能，即能记忆停电前的状态，并在重新通电后保持停电前的状态。FX_{2N} 系列 PLC 的停电保持型辅助继电器可分为停电保持型（M500 ～ M1023）和停电保持专用型（M1024 ～ M3071），停电保持专用型辅助继电器无法设成一般型。

下面以图 2-21 为例来说明一般型和停电保持型辅助继电器的区别。

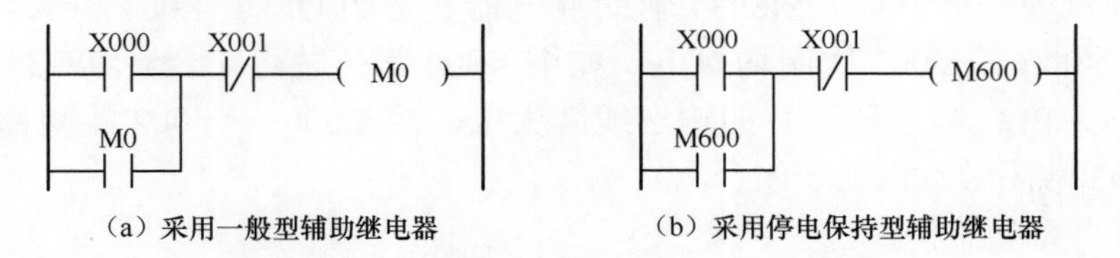

（a）采用一般型辅助继电器　　（b）采用停电保持型辅助继电器

图 2-21　一般型和停电保持型辅助继电器的区别

图 2-21（a）程序采用了一般型辅助继电器。在通电时，如果 X000 常开触点闭合，辅助继电器 M0 状态变为 ON（或称 M0 线圈得电），M0 常开触点闭合，在 X000 触点断开后锁住 M0 继电器的状态值；如果 PLC 出现停电，M0 继电器状态值变为 OFF，在 PLC 重新恢复供电时，M0 继电器状态仍为 OFF，M0 常开触点处于断开。

图 2-21（b）程序采用了停电保持型辅助继电器。在通电时，如果 X000 常开触点闭合，辅助继电器 M600 状态变为 ON，M600 常开触点闭合；如果 PLC 出现停电，M600 继电器状态值保持为 ON，在 PLC 重新恢复供电时，M600 继电器状态仍为 ON，M600 常开触点处于闭合。若重新供电时 X001 触点处于开路，则 M600 继电器状态为 OFF。

3　特殊用途型辅助继电器

FX_{2N} 系列中有 256 个特殊辅助继电器，可分成触点型和线圈型两大类。

（1）触点型特殊用途辅助继电器

触点型特殊用途辅助继电器的线圈由 PLC 自动驱动，用户只可使用其触点，即在编写程序时，只能使用这种继电器的触点，不能使用其线圈。常用的触点型特殊用途辅助继电器如下。

M8000：运行监视 a 触点（常开触点），在 PLC 运行中，M8000 触点始终处于接通状态；M8001 为运行监视 b 触点（常闭触点），它与 M8000 触点逻辑相反，在 PLC 运行时，M8001 触点始终断开。

M8002：初始脉冲 a 触点，该触点仅在 PLC 运行开始的一个扫描周期内接通，以后周期断开，M8003 为初始脉冲 b 触点，它与 M8002 逻辑相反。

M8011、M8012、M8013 和 M8014 分别是产生 10ms、100ms、1s 和 1min 时钟脉冲的特殊辅助继电器触点。

M8000、M8002、M8012 的时序关系图如图 2-22 所示。从图 2-22 中可以看出，在 PLC 运行（RUN）时，M8000 触点始终是闭合的（用高电平表示），而 M8002 触点仅闭合一个扫描周期，M8012 闭合 50ms 后接通 50ms，并且不断重复。

（2）线圈型特殊用途辅助继电器

线圈型特殊用途辅助继电器由用户程序驱动其线圈，使 PLC 执行特定的动作。常用的线圈型特殊用途辅助继电器如下。

M8030：电池 LED 熄灯。当 M8030 线圈得电（M8030 继电器状态为 ON）时，电池电压降低，发光二极管熄灭。

M8033：存储器保持停止。若 M8033 线圈得电（M8033 继电器状态值为 ON），PLC 停止时保持输出映象存储器和数据寄存器的内容。以图 2-23 所示的程序为例，当 X000 常开触点处于断开时，M8034 辅助继电器状态为 OFF，X001 ～ X003 常闭触点处于闭合使 Y000 ～ Y002 线圈均得电。如果 X000 常开触点闭合，M8034 辅助继电器状态变为 ON，PLC 马上让所有的输出线圈失电，故 Y000 ～ Y002 线圈都失电，即使 X001 ～ X003 常闭触点仍处于闭合。

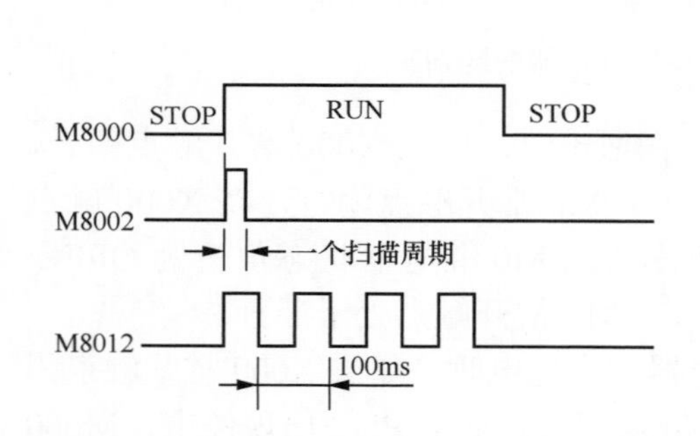

图 2-22　M8000、M8002、M8012 的时序关系图

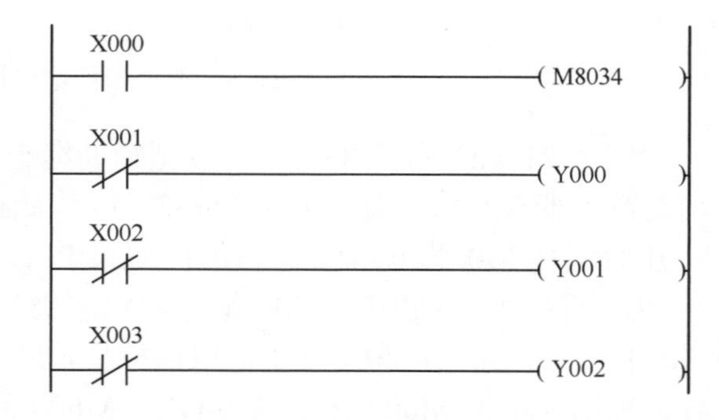

图 2-23　线圈型特殊用途辅助继电器的使用举例

M8034：所有输出禁止。若 M8034 线圈得电（即 M8034 继电器状态为 ON），PLC 的输出全部禁止。

M8039：恒定扫描模式。若 M8039 线圈得电（即 M8039 继电器状态为 ON），PLC 按数据寄存器 D8039 中指定的扫描时间工作。

2.3.3　状态继电器（S）

状态继电器是编制步进程序的重要软元件，与辅助继电器一样，可以有无数个常开触点和常闭触点，其表示符号为 S，按十进制方式编号，如 S0 ～ S9、S10 ～ S19、S20 ～ S499 等。

状态器继电器可分为初始状态型、一般型和报警用途型。对于未在步进程序中使用的状态继电器，可以当成辅助继电器一样使用，如图 2-24 所示，当 X001 触点闭合时，S10 线圈得电（即 S10 继电器状态为 ON），S10 常开触点闭合。状态器继电器主要用在步进顺序程序中，其详细用法见第 5 章。

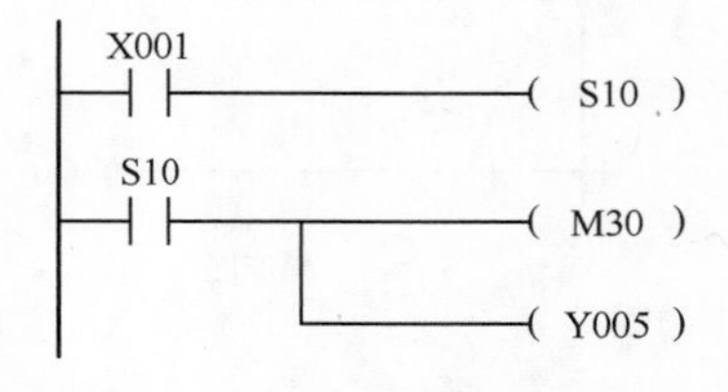

图 2-24　未使用的状态继电器可以当成辅助继电器一样使用

三菱 FX 系列 PLC 支持的状态继电器如表 2-5 所示。

表 2-5　三菱 FX 系列 PLC 支持的状态继电器

型号	FX_{1S}	FX_{1N}、FX_{1NC}	FX_{2N}、FX_{2NC}	FX_{3G}	FX_{3U}、FX_{3UC}
初始状态用	S0 ～ S9 （停电保持专用）	S0 ～ S9 （停电保持专用）	S0 ～ S9	S0 ～ S9 （停电保持专用）	S0 ～ S9
一般用	S10 ～ S127 （停电保持专用）	S10 ～ S127 （停电保持专用） S128 ～ S999 （停电保持专用，电容 10 天保持）	S10 ～ S499 S500 ～ S899 （停电保持）	S10 ～ S999 （停电保持专用） S1000 ～ S4095	S10 ～ S499 S500 ～ S899 （停电保持） S1000 ～ S4095 （停电保持专用）
信号报警用	无		S900 ～ S999 （停电保持）	无	S900 ～ S999 （停电保持）

备注：停电保持型可以设成非停电保持型，非停电保持型也可设成停电保持型（FX_{3G} 型需安装选配电池，才能将非停电保持型设成停电保持型）；停电保持专用型采用 EEPROM 或电容供电保存，不可设成非停电保持型。

2.3.4　定时器（T）

定时器是用于计算时间的继电器，它可以有无数个常开触点和常闭触点，其定时单位有 **1ms**、**10ms** 和 **100ms** 三种。定时器表示符号为 T，为十进制方式。定时器分为普通型定时器（又称一般型）和停电保持型定时器（又称累计型或积算型定时器）。

三菱 FX 系列 PLC 支持的定时器如表 2-6 所示。

表 2-6　三菱 FX 系列 PLC 支持的定时器

PLC 系列	FX_{1S}	FX_{1N}，FX_{1NC}，FX_{2N}，FX_{2NC}	FX_{3G}	FX_{3U}，FX_{3UC}
1ms 普通型定时器 （0.001 ～ 32.767s）	T31，1 点	—	T256 ～ T319，64 点	T256 ～ T511，256 点
100ms 普通型定时器 （0.1 ～ 3276.7s）	T0 ～ 62，63 点	T0 ～ 199，200 点		
10ms 普通型定时器 （0.01 ～ 327.67s）	T32 ～ C62，31 点	T200 ～ T245，46 点		
1ms 停电保持型定时器 （0.001 ～ 32.767s）	—	T246 ～ T249，4 点		
100ms 停电保持型定时器 （0.1 ～ 3276.7s）	—	T250 ～ T255，6 点		

普通型定时器和停电保持型定时器的区别说明如图 2-25 所示。

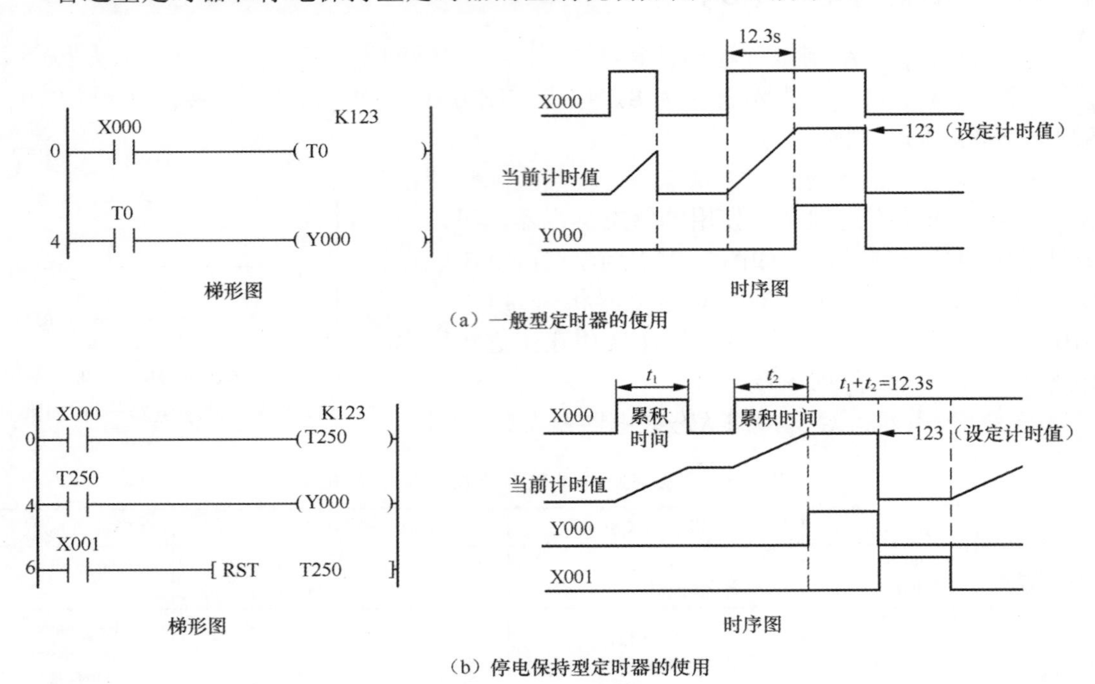

图 2-25　普通型定时器和停电保持型定时器的区别说明

图 2-25（a）梯形图中的定时器 T0 为 100ms 普通型定时器，其设定计时值为 123（123×0.1s=12.3s）。当 X000 触点闭合时，T0 定时器输入为 ON 开始计时，如果当前计时值未到 123 时，T0 定时器输入变为 OFF（X000 触点断开），定时器 T0 马上停止计时，并且当前计时值复位为 0。当 X000 触点再闭合时，T0 定时器重新开始计时，当计时值到达 123 时，定时器 T0 的状态变为 ON，T0 常开触点闭合，Y000 线圈得电。普通型定时器的计时值到达设定值时，如果其输入仍为 ON，定时器的计时值保持设定值不变，当输入变为 OFF 时，其状态值变为 OFF，同时当前计时变为 0。

图 2-25（b）梯形图中的定时器 T250 为 100ms 停电保持型定时器，其设定计时值为 123（123×0.1s=12.3s）。当 X000 触点闭合时，T0 定时器开始计时，如果当前计时值未到 123 时出现 X000 触点断开或 PLC 断电，定时器 T250 停止计时，但当前计时值保持。当 X000 触点再闭合或 PLC 恢复供电时，定时器 T250 在先前保持的计时值基础上继续计时，直到累积计时值达到 123 时，定时器 T250 的状态值变为 ON，T250 常开触点闭合，Y000 线圈得电。停电保持型定时器的计时值到达设定值时，不管其输入是否为 ON，其状态值仍保持为 ON，当前计时值也保持设定值不变，直到用 RST 指令对其进行复位，状态值才变为 OFF，当前计时值才复位为 0。

2.3.5　计数器（C）

计数器是一种具有计数功能的继电器，它可以有无数个常开触点和常闭触点。计数器可分为加计数器和加 / 减双向计数器。计数器表示符号为 C，编号为十进制方式，计数器可分为普通型计数器和停电保持型计数器。

三菱 FX 系列 PLC 支持的计数器如表 2-7 所示。

表 2-7　三菱系列 PLC 支持的计数器

PLC 系列	FX_{1S}	FX_{1N}，FX_{1NC}，FX_{3G}	FX_{2N}，FX_{2NC}，FX_{3U}，FX_{3UC}
普通型 16 位加计数器（0 ～ 32767）	C0 ～ C15，16 点	C0 ～ C15，16 点	C0 ～ C99，100 点
停电保持型 16 位加计数器（0 ～ 32767）	C16 ～ C31，16 点	C16 ～ C199，184 点	C100 ～ C199，100 点
普通型 32 位加 / 减计数器（-2147483648 ～ +2147483647）	—	C200 ～ C219，20 点	
停电保持型 32 位加 / 减计数器（-2147483648 ～ +2147483647）	—	C220 ～ C234，15 点	

1　加计数器的使用

加计数器的使用说明如图 2-26 所示，C0 是一个普通型的 16 位加计数器。当 X010 触点闭合时，RST 指令将 C0 计数器复位（状态值变为 OFF，当前计数值变为 0），X010 触点断开后，X011 触点每闭合断开一次（产生一个脉冲），计数器 C0 的当前计数值就递增 1，X011 触点第 10 次闭合时，C0 计数器的当前计数值达到设定计数值 10，其状态值马上变为 ON，C0 常开触点闭合，Y000 线圈得电。当计数器的计数值达到设定值后，即使再输入脉冲，其状态值和当前计数值都保持不变，直到用 RST 指令将计数器复位。

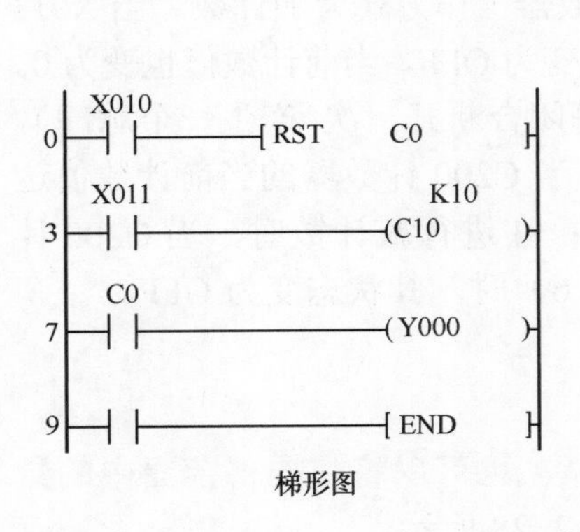

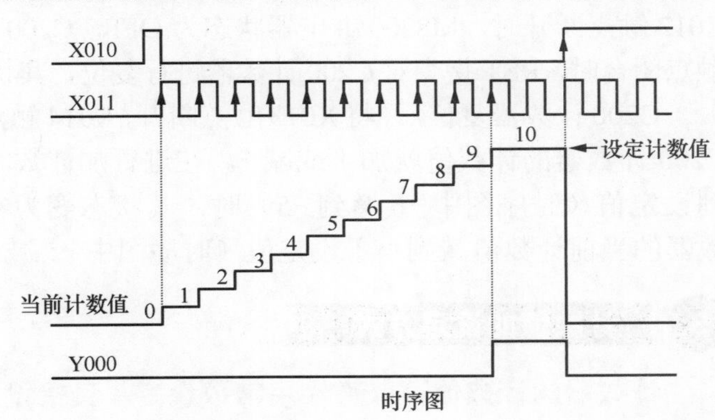

图 2-26　加计数器的使用说明

停电保持型计数器的使用方法与普通型计数器基本相似，两者的区别主要在于：普通型计数器在 PLC 停电时状态值和当前计数值会被复位，上电后重新开始计数，而停电保持型计数器在 PLC 停电时会保持停电前的状态值和计数值，上电后会在先前保持的计数值基础上继续计数。

2　加 / 减计数器的使用

三菱 FX 系列 PLC 的 C200 ～ C234 为加 / 减计数器，这些计数器既可以加计数，也可以减计数，进行何种计数方式分别受特殊辅助继电器 M8200 ～ M8234 控制，即

C200 计数器的计数方式受 M8200 辅助继电器控制，M8200=1（M8200 状态为 ON）时，C200 计数器进行减计数，M8200=0 时，C200 计数器进行加计数。

加 / 减计数器在计数值达到设定值后，如果仍有脉冲输入，其计数值会继续增加或减少，在加计数达到最大值 2147483647 时，再来一个脉冲，计数值会变为最小值 -2147483648，在减计数达到最小值 -2147483648 时，再来一个脉冲，计数值会变为最大值 2147483647，所以加 / 减计数器是环形计数器。在计数时，不管加 / 减计数器进行的是加计数还是减计数，只要其当前计数值小于设定计数值，计数器的状态就为 OFF，若当前计数值大于或等于设定计数值，计数器的状态为 ON。

加 / 减计数器的使用说明如图 2-27 所示。

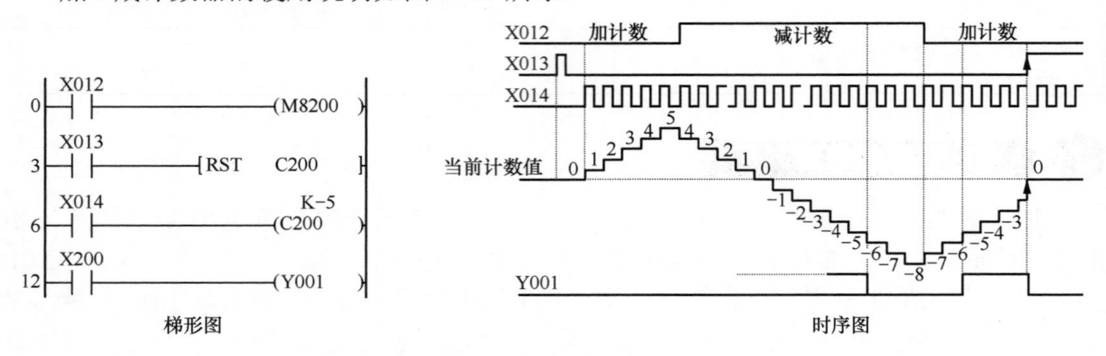

图 2-27　加 / 减计数器的使用说明

当 X012 触点闭合时，M8200 继电器状态为 ON，C200 计数器工作方式为减计数，X012 触点断开时，M8200 继电器状态为 OFF，C200 计数器工作方式为加计数。当 X013 触点闭合时，RST 指令对 C200 计数器进行复位，其状态变为 OFF，当前计数值也变为 0。

C200 计数器复位后，将 X013 触点断开，X014 触点每闭合断开一次（产生一个脉冲），C200 计数器的计数值就加 1 或减 1。在进行加计数时，当 C200 计数器的当前计数值达到设定值（时序图中 -6 增到 -5）时，其状态变为 ON；在进行减计数时，当 C200 计数器的当前计数值减到小于设定值（时序图中 -5 减到 -6）时，其状态变为 OFF。

3　计数值的设定方式

计数器的计数值可以直接用常数设定（直接设定），也可以将数据寄存器中的数值设为计数值（间接设定）。计数器的计数值设定如图 2-28 所示。

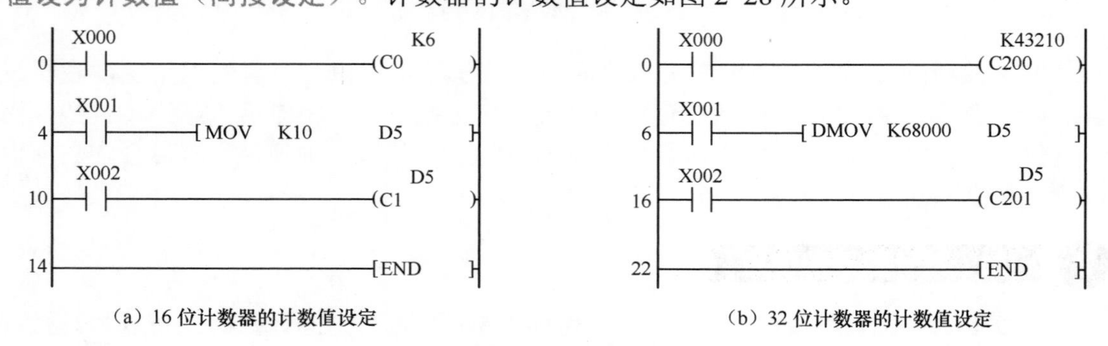

图 2-28　计数器的计数值设定

16位计数器的计数值设定如图2-28（a）所示，C0计数器的计数值采用直接设定方式，直接将常数6设为计数值，C1计数器的计数值采用间接设定方式，先用MOV指令将常数10传送到数据寄存器D5中，然后将D5中的值指定为计数值。

32位计数器的计数值设定如图2-28（b）所示，C200计数器的计数值采用直接设定方式，直接将常数43210设为计数值，C201计数器的计数值采用间接设定方式，由于计数值为32位，故需要先用DMOV指令（32位数据传送指令）将常数68000传送到两个16位数据寄存器D6、D5中，然后将D6、D5中的值指定为计数值，在编程时只需输入低编号数据寄存器，相邻高编号数据寄存器会自动占用。

2.3.6 高速计数器

前面介绍的普通计数器的计数速度较慢，它与PLC的扫描周期有关，一个扫描周期内最多只能加1或减1，如果一个扫描周期内有多个脉冲输入，也只能计1，这样会出现计数不准确，为此PLC内部专门设置了与扫描周期无关的高速计数器（HSC），用于对高速脉冲进行计数。三菱FX_{3U}/FX_{3UC}型PLC最高可对100kHz高速脉冲进行计数，其他型号PLC最高计数频率也可达60kHz。

三菱FX系列PLC有C235～C255共21个高速计数器（均为32位加/减环形计数器），这些计数器使用X000～X007共8个端子作为计数输入或控制端子，这些端子对不同的高速计数器有不同的功能定义，一个端子不能被多个计数器同时使用。三菱FX系列PLC的高速计数器及使用端子的功能定义见表2-8。

表2-8 三菱FX系列PLC的高速计数器及使用端子的功能定义

高速计数器及使用端子	单相单输入计数器											单相双输入计数器					双相双输入计数器				
	无启动/复位控制功能						有启动/复位控制功能														
	C235	C236	C237	C238	C239	C240	C241	C242	C243	C244	C245	C246	C247	C248	C249	C250	C251	C252	C253	C254	C255
X000	U/D						U/D			U/D		U	U		U		A	A		A	
X001		U/D					R			R		D	D		D		B	B		B	
X002			U/D					U/D			U/D		R		R			R		R	
X003				U/D				R			R			U		U			A		A
X004					U/D				U/D					D		D			B		B
X005						U/D			R					R		R			R		R
X006										S					S					S	
X007											S					S					S

说明：U/D-加计数输入/减计数输入；R-复位输入；S-启动输入；A-A相输入；B-B相输入

（1）单相单输入高速计数器（C235～C245）

单相单输入高速计数器可分为无启动/复位控制功能的计数器（C235～C240）和有启动/复位控制功能的计数器（C241～C245）。**C235～C245计数器的加、减计数方式分别由M8235～M8245特殊辅助继电器的状态决定，状态为ON时，计数器进行减计数；状态为OFF时，计数器进行加计数。**

单相单输入高速计数器的使用举例如图 2-29 所示。

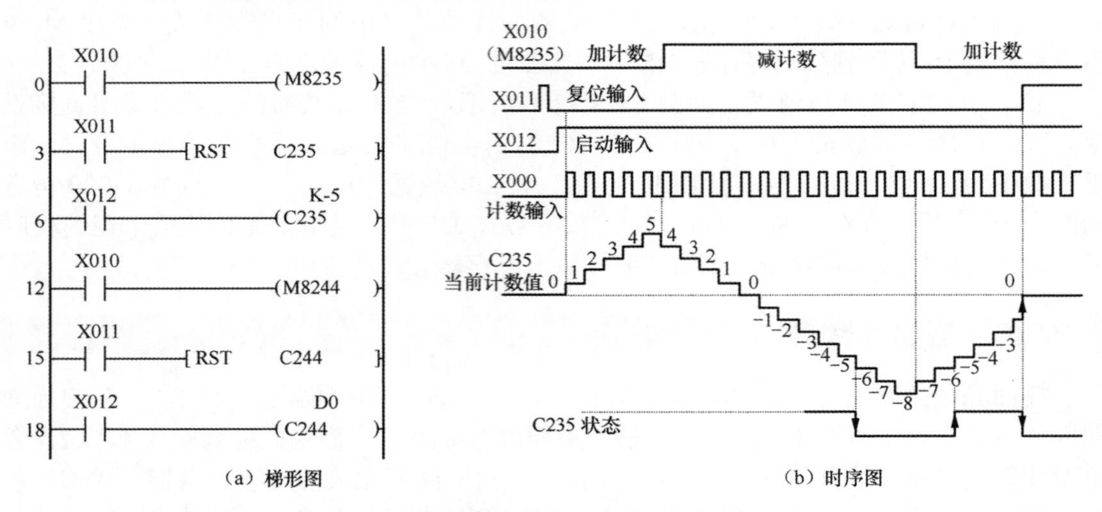

（a）梯形图　　（b）时序图

图 2-29　单相单输入高速计数器的使用举例

从图 2-29（a）程序可以看出，计数器 C244 采用与 C235 相同的触点控制，但 C244 属于有专门启动 / 复位控制的计数器，当 X012 触点闭合时，C235 计数器输入为 ON 马上开始计数，而同时 C244 计数器输入也为 ON 但不会开始计数，只有 X006 端子（C244 的起动控制端）输入为 ON 时，C244 才开始计数，数据寄存器 D1、D0 中的值被指定为 C244 的设定计数值，高速计数器是 32 位计数器，其设定值占用两个数据寄存器，编程时只要输入低位寄存器。对 C244 计数器复位有两种方法：一是执行 RST 指令（让 X011 触点闭合），二是让 X001 端子（C244 的复位控制端）输入为 ON。

从图 2-29（b）中可以看出，在计数器 C235 输入为 ON（X012 触点处于闭合）期间，C235 对 X000 端子（程序中不出现）输入的脉冲进行计数；如果辅助继电器 M8235 状态为 OFF（X010 触点处于断开），C235 进行加计数；若 M8235 状态为 ON（X010 触点处于闭合），C235 进行减计数。在计数时，不管 C235 进行加计数还是减计数，如果当前计数值小于设定计数值 -5，C235 的状态值就为 OFF；如果当前计数值大于或等于 -5，C235 的状态值就为 ON；如果 X011 触点闭合，RST 指令会将 C235 复位，C235 当前值变为 0，状态值变为 OFF。

（2）单相双输入高速计数器（C246 ～ C250）

单相双输入高速计数器有两个计数输入端：一个为加计数输入端，另一个为减计数输入端。当加计数端输入上升沿时进行加计数，当减计数端输入上升沿时进行减计数。C246 ～ C250 高速计数器当前的计数方式可通过 M80246 ～ M80250 的状态来了解，状态为 ON 表示正在进行减计数，状态为 OFF 表示正在进行加计数。

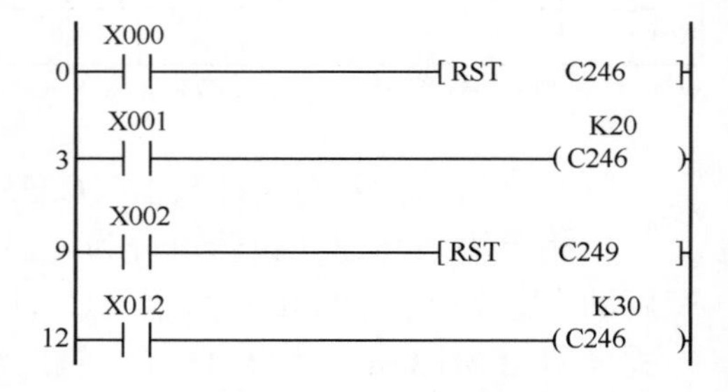

图 2-30　单相双输入高速计数器的使用举例

单相双输入高速计数器的使用举例如图 2-30 所示。当 X012 触点闭合时，C246 计数器启动计数，若 X000 端子输入脉冲，C246 进行加计数，若 X001 端子输入脉冲，C246 进行减计数。只有在 X012 触点闭合并且 X006 端子（C249 的启动控制端）输入为 ON 时，C249 才开始计数。X000 端子输入脉冲时，C249 进行加计数；X001 端子输入脉冲时，C249 进行减计数。C246 计数器可使用 RST 指令复位，C249 既可使用 RST 指令复位，也可以让 X002 端子（C249 的复位控制端）输入为 ON 来复位。

（3）双相双输入高速计数器（C251 ～ C255）

双相双输入高速计数器有两个计数输入端：一个为 A 相输入端，另一个为 B 相输入端。在 A 相输入为 ON 时，B 相输入上升沿进行加计数，B 相输入下降沿进行减计数。

双相双输入高速计数器的使用举例如图 2-31 所示。

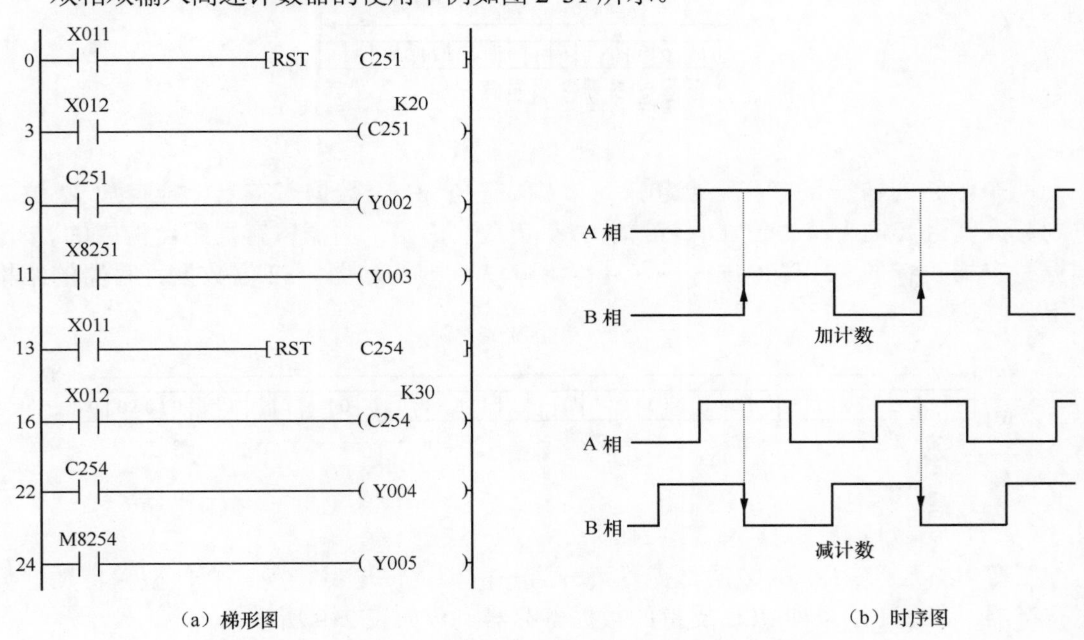

（a）梯形图 （b）时序图

图 2-31 双相双输入高速计数器的使用举例

当 C251 计数器输入为 ON（X012 触点闭合）时，启动计数，在 A 相脉冲（由 X000 端子输入）为 ON 时对 B 相脉冲（由 X001 端子输入）进行计数，B 相脉冲上升沿来时进行加计数，B 相脉冲下降沿来时进行减计数。如果 A、B 相脉冲由两相旋转编码器提供，编码器正转时产生的 A 相脉冲相位超前 B 相脉冲，在 A 相脉冲为 ON 时 B 相脉冲只会出现上升沿，如图 2-31（b）所示，即编码器正转时进行加计数。在编码器反转时产生的 A 相脉冲相位落后 B 相脉冲，在 A 相脉冲为 ON 时 B 相脉冲只会出现下降沿，即编码器反转时进行减计数。

C251 计数器进行减计数时，M8251 继电器状态为 ON，M8251 常开触点闭合，Y003 线圈得电。在计数时，若 C251 计数器的当前计数值大于或等于设定计数值，C251 状态为 ON，C251 常开触点闭合，Y002 线圈得电。C251 计数器可用 RST 指令复位，让状态变为 OFF，将当前计数值清 0。

C254 计数器的计数方式与 C251 基本类似，但启动 C254 计数除了要求 X012 触点闭合（让 C254 输入为 ON）外，还须 X006 端子（C254 的启动控制端）输入为 ON。

C254 计数器既可使用 RST 指令复位，也可以让 X002 端子（C254 的复位控制端）输入为 ON 来复位。

2.3.7　数据寄存器（D）

数据寄存器是用来存放数据的软元件，其表示符号为 D，按十进制编号。一个数据寄存器可以存放 16 位二进制数，其最高位为符号位（符号位为 0：正数；符号位为 1：负数），一个数据寄存器可存放 -32768 ～ +32767 范围的数据。16 位数据寄存器的结构如下。

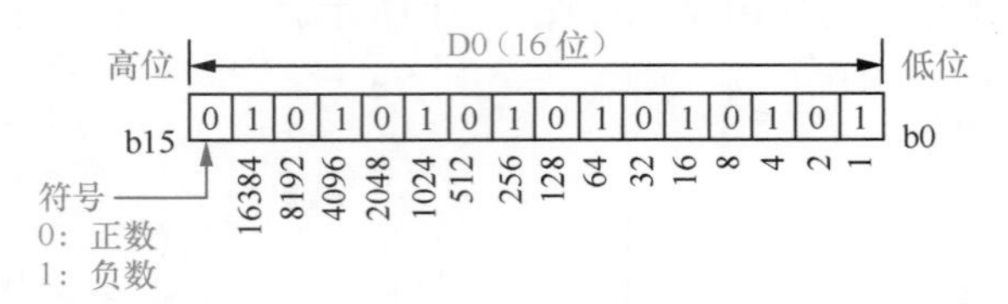

两个相邻的数据寄存器组合起来可以构成一个 32 位数据寄存器，能存放 32 位二进制数，其最高位为符号位（0：正数；1：负数），两个数据寄存器组合构成的 32 位数据寄存器可存放 -2147483648 ～ +2147483647 范围的数据。32 位数据寄存器的结构如下。

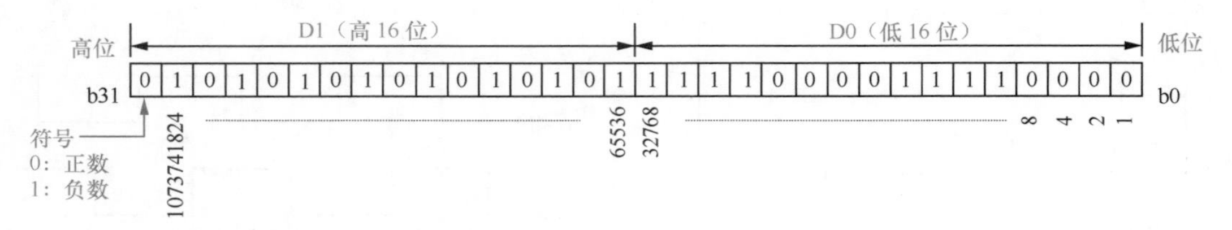

三菱 FX 系列 PLC 的数据寄存器可分为一般型、停电保持型、文件型和特殊型数据寄存器。三菱 FX 系列 PLC 支持的数据寄存器点数如表 2-9 所示。

表 2-9　三菱 FX 系列 PLC 支持的数据寄存器点数

PLC 系列	FX_{1S}	FX_{1N}，FX_{1NC}，FX_{3G}	FX_{2N}，FX_{2NC}，FX_{3U}，FX_{3UC}
一般型数据寄存器	D0 ～ D127，128 点	D0 ～ D127，128 点	D0 ～ D199，200 点
停电保持型数据寄存器	D128 ～ D255，128 点	D128 ～ D7999，7872 点	D200 ～ D7999，7800 点
文件型数据寄存器	D1000 ～ D2499，1500 点	D1000 ～ D7999, 7000 点	
特殊型数据寄存器	D8000 ～ D8255，256 点（FX_{1S}/FX_{1N}/FX_{1NC}/FX_{2N}/FX_{2NC}） D8000 ～ D8511，512 点（FX_{3G}/FX_{3U}/FX_{3UC}）		

（1）一般型数据寄存器

当 PLC 从 RUN 模式进入 STOP 模式时，所有一般型数据寄存器的数据全部清 0，如果特殊辅助继电器 M8033 为 ON，则 PLC 从 RUN 模式进入 STOP 模式，一般型数据寄存器的值保持不变。程序中未用的定时器和计数器可以作为数据寄存器使用。

（2）停电保持型数据寄存器

停电保持型数据寄存器具有停电保持功能，当 PLC 从 RUN 模式进入 STOP 模式时，停电保持型寄存器的值保持不变。在编程软件中可以设置停电保持型数据寄存器的范围。

（3）文件型数据寄存器

文件型数据寄存器用来设置具有相同软元件编号的数据寄存器的初始值。PLC上电时和由STOP转换至RUN模式时，文件型数据寄存器中的数据被传送到系统的RAM的数据寄存器区。在GX Developer软件的“FX参数设置”对话框（见图2-20），切换到“内存容量设置”选项卡，从中可以设置文件型数据寄存器容量（以块为单位，每块500点）。

（4）特殊型数据寄存器

特殊型数据寄存器的作用是用来控制和监视PLC内部的各种工作方式和软元件，如扫描时间、电池电压等。在PLC上电和由STOP转换至RUN模式时，这些数据寄存器会被写入默认值。

2.3.8 变址寄存器（V、Z）

三菱FX系列PLC有V0～V7和Z0～Z7共16个变址寄存器，它们都是16位寄存器。变址寄存器V、Z实际上是一种特殊用途的数据寄存器，其作用是改变元件的编号（变址）。例如，V0=5，若执行D20V0，则实际被执行的元件为D25（D20+5）。变址寄存器可以像其他数据寄存器一样进行读/写，需要进行32位操作时，可将V、Z串联使用（Z为低位，V为高位）。变址寄存器（V、Z）的详细使用见第6章。

2.3.9 常数（K、H）

常数有两种表示方式：一种是用十进制数表示，其表示符号为K，如K234表示十进制数234；另一种是用十六进制数表示，其表示符号为H，如H1B表示十六进制数1B，相当于十进制数27。

在用十进制数表示常数时，数值范围为：-32768～+32767（16位），-2147483648～+2147483647（32位）。在用十六进制数表示常数时，数值范围为：0～FFFF（16位），0～FFFFFFFF（32位）。

第3章 三菱PLC编程与仿真软件的使用

若PLC完成预定的控制功能，就必须为它编写相应的程序。PLC编程语言主要有梯形图语言、语句表语言和顺序功能图语言。

3.1 编程基础

3.1.1 编程语言

PLC是一种由软件驱动的控制设备，PLC软件由系统程序和用户程序组成。系统程序是由PLC制造厂商设计编制的，并写入PLC内部的ROM中，用户无法修改。用户程序是由用户根据控制需要编制的，并写入PLC存储器中。

写一篇相同内容的文章，既可以采用中文，也可以采用英文，还可以使用法文。同样，编制PLC用户程序也可以使用多种语言。PLC常用的编程语言有梯形图语言和语句表语言，其中梯形图语言为常用。

1 梯形图语言

梯形图语言采用类似传统继电器控制电路的符号，用梯形图语言编制的梯形图程序。它具有形象、直观、实用的特点，因此这种编程语言成为电气工程人员应用广泛的PLC的编程语言。

下面对相同功能的继电器控制电路与梯形图程序进行比较，如图3-1所示。

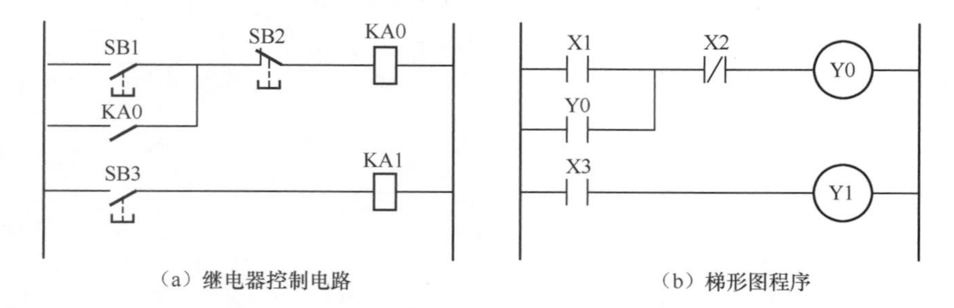

图3-1 继电器控制电路与梯形图程序比较

图3-1（a）所示为继电器控制电路，当SB1闭合时，继电器KA0线圈得电，KA0自锁触点闭合，锁定KA0线圈得电，当SB2断开时，KA0线圈失电，KA0自锁触点断开，解除锁定，当SB3闭合时，继电器KA1线圈得电。

图3-1（b）所示为梯形图程序，当常开触点X1闭合（其闭合受输入继电器线圈控制，图中未画出）时，输出继电器Y0线圈得电，Y0自锁触点闭合，锁定Y0线圈得电。当

常闭触点 X2 断开时，Y0 线圈失电，Y0 自锁触点断开，解除锁定。当常开触点 X3 闭合时，继电器 Y1 线圈得电。

不难看出，两种图的表达方式很相似，不过梯形图使用的继电器是由软件来实现的，使用和修改灵活方便，而继电器控制线路是硬接线，修改比较麻烦。

2 语句表语言

语句表语言与微型计算机采用的汇编语言类似，也采用助记符形式。在使用简易编程器对 PLC 进行编程时，一般采用语句表语言，这主要是因为简易编程器显示屏很小，难于采用梯形图语言编程。表 3-1 是采用语句表语言编写的程序（针对三菱 FX 系列 PLC），其功能与图 3-1（b）梯形图程序完全相同。

表 3-1 采用语句表语言编写的程序

步号	指令	操作数	说明
0	LD	X1	逻辑段开始，将常开触点 X1 与左母线连接
1	OR	Y0	将 Y0 自锁触点与 X1 触点并联
2	ANI	X2	将 X2 常闭触点与 X1 触点串联
3	OUT	Y0	连接 Y0 线圈
4	LD	X3	逻辑段开始，将常开触点 X3 与左母线连接
5	OUT	Y1	连接 Y1 线圈

从表 3-1 中可以看出，语句表程序就像是描述绘制梯形图的文字。语句表程序由步号、指令、操作数和说明 4 部分组成，其中说明部分不是必需的，而是为了便于程序的阅读而增加的注释文字，程序运行时不执行说明部分。

3.1.2 梯形图的编程规则与技巧

1 梯形图编程的规则

梯形图编程时主要有以下规则。

① 梯形图每一行都应从左母线开始，到右母线结束。

② 输出线圈右端要接右母线，左端不能直接与左母线连接。

③ 在同一程序中，一般应避免同一编号的线圈使用两次（即重复使用），若出现这种情况，则后面的输出线圈状态有输出，前面的输出线圈状态就无效。

④ 梯形图中的输入 / 输出继电器、内部继电器、定时器、计数器等元件触点可重复使用。

⑤ 梯形图中串联或并联的触点个数没有限制，可以是无数个。

⑥ 多个输出线圈可以并联输出，但不可以串联输出。

⑦ 在运行梯形图程序时，其执行顺序是从左到右，从上到下，编写程序时也应按照这个顺序。

2 梯形图编程技巧

在编写梯形图程序时，除了要遵循基本规则外，还要掌握一些技巧，以减少指令条数，节省内存和提高运行速度。梯形图编程技巧主要有以下 4 种。

（1）串联触点多的电路应编制在上方

图 3-2（a）所示为串联触点多的电路不合适的编制方式，应将它改为图 3-2（b）所示的编制方式。

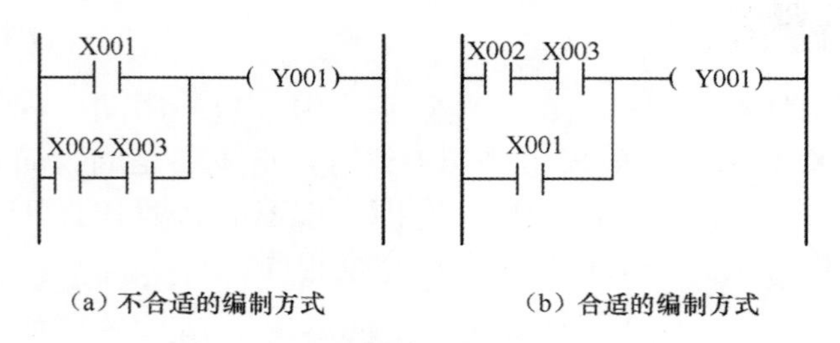

图 3-2　串联触点多的电路应编在上方

（2）并联触点多的电路应编制在左边

图 3-3（a）所示为并联触点多的电路不合适的编制方式，应将它改为图 3-3（b）所示的编制方式。

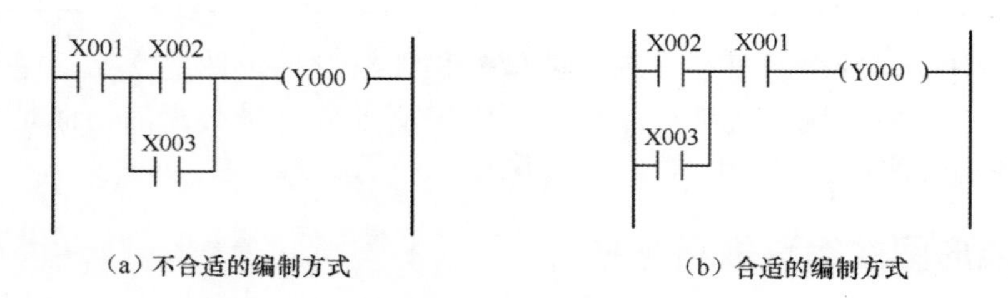

图 3-3　并联触点多的电路应编制在左边

（3）多重输出电路编制方式

对于多重输出电路，应将串有触点或串联触点多的电路应编制在下边。不合适的编制方式和合适的编制方式如图 3-4 所示。

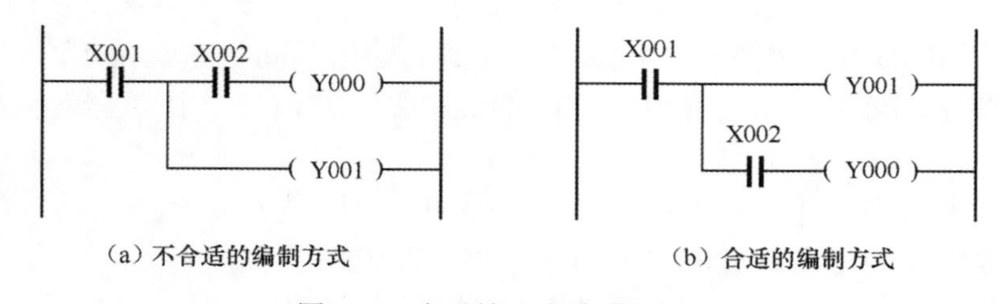

图 3-4　多重输出电路编制方式

（4）复杂电路的编制方式

如果电路复杂，可以重复使用一些触点改成等效电路，再进行编程。如将图 3-5（a）所示的方式改成图 3-5（b）所示的方式。

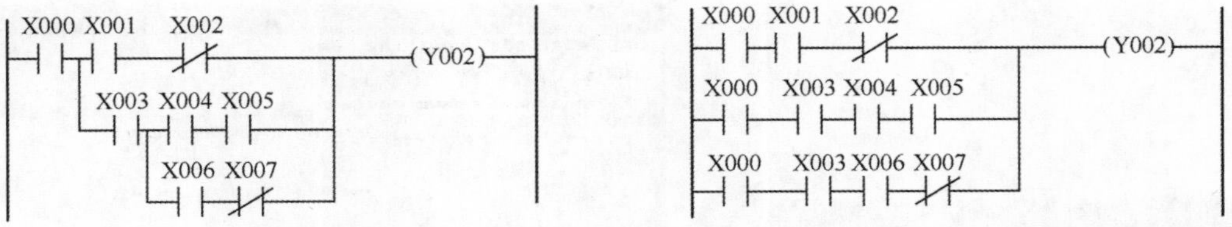

（a）不合适的编制方式　　（b）合适的编制方式

图 3-5　复杂电路的编制方式

3.2 三菱 GX Developer 编程软件的使用

三菱 FX 系列 PLC 的编程软件有 FXGP_WIN-C、GX Developer 和 GX Work2 三种。FXGP_WIN-C 软件小、操作简单，但只能对 FX_{2N} 及以下档次的 PLC 进行编程，无法对 FX_{3U}/FX_{3UC}/FX_{3G} PLC 进行编程，建议初级用户使用。GX Developer 软件体积大、功能全，不但可对 FX 全系列 PLC 进行编程，还可对中、大型 PLC（早期的 A 系列和现在的 Q 系列）进行编程，建议初、中级用户使用。GX Work2 软件可对 FX 系列、L 系列和 Q 系列 PLC 进行编程，与 GX Developer 软件相比，除了外观和一些小细节上的区别外，最大的区别是 GX Work2 支持结构化编程（类似于西门子中、大型 S7-300/400 PLC 的 STEP 7 编程软件），建议中、高级用户使用。

本章先介绍三菱 GX Developer 编程软件的使用，后面对 FXGP_WIN-C 编程软件的使用也进行了简单说明。GX Developer 软件的版本很多，这里选择 GX Developer Version 8 版本。

3.2.1 软件的安装

为了使软件安装能顺利进行，在安装 GX Developer 软件前，建议先关闭计算机的安全防护软件（如 360 安全卫士等）。软件安装时先安装软件环境，再安装 GX Developer 编程软件。

1 安装软件环境

在安装时，先将 GX Developer 安装文件夹（如果是一个 GX Developer 压缩文件，则先要解压）拷贝到某盘符的根目录下（如 D 盘的根目录下），再打开 GX Developer 文件夹，文件夹中包含有三个文件夹，如图 3-6 所示，打开其中的 SW8D5C-GPPW-C 文件夹，再打开该文件夹中的 EnvMEL 文件夹，双击 SETUP.EXE 文件开始安装 MELSOFT 环境软件，如图 3-7 所示。

2 安装 GX Developer 编程软件

软件环境安装完成后，就可以开始安装 GX Developer 软件。GX Developer 软件的安装过程如下。

① 打开 SW8D5C-GPPW-C 文件夹，在该文件夹中找到 SETUP.EXE 文件，如图 3-8 所示，双击该文件即开始 GX Developer 软件的安装。

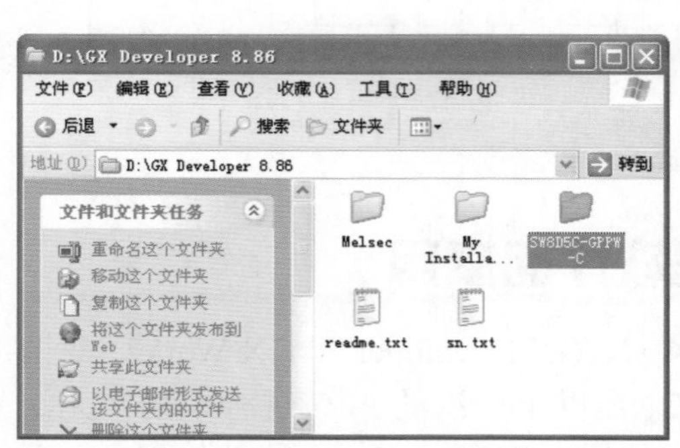

图 3-6　GX Developer 文件夹　　　　图 3-7　SETUP.EXE 文件

② 在出现图 3-9 所示的对话框中，输入姓名和公司名称，单击“下一个”按钮。

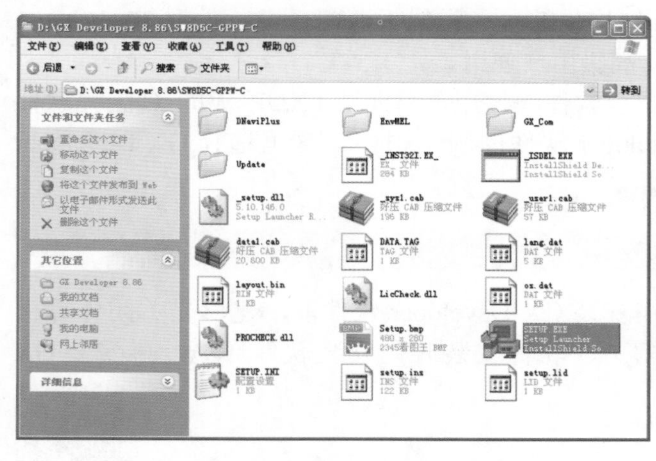

图 3-8　GX Developer 安装文件 SETUP.EXE

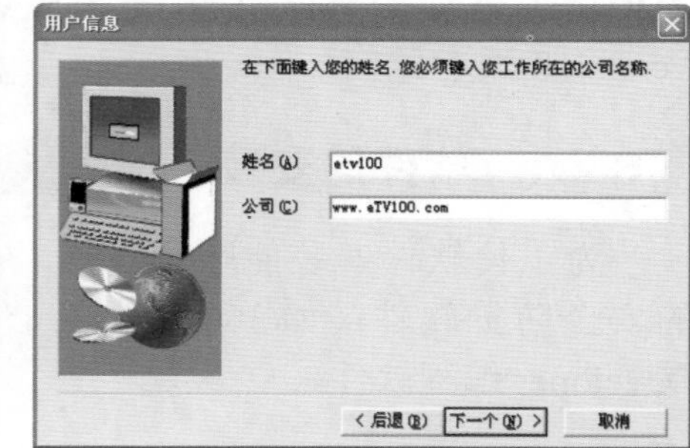

图 3-9　输入姓名和公司名称

③ 在出现的图 3-10 所示的对话框中，输入产品序列号（安装本书免费提供下载的 GX Developer 编程软件时也可使用本序列号），单击“下一个”按钮。

④ 在出现的图 3-11 所示的对话框中，选中“结构化文本（ST）语言编程功能”复选框，单击“下一个”按钮。

⑤ 在出现的图 3-12 所示的对话框中，不选“监视专用 GX Developer”复选框，单击“下一个”按钮。

⑥ 在出现的图 3-13 所示的对话框中，选中“MEDOC 打印文件的读出”和“从 Melsec Medoc 格式导入”复选框，单击“下一个”按钮。

⑦ 在出现的图 3-14 所示的对话框中，选择软件的安装路径，这里保持默认路径，单击“下一个”按钮，即开始正式安装 GX Developer 软件。

图 3-10　输入产品序列号

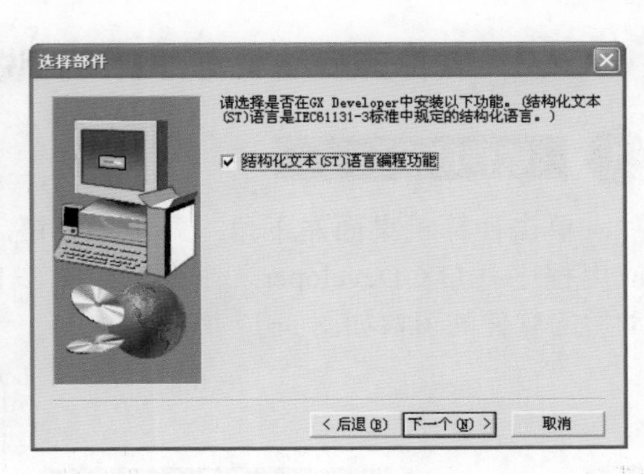

图 3-11　选择部件

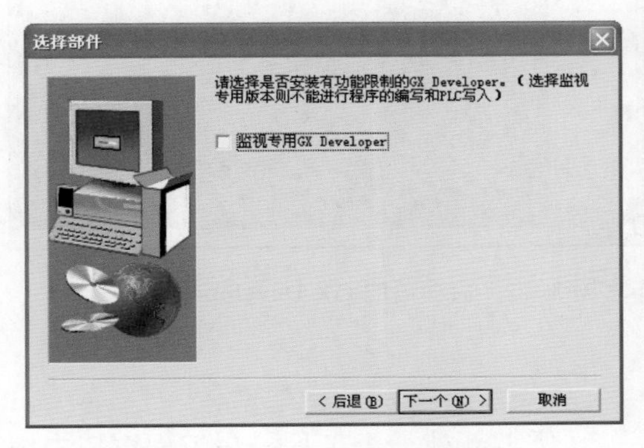

图 3-12　不选择“监视专用 GX Developer”复选框

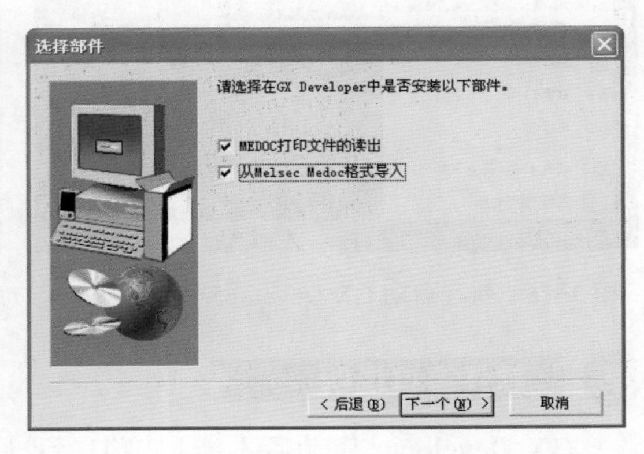

图 3-13　选中打印文件的方式和格式导入方式

⑧ 软件安装完成后，出现图 3-15 所示的安装完成提示信息，单击“确定”按钮即完成软件的安装。

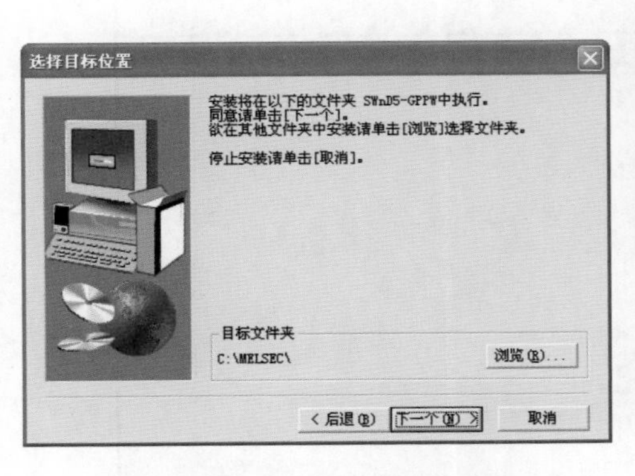

图 3-14　选择软件安装路径

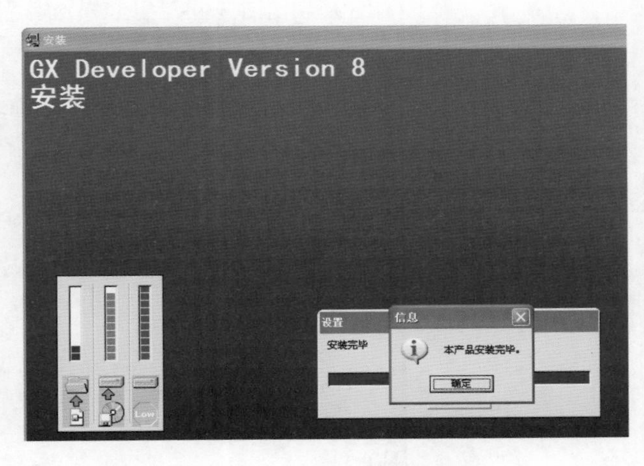

图 3-15　安装完成提示信息

3.2.2　软件的启动与窗口及工具说明

1　软件的启动

单击计算机桌面左下角“开始”按钮，在弹出的菜单中执行“程序→ MELSOFT 应用程序→ GX Developer”命令，如图 3-16 所示，即可启动 GX Developer 软件，启动后的软件的窗口如图 3-17 所示。

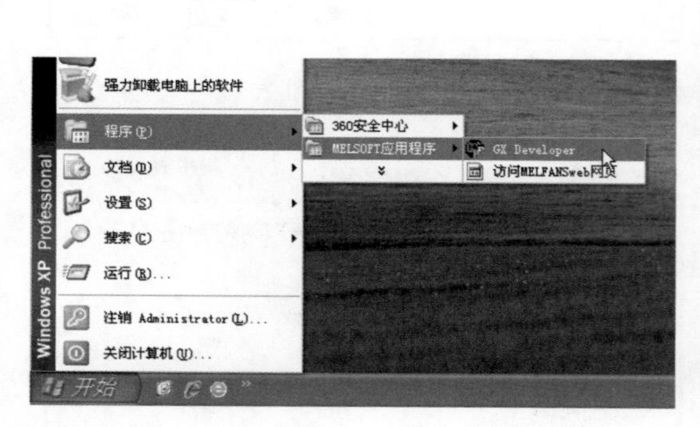

图 3-16　执行启动 GX Developer 软件的操作

图 3-17　启动后的 GX Developer 软件窗口

2　软件窗口说明

GX Developer 启动后不能直接编写程序，还需要新建一个工程，在工程窗口中编写程序。新建工程后（新建工程的操作方法在后面介绍），GX Developer 窗口会发生一些变化，如图 3-18 所示。

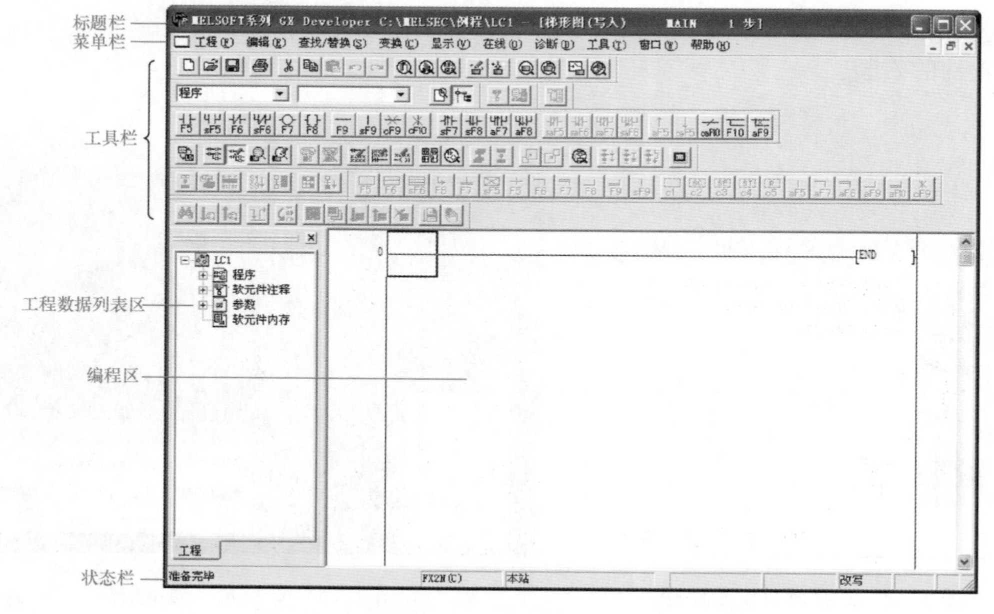

图 3-18　新建工程后的 GX Developer 软件窗口

GX Developer 软件窗口主要包括以下内容。

① 标题栏：主要显示工程名称及保存位置。

② 菜单栏：有10个菜单项，通过执行这些菜单项下的菜单命令，可完成软件大部分功能。

③ 工具栏：提供了软件操作的快捷按钮，有些按钮处于灰色状态，表示它们在当前操作环境下不可使用。由于工具栏中的工具条较多，占用了软件窗口较大面积，可将一些不常用的工具条隐藏起来，操作方法是执行“显示→工具条”菜单命令，弹出“工具条”对话框，如图3-19所示，单击对话框中工具条名称前的圆圈，使之变成空心圆，则这些工具条将隐藏起来，如果仅想隐藏某工具条中的某个工具按钮，可先选中对话框中的某工具条，如选中“标准”工具条，再单击“定制”按钮，又弹出一个对话框，如图3-20所示，显示该工具条中所有的工具按钮，在该对话框中取消选择某工具按钮，如取消选择“打印”工具按钮，单击“确定”按钮后，软件窗口的标准工具条中将不会显示“打印”按钮，如果软件窗口的工具条排列混乱，可在图3-19所示的“工具条”对话框中单击“初始化”按钮，软件窗口所有的工具条将会重新排列，恢复到初始位置。

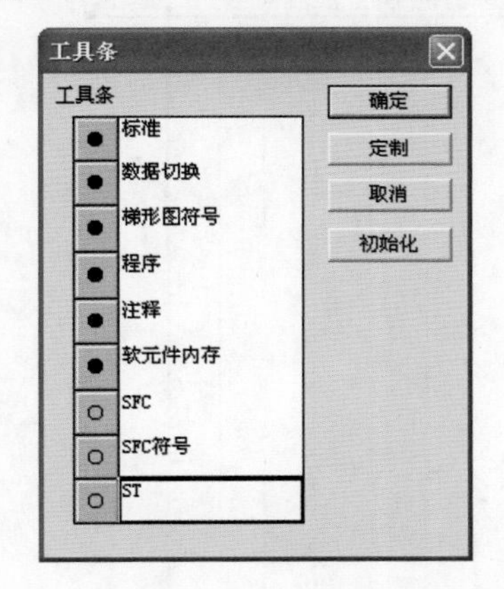

图3-19 取消某些工具条在软件窗口的显示

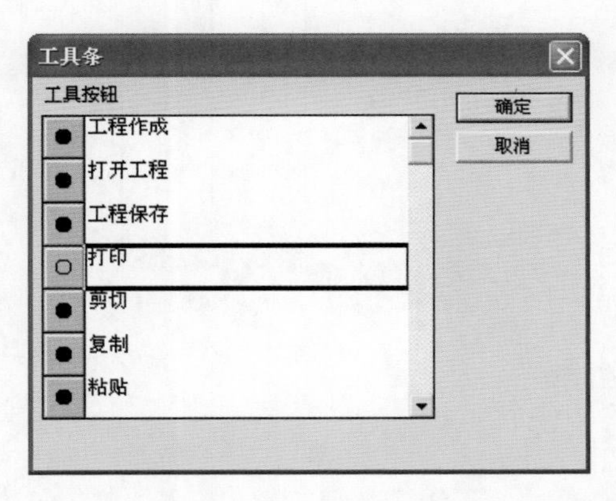

图3-20 取消某工具条中的某些工具按钮在软件窗口的显示

④ 工程数据列表区：以树状结构显示工程的各项内容（如程序、软元件注释、参数等）。当双击列表区的某项内容时，右方的编程区将切换到该内容编辑状态。如果要隐藏工程列表区，可单击该区域右上角的“×”按钮，或执行“显示→工程数据列表”菜单命令。

⑤ 编程区：用于编写程序，可以用梯形图或语句表语言编写程序，当前处于梯形图编程状态，如果要切换到语句表编程状态，可执行“显示→列表显示”菜单命令。如果编程区的梯形图符号和文字偏大或偏小，可执行“显示→放大/缩小”菜单命令，弹出图3-21所示的对话框，在其中选择显示倍率。

⑥ 状态栏：用于显示软件当前的一些状态，如鼠标所指工具的功能提示、PLC类型和读/写状态等。如果要隐藏状态栏，可执行“显示→状态条”菜单命令。

3 梯形图工具说明

工具栏中的工具很多，将鼠标移到某工具按钮上，鼠标下方会出现该按钮的功能说明，如图 3-22 所示。

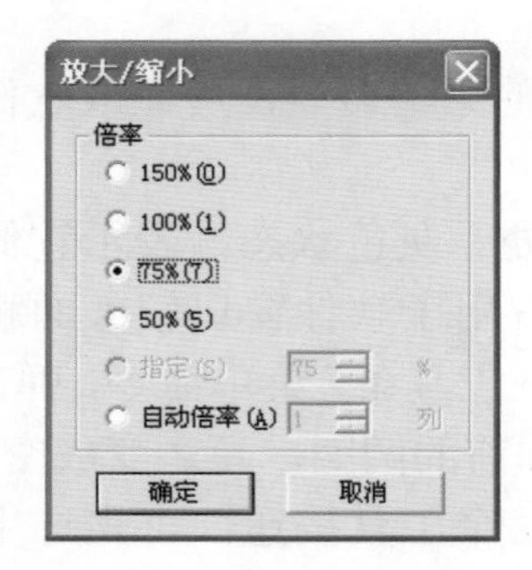

图 3-21　编程区显示倍率设置

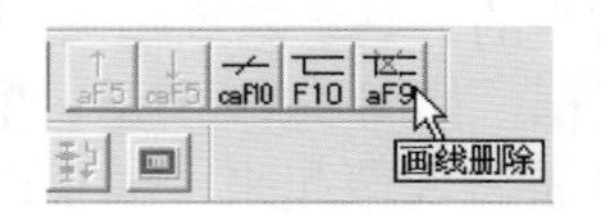

图 3-22　按钮功能说明操作

下面介绍最常用的梯形图工具，其他工具在后面用到时再进行说明。梯形图工具条的各工具按钮说明如图 3-23 所示。

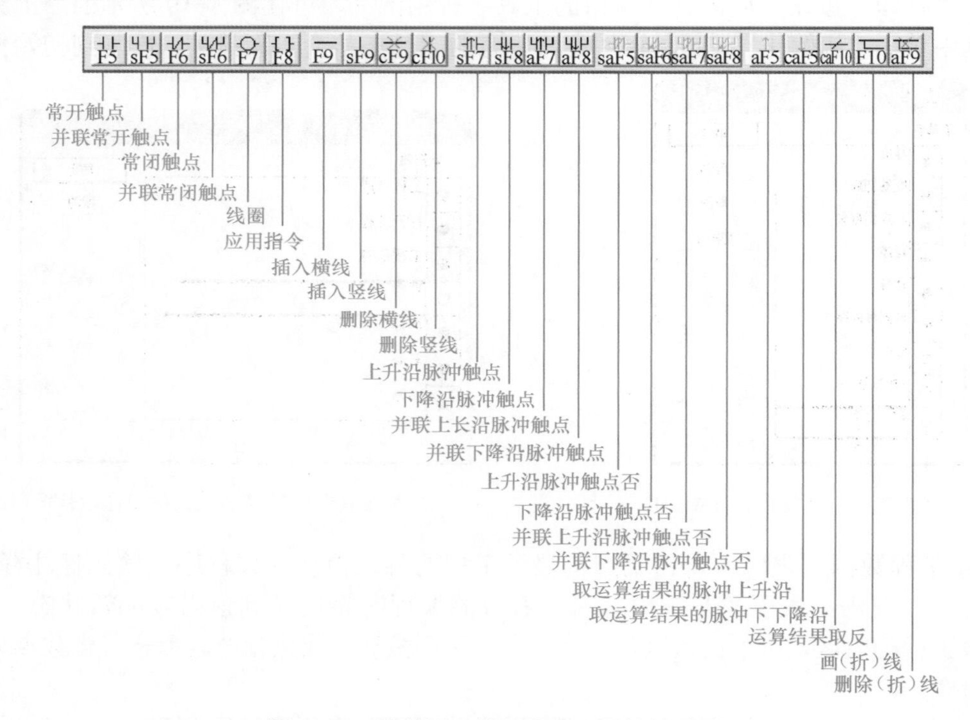

图 3-23　梯形图工具条的各工具按钮说明

工具按钮下部的字符表示该工具的快捷操作方式，常开触点工具按钮下部标有 F5，表示按下键盘上的 F5 键可以在编程区插入一个常开触点；sF5 表示 Shift 键 +F5 键（即同时按下 Shift 键和 F5 键，也可先按下 Shift 键后再按下 F5 键）；cF10 表示 Ctrl 键 +F10 键；aF7 表示 Alt 键 +F7 键；saF7 表示 Shift 键 +Alt 键 +F7 键。

3.2.3　创建新工程

创建新工程有三种方法，一是单击工具栏中的 按钮，二是执行“工程→创建新工程”菜单命令，三是按Ctrl+N组合键，均会弹出“创建新工程”对话框。在对话框中先选择PLC系列，如图3-24（a）所示，再选择PLC类型，如图3-24（b）所示，从对话框中可以看出，GX Developer软件可以对所有的FX系列PLC进行编程。创建新工程时，选择的PLC类型要与实际的PLC一致，否则程序编写后无法写入PLC或写入出错。

PLC系列和PLC类型选好后，单击“确定”按钮即可创建一个未命名的新工程，工程名可在保存时填写。如果希望在创建工程时就设定工程名，可在创建新工程对话框中选中“设置工程名”复选框，如图3-24（c）所示，并在下方输入工程保存路径和工程名称，也可以单击“浏览”按钮，弹出图3-24（d）所示的对话框，在该对话框中直接选择工程的保存路径并输入新工程名称，这样就可以创建一个新工程。新建工程后的软件窗口如图3-18所示。

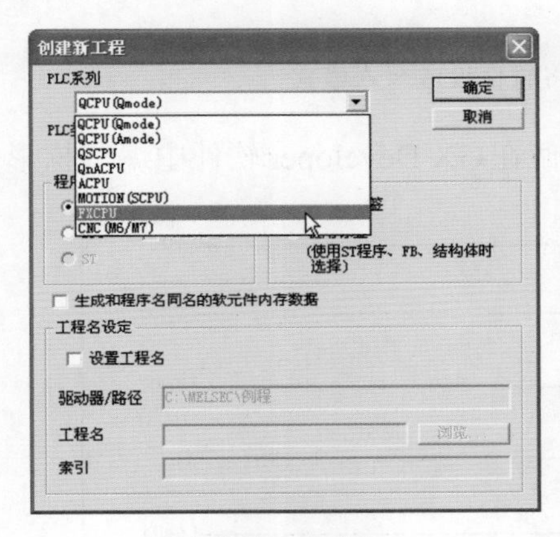

(a) 选择PLC系列

(b) 选择PLC类型

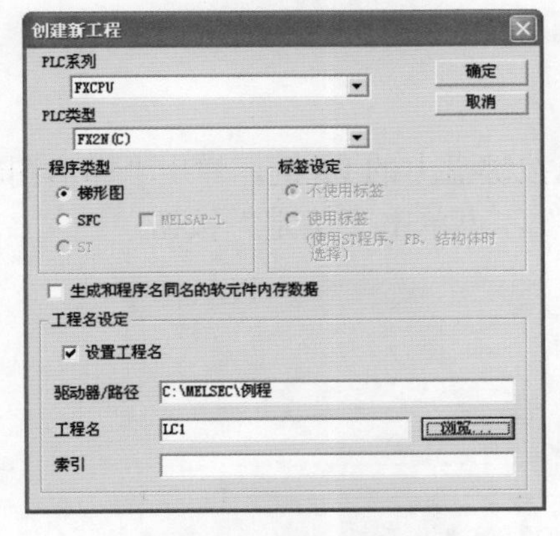

(c) 直接输入工程保存路径和工程名

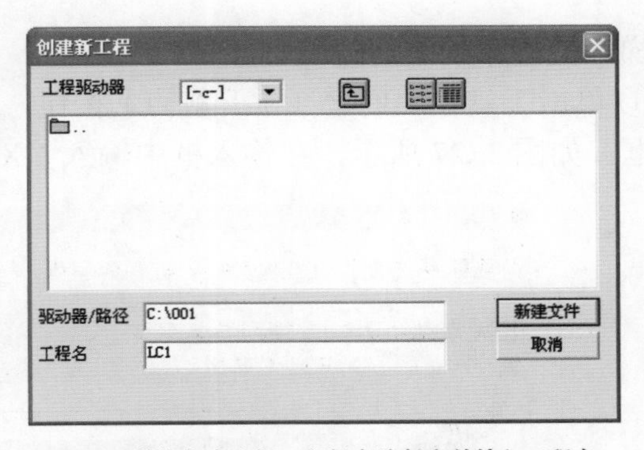

(d) 用浏览方式选择工程保存路径和并输入工程名

图3-24 创建新工程

3.2.4 编写梯形图程序

在编写程序时，在工程数据列表区展开“程序”项，并双击其中的“MAIN（主程序）”，将右方编程区切换到主程序编程（编程区默认处于主程序编程状态），单击工具栏中的（写入模式）按钮，或执行菜单命令“编辑→写入模式”，也可按键盘上的 F2 键，让编程区处于写入状态，如图 3-25 所示，如果单击（监视模式）按钮或（读出模式）按钮，在编程区将无法编写和修改程序，只能查看程序。

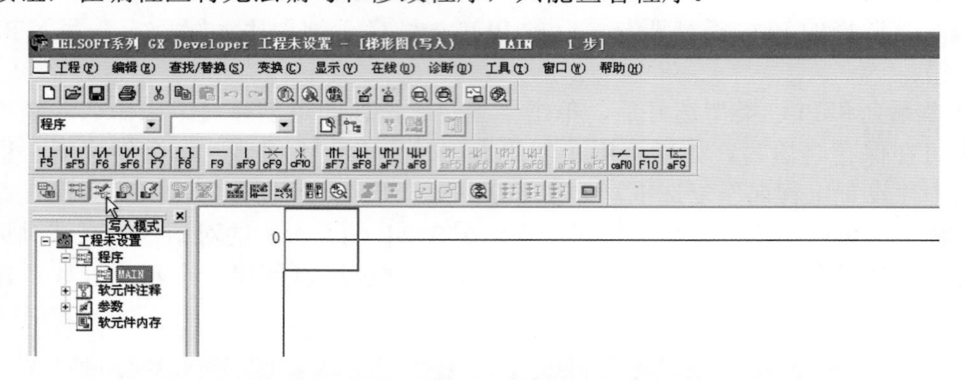

图 3-25　在编程时需将软件设成写入模式

以编写图3-26所示的程序为例来说明如何在GX Developer软件中编写梯形图程序。

```
     X000                                              K90
0  ──┤ ├──┬─────────────────────────────────────(T0       )
     Y000 │ X0001
   ──┤ ├──┴──┤/├───────────────────────────────(Y000     )
     T0
7  ──┤ ├────────────────────────────────────────(Y001     )
     X001
9  ──┤ ├────────────────────────────────────[RST    T0   ]
12 ─────────────────────────────────────────────[END      ]
```

图 3-26　待编写的梯形图程序

梯形图程序的编写过程如下。

① 单击工具栏上的（常开触点）按钮，或按键盘上的 F5 键，弹出“梯形图输入”对话框，如图 3-27 所示，在输入框中输入“X0”，再单击“确定”按钮。

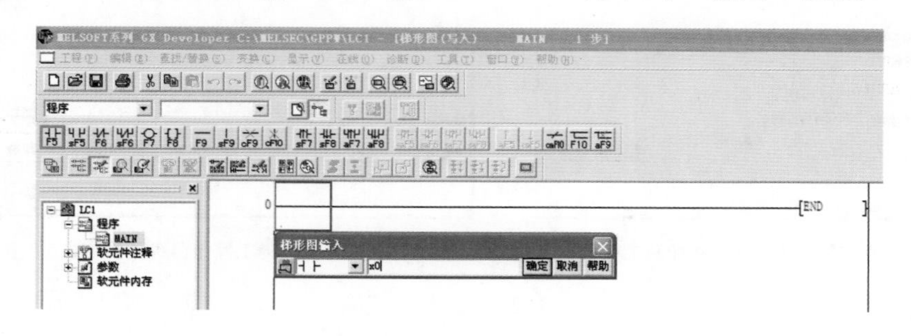

图 3-27　“梯形图输入”对话框

② 在原光标处插入一个 X000 常开触点，光标自动后移，同时该行背景变为灰色，如图 3-28 所示。

也可将光标放在输入位置，然后直接在键盘上依次敲击 l、d、空格、x、0、Enter 键，同样可在光标处输入一个 X000 常开触点。用这种输入方式需要对指令语句十分熟练，不建议初学者采用。

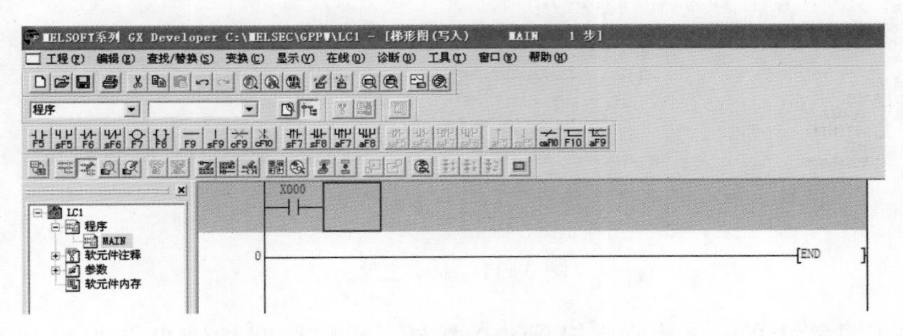

图 3-28　X000 常开触点

③ 单击工具栏上的（线圈）按钮，或按键盘上的 F7 键，弹出“梯形图输入”对话框，如图 3-29 所示，在输入框中输入“t0 k90”，再单击“确定”按钮。

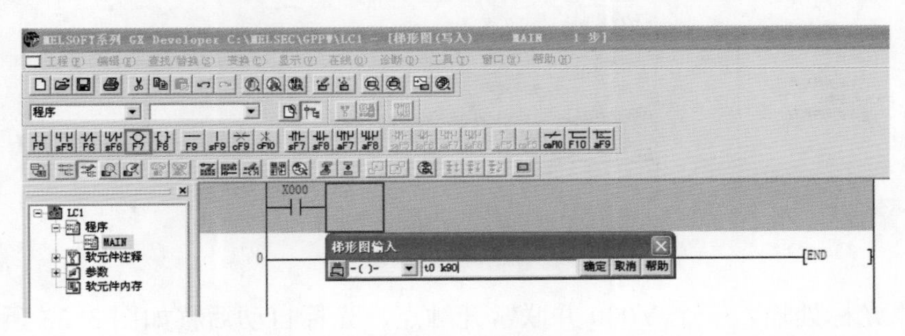

图 3-29　输入“t0 k90”

④ 在编程区输入一个 T0 定时器线圈，定时时间为 90×100ms=9s（T0 ～ T199 为 100ms 定时器），由于线圈与右母线之间不能再输入指令，故光标自动跳到下一行。

在光标处单击鼠标右键，弹出右键菜单，选择“行插入”命令，如图 3-30 所示。

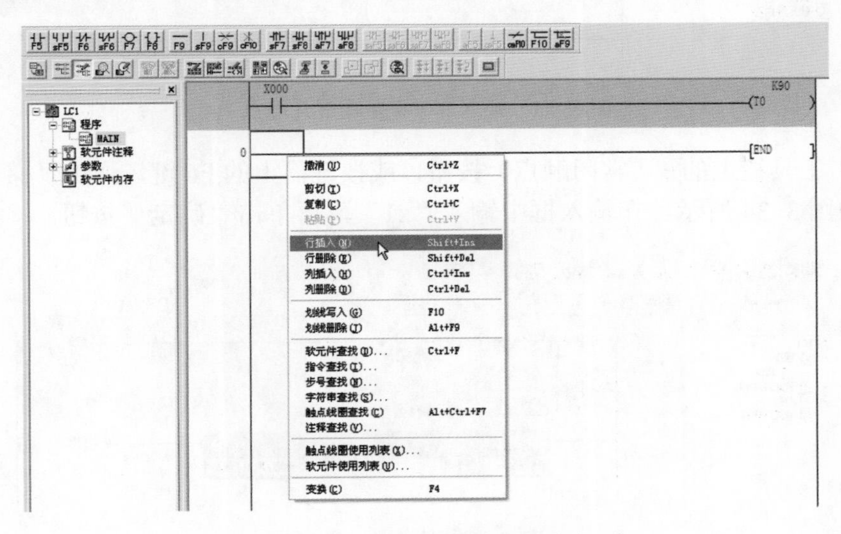

图 3-30　选择“行插入”命令

⑤ 在原光标位置上方插入一空行，同时光标自动移到该空行，如图 3-31 所示。

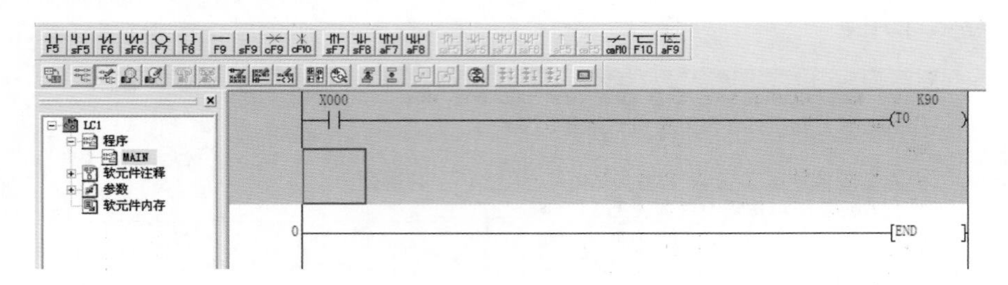

图 3-31　插入空行

⑥ 单击工具栏上的（并联常开触点）按钮，也可同时按键盘上的 Shift 键和 F7 键，弹出“梯形图输入”对话框，如图 3-32 所示，在输入框中输入“y0”，再单击“确定”按钮。

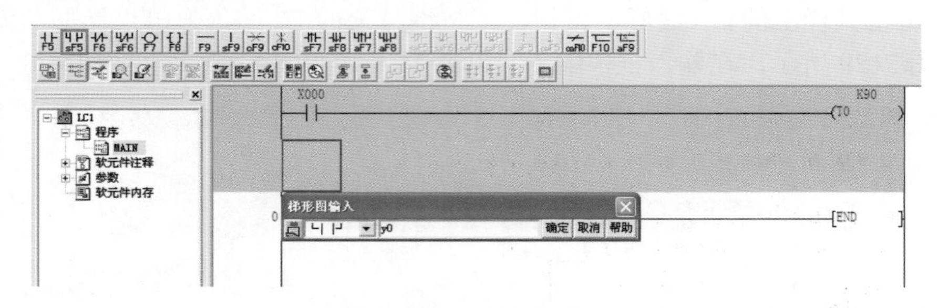

图 3-32　输入“y0”

⑦ 在原光标处输入一个 Y000 并联常开触点，光标自动后移如图 3-33 所示。

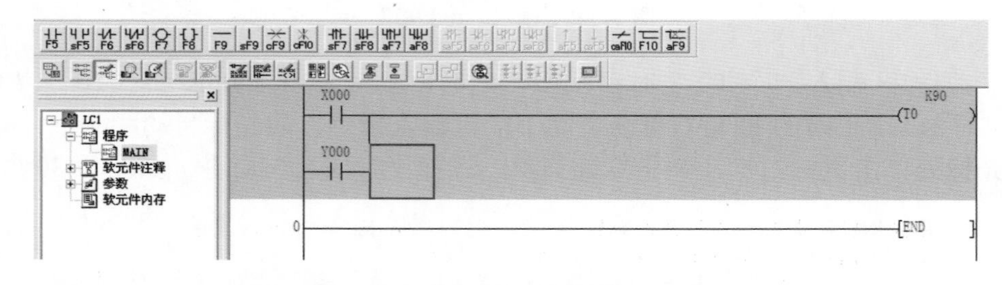

图 3-33　输入 Y000 并联常开触点

⑧ 单击工具栏上的（常闭触点）按钮，或按键盘上的 F6 键，弹出“梯形图输入”对话框，如图 3-34 所示，在输入框中输入“x1”，再单击“确定”按钮。

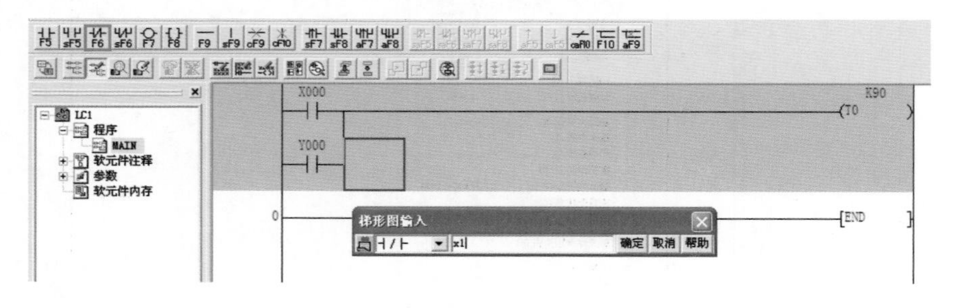

图 3-34　输入“x1”

⑨ 在原光标处输入一个X001常闭触点，光标自动后移。

再单击工具栏上的 （线圈）按钮，或按键盘上的F7键，弹出“梯形图输入”对话框，如图3-35所示，在输入框中输入“y0”，再单击“确定”按钮，即可输入一个Y000线圈。

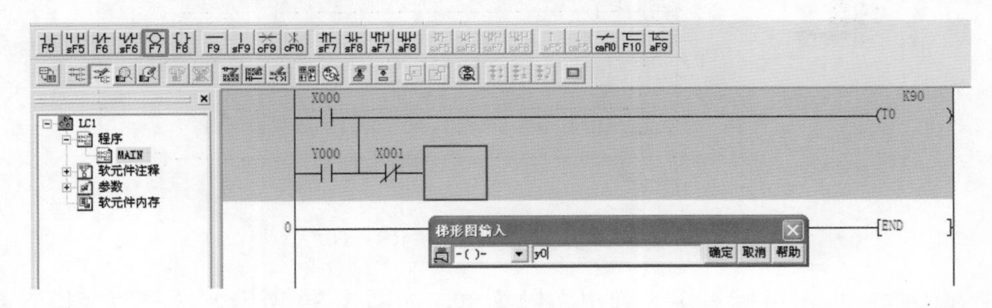

图3-35　输入“y0”

⑩ 用上述同样的方法，在编程区输入一个T0常开触点、一个Y001线圈和一个X001常开触点，如图3-36所示。

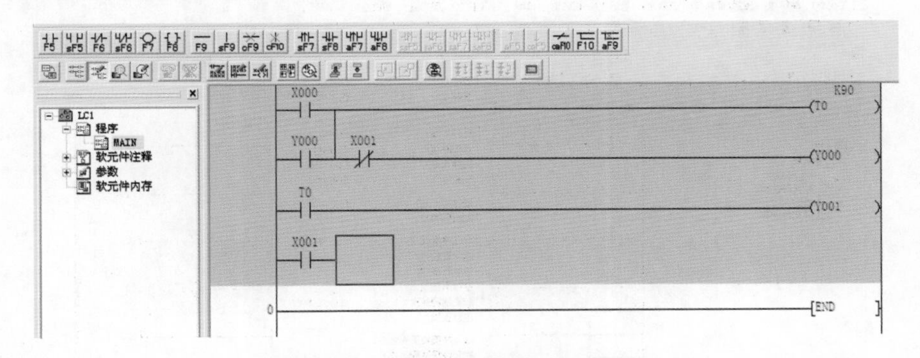

图3-36　输入常开触点和线圈

⑪ 单击工具栏上的 （应用指令）按钮，或按键盘上的F8键，弹出“梯形图输入”对话框，在输入框中输入“rst t0”，再单击“确定”按钮，如图3-37所示。

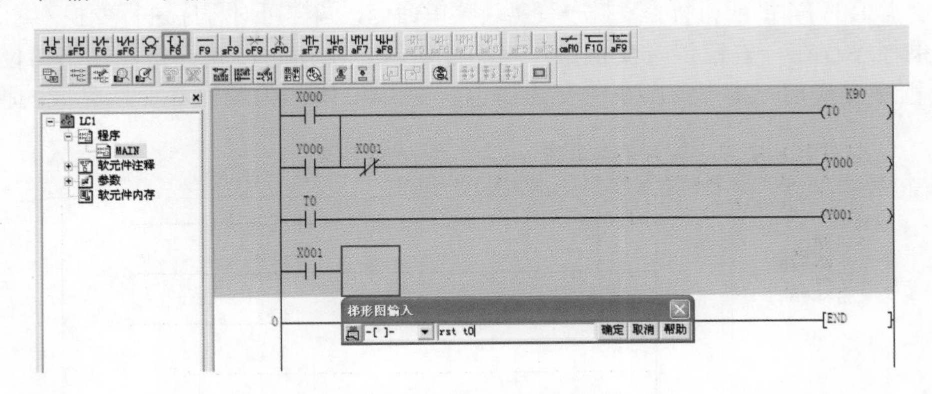

图3-37　输入“rst t0”

⑫ 在编程区输入一个应用指令“RST T0”，该指令的功能是将定时器T0复位，如图3-38所示。

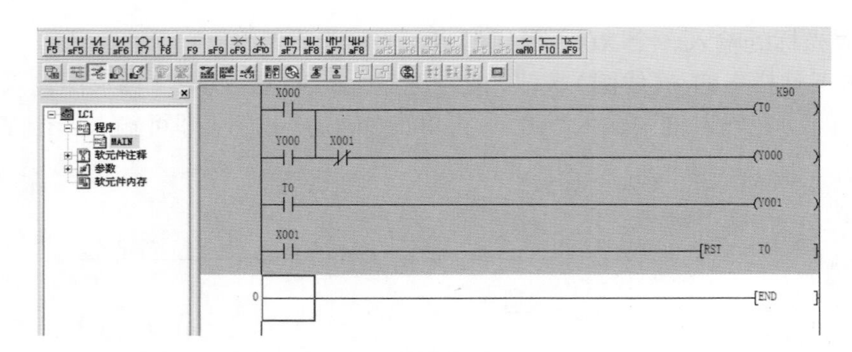

图 3-38　输入应用指令“RST T0”

⑬ 在编程区单击鼠标右键，弹出右键菜单，如图 3-39 所示，选择“变换”命令，也可以直接单击工具栏上的 （程序变换 / 编译）按钮，软件会对编写的程序进行变换。如果程序未变换，将不能保存，也不能写入 PLC。

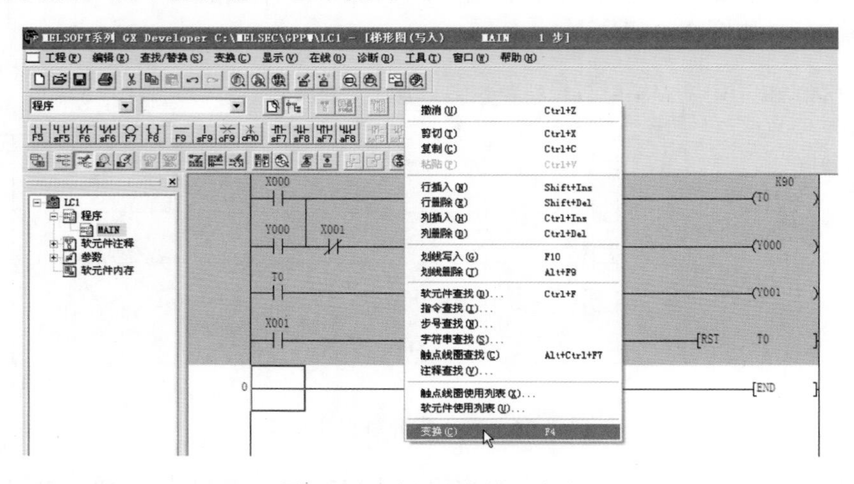

图 3-39　选择“变换”命令

按键盘上的 F4 键或执行“变换→变换”菜单命令，同样可对程序进行变换 / 编译操作。如果程序存在一些错误，变换操作将不能进行，变换时，光标将停在出错位置。

⑭ 程序变换后，其背景由灰色变为白色。图 3-40 所示为编写并变换完成的梯形图。

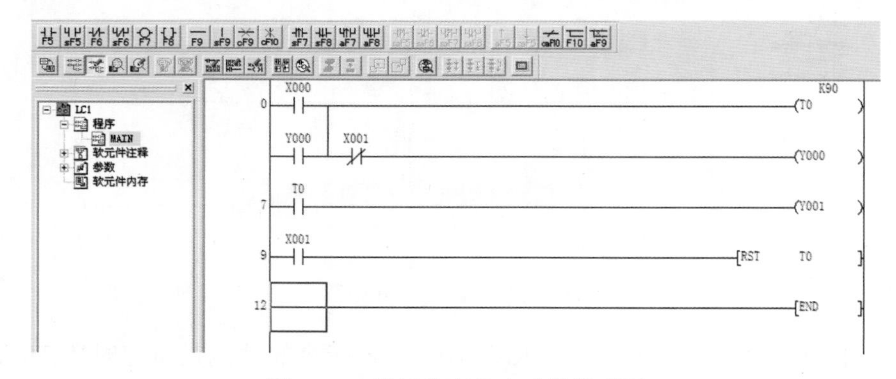

图 3-40　编写并变换完成的梯形图

⑮ 程序变换后，单击工具栏上的按钮，或执行“工程→保存工程”菜单命令，即可对程序进行保存。

如果创建新工程时未设置工程名，在进行保存操作时会弹出图3-41所示的对话框，在该对话框中选择工程保存路径并输入工程名，单击“保存”按钮，即可对工程进行保存。

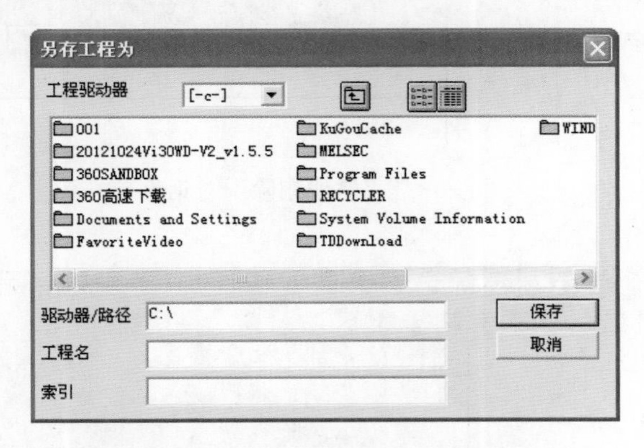

图3-41　“另存工程为”对话框

3.2.5　梯形图的编辑

1　画线和删除线的操作

在梯形图中可以画直线和折线，不能画斜线。画线和删除线的操作说明如下。

画横线：单击工具栏上的按钮，弹出“横线输入”对话框，如图3-42所示。单击“确定”按钮，即在光标处画了一条横线，不断单击“确定”按钮，则不断往右方画横线，单击“取消”按钮，退出画横线。

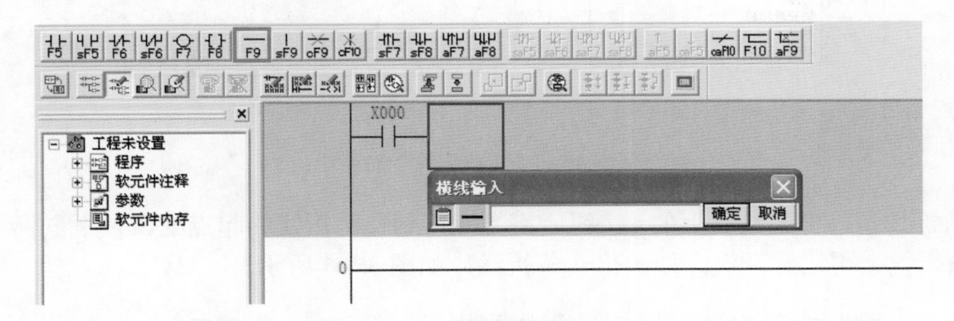

图3-42　“横线输入”对话框

删除横线：单击工具栏上的按钮，弹出“横线删除”对话框，如图3-43所示。单击“确定”按钮，即将光标处的横线删除，也可直接按键盘上的Delete键将光标处的横线删除。

画竖线：单击工具栏上的按钮，弹出“竖线输入”对话框，如图3-44所示。单击“确定”按钮，即在光标处左方往下画了一条竖线，不断单击“确定”按钮，则不断往下方画竖线，单击“取消”按钮，退出画竖线。

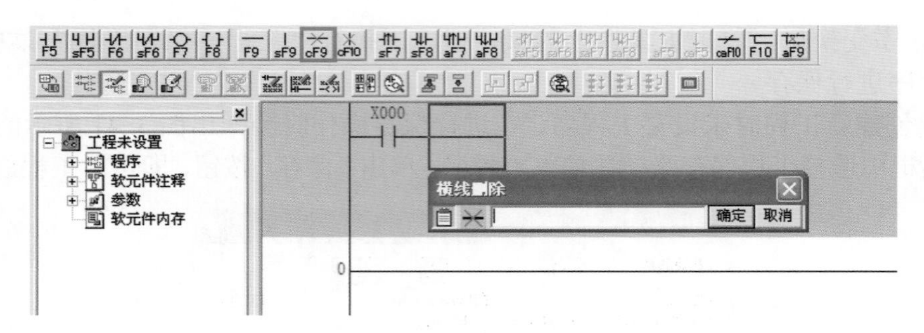

图 3-43　“横线删除”对话框

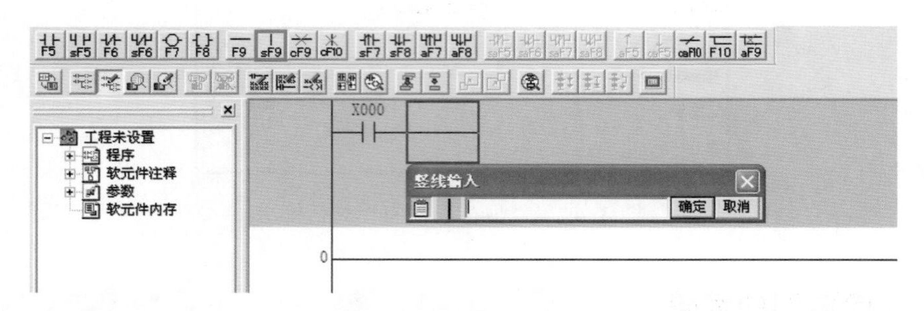

图 3-44　“竖线输入”对话框

删除竖线：单击工具栏上的按钮，弹出“竖线删除”对话框，如图 3-45 所示。单击“确定”按钮，即将光标左方的竖线删除。

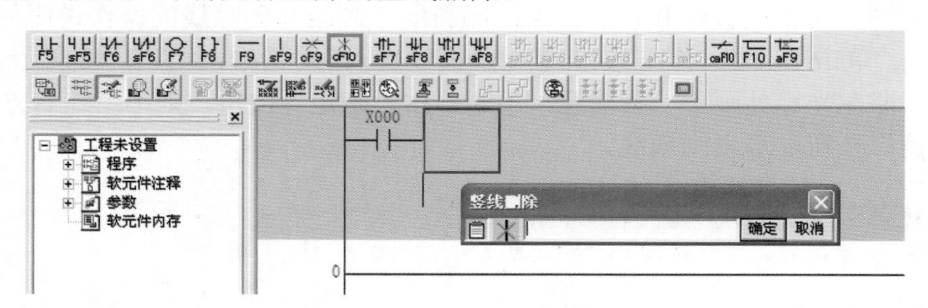

图 3-45　“竖线删除”对话框

画折线：单击工具栏上的按钮，将光标移到待画折线的起点处，按下鼠标左键拖出一条折线，再松开左键，即画出一条折线，如图 3-46 所示。

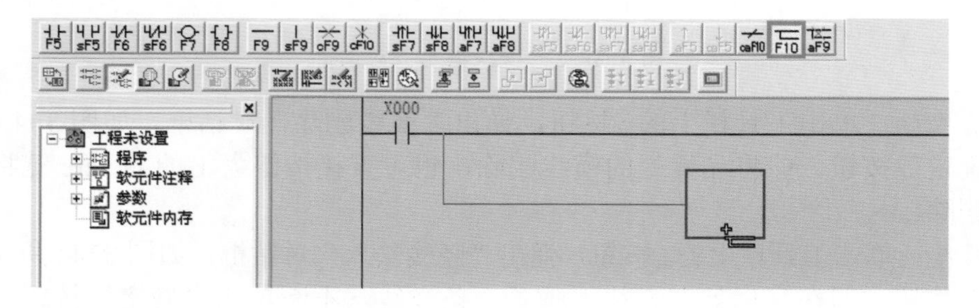

图 3-46　画折线

删除折线：单击工具栏上的按钮，将光标移到折线的起点处，按下鼠标左键拖出一条空白折线，再松开左键，即将一段折线删除，如图 3-47 所示。

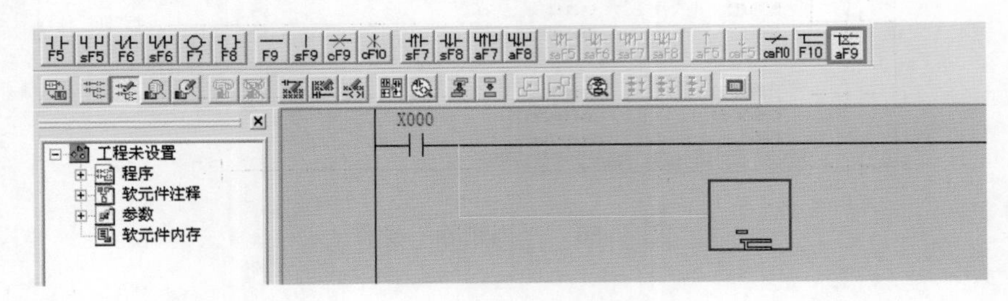

图 3-47　删除折线

2　删除操作

一些常用的删除操作说明如下。

删除某个对象：用光标选中某个对象，如图 3-48 所示，按键盘上的 Delete 键，即可删除该对象。

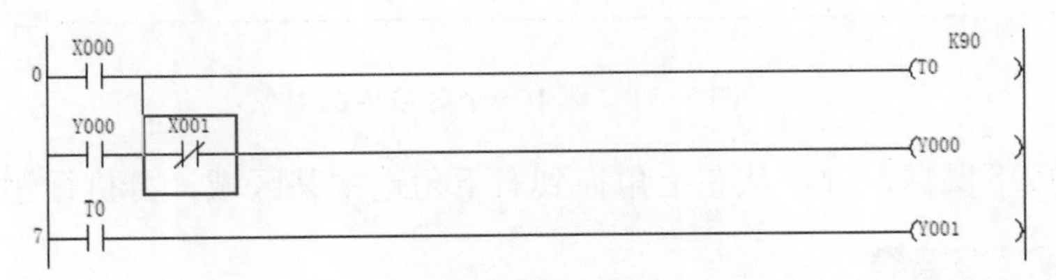

图 3-48　选中删除对象

行删除：将光标定位在要删除的某行上，再单击鼠标右键，在弹出的快捷菜单中选择“行删除”命令，如图 3-49 所示。光标所在的整个行内容会被删除，下一行内容会自动上移填补被删除的行。

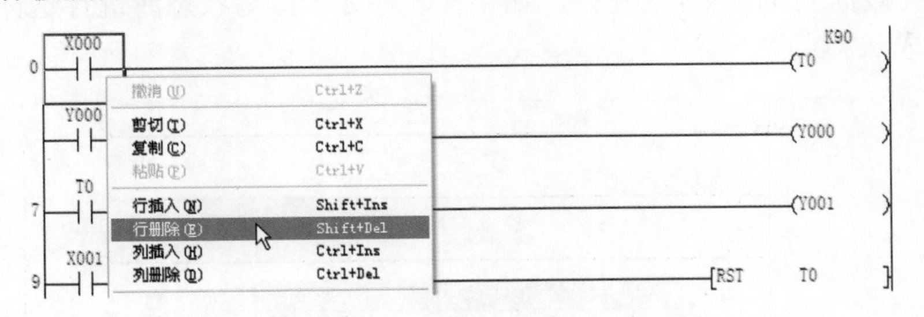

图 3-49　“行删除”命令

列删除：将光标定位在要删除的某列上，再单击鼠标右键，在弹出的快捷菜单中选择“列删除”命令，光标所在 0 ～ 7 梯级的列内容会被删除，即图 3-50 中的 X000 和 Y000 触点会被删除，而 T0 触点不会被删除。

删除一个区域内的对象：将光标先移到要删除区域的左上角，然后按下键盘上的 Shift 键不放，再将光标移到该区域的右下角并单击，该区域内的所有对象会被选中，如图 3-51 所示，按键盘上的 Delete 键，即可删除该区域内的所有对象。

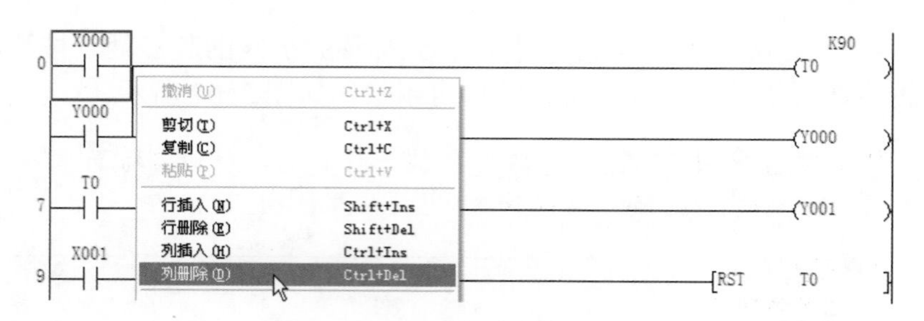

图 3-50　“列删除”操作

图 3-51　选中一个区域内的对象

也可以按下鼠标左键，从左上角拖到右下角选中某区域，再执行删除操作。

3 插入操作

一些常用的插入操作说明如下。

插入某个对象：用光标选中某个对象，按键盘上的 Insert 键，软件窗口下方状态栏中的“改写”变为“插入”，如图 3-52 所示，这时若在“梯形图输入”对话框中输入 x3，它会被插到 T0 触点的左方，如果在软件处于改写状态时进行这样的操作，会将 T0 触点改成 X3 触点。

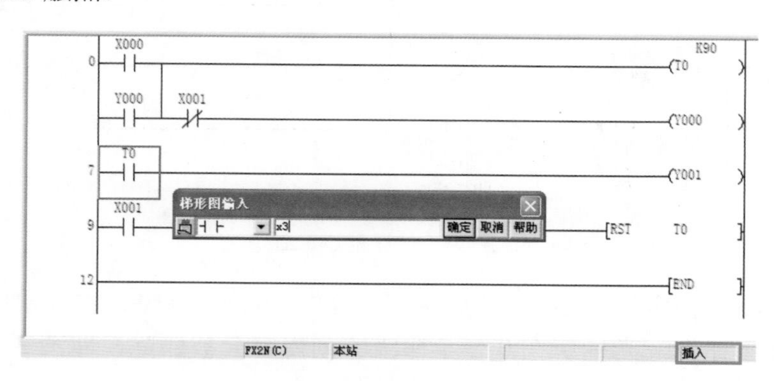

图 3-52　“改写”变为“插入”

行插入：将光标定位在某行上，再单击鼠标右键，在弹出的快捷菜单中选择“行插入”命令，即在定位行上方插入一个空行，同时光标移到该行，如图 3-53 所示。

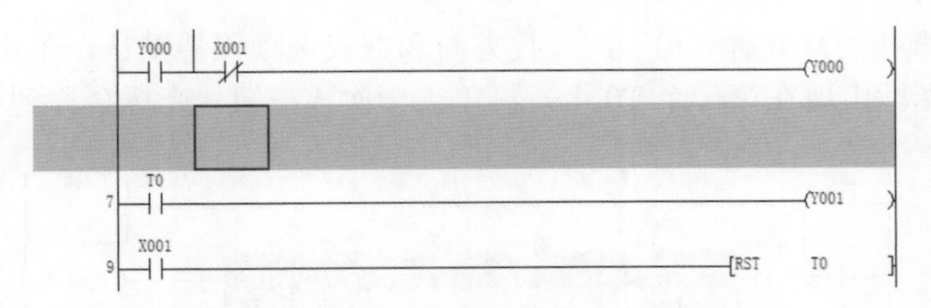

图 3-53　插入行

列插入：将光标定位在某元件上，再单击鼠标右键，在弹出的快捷菜单中选择“列插入”命令，即在该元件左方插入一列，如图 3-54 所示。

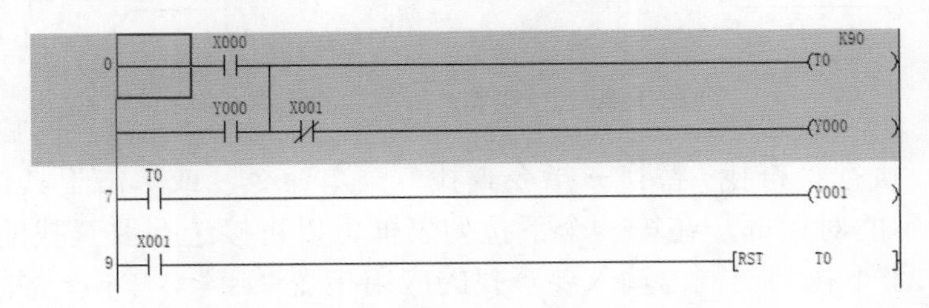

图 3-54　插入列

3.2.6　查找与替换功能的使用

GX Developer 软件具有查找和替换功能。单击软件窗口上方的“查找 / 替换”菜单选项，如图 3-55 所示，选择其中的菜单命令即可执行相应的查找 / 替换操作。

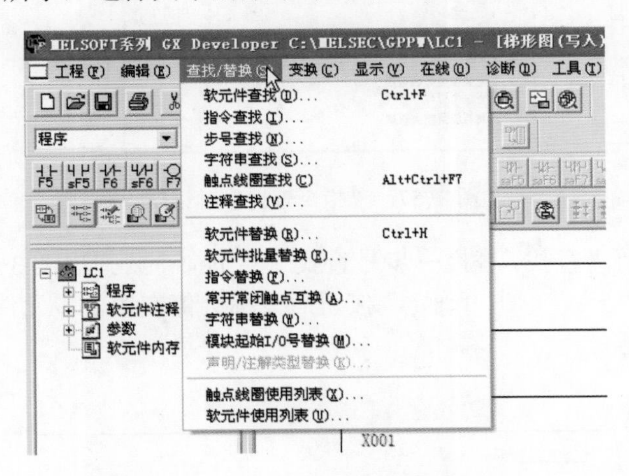

图 3-55　“查找 / 替换”菜单的内容

1　查找功能的使用

查找功能的使用说明如下。

软元件查找：执行“查找 / 替换→软元件查找”菜单命令，或单击工具栏上的按钮，还可以执行右键菜单命令中的“软元件查找”命令，均会弹出图 3-56 所示的对话框，输入要查找的软元件“t0”，查找方向和查找选项保持默认，单击一次“查找下一个”按钮，光标出现在第一个 T0 上，再单击一次该按钮，光标会移到第二个 T0 上。

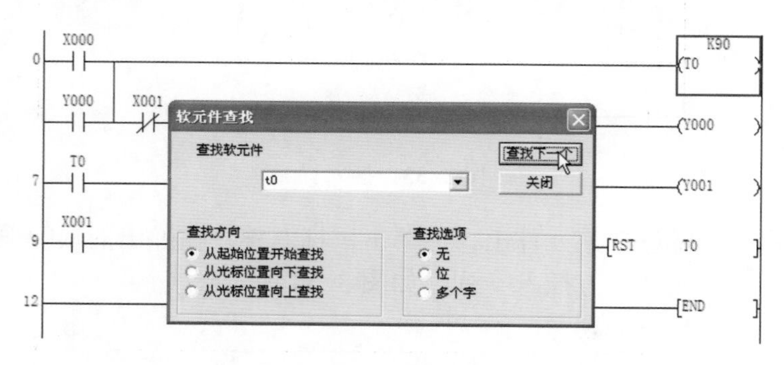

图 3-56　“软元件查找”对话框

指令查找：执行“查找 / 替换→指令查找”菜单命令，或单击工具栏上的按钮，弹出图 3-57 所示的对话框，在第一个下拉列表框可以直接选择要查找的触点线圈等基本指令，在第二个下拉列表框内输入要查找的应用指令“rst”，单击一次“查找下一个”按钮，光标出现在第一个 RST 指令上，再单击一次该按钮，如果后面没有该指令，会提示查找结束。

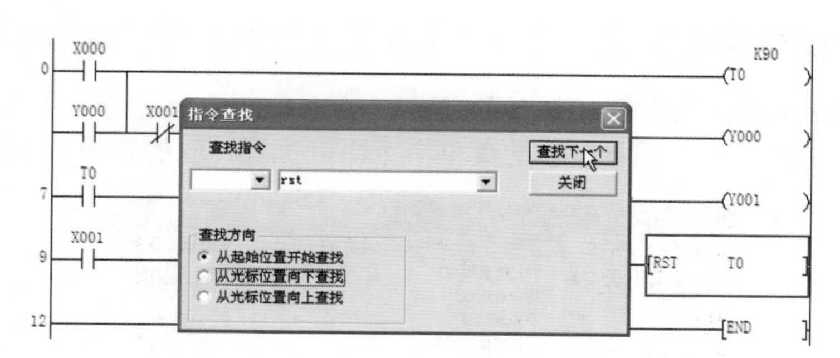

图 3-57　“指令查找”对话框

步号查找：执行“查找 / 替换→步号查找”菜单命令，弹出图 3-58 所示的对话框，输入要查找的步号“5”，单击“确定”按钮后光标会停在第 5 步元件或指令上，图 3-58 中停在 X001 触点上。

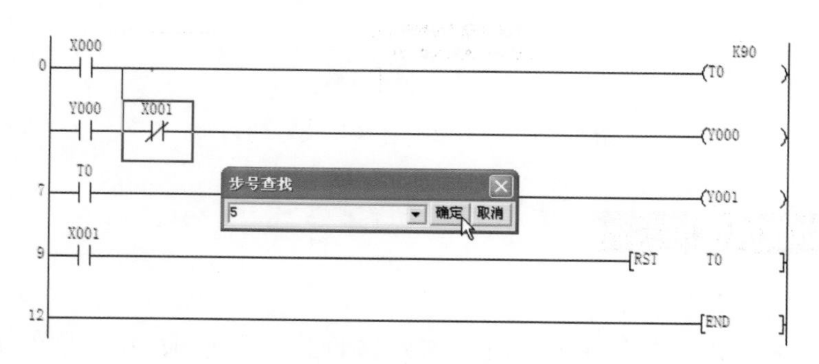

图 3-58　输入查找的步号

2 替换功能的使用

替换功能的使用说明如下。

软元件替换：执行“查找/替换→软元件替换”菜单命令，弹出图 3-59 所示的对话框，输入要替换的旧软元件和新元件，单击“替换”按钮，光标出现在第一个要替换的元件上，再单击一次该按钮，旧元件即被替换成新元件，同时光标移到第二个要替换的元件上，如果单击“全部替换”按钮，则程序中的所有旧元件都会替换成新元件。

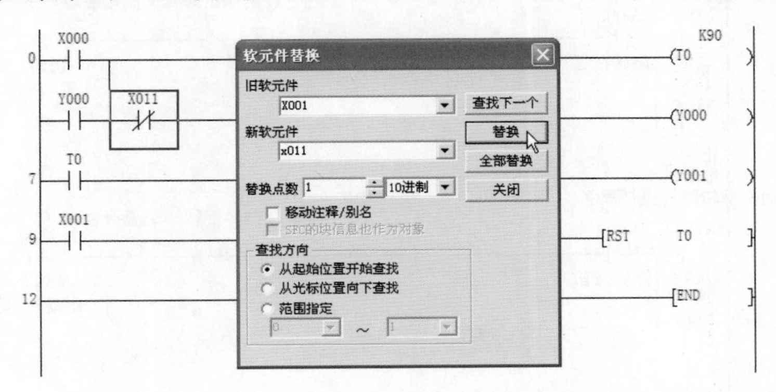

图 3-59　“软元件替换”对话框

如果希望将 X001、X002 分别替换成 X011、X012，可将对话框中的替换点数设为 2。

软元件批量替换：执行“查找/替换→软元件批量替换”菜单命令，弹出图 3-60 所示的对话框，在对话框中输入要批量替换的旧元件和对应的新元件，并设好点数，再单击“执行”按钮，即将多个不同元件一次性替换成新元件。

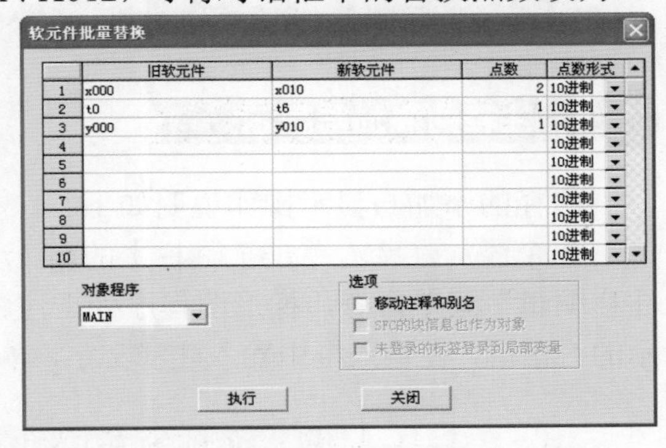

图 3-60　“软元件批量替换”对话框

常开常闭触点互相替换：执行“查找/替换→常开常闭触点互换”菜单命令，弹出图 3-61 所示的对话框，输入要替换元件 X001，单击“全部替换”按钮，程序中 X001 所有常开和常闭触点会互相替换，即常开变成常闭，常闭变成常开。

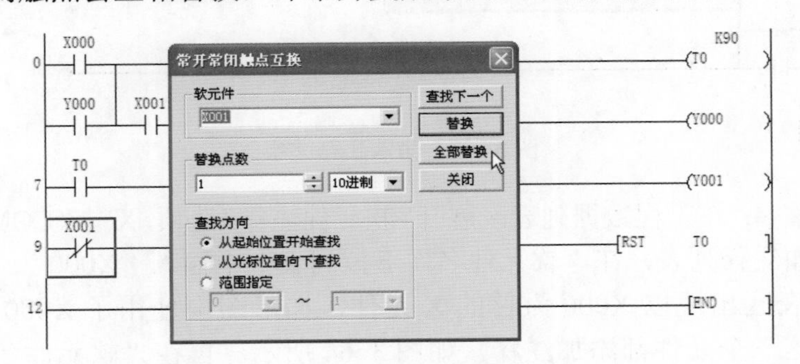

图 3-61　“常开常闭触点互换”对话框

3.2.7　注释、声明和注解的添加与显示

在 GX Developer 软件中，可以对梯形图添加注释、声明和注解，图 3-62 所示是添加了注释、声明和注解的梯形图程序。声明用于一个程序段的说明，最多允许 64 字符 × n 行；注解用于对与右母线连接的线圈或指令的说明，最多允许 64 字符 ×1 行；注释相当于一个元件的说明，最多允许 8 字符 ×4 行，一个汉字占 2 个字符。

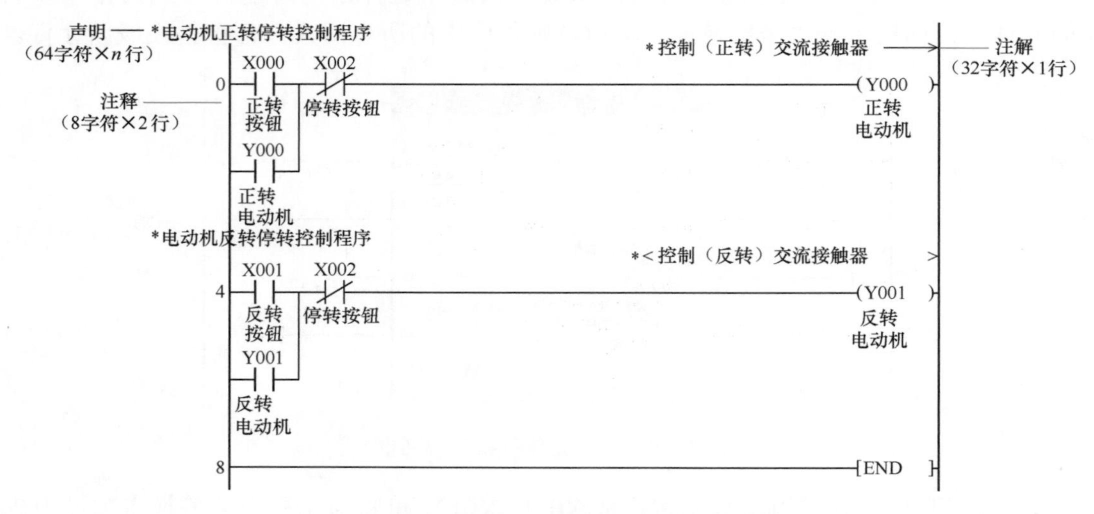

图 3-62　添加了注释、声明和注解的梯形图程序

1　注释的添加与显示

注释的添加与显示操作说明如下。

单个添加注释：单击工具栏上的（注释编辑）按钮，或执行“编辑→文档生成→注释编辑”菜单命令，梯形图程序处于注释编辑状态，双击 X000 触点，弹出图 3-63 所示的对话框，在输入框中输入注释文字，单击“确定”按钮，即给 X000 触点添加了注释。

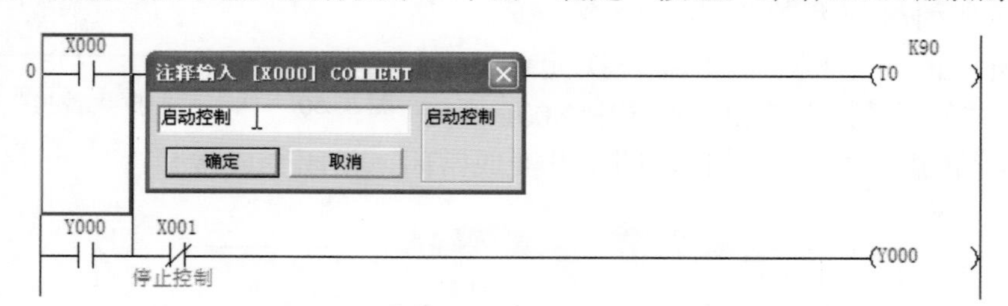

图 3-63　输入注释文字

批量添加注释：在工程数据列表区展开“软元件注释”选项，双击“COMMENT”选项，编程区变成添加注释列表，在“软元件名”下拉列表框中输入“X000”，单击“显示”按钮，下方列表区出现以 X000 为首的 X 元件，梯形图中使用了 X000、X001、X002 三个元件，给这三个元件都添加注释，如图 3-64 所示。再在“软元件名”下拉列表框内输入 Y000，在下方列表区给 Y000、Y001 进行注释。

图 3-64　以 X000 为首的 X 元件注释

显示注释：在工程数据列表区双击程序下的“MAIN”选项，编程区出现梯形图，但未显示注释。执行“显示→注释显示”菜单命令，梯形图的元件下方显示出注释内容，如图 3-65 所示。

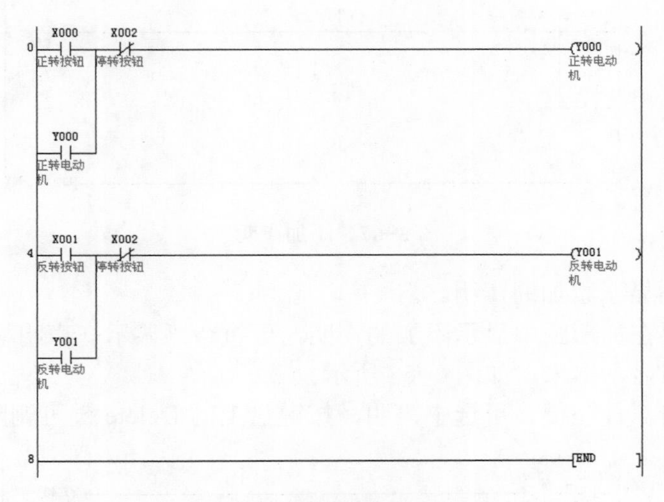

图 3-65　注释内容显示

注释显示方式设置：梯形图注释默认以 4 行 ×8 字符显示，如果希望同时改变显示的字符数和行数，可执行“显示→注释显示形式→ 3×5 字符”菜单命令，如果仅希望改变显示的行数，可执行“显示→软元件注释行数”菜单命令，可选择 1 ～ 4 行显示，图 3-66 所示为 2 行显示。

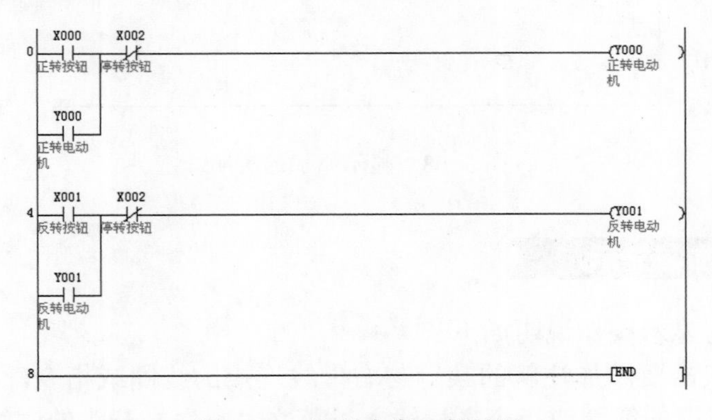

图 3-66　注释内容 2 行显示

2　声明的添加与显示

声明的添加与显示操作说明如下。

添加声明：双击要添加声明的程序段左方空白处，弹出图 3-67 所示的对话框，在输入框中输入以英文“；”号开头的声明文字，单击“确定”按钮，即给程序段添加一条声明，在一个程序段可进行多次添加声明操作。再用同样的方法给其他的程序段添加声明。

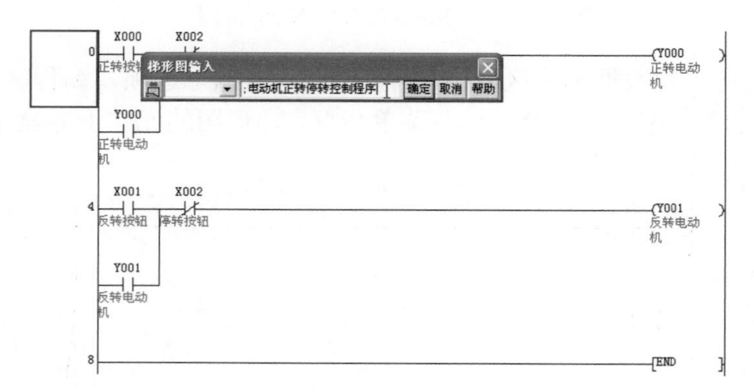

图 3-67　添加声明

梯形图默认不显示添加的声明。

显示声明：要在梯形图中显示添加的声明，可执行“显示→声明显示”菜单命令，即可将添加的声明显示出来，如图 3-68 所示。

在声明上单击鼠标左键，可选中声明，按键盘上的 Delete 键可删除声明。

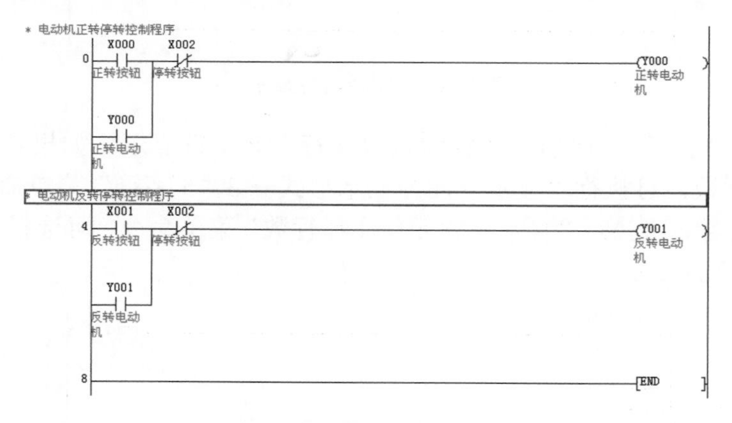

图 3-68　显示添加的声明

3　注解的添加与显示

注解的添加与显示操作说明如下。

添加注解：双击要添加注解的某行与右母线连接的线圈或指令，弹出图 3-69 所示的对话框，在输入框的线圈或指令之后输入以英文“；”号开头的注解文字，单击“确定”按钮，即给线圈或指令添加了一条注解。

将输入框内的分号及之后内容删除，即可删除注解。

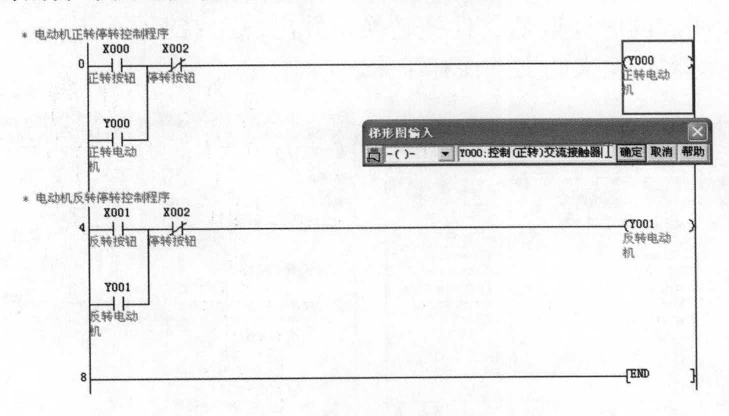

图3-69 添加注解

显示注解：要在梯形图中显示添加的注解，可执行“显示→注解显示”菜单命令，即可将添加的注解显示出来，如图3-70所示。

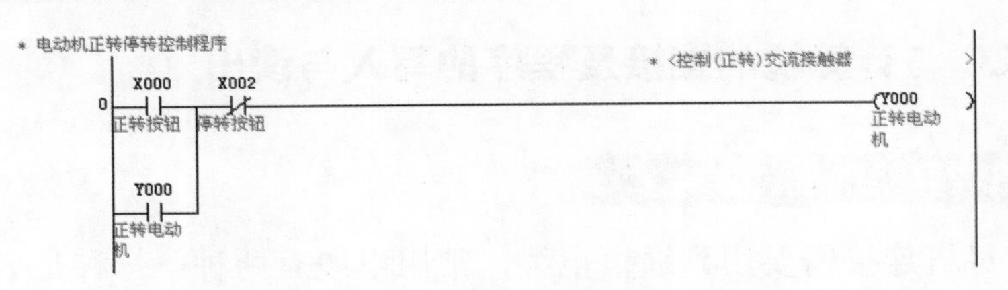

图3-70 显示添加的注解

3.2.8 读取并转换FXGP/WIN格式文件

在GX Developer软件出来之前，三菱FX PLC使用FXGP/WIN软件来编写程序，GX Developer软件具有读取并转换FXGP/WIN格式文件的功能。读取并转换FXGP/WIN格式文件的操作说明如下。

启动GX Developer软件，然后执行“工程→读取其他格式的文件→读取FXGP（WIN）格式文件”菜单命令，弹出图3-71所示的读取对话框。

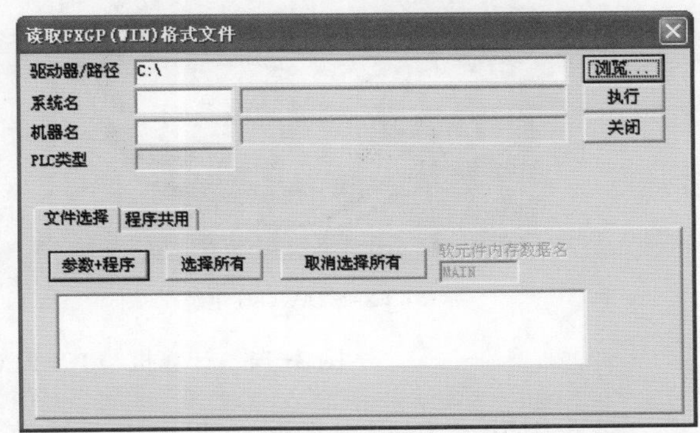

图3-71 “读取FXGP（WIN）格式文件”对话框

在读取对话框中单击“浏览”按钮，弹出图3-72所示的对话框，在该对话框中选择要读取的FXGP/WIN格式文件，如果某文件夹中含有这种格式的文件，该文件夹图标是深色的。

在该对话框中选择要读取的FXGP/WIN格式文件，单击“确认”按钮，返回到读取对话框。

在图 3-73 所示的读取对话框中出现要读取的文件，将下方区域内的三项都选中，单击“执行”按钮，即开始读取已选择的 FXGP/WIN 格式文件，单击“关闭”按钮，将读取对话框关闭，同时读取的文件被转换，并出现在 GX Developer 软件的编程区，再执行保存操作，将转换来的文件保存下来。

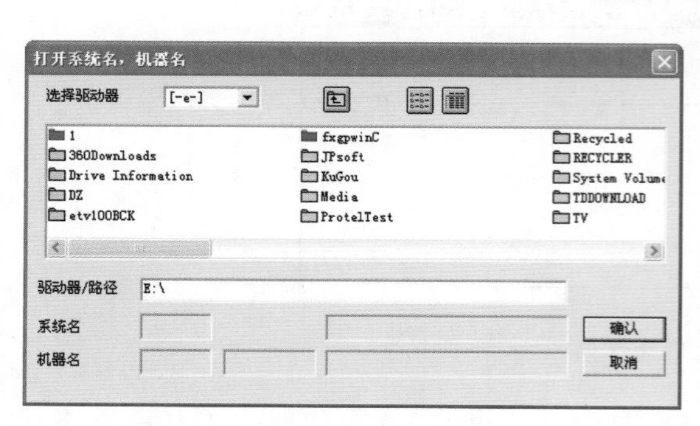

图 3-72　读取格式文件

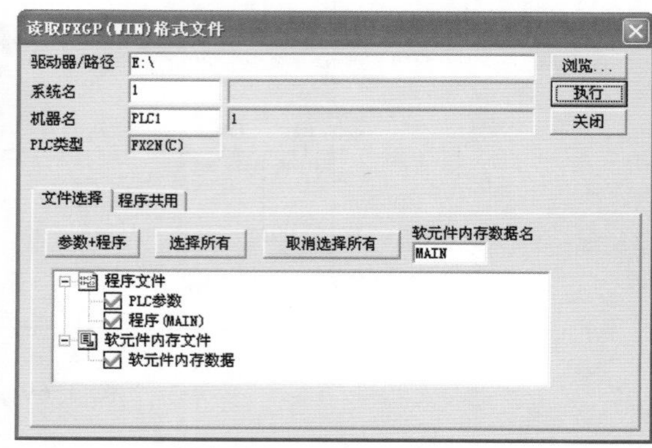

图 3-73　读取文件的选择

3.2.9　PLC 与计算机的连接及程序的写入与读出

1　PLC 与计算机的硬件连接

PLC 与计算机连接需要用到通信电缆，常用电缆有两种：一种是 FX-232AWC-H（又称 SC09）电缆，如图 3-74（a）所示，该电缆含有 RS-232C/RS-422 转换器；另一种是 FX-USB-AW（又称 USB-SC09-FX）电缆，如图 3-74（b）所示，该电缆含有 USB/RS-422 转换器。

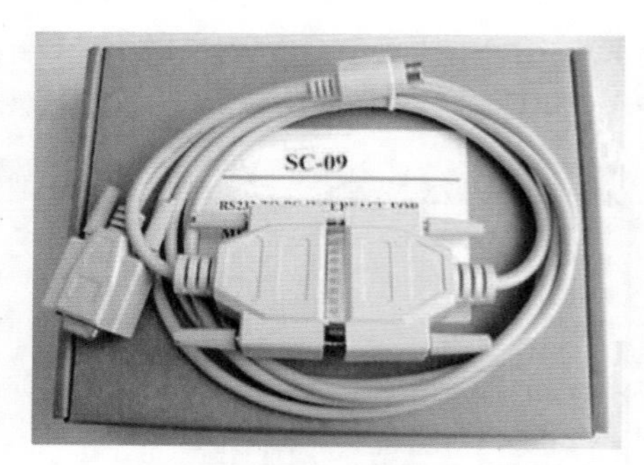

(a) FX-232AWC-H 电缆

(b) FX-USB-AW 电缆

图 3-74　计算机与 FX PLC 连接的两种编程电缆

在选用 PLC 编程电缆时，要先查看计算机是否具有 COM 接口（又称 RS-232C 接口），因为现在很多计算机已经取消了这种接口，**如果计算机有 COM 接口，可选用 FX-232AWC-H 电缆连接 PLC 和计算机**。在连接时，将电缆的 COM 头插入计算机的 COM 接口，电缆另一端圆形插头插入 PLC 的编程口。

如果计算机没有COM接口，可选用FX-USB-AW电缆将计算机与PLC连接起来。在连接时，将电缆的USB头插入计算机的USB接口，电缆另一端圆形插头插入PLC的编程口。当将FX-USB-AW电缆插到计算机USB接口时，还需要在计算机中安装这条电缆所配的驱动程序。驱动程序安装完成后，在计算机桌面上右键单击“我的计算机”图标，在弹出的快捷菜单中选择“设备管理器”命令，弹出“设备管理器”窗口，如图3-75所示，展开其中的“端口（COM和LPT）”，从中可看到一个虚拟的COM端口，图3-75中为COM3，记住该编号，在GX Developer软件进行通信参数设置时要用到。

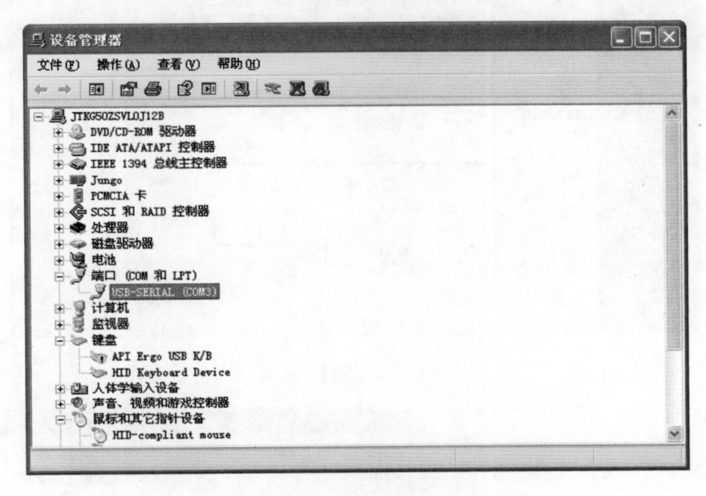

图3-75 “设备管理器”窗口

2 通信设置

用编程电缆将PLC与计算机连接好后，再启动GX Developer软件，打开或新建一个工程，再执行“在线→传输设置”菜单命令，弹出“传输设置”对话框，双击左上角的“串行USB”图标，出现详细的设置对话框，如图3-76所示，在该对话框中选中“RS-232C”选项，COM端口下拉列表中选择与PLC连接的端口号，使用FX-USB-AW电缆连接时，端口号应与设备管理器中的虚拟COM端口号一致，在传输速度下拉列表中选择某个速度（如选19.2kbit/s），单击“确认”按钮，返回“传输设置”对话框。如果想知道PLC与计算机是否连接成功，可在“传输设置”对话框中单击“通信设置”按钮，若出现图3-77所示的连接成功提示，表明PLC与计算机已成功连接，单击“确认”按钮，即完成通信设置。

3 程序的写入与读出

程序的写入是指将程序由编程计算机送入PLC，读出则是将PLC内的程序传送到计算机中。程序的读出操作过程与写入基本类似，可参照学习。在对PLC进行程序写入或读出操作时，除了要保证PLC与计算机通信连接正常外，PLC还需要接上工作电源。程序写入的操作说明如下。

① 在GX Developer软件中编写好程序并变换后，执行菜单命令“在线→PLC写入”，

也可以单击工具栏上的(PLC 写入)按钮，均会弹出图 3-78 所示的“PLC 写入”对话框，在下方选中要写入 PLC 的内容，一般选“MAIN”选项和“参数”选项，其他项根据实际情况选择，再单击“执行”按钮。

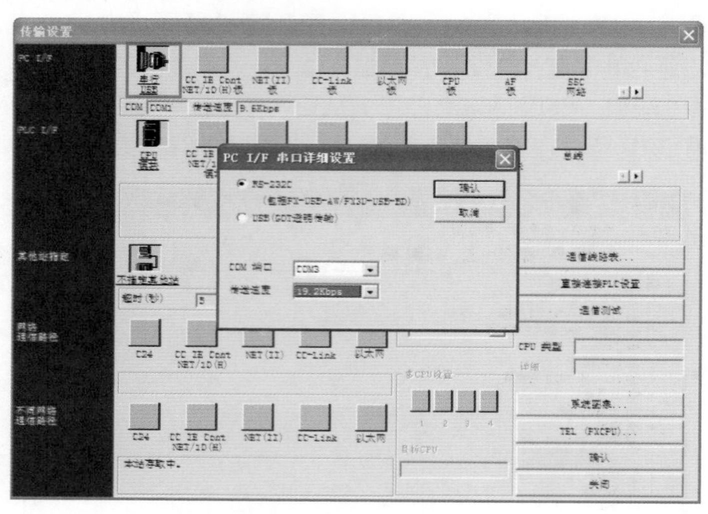

图 3-76 通信设置

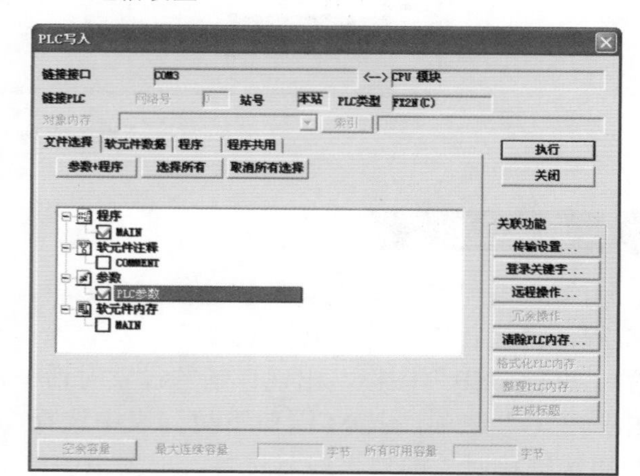

图 3-77 PLC 与计算机连接成功提示

图 3-78 “PLC 写入”对话框

② 弹出询问“是否执行 PLC 写入？”对话框，单击“是”按钮，如图 3-79 所示。

③ 由于当前 PLC 处于 RUN（运行）模式，而写入程序时 PLC 必须为 STOP 模式，故弹出询问“是否在执行远程 STOP 操作后，执行 CPU 写入？”对话框，单击“是”按钮，如图 3-80 所示。

图 3-79 询问对话框

图 3-80 询问对话框

④ 程序开始写入 PLC，如图 3-81 所示。

⑤ 程序写入完成后，弹出询问“PLC 在停止状态。是否执行远程运行？”对话框，单击“是”按钮，返回到“PLC 写入”对话框，单击“关闭”按钮，即完成程序写入过程，如图 3-82 所示。

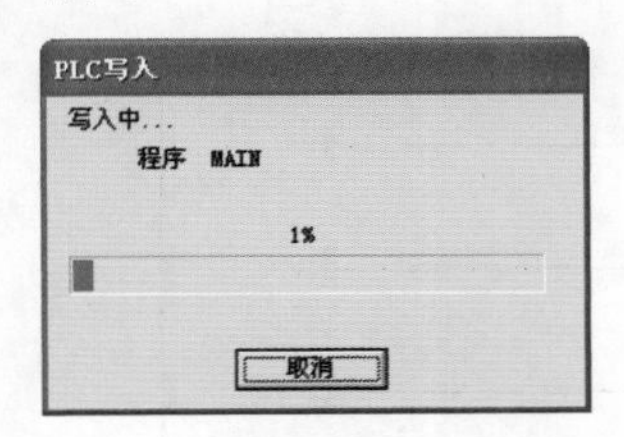

图 3-81　PLC 写入

图 3-82　询问对话框

3.2.10　在线监视 PLC 程序的运行

在 GX Developer 软件中将程序写入 PLC 后，如果希望看见程序在实际 PLC 中的运行情况，可使用软件的在线监视功能，在使用该功能时，应确保 PLC 与计算机间通信电缆连接正常，PLC 供电正常。在线监视 PLC 程序运行的操作说明如下。

① 在 GX Developer 软件中先将编写好的程序写入 PLC，然后执行“在线→监视→监视模式”菜单命令，或单击工具栏上的（监视模式）按钮，也可以直接按 F3 键，进入在线监视模式，如图 3-83 所示，软件编程区内梯形图的 X001 常闭触点上有深色方块，表示 PLC 程序中的该触点处于闭合状态。

图 3-83　在线监视模式

② 用导线将 PLC 的 X000 端子与 COM 端子短接，梯形图中的 X000 常开触点出现深色方块，表示已闭合，定时器线圈 T0 出现方块，已开始计时，Y000 线圈出现方块，表示得电，Y000 常开自锁触点出现方块，表示已闭合，如图 3-84 所示。

图 3-84　常开触点出现深色方块

③ 将 PLC 的 X000、COM 端子间的导线断开，程序中的 X000 常开触点上的方块消失，表示该触点断开，但由于 Y000 常开自锁触点仍闭合（该触点上有方块），故定时器线圈 T0 仍得电计时。当计时到达设定值 90（9s）时，T0 常开触点上出现方块（触点闭合），Y001 线圈出现方块（线圈得电），如图 3-85 所示。

图 3-85　X000、COM 端子间导线断开结果

④ 用导线将 PLC 的 X001 端子与 COM 端子短接，梯形图中的 X001 常闭触点上的方块消失，表示已断开；Y000 线圈上的方块马上消失，表示失电；Y000 常开自锁触点上的方块消失，表示断开；定时器线圈 T0 上的方块消失，停止计时并将当前计时值清 0，T0 常开触点上的方块消失，表示触点断开；X001 常开触点上有方块，表示该触点处于闭合，如图 3-86 所示。

图 3-86　X001 端子与 COM 短接结果

⑤ 在监视模式时不能修改程序，如果监视过程中发现程序存在错误需要修改，可单击工具栏上的（写入模式）按钮，切换到写入模式，程序修改并变换后，再将修改后的程序重新写入 PLC，然后再切换到监视模式来监视修改后的程序运行情况。

使用“监视（写入模式）”功能，可以避免上述麻烦的操作。单击工具栏上的［监视（写入模式）］按钮，或执行“在线→监视→监视（写入模式）”菜单命令，如图 3-87 所示，在进入监视（写入模式）时，软件先将当前程序自动写入 PLC，再监视 PLC 程序的运行，如果对程序进行了修改并变换后，修改后的新程序又自动写入 PLC，开始新程序的监视运行。

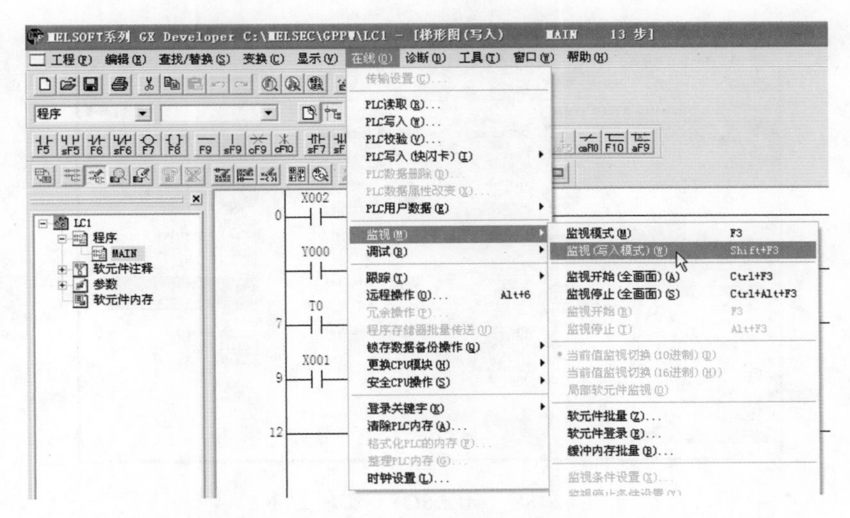

图3-87　选择“监视（写入模式）”命令

3.3 三菱GX Simulator仿真软件的使用

将编程计算机与实际的PLC连接起来可以在线监视PLC程序运行情况，但由于条件限制，很多学习者可以安装三菱GX Simulator仿真软件，安装该软件后，就相当于给编程计算机连接了一台模拟的PLC，再将程序写入这台模拟PLC，从而进行在线监视PLC程序运行情况。

GX Simulator软件具有以下特点：①具有硬件PLC没有的单步执行、跳步执行和部分程序执行调试功能；②调试速度快；③不支持输入/输出模块和网络，仅支持特殊功能模块的缓冲区；④扫描周期被固定为100ms，可以设置为100ms的整数倍。

GX Simulator软件支持FX_{1S}、FX_{1N}、FX_{1NC}、FX_{2N}和FX_{2NC}大部分的指令，但不支持中断指令、PID指令、位置控制指令、与硬件和通信有关的指令。GX Simulator软件从RUN模式切换到STOP模式时，停电保持的软元件的值被保留，非停电保持的软元件的值被清除，软件退出时，所有软元件的值被清除。

3.3.1 安装GX Simulator仿真软件

GX Simulator仿真软件是GX Developer软件的一个可选安装包，如果未安装该软件包，GX Developer可正常编程，但无法使用PLC仿真功能。

GX Simulator仿真软件的安装说明如下。

① 在安装时，先将GX Simulator安装文件夹拷贝到计算机某盘的根目录下，再打开GX Simulator文件夹，打开其中的EnvMEL文件夹，找到SETUP.EXE文件，如图3-88所示，并双击它，就开始安装MELSOFT环境软件。

② 环境软件安装完成后，在GX Simulator文件夹中找到SETUP.EXE文件，如图3-89所示，双击该文件，即开始安装GX Simulator仿真软件。

③ 在出现的图3-90所示的对话框中，输入产品ID号（安装本书免费提供下载的GX Simulator仿真软件时也可使用本序列号），单击“下一个”按钮。

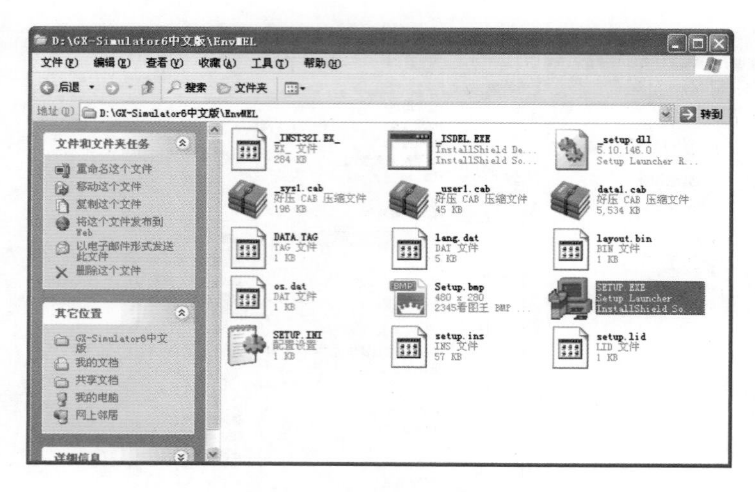

图 3-88　MELSOFT 安装文件

图 3-89　GX Simulator 安装文件

④ 在出现的图 3-91 所示的对话框中，选择软件的安装路径，这里保持默认路径，单击“下一个”按钮，即开始正式安装 GX Simulator 软件。

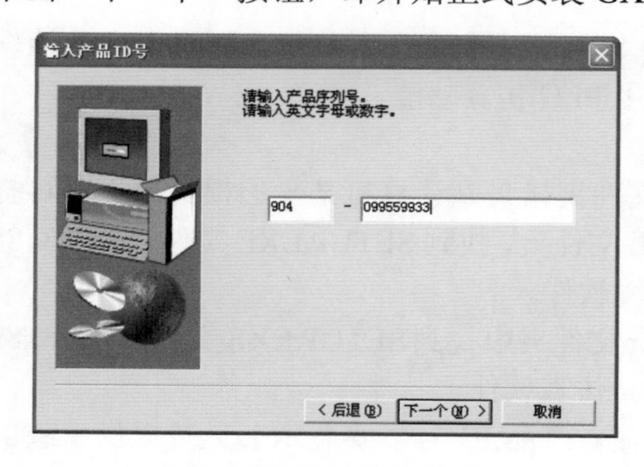

图 3-90　输入产品 ID 号

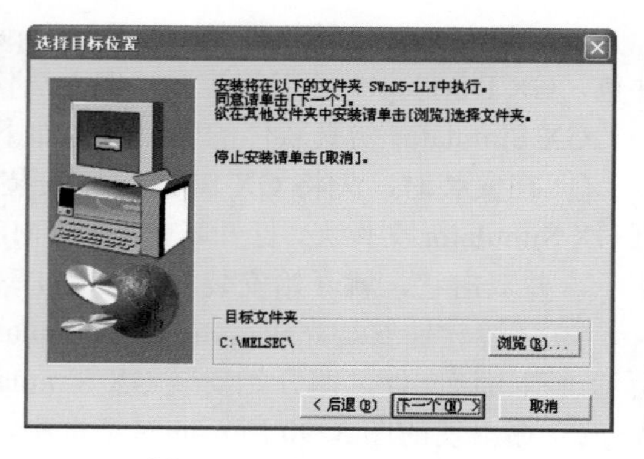

图 3-91　选择目标位置

⑤ 软件安装完成后，会出现图 3-92 所示的安装完成提示，单击“确定”按钮，即完成软件的安装。

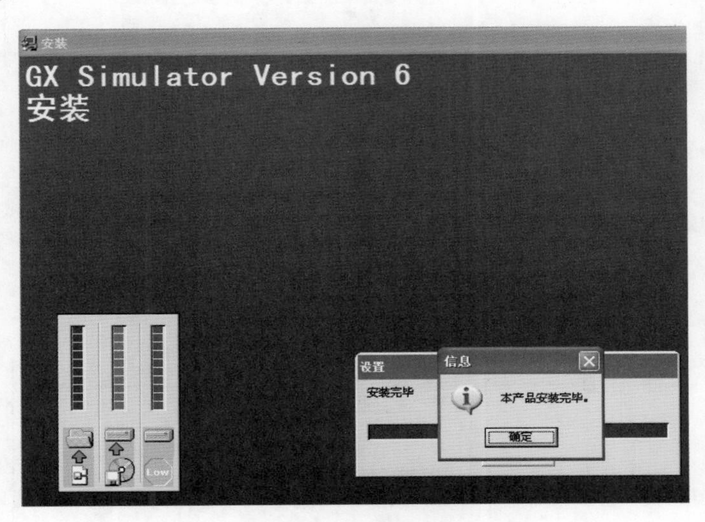

图 3-92　安装完成提示

3.3.2　仿真操作

仿真操作内容包括将程序写入模拟 PLC 中，再对程序中的元件进行强制 ON 或 OFF 操作，然后在 GX Developer 软件中查看程序在模拟 PLC 中的运行情况。仿真操作说明如下。

① 图 3-93 所示是待仿真的程序，M8012 是一个 100ms 时钟脉冲触点，在 PLC 运行时，该触点自动以 50ms 通、50ms 断的频率不断重复。

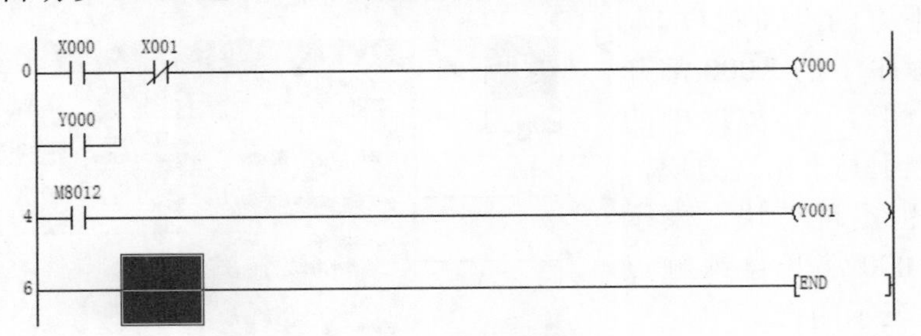

图 3-93　待仿真的程序

② 单击工具栏上的▣（梯形图逻辑测试启动 / 停止）按钮，或执行“工具→梯形图逻辑测试启动”菜单命令，编程软件中马上出现图 3-94（a）所示的“梯形图逻辑测试工具（可看作是模拟 PLC）”对话框，稍后出现图 3-94（b）所示的 PLC 写入对话框，提示正在将程序写入模拟 PLC 中。

③ 程序写入完成后，模拟 PLC 的 RUN 指示灯由灰色变成黄色，同时编程软件中的程序进入监视模式，X001 常闭触点上出现方块，表示触点处于闭合，M8012 触点和 Y001 线圈上的方块以 100ms 的频率闪动，如图 3-95 所示。

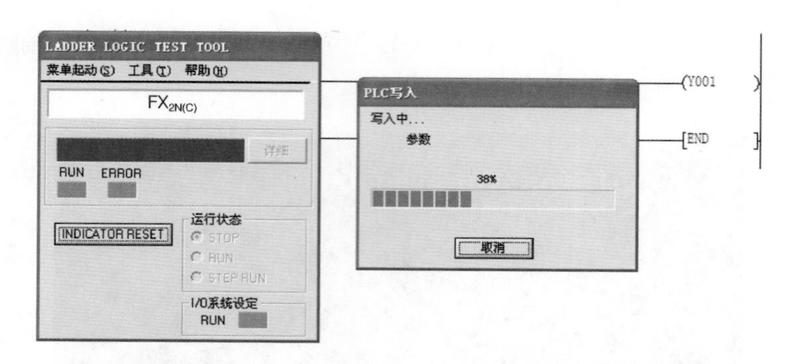

（a）“梯形图逻辑测试工具”对话框　　（b）“PLC 写入”对话框

图 3-94　将程序写入模拟 PLC 中

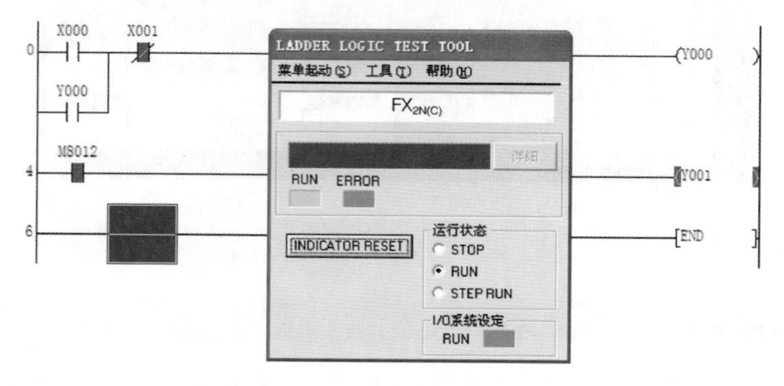

图 3-95　程序进入监视模式

④ 选中程序中的 X000 常开触点，单击工具栏上的（软元件测试）按钮，或执行“在线→调试→软元件测试”菜单命令，还可以执行右键菜单中的“软元件测试”命令，弹出图 3-96 所示的“软元件测试”对话框，软元件输入框中出现选择的软元件 X000，单击下方的“强制 ON”按钮，即让程序中的 X000 常开触点为 ON（闭合），程序中的 X000 常开触点上马上出现方块，Y000 线圈上也出现方块，表示线圈得电，Y000 常开自锁触点上出现方块，表示闭合。

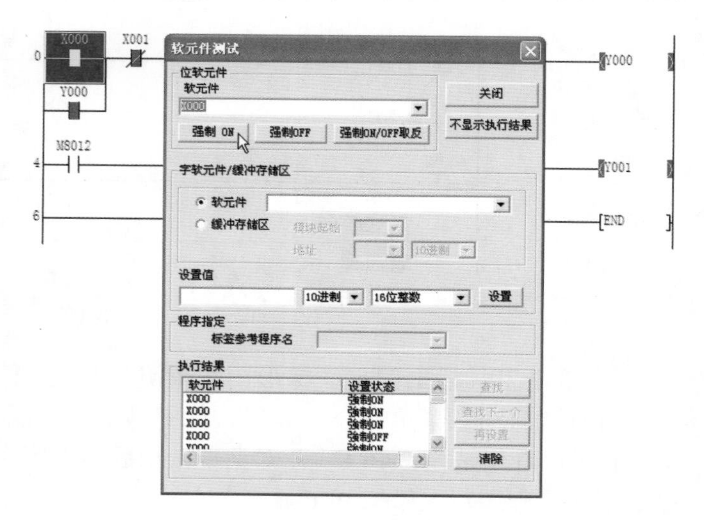

图 3-96　“软元件测试”对话框

⑤ 在“软元件测试”对话框中先将 X000 常开触点强制 OFF，再在软元件输入框中输入“X001”，并强制 OFF，如图 3-97 所示，程序中的 X001 常闭触点上的方块马上消失，表示该触点断开，Y000 线圈上的方块消失（线圈失电），Y000 常开自锁触点的方块也消失（断开）。

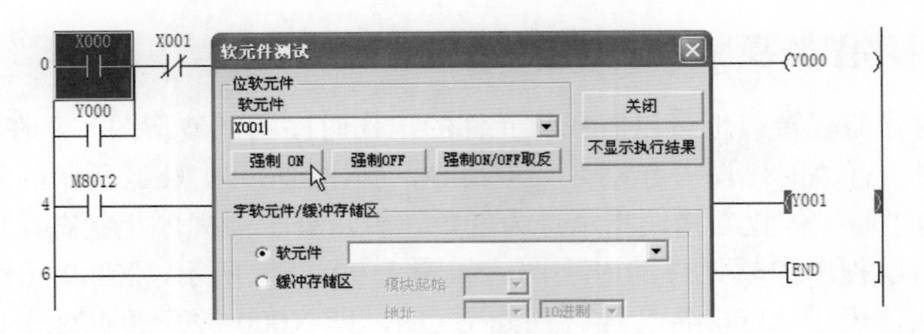

图 3-97　输入“X001”

在进行仿真操作时，如果要退出仿真监视状态，可单击编程软件工具栏上的▣按钮，使该按钮处于弹起状态即可，梯形图逻辑测试工具窗口会自动消失。在进行仿真操作时，如果需要修改程序，可先退出仿真状态，让编程软件进入写入模式（单击工具栏中的▣按钮），就可以对程序进行修改，修改并变换后再单击工具栏上的▣按钮，重新进行仿真操作。

3.3.3　软元件监视

在进行仿真操作时，除了可以在编程软件中查看程序在模拟 PLC 中的运行情况外，还可以通过仿真工具了解一些软元件的状态。

在梯形图逻辑测试工具窗口中执行“菜单起动→继电器内存监视”菜单命令，弹出图 3-98（a）所示的“设备内存监视（DEVICE MEMORY MONITOR）”窗口，在该窗口中执行“软元件→位软元件窗口→ X”菜单命令，下方马上出现“X 继电器状态监视”窗口，再用同样的方法调出“Y 线圈状态监视”窗口，如图 3-98（b）所示。从图 3-98（b）中可以看出，X000 继电器有黄色背景，表示 X000 继电器状态为 ON，即 X000 常开触点处于闭合状态、常闭触点处于断开状态，Y000、Y001 线圈也有黄色背景，表示这两个线圈状态都为 ON。单击窗口上部的黑三角形按钮，可以在窗口显示前、后编号的软元件。

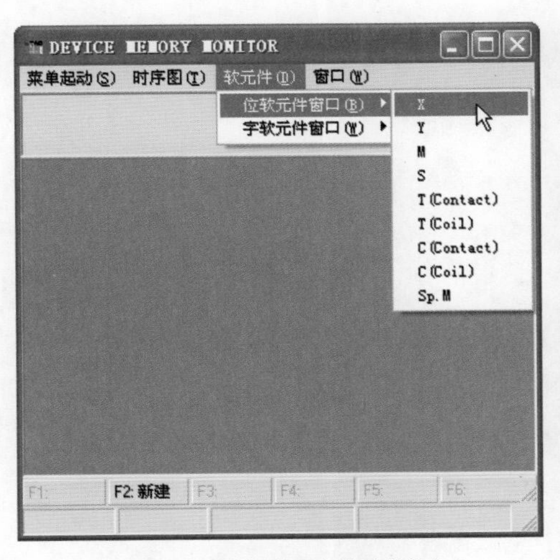

（a）在设备内存监视窗口中执行菜单命令

（b）调出 X 继电器和 Y 线圈监视窗口

图 3-98　在设备内存监视窗口中监视软元件状态

3.3.4　时序图监视

在设备内存监视窗口也可以监视软元件的工作时序图（波形图）。在图 3-98（a）所示的窗口中执行“时序图→起动”菜单命令，弹出图 3-99（a）所示的时序图监视窗口，窗口中的“监控停止”按钮指示灯为红色，表示处于监视停止状态，单击该按钮，窗口中马上出现程序中软元件的时序图，如图 3-99（b）所示，X000 元件右边的时序图是一条蓝线，表示 X000 继电器一直处于 ON，即 X000 常开触点处于闭合；M8012 元件的时序图为一系列脉冲，表示 M8012 触点闭合、断开交替进行，脉冲高电平表示触点闭合，脉冲低电平表示触点断开。

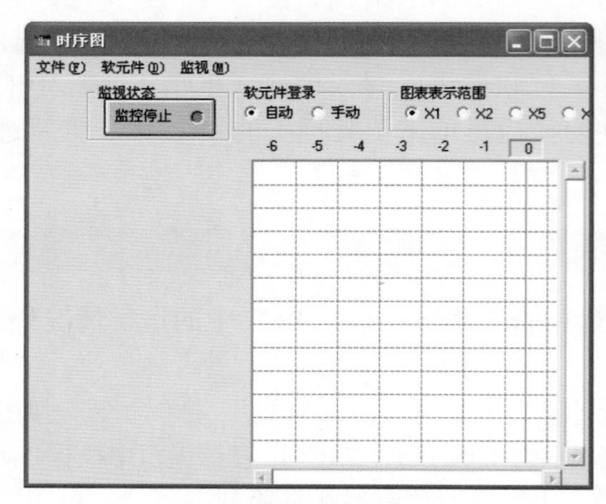

（a）时序图监视处于停止

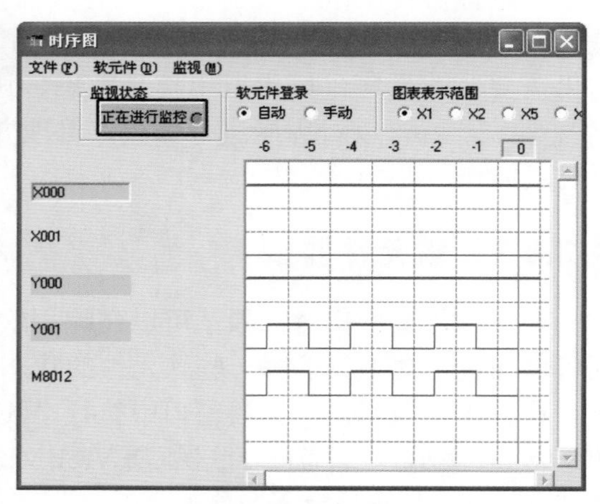

（b）时序图监视启动

图 3-99　软元件的工作时序图监视

第4章 基本指令的使用及实例

基本指令是PLC最常用的指令，也是PLC编程时必须掌握的指令。三菱FX系列PLC的一、二代机（FX_{1S}\$FX_{1N}$\$FX_{1NC}$\$FX_{2N}$\$FX_{2NC}$）有27条基本指令，三代机（$FX_{3U}$\$FX_{3UC}$\$FX_{3G}$）有29条基本指令（增加了MEP、MEF指令）。

PLC编程可采用指令表方式编程，也可以采用梯形图方式编程。在梯形图中，指令是以梯形图元件或指令形式存在的，由于不用记住众多的指令和编程语法，编程更为直观，所以大多数人采用梯形图方式编程。

4.1 基本梯形图元件与指令说明

4.1.1 常开触点、常闭触点与线圈

1 常开触点、常闭触点与线圈说明

常开触点、常闭触点与线圈元件说明如表4-1所示。

表4-1　常开触点、常闭触点与线圈元件说明

元件名称及符号	说明	适用对象
常开触点 —┤├—	又称A触点，在不动作时处于断开状态	X、Y、M、S、T、C、D□.b
常闭触点 —┤/├—	又称B触点，在不动作时处于闭合状态	X、Y、M、S、T、C、D□.b
线圈 —(　)—	各种继电器（输出继电器Y、辅助继电器M、状态继电器S、定时器T或计数器C）的线圈，其状态值有1（也称ON）和0（也称OFF），其状态值会影响到其关联元件（如触点）的动作	Y、M、S、T、C、D□.b

2 使用举例

常开触点、常闭触点与线圈元件使用举例如图4-1所示。

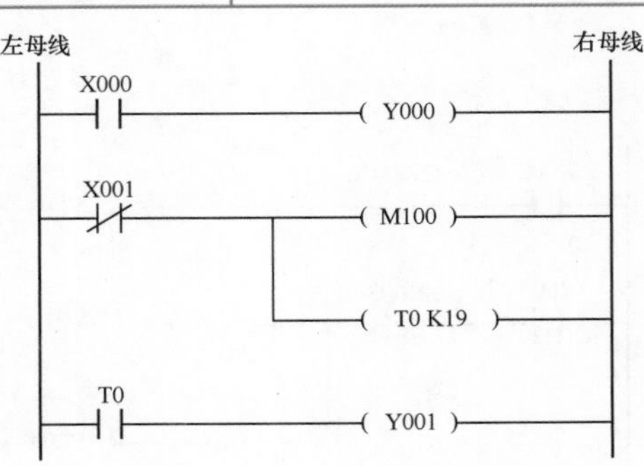

图4-1　常开触点、常闭触点与线圈元件使用举例

当常开触点X000闭合时，输出继电器Y000的线圈会得电（即Y000继电器状态值变为1）。

当常闭触点X001断开时，辅助继电器M100的线圈会得电（M100继电器状态值变为1），定时器T0也会得电，开始1.9s计时，1.9s后定时

器状态值变为 1，定时器 T0 的常开触点闭合，输出继电器 Y001 的线圈得电（Y000 继电器状态值变为 1），如图 4-1 所示。

4.1.2　触点的串联和并联

1　触点连接方式说明

触点的串联和并联说明如表 4-2 所示。

表 4-2　触点的串联和并联说明

触点连接方式	说明	适用对象
触点的串联	两个或两个以上的触点串联在一起	X、Y、M、S、T、C、D □ .b
触点的并联	两个或两个以上的触点并联在一起	X、Y、M、S、T、C、D □ .b

2　使用举例

（1）触点的串联使用举例

触点的串联使用举例如图 4-2 所示。

常开触点 X002 和 X000 串联在一起，只有两者都闭合时，输出继电器 Y003 的线圈才会得电，Y003 常开触点才会闭合。

Y003 常开触点与 X003 常闭触点串联在一起，两者只要有一个处于断开，辅助继电器 M101 线圈就不会得电。

定时器的 T1 触点与 Y003、X003 触点为串联关系，只有三者都闭合，输出继电器 Y004 的线圈才会得电，如图 4-2 所示。

（2）触点的并联使用举例

触点的并联使用举例如图 4-3 所示。

X004、X006、M101 触点并联在一起，只要其中一个触点闭合，输出继电器 Y005 的线圈就会得电，Y005 常闭触点就会断开。

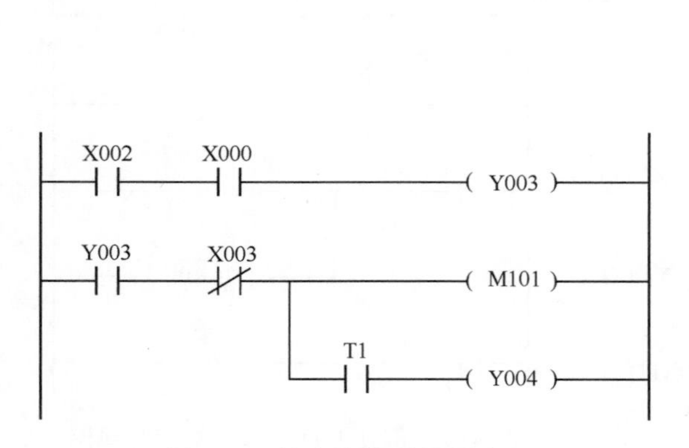

图 4-2　触点的串联使用举例

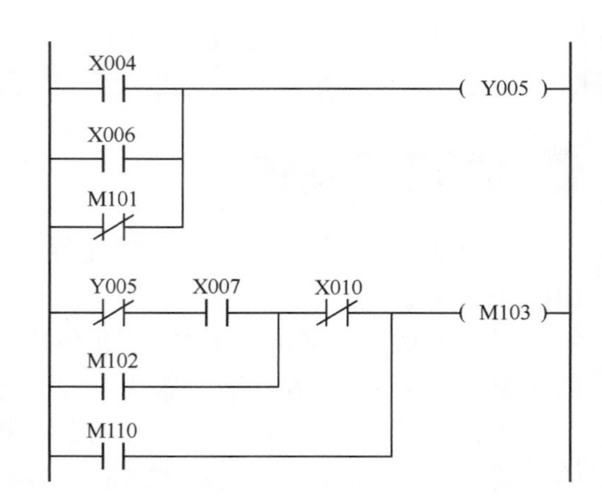

图 4-3　触点的并联使用举例

辅助继电器 M103 的线圈在以下情况时会得电。

① Y005、X007、X010 触点均闭合。

② M102、X010 触点均闭合。

③ M110 触点闭合。

以上三种情况是并联关系，只要满足其中一条（同时满足两条或三条也可以），M103 线圈就会得电，如图 4-3 所示。

4.1.3 触点串联后并联与触点并联后串联

1 触点连接方式说明

触点串联后并联与触点并联后串联说明如表 4-3 所示。

表 4-3　触点串联后并联与触点并联后串联说明

触点连接方式	说明	适用对象
触点串联后并联	两个或两个以上的串联触点并联在一起	X、Y、M、S、T、C、D □ .b
触点并联后串联	两个或两个以上的并联触点串联在一起	X、Y、M、S、T、C、D □ .b

2 使用举例

（1）触点串联后并联使用举例

触点串联后并联使用举例如图 4-4 所示。

X000、X001 触点为串联关系，X002、X003 触点为串联关系，X004、X005 触点也为串联关系，三者之间则为并联关系，任意一条串联电路中的触点都闭合（也可以是两条或三条串联电路的触点都闭合），输出继电器 Y006 的线圈就会得电，如图 4-4 所示。

（2）触点并联后串联使用举例

触点并联后串联使用举例如图 4-5 所示。

X002、X003 触点为串联关系，X004、X005 触点为串联关系，它们与 X006 触点构成一个并联电路块，X000、X001 触点也构成一个并联电路块，两个并联电路块再串联在一起，X003 触点与之为并联关系，如图 4-5 所示。

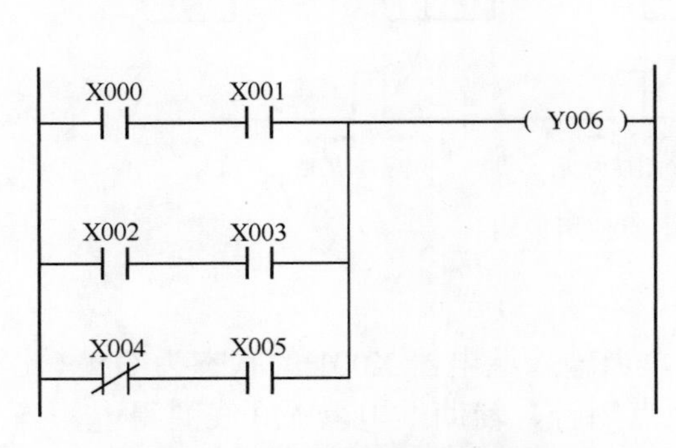

图 4-4　触点串联后并联使用举例

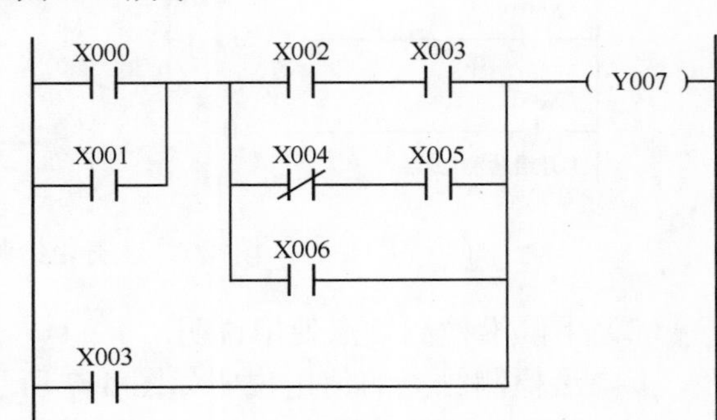

图 4-5　触点并联后串联使用举例

以下情况可使输出继电器 Y007 线圈得电。

① X003 触点闭合。

② 两个串联的并联电路块中分别至少有一条支路触点都闭合。

4.1.4　边沿检测触点

边沿检测触点包括上升沿检测触点和下降沿检测触点，当检测到上升沿或下降沿时，边沿检测触点会接通一个扫描周期的时间。

1　边沿检测触点说明

边沿检测触点说明如表 4-4 所示。

表 4-4　边沿检测触点说明

元件名称及符号	功能	适用对象
上升沿检测触点 ─┤↑├─	当有关元件进行 OFF → ON 变化（产生上升沿）时，该元件的上升沿检测触点会接通一个扫描周期的时间	X、Y、M、S、T、C、D□.b
下降沿检测触点 ─┤↓├─	当有关元件进行 ON → OFF 变化（产生下降沿）时，该元件的下降沿检测触点会接通一个扫描周期的时间	X、Y、M、S、T、C、D□.b

2　使用举例

（1）上升沿检测触点使用说明

上升沿检测触点的使用说明如图 4-6 所示，当输入继电器 X001 的状态由 OFF 转为 ON（比如 X001 端子外接开关由断开转为闭合）时，产生一个上升沿，X001 上升沿检测触点接通一个扫描周期，辅助继电器 M1 线圈通电一个扫描周期的时间，然后 X001 上升沿检测触点断开，M1 线圈失电。X001 常开触点的状态随输入继电器 X001 状态变化而变化，输入继电器 X001 状态为 ON 时，X001 常开触点始终闭合；输入继电器 X001 状态为 OFF 时，X001 常开触点始终断开。

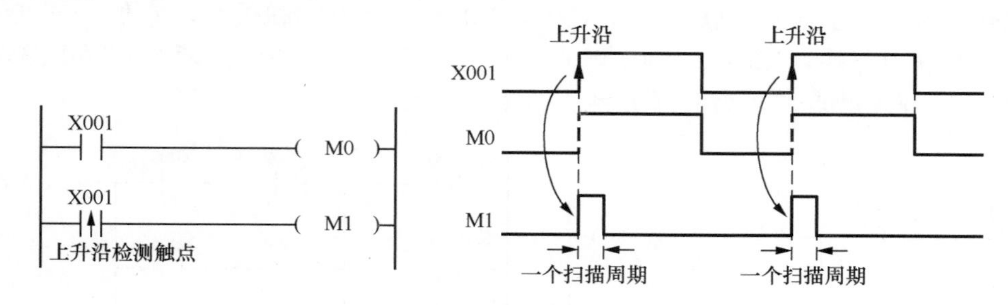

图 4-6　上升沿检测触点使用说明

（2）下降沿检测触点使用说明

下降沿检测触点的使用说明如图 4-7 所示，当输入继电器 X001 的状态为 ON（比如 X001 端子外接开关闭合）时，X001 常开触点闭合，辅助继电器 M0 线圈得电，当输入继电器 X001 的状态由 ON 变为 OFF 时，产生一个下降沿，X001 下降沿检测触点接通一个扫描周期，M1 线圈通电一个扫描周期的时间，然后 X001 下降沿检测触点断开，M1 线圈失电。X001 常开触点的状态随输入继电器 X001 状态变化而变化，输入继电器 X001 状态为 ON 时，X001 常开触点始终闭合；输入继电器 X001 状态为 OFF 时，X001 常开触点始终断开。

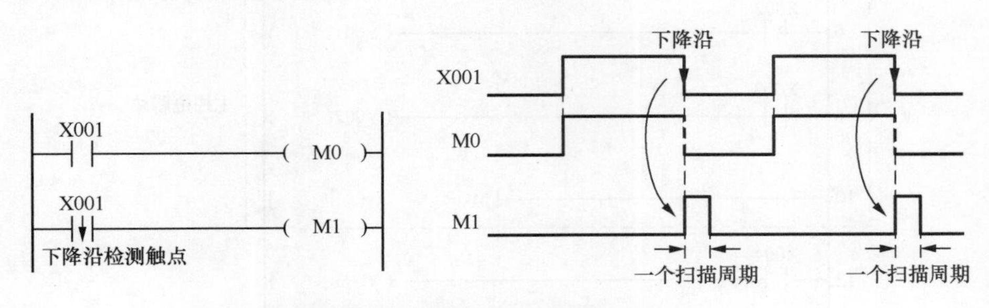

图 4-7　下降沿检测触点使用说明

4.1.5　主控和主控复位指令

1　指令说明

主控指令说明如表 4-5 所示。

表 4-5　主控指令说明

指令名称及助记符	说明	适用对象
主控指令 MC	用于启动一个主控电路块的工作	Y、M
主控复位指令 MCR	用于结束一个主控电路块的运行	无

2　使用举例

MC、MCR 指令使用举例如图 4-8 所示。如果 X001 常开触点处于断开，MC 指令不执行，MC 到 MCR 之间的程序不会执行，即 0 梯级程序执行后会执行 12 梯级程序；如果 X001 触点闭合，MC 指令执行，MC 到 MCR 之间的程序会从上往下执行。

MC、MCR 指令可以嵌套使用，如图 4-9 所示，当 X001 触点闭合、X003 触点断开时，X001 触点闭合使 [MC N0 M100] 指令执行，N0 级电路块被启动，由于 X003 触点断开，使嵌在 N0 级内的 [MC N1 M101] 指令无法执行，故 N1 级电路块不会执行。

如果 MC 主控指令嵌套使用，其嵌套层数允许最多 8 层（N0 ～ N7），通常按顺序从小到大使用，MC 指令的操作元件通常为输出继电器 Y 或辅助继电器 M，但不能是特殊继电器。MCR 主控复位指令的使用次数（N0 ～ N7）必须与 MC 的次数相同，在按由小到大顺序多次使用 MC 指令时，必须按由大到小相反的顺序使用 MCR 指令返回。

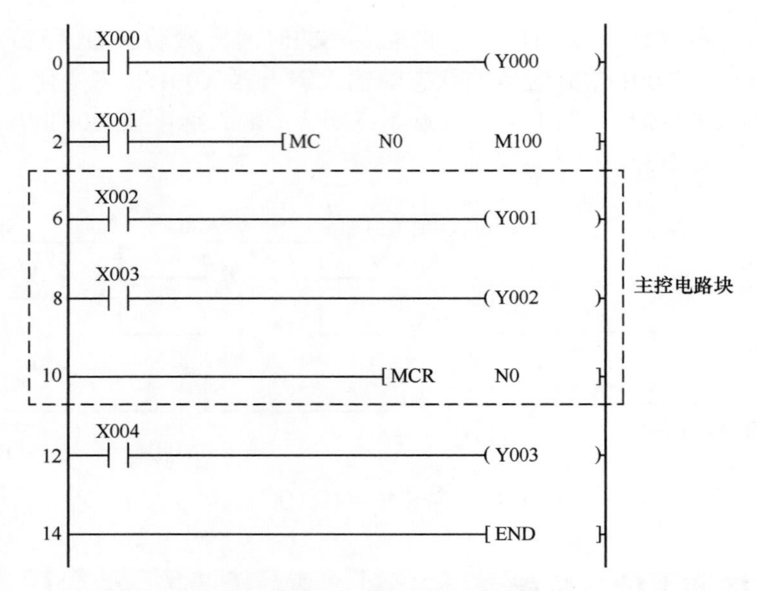

图 4-8 MC、MCR 指令使用举例

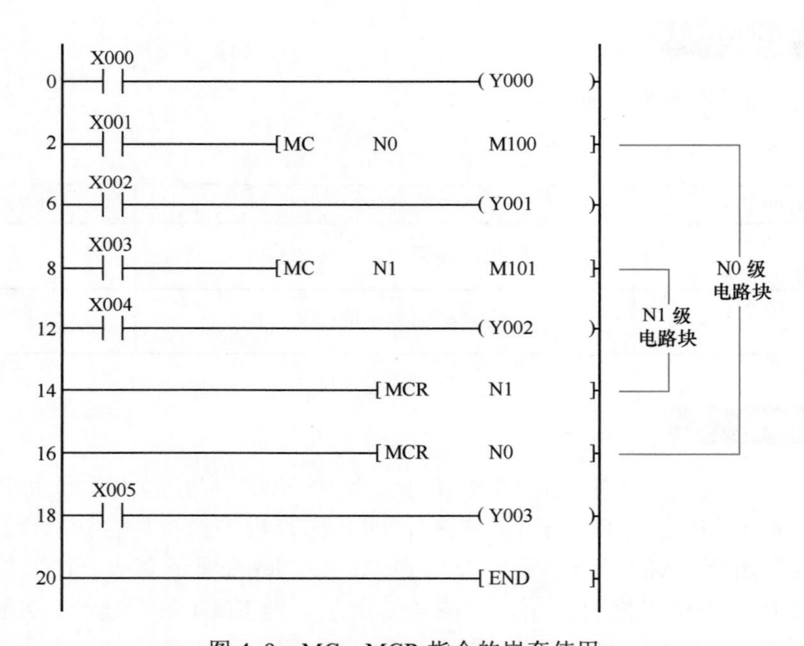

图 4-9 MC、MCR 指令的嵌套使用

4.1.6 取反指令

1 指令说明

取反指令说明如表 4-6 所示。

表 4-6　取反指令说明

指令名称及符号	说明	适用对象
取反指令	其功能是将该指令前的运算结果取反	无

2　使用举例

取反指令使用举例如图 4-10 所示。在绘制梯形图时，取反指令用斜线表示，当 X000 断开时，相当于 X000=OFF，取反变为 ON（相当于 X000 闭合），继电器线圈 Y000 得电。

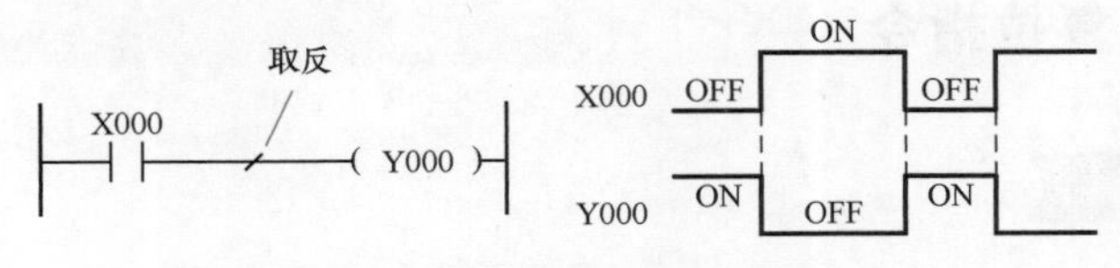

图 4-10　取反指令使用举例

4.1.7　结果边沿检测指令

结果边沿检测指令是三菱 FX PLC 三代机（FX_{3U}/FX_{3UC}/FX_{3G}）增加的指令。

1　指令说明

结果边沿检测指令说明如表 4-7 所示。

表 4-7　结果边沿检测指令说明

指令名称及符号	说明	适用对象
结果上升沿检测指令	当该指令之前的运算结果出现上升沿时，指令所在位置接通，前方运算结果无上升沿时，指令所在位置断开	无
结果下降沿检测指令	当该指令之前的运算结果出现下降沿时，指令所在位置接通，前方运算结果无下降沿时，指令所在位置断开	无

2　使用举例

结果上升沿检测指令使用举例如图 4-11 所示。当 X000 触点处于闭合、X001 触点由断开转为闭合时，结果上升沿检测指令前方送来一个上升沿，该指令所在位置接通，[SET　M0] 指令执行，将辅助继电器 M0 置 1。

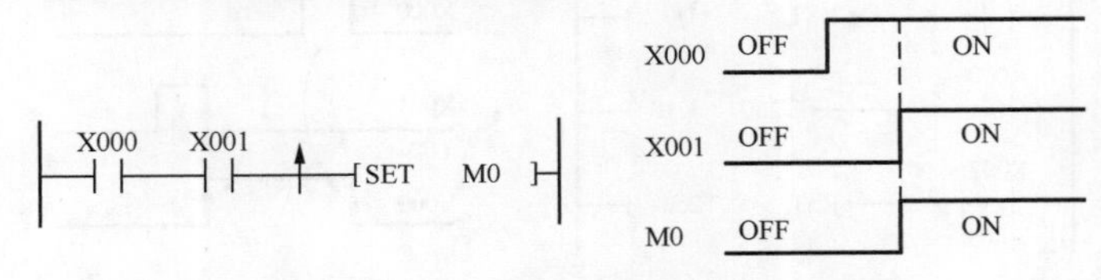

图 4-11　结果上升沿检测指令使用举例

结果下降沿检测指令使用举例如图 4-12 所示。当 X001 触点处于闭合时，如果 X000 触点由闭合转为断开，结果下降沿检测指令前方送来一个下降沿，该指令所在位置接通，[SET　M0] 指令执行，将辅助继电器 M0 置 1。

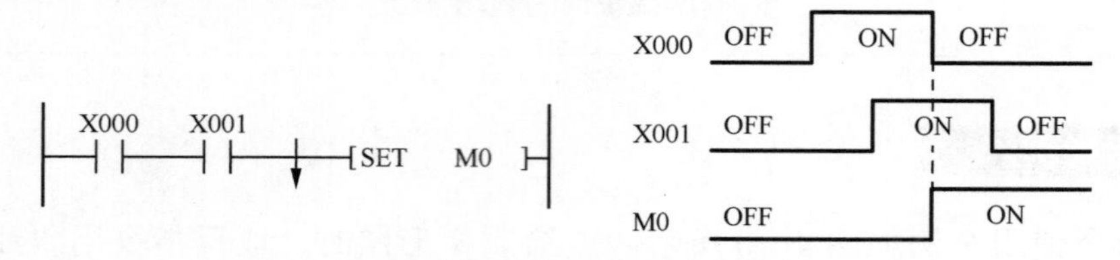

图 4-12　结果下降沿检测指令使用举例

4.1.8　置位与复位指令

1 指令说明

置位与复位指令名称及功能如表 4-8 所示。

表 4-8　置位与复位指令名称及功能

指令名称及助记符	功能	适用对象
置位指令 SET	其功能是对操作元件进行置位（即置 ON 或称置 1），并使其动作保持	Y、M、S、D □ .b
复位指令 RST	其功能是对操作元件进行复位（即置 OFF 或称置 0），并使其动作保持	Y、M、S、T、C、D、R、V、Z、D □ .b

2 使用举例

置位与复位指令使用举例如图 4-13 所示。

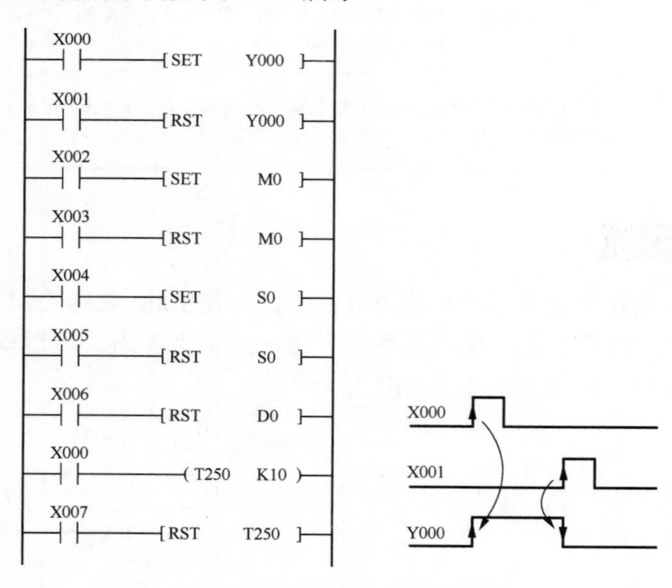

图 4-13　置位与复位指令使用举例

在图 4-13 中，当常开触点 X000 闭合后，Y000 线圈被置位（状态变为 ON），X000 断开后，Y000 线圈仍维持 ON（通电）状态；当常开触点 X001 闭合后，Y000 线圈被复位（状态变为 OFF），X001 断开后，Y000 线圈维持 OFF（失电）状态。

对于同一元件，SET、RST 指令可反复使用，顺序也可随意，但最后执行者有效。

4.1.9 脉冲微分输出指令

1 指令说明

脉冲微分输出指令说明如表 4-9 所示。

表 4-9 脉冲微分输出指令说明

指令名称及助记符	功能	对象软元件
上升沿脉冲微分输出指令 PLS	其功能是当检测到输入脉冲上升沿来时，使操作元件得电一个扫描周期	Y、M
下降沿脉冲微分输出指令 PLF	其功能是当检测到输入脉冲下降沿来时，使操作元件得电一个扫描周期	Y、M

2 使用举例

PLS、PLF 指令使用举例如图 4-14 所示。当常开触点 X000 由断开转为闭合时，一个上升沿脉冲加到 [PLS M0]，指令执行，M0 线圈得电一个扫描周期，M0 常开触点闭合，[SET Y000] 指令执行，将 Y000 线圈置位（即让 Y000 线圈得电并保持）；当常开触点 X001 由闭合转为断开时，一个脉冲下降沿加给 [PLF M1]，指令执行，M1 线圈得电一个扫描周期，M1 常开触点闭合，[RST Y000] 指令执行，将 Y000 线圈复位（即让 Y000 线圈失电）。

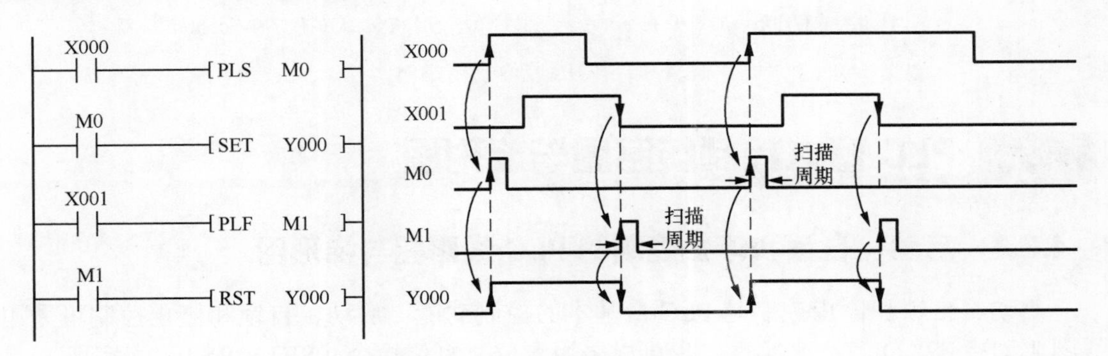

图 4-14 PLS、PLF 指令使用举例

4.1.10 程序结束指令

1 指令说明

程序结束指令说明如表 4-10 所示。

表 4-10　程序结束指令说明

指令名称（助记符）	功能	对象软元件
程序结束指令 END	当一个程序结束后，需要在结束位置用 END 指令	无

2　使用举例

END 指令使用举例如图 4-15 所示。当系统运行到 END 指令处时，END 后面的程序将不会执行，系统会由 END 处自动返回，开始下一个扫描周期，如果不在程序结束处使用 END 指令，系统会一直运行到程序的最后，延长程序的执行周期。

另外，使用 END 指令也方便调试程序。当编写很长的程序时，如果调试时发现程序出错，为了发现程序出错位置，可以从前往后每隔一段程序插入一个 END 指令，再进行调试，系统执行到第一个 END 指令会返回。如果发现程序出错，表明出错位置应在第一个 END 指令之前，若第一段程序正常，可删除一个 END 指令，再用同样的方法调试后面的程序。

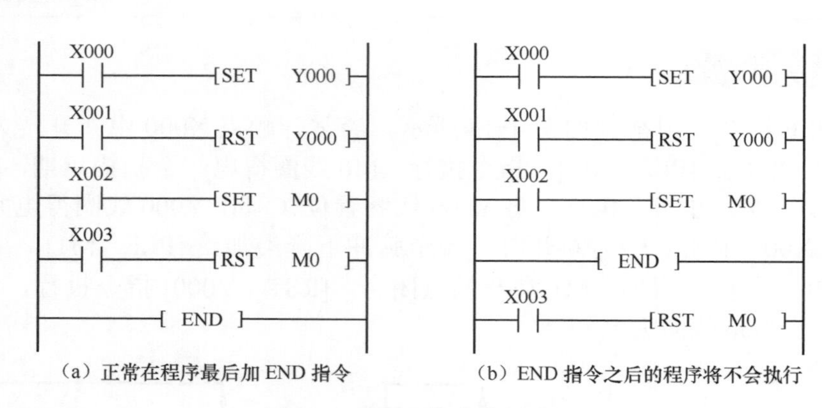

（a）正常在程序最后加 END 指令　（b）END 指令之后的程序将不会执行

图 4-15　END 指令使用举例

4.2　PLC 基本控制线路图与梯形图

4.2.1　启动、自锁和停止控制的 PLC 线路图与梯形图

启动、自锁和停止控制是 PLC 最基本的控制功能。启动、自锁和停止控制可采用线圈驱动指令（OUT）来实现，也可以采用置位、复位指令（SET、RST）来实现。

1　采用线圈驱动指令实现启动、自锁和停止控制

线圈驱动指令（OUT）的功能是将输出线圈与右母线连接，是一种很常用的指令。用线圈驱动指令实现启动、自锁和停止控制的 PLC 线路图和梯形图如图 4-16 所示。

PLC 线路图与梯形图说明如下。

当按下启动按钮 SB1 时，PLC 内部梯形图程序中的启动触点 X000 闭合，输出线

圈 Y000 得电，输出端子 Y0 内部硬触点闭合，Y0 端子与 COM 端子之间内部接通，接触器线圈 KM 得电，主电路中的 KM 主触点闭合，电动机得电启动。

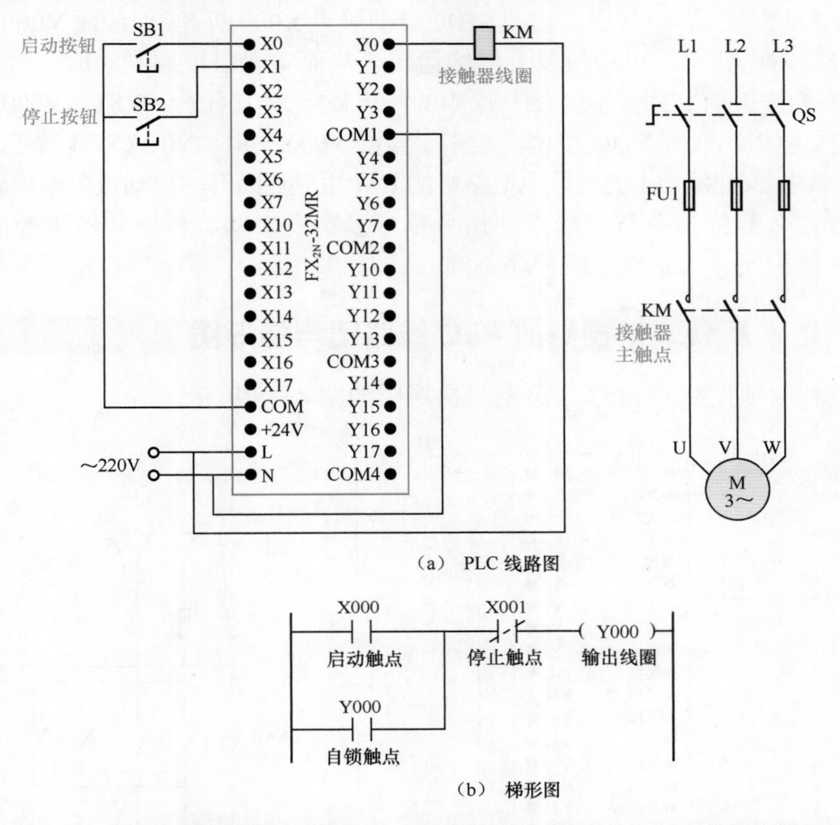

（a） PLC 线路图

（b） 梯形图

图 4-16 采用线圈驱动指令实现启动、自锁和停止控制的 PLC 线路图与梯形图

输出线圈 Y000 得电后，除了会使 Y000、COM 端子之间的硬触点闭合外，还会使自锁触点 Y000 闭合，在启动触点 X000 断开后，依靠自锁触点闭合可使线圈 Y000 继续得电，电动机就会继续运转，从而实现自锁控制功能。

当按下停止按钮 SB2 时，PLC 内部梯形图程序中的停止触点 X001 断开，输出线圈 Y000 失电，Y0、COM 端子之间的内部硬触点断开，接触器线圈 KM 失电，主电路中的 KM 主触点断开，电动机失电停转。

2 采用置位复位指令实现启动、自锁和停止控制

采用置位、复位指令 SET、RST 实现启动、自锁和停止控制的梯形图如图 4-17 所示，其 PLC 线路图与图 4-16（a）线路图是一样的。

PLC 线路图与梯形图说明如下。

当按下启动按钮 SB1 时，梯形图中的启动触点 X000 闭合，[SET Y000] 指令执行，指令执行结果将输出继电器线圈 Y000 置 1，相当于线圈

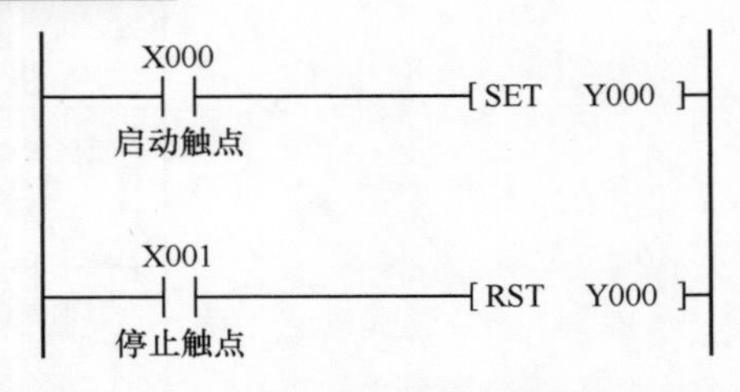

图 4-17 采用置位、复位指令实现启动、自锁和停止控制的梯形图

Y000 得电，使 Y0、COM 端子之间的内部硬触点接通，接触器线圈 KM 得电，主电路中的 KM 主触点闭合，电动机得电启动。

线圈 Y000 置位后，松开启动按钮 SB1、启动触点 X000 断开，但线圈 Y000 仍保持“1”态，即仍维持得电状态，电动机就会继续运转，从而实现自锁控制功能。

当按下停止按钮 SB2 时，梯形图程序中的停止触点 X001 闭合，[RST　Y000] 指令执行，指令执行结果将输出线圈 Y000 复位，相当于线圈 Y000 失电，Y0、COM 端子之间的内部触点断开，接触器线圈 KM 失电，主电路中的 KM 主触点断开，电动机失电停转。

采用置位、复位指令与线圈驱动指令都可以实现启动、自锁和停止控制，两者的 PLC 线路图都相同，只是梯形图程序不同。

4.2.2　正、反转联锁控制的 PLC 线路图与梯形图

正、反转联锁控制的 PLC 线路图与梯形图如图 4-18 所示。

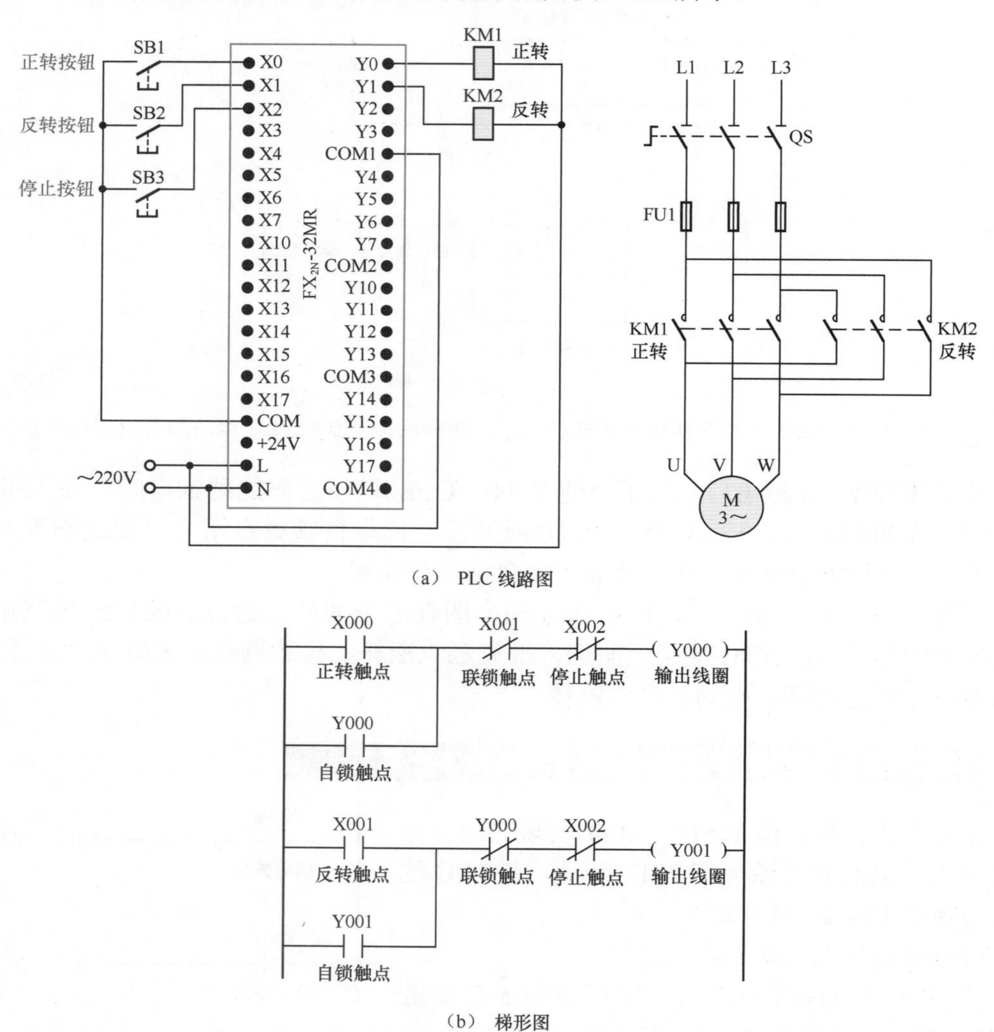

（a） PLC 线路图

（b） 梯形图

图 4-18　正、反转联锁控制的 PLC 线路图与梯形图

线路图与梯形图说明如下。

① 正转联锁控制。按下正转按钮 SB1 →梯形图程序中的正转触点 X000 闭合→线圈 Y000 得电→ Y000 自锁触点闭合，Y000 联锁触点断开，Y0 端子与 COM 端子间的内部硬触点闭合→ Y000 自锁触点闭合，使线圈 Y000 在 X000 触点断开后仍可得电；Y000 联锁触点断开，使线圈 Y001 即使在 X001 触点闭合（误操作 SB2 引起）时也无法得电，实现联锁控制；Y0 端子与 COM 端子间的内部硬触点闭合，接触器 KM1 线圈得电，主电路中的 KM1 主触点闭合，电动机得电正转。

② 反转联锁控制。按下反转按钮 SB2 →梯形图程序中的反转触点 X001 闭合→线圈 Y001 得电→ Y001自锁触点闭合，Y001 联锁触点断开，Y1 端子与 COM 端子间的内部硬触点闭合→ Y001自锁触点闭合，使线圈 Y001 在 X001 触点断开后继续得电；Y001 联锁触点断开，使线圈 Y000 即使在 X000 触点闭合（误操作 SB1 引起）时也无法得电，实现联锁控制；Y1 端子与 COM 端子间的内部硬触点闭合，接触器 KM2 线圈得电，主电路中的 KM2 主触点闭合，电动机得电反转。

③ 停转控制。按下停止按钮 SB3 →梯形图程序中的两个停止触点 X002 均断开→线圈 Y000、Y001 均失电→接触器 KM1、KM2 线圈均失电→主电路中的 KM1、KM2 主触点均断开，电动机失电停转。

4.2.3 多地控制的 PLC 线路图与梯形图

多地控制的 PLC 线路图与梯形图如图 4-19 所示，其中图 4-19（b）为单人多地控制梯形图，图 4-19（c）为多人多地控制梯形图。

（1）单人多地控制

单人多地控制的 PLC 线路图和梯形图如图 4-19（a）、（b）所示。

甲地启动控制。在甲地按下启动按钮 SB1 时→ X000 常开触点闭合→线圈 Y000 得电→ Y000 常开自锁触点闭合，Y0 端子内部硬触点闭合→ Y000 常开自锁触点闭合锁定 Y000 线圈供电，Y0 端子内部硬触点闭合使接触器线圈 KM 得电→主电路中的 KM 主触点闭合，电动机得电运转。

甲地停止控制。在甲地按下停止按钮 SB2 时→ X001 常闭触点断开→线圈 Y000 失电→ Y000 常开自锁触点断开，Y0 端子内部硬触点断开→接触器线圈 KM 失电→主电路中的 KM 主触点断开，电动机失电停转。

乙地和丙地的启 / 停控制与甲地控制相同，利用图 4-19（b）梯形图可以实现在任何一地进行启 / 停控制，也可以在一地进行启动，在另一地控制停止。

（2）多人多地控制

多人多地控制的 PLC 线路图和梯形图如图 4-19（a）、（c）所示。

启动控制。在甲、乙、丙三地同时按下按钮 SB1、SB3、SB5 →线圈 Y000 得电→ Y000 常开自锁触点闭合，Y0 端子的内部硬触点闭合→ Y000 线圈供电锁定，接触器线圈 KM 得电→主电路中的 KM 主触点闭合，电动机得电运转。

停止控制。在甲、乙、丙三地按下 SB2、SB4、SB6 中的某个停止按钮时→线圈 Y000 失电→ Y000 常开自锁触点断开，Y0 端子内部硬触点断开→ Y000 常开自锁触点断开使 Y000 线圈供电切断，Y0 端子的内部硬触点断开，使接触器线圈 KM 失电→主电路中的 KM 主触点断开，电动机失电停转。

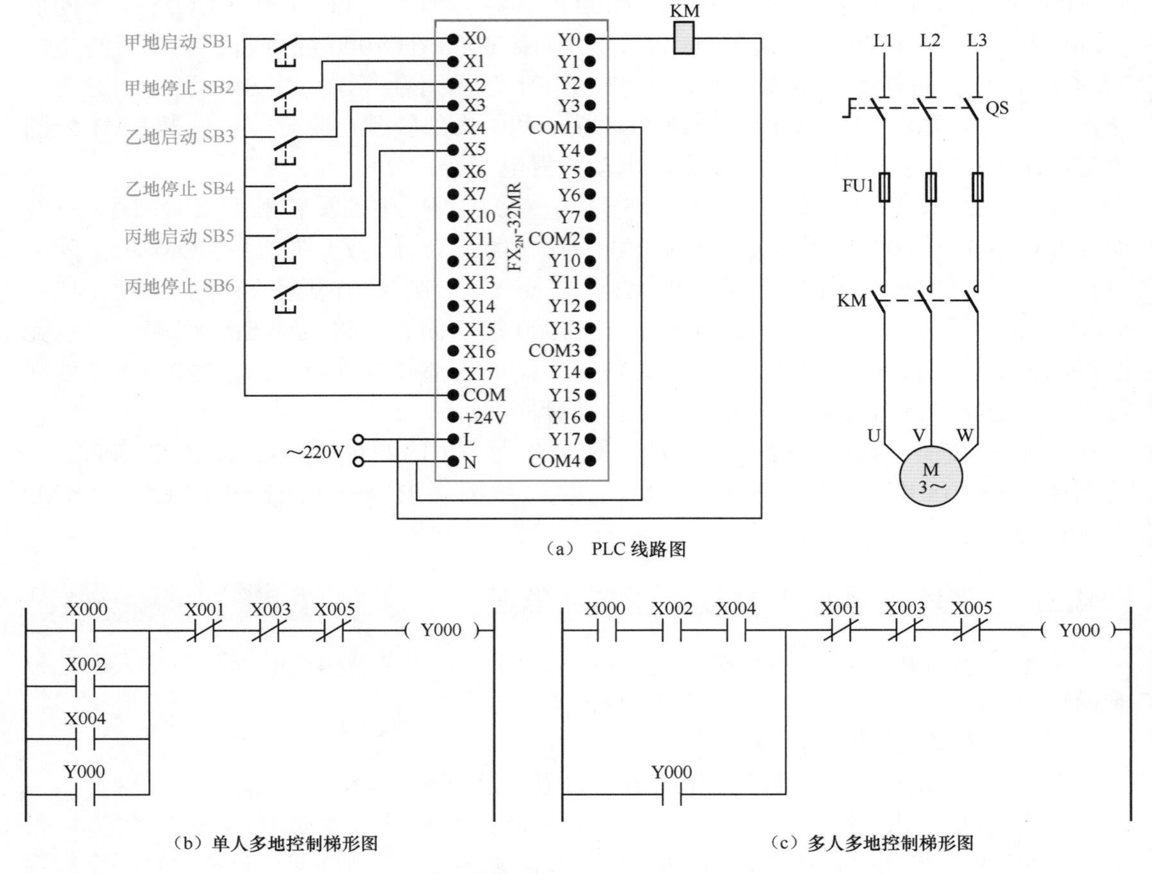

图 4-19　多地控制的 PLC 线路图与梯形图

图 4-19（c）梯形图可以实现多人在多地同时按下启动按钮才能启动、在任意一地都可以进行停止控制的功能。

4.2.4　定时控制的 PLC 线路图与梯形图

定时控制方式很多，下面介绍两种典型的定时控制的 PLC 线路图与梯形图。

1　延时启动定时运行控制的 PLC 线路图与梯形图

延时启动定时运行控制的 PLC 线路图与梯形图如图 4-20 所示，它可以实现的功能是：按下启动按钮 3s 后，电动机启动运行，运行 5s 后自动停止。

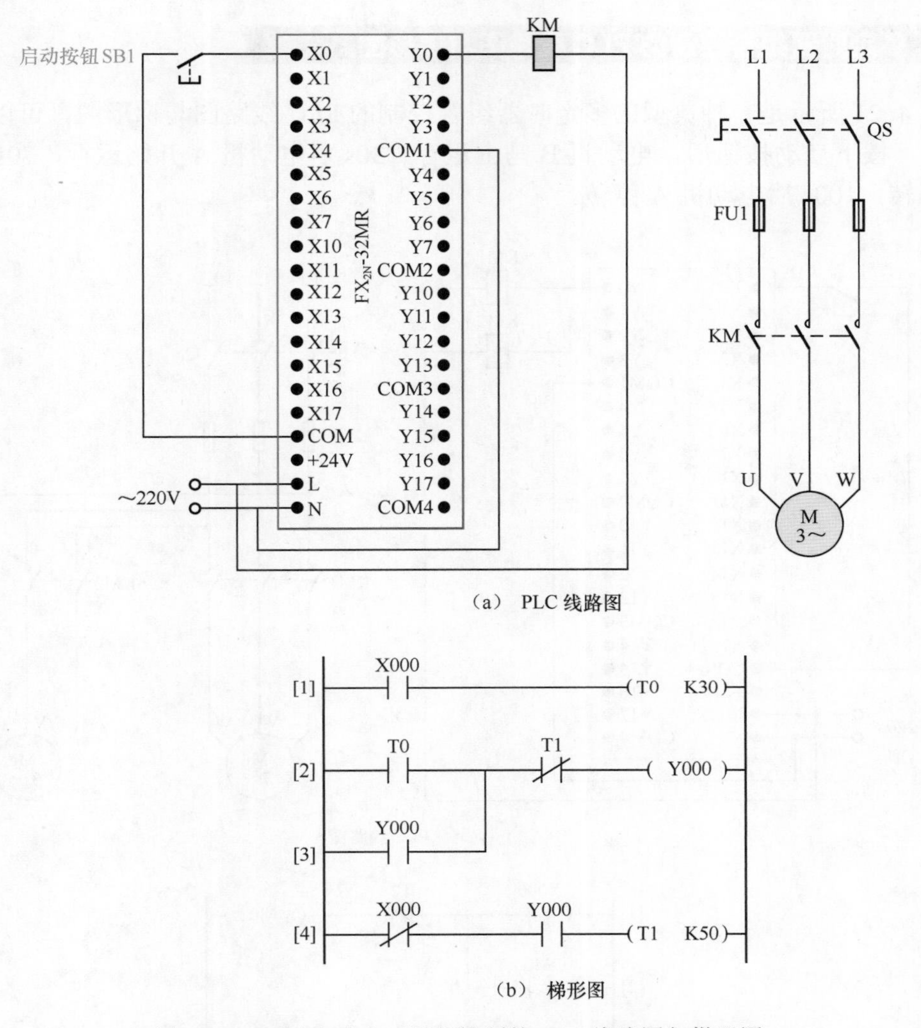

（a） PLC 线路图

（b） 梯形图

图 4-20 延时启动定时运行控制的 PLC 线路图与梯形图

PLC 线路图与梯形图说明如下。

按下启动按钮 SB1→
- [4]X000 常闭触点断开
- [1]X000 常开触点闭合→定时器 T0 开始3s 计时→3s 后，[2]T0 常开触点闭合

→ [2]Y000 线圈得电→
- [3]Y000 自锁触点闭合，锁定 Y000 线圈得电
- Y0 端子内硬触点闭合→接触器 KM 线圈得电→电动机运转
- [4]Y000 常开触点闭合→由于 SB1 已断开，故 [4]X000 触点闭合→定时器 T1开始 5s 计时

→ 5s 后，[2]T1 常闭触点断开→[2]Y000 线圈失电→Y0 端子内硬触点断开→KM 线圈失电→电动机停转

2　多定时器组合控制的 PLC 线路图与梯形图

图 4-21 所示是一种典型的多定时器组合控制的 PLC 线路图与梯形图，可以实现的功能是：按下启动按钮后，电动机 B 马上运行，30s 后电动机 A 开始运行，70s 后电动机 B 停转，100s 后电动机 A 停转。

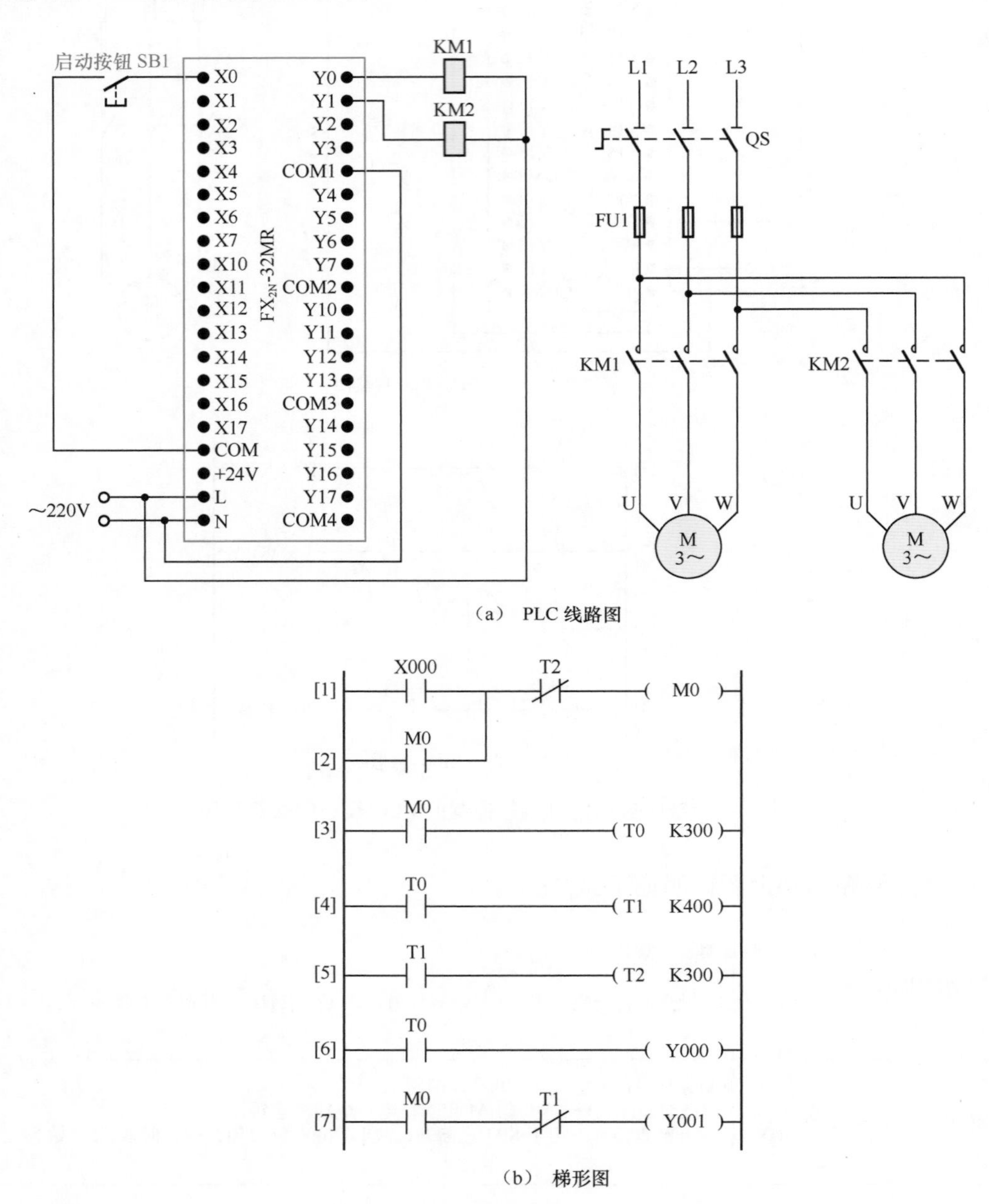

图 4-21　一种典型的多定时器组合控制的 PLC 线路图与梯形图

PLC 线路图与梯形图说明如下。

按下启动按钮SB1→X000常开触点闭合→辅助继电器M0线圈得电→

[2]M0自锁触点闭合→锁定M0线圈供电
[7]M0常开触点闭合→Y001线圈得电→Y1端子内硬触点闭合→接触器KM2线圈得电→电动机B运转
[3]M0常开触点闭合→定时器T0开始30s计时→

30s后，定时器 T0 动作→
[6]T0常开触点闭合→Y000线圈得电→KM1线圈得电→电动机A启动运行
[4]T0 常开触点闭合→定时器 T1 开始 40s 计时→

40s后，定时器 T1 动作→
[7]T1 常闭触点断开→Y001 线圈失电→KM2 线圈失电→电动机 B 停转
[5]T1 常开触点闭合→定时器 T2 开始 30s 计时→

30s后，定时器T2动作→[1]T2常闭触点断开→M0线圈失电→
[2]M0自锁触点断开→解除M0线圈供电
[7]M0常开触点断开
[3]M0常开触点断开→定时器T0复位→

[6]T0 常开触点断开→Y000 线圈失电→KM1 线圈失电→电动机 A 停转
[4]T0常开触点断开→定时器T1复位→[5]T1常开触点断开→定时器T2复位→[1]T2常闭触点恢复闭合

4.2.5　定时器与计数器组合延长定时控制的 PLC 线路图与梯形图

三菱 FX 系列 PLC 的最大定时时间为 3276.7s（约 54min），采用定时器和计数器可以延长定时时间。定时器与计数器组合延长定时控制的PLC线路图与梯形图如图4-22所示。

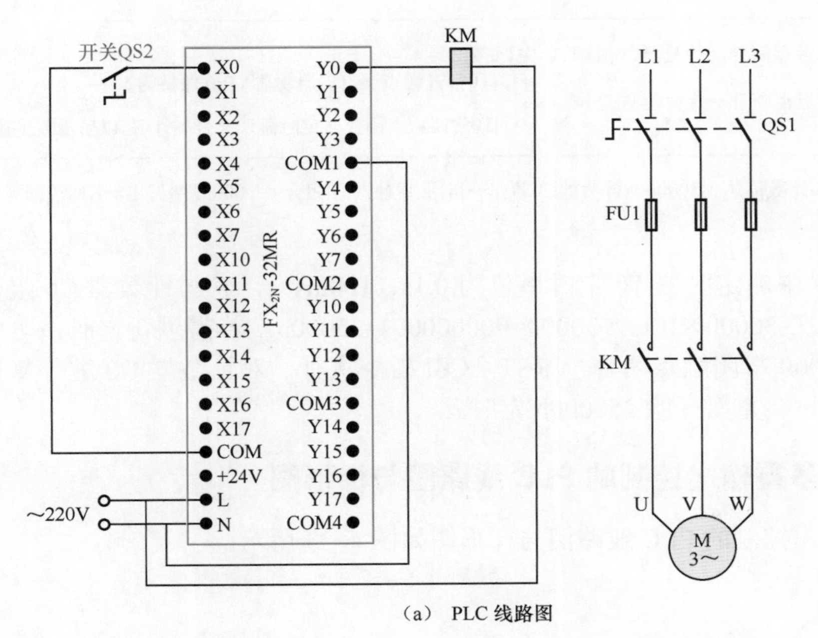

（a） PLC 线路图

图 4-22　定时器与计数器组合延长定时控制的 PLC 线路图与梯形图

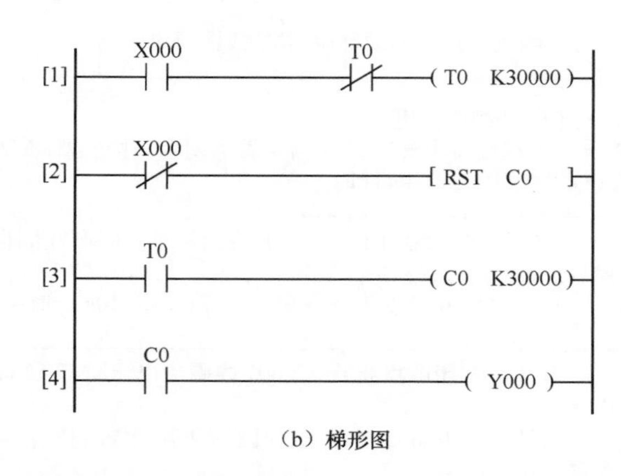

（b）梯形图

图 4-22　定时器与计数器组合延长定时控制的 PLC 线路图与梯形图（续）

PLC 线路图与梯形图说明如下。

将开关QS2闭合→{[2]X000常闭触点断开，计数器C0复位清0结束；[1]X000常开触点闭合→定时器T0开始3000s计时→3000s后，定时器T0动作}

→{[3]T0常开触点闭合，计数器C0值增1，由0变为1；[1]T0常闭触点断开→定时器T0复位→{[3]T0常开触点断开，计数器C0值保持为1；[1]T0常闭触点闭合}}

→因开关QS2仍处于闭合，[1]X000常开触点也保持闭合→定时器T0又开始3000s计时→3000s后，定时器T0动作

→{[3]T0常开触点闭合，计数器C0值增1，由1变为2；[1]T0常闭触点断开→定时器T0复位→{[3]T0常开触点断开，计数器C0值保持为2；[1]T0常闭触点闭合→定时器T0又开始计时，以后重复上述过程}}

→当计数器C0计数值达到30000→计数器C0动作→[4]常开触点C0闭合→Y000线圈得电→KM线圈得电→电动机运转

图 4-22 中的定时器 T0 定时单位为 0.1s（100ms），它与计数器 C0 组合使用后，其定时时间 T=30000×0.1s×30000=90000000s=25000h。若需重新定时，可将开关 QS2 断开，[2]X000 常闭触点闭合，[RST　C0] 指令执行，对计数器 C0 进行复位，然后再闭合 QS2，则会重新开始 250000h 定时。

4.2.6　多重输出控制的 PLC 线路图与梯形图

多重输出控制的 PLC 线路图与梯形图如图 4-23 所示。

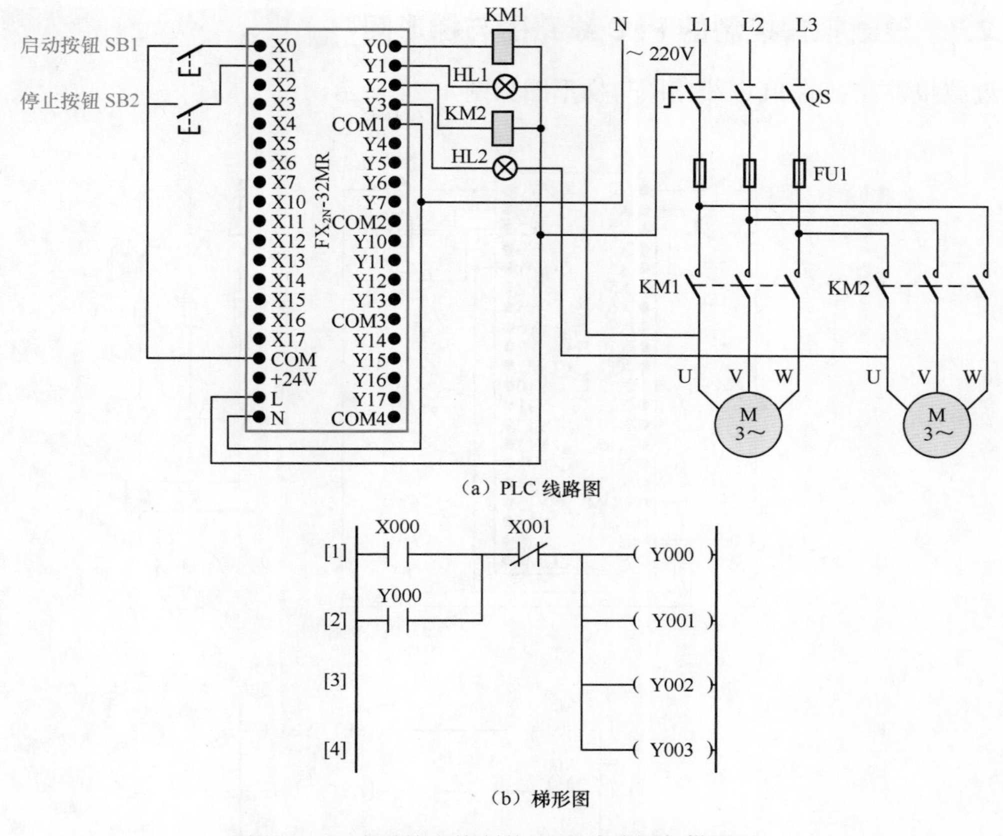

图 4-23　多重输出控制的 PLC 线路图与梯形图

PLC 线路图与梯形图说明如下。

（1）启动控制

按下启动按钮 SB1→X000 常开触点闭合→

- Y000 自锁触点闭合，锁定输出线圈 Y000 ～ Y0003 供电
- Y000 线圈得电→Y0 端子内硬触点闭合→KM1 线圈得电→KM1 主触点闭合 ┐
- Y001 线圈得电→Y1 端子内硬触点闭合 ┘→HL1 灯得电点亮，指示电动机 A 得电
- Y002 线圈得电→Y2 端子内硬触点闭合→KM2 线圈得电→KM2 主触点闭合 ┐
- Y003 线圈得电→Y3 端子内硬触点闭合 ┘→HL2 灯得电点亮，指示电动机 B 得电

（2）停止控制

按下停止按钮 SB2→X001 常闭触点断开→

- Y000 自锁触点断开，解除输出线圈 Y000 ～ Y0003 供电
- Y000 线圈失电→Y0 端子内硬触点断开→KM1 线圈失电→KM1 主触点断开 ┐
- Y001 线圈失电→Y1 端子内硬触点断开 ┘→HL1 灯失电熄灭，指示电动机 A 失电
- Y002 线圈失电→Y2 端子内硬触点断开→KM2 线圈失电→KM2 主触点断开 ┐
- Y003 线圈失电→Y3 端子内硬触点断开 ┘→HL2 灯失电熄灭，指示电动机 B 失电

4.2.7　过载报警控制的 PLC 线路图与梯形图

过载报警控制的 PLC 线路图与梯形图如图 4-24 所示。

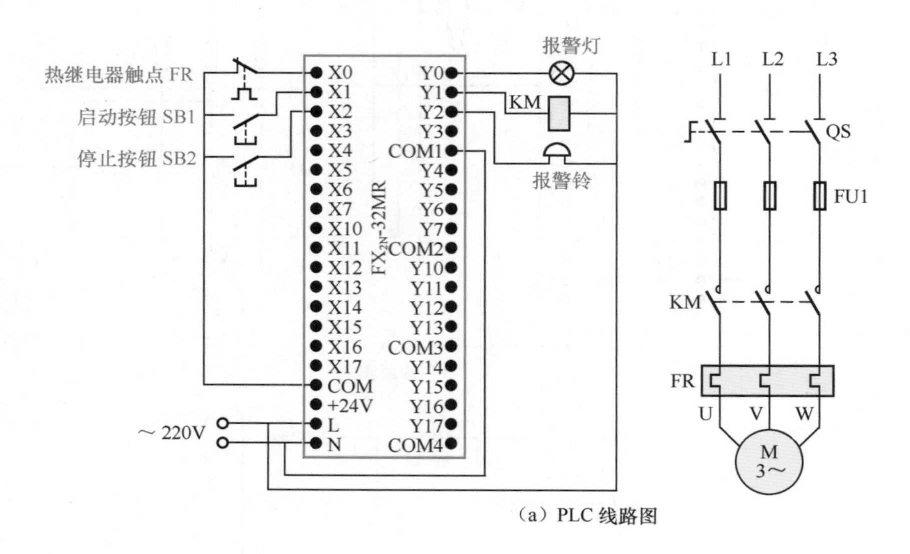

（a）PLC 线路图

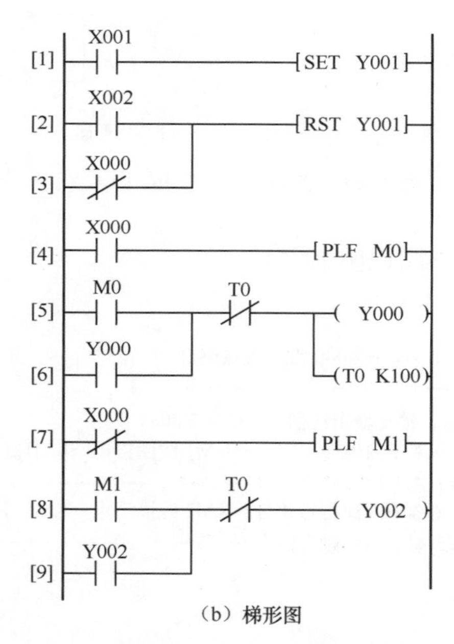

（b）梯形图

图 4-24　过载报警控制的 PLC 线路图与梯形图

PLC 线路图与梯形图说明如下。

（1）启动控制

按下启动按钮 SB1 → [1]X001 常开触点闭合→ [SET　Y001] 指令执行→ Y001 线圈被置位，即 Y001 线圈得电→ Y1 端子内部硬触点闭合→接触器 KM 线圈得电→ KM 主触点闭合→电动机得电运转。

（2）停止控制

按下停止按钮 SB2 → [2]X002 常开触点闭合→ [RST　Y001] 指令执行→ Y001 线圈被复位，即 Y001 线圈失电→ Y1 端子内部硬触点断开→接触器 KM 线圈失电→ KM 主触点断开→电动机失电停转。

（3）过载保护及报警控制

在正常工作时，FR 过载保护触点闭合→
- [3]X000 常闭触点断开，指令 [RST　Y001] 无法执行
- [4]X000 常开触点闭合，指令 [PLF　M0] 无法执行
- [7]X000 常闭触点断开，指令 [PLS　M1] 无法执行

当电动机过载运行时，热继电器 FR 发热元件动作，其常闭触点 FR 断开 →
- [3]X000 常闭触点闭合→执行[RST　T001] 指令→Y001 线圈失电→Y1 端子内部硬触点断开→KM 线圈失电→KM 主触点断开→电动机失电停转
- [4]X000 常开触点由闭合转为断开，产生一个脉冲下降沿→执行 [PLF　M0] 指令，M0 线圈得电一个扫描周期→[5]M0 常开触点闭合→Y000 线圈得电，定时器 T0 开始 10s 计时→Y000 线圈得电，一方面使 [6]Y000 自锁触点闭合来锁定供电，另一方面使报警灯通电点亮
- [7]X000 常闭触点由断开转为闭合，产生一个脉冲上升沿→执行[PLS　M1] 指令，M1 线圈得电一个扫描周期→[8]M1 常开触点闭合→Y002 线圈得电，一方面使 [9]Y002 自锁触点闭合来锁定供电，另一面使报警铃通电发声

→10s 后，定时器 T0 动作→
- [8]T0 常闭触点断开→Y002 线圈失→电报警铃失电，停止报警声
- [5]T0 常闭触点断开→定时器 T0 复位，同时 Y000 线圈失电→报警灯失电熄灭

4.2.8　闪烁控制的 PLC 线路图与梯形图

闪烁控制的 PLC 线路图与梯形图如图 4-25 所示。

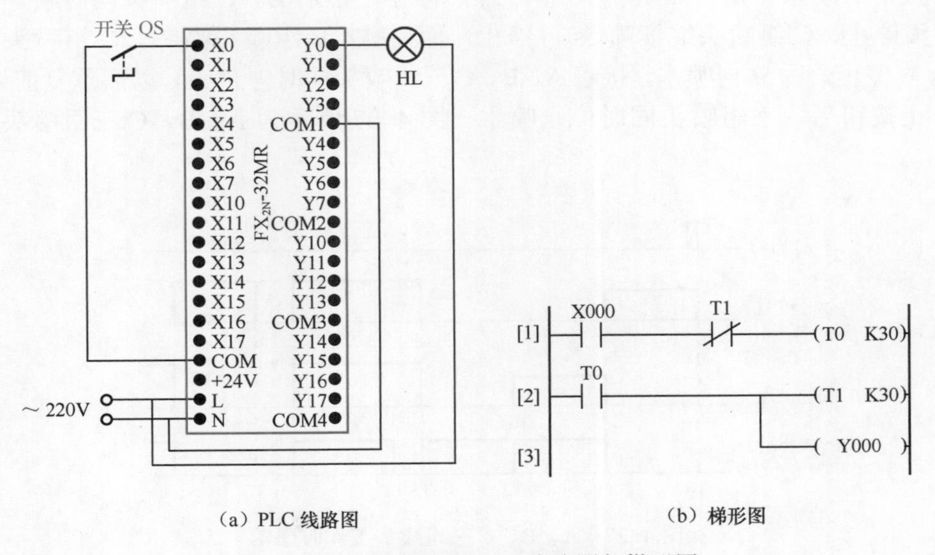

（a）PLC 线路图　　（b）梯形图

图 4-25　闪烁控制的 PLC 线路图与梯形图

PLC 线路图与梯形图说明如下。

将开关 QS 闭合→ X000 常开触点闭合→定时器 T0 开始 3s 计时→ 3s 后，定时器 T0 动作，T0 常开触点闭合→定时器 T1 开始 3s 计时，同时 Y000 得电，Y0 端子内部硬触点闭合，HL 灯点亮→ 3s 后，定时器 T1 动作，T1 常闭触点断开→定时器 T0 复位，T0 常开触点断开→ Y000 线圈失电，同时定时器 T1 复位→ Y000 线圈失电使 HL 灯熄灭；定时器 T1 复位使 T1 闭合，由于开关 QS 仍处于闭合，X000 常开触点也处于闭合，定时器 T0 又重新开始 3s 计时。

以后重复上述过程，HL 灯保持 3s 亮、3s 灭的频率闪烁发光。

4.3 喷泉的 PLC 控制系统开发实例

4.3.1 明确系统控制要求

系统要求用两个按钮来控制 A、B、C 三组喷头工作（通过控制三组喷头的电动机来实现），三组喷头排列图如图 4-26 所示。

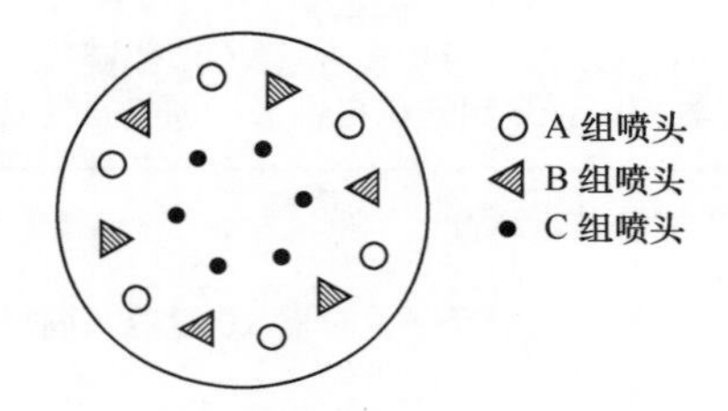

图 4-26　A、B、C 三组喷头排列图

系统控制要求具体如下。

当按下启动按钮后，A 组喷头先喷 5s 后停止，然后 B、C 组喷头同时喷，5s 后，B 组喷头停止、C 组喷头继续喷 5s 再停止，而后 A、B 组喷头喷 7s，C 组喷头在这 7s 的前 2s 内停止，后 5s 内喷水，接着 A、B、C 三组喷头同时停止 3s，以后重复前述过程。按下停止按钮后，三组喷头同时停止喷水。图 4-27 所示为 A、B、C 三组喷头工作时序图。

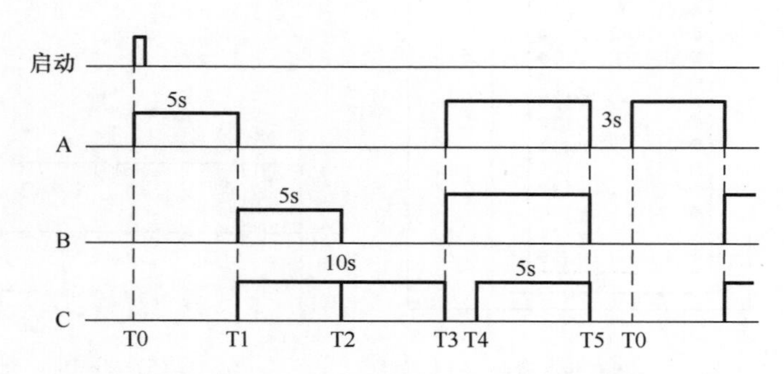

图 4-27　A、B、C 三组喷头工作时序图

4.3.2　确定输入 / 输出设备，并为其分配合适的 I/O 端子

喷泉控制需用到的输入 / 输出设备和对应的 I/O 端子见表 4-11。

表 4-11　喷泉控制需用到的输入 / 输出设备和对应的 I/O 端子

输入			输出		
输入设备	对应 PLC 端子	功能说明	输出设备	对应 PLC 端子	功能说明
SB1	X000	启动控制	KM1 线圈	Y000	驱动 A 组电动机工作
SB2	X001	停止控制	KM2 线圈	Y001	驱动 B 组电动机工作
—	—	—	KM3 线圈	Y002	驱动 C 组电动机工作

4.3.3　绘制喷泉的 PLC 控制线路图

图 4-28 所示为喷泉的 PLC 控制线路图。

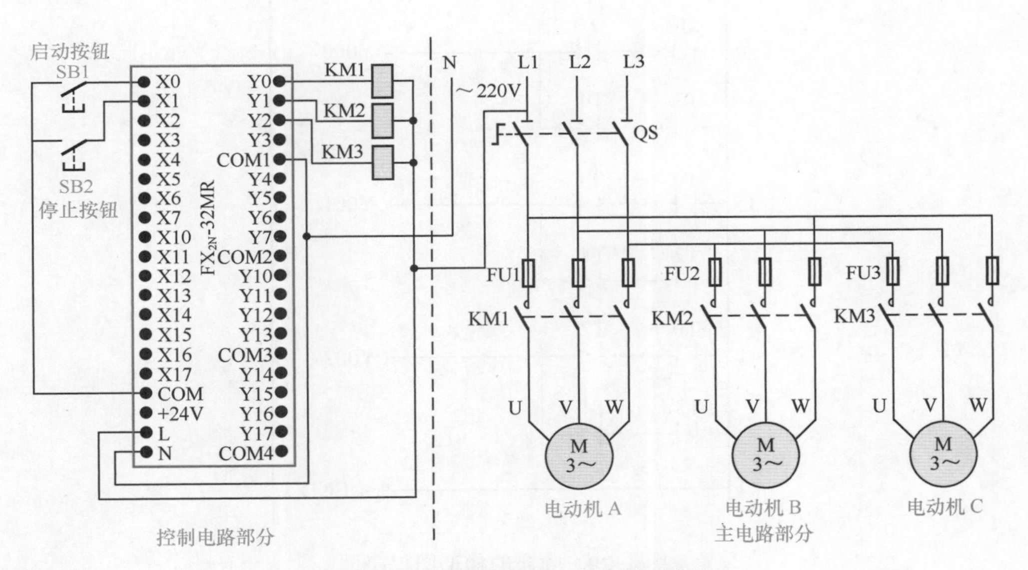

图 4-28　喷泉的 PLC 控制线路图

4.3.4　编写 PLC 控制程序

启动三菱 GX Developer 编程软件，编写满足控制要求的梯形图程序，编写完成的梯形图程序如图 4-29 所示。

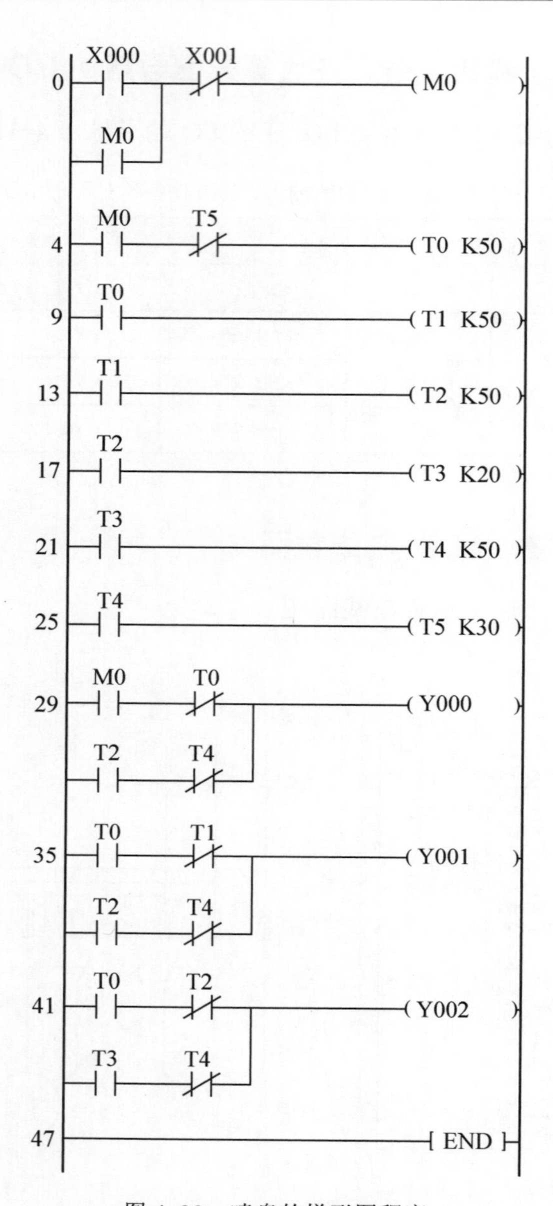

图 4-29　喷泉的梯形图程序

4.3.5　详解硬件线路图和梯形图的工作原理

下面结合图 4-28 所示的控制线路图和图 4-29 所示的梯形图来说明喷泉控制系统的工作原理。

1 启动控制

按下启动按钮 SB1→X000 常开触点闭合→辅助继电器 M0 线圈得电→
- [1]M0 自锁触点闭合，锁定 M0 线圈供电
- [29]M0 常开触点闭合，Y000 线圈得电→KM1 线圈得电→电动机 A 运转→A 组喷头工作
- [4]M0 常开触点闭合，定时器 T0 开始 5s 计时→

→5s 后，定时器 T0 动作→
- [29]T0 常开触点断开→Y000 线圈失电→电动机 A 停转→A 组喷头停止工作
- [35]T0 常开触点闭合→Y001 线圈得电→电动机 B 运转→B 组喷头工作
- [41]T0 常开触点闭合→Y002 线圈得电→电动机 C 运转→C 组喷头工作
- [9]T0 常开触点闭合，定时器 T1 开始 5s 计时→

→5s 后，定时器 T1 动作→
- [35]T1 常开触点断开→Y001 线圈失电→电动机 B 停转→B 组喷头停止工作
- [13]T1 常开触点闭合，定时器 T2 开始 5s 计时→

→5s 后，定时器 T2 动作→
- [31]T2 常开触点闭合→Y000 线圈得电→电动机 A 运转→A 组喷头开始工作
- [37]T2 常开触点闭合→Y001 线圈得电→电动机 B 运转→B 组喷头开始工作
- [41]T2 常开触点断开→Y002 线圈失电→电动机 C 停转→C 组喷头停止工作
- [17]T2 常开触点闭合，定时器 T3 开始 2s 计时→

→2s 后，定时器 T3 动作→
- [43]T3 常开触点闭合→Y002 线圈得电→电动机 C 运转→C 组喷头开始工作
- [21]T3 常开触点闭合，定时器 T4 开始 5s 计时→

→5s 后，定时器 T4 动作→
- [31]T4 常闭触点断开→Y000 线圈失电→电动机 A 停转→A 组喷头停止工作
- [37]T4 常闭触点断开→Y001 线圈失电→电动机 B 停转→B 组喷头停止工作
- [43]T4 常闭触点断开→Y002 线圈失电→电动机 C 停转→C 组喷头停止工作
- [25]T4 常开触点闭合，定时器 T5 开始 3s 计时→

→3s 后，定时器 T5 动作→[4]T5 常闭触点断开→定时器 T0 复位→
- [29]T0 常闭触点闭合→Y000 线圈失电→电动机 A 停转
- [35]T0 常闭触点断开
- [41]T0 常开触点断开
- [9]T0 常开触点断开→定时器 T1 复位，T1 所有触点复位，其中 [13]T1 常开触点断开使定时器 T2 复位→T2 所有触点复位，其中 [17]T2 常开触点断开使定时器 T3 复位→T3 所有触点复位，其中 [21] T3 常开触点断开使定时器 T4 复位→T4 所有触点复位，其中 [25] T4 常开触点断开使定时器 T5 复位→[4] T5 常闭触点闭合，定时器 T0 开始 5s 计时，以后会重复前面的工作过程

2 停止控制

按下停止按钮 SB2→X001 常闭触点断开→M0 线圈失电→
- [1]M0 自锁触点断开，解除自锁
- [4]M0 常开触点断开→定时器 T0 复位→

→T0 所有触点复位，其中 [9]T0 常开触点断开→定时器 T1 复位→T1 所有触点复位，其中 [13]T1 常开触点断开使定时器 T2 复位→T2 所有触点复位，其中 [17]T2 常开触点断开使定时器 T3 复位→T3 所有触点复位，其中 [21]T3 常开触点断开使定时器 T4 复位→T4 所有触点复位，其中 [25] T4 常开触点断开使定时器 T5 复位→T5 所有触点复位 [4]T5 常闭触点闭合→由于定时器 T0 ～ T5 所有触点复位，Y000 ～ Y002 线圈均无法得电→KM1 ～ KM3 线圈失电→电动机 A、B、C 均停转

4.4 交通信号灯的 PLC 控制系统开发实例

4.4.1 明确系统控制要求

系统要求用两个按钮来控制交通信号灯工作，交通信号灯排列如图 4-30 所示。系统控制要求具体如下。

当按下启动按钮后，南北红灯亮 25s，在南北红灯亮 25s 的时间里，东西绿灯先亮 20s 再以 1 次 /s 的频率闪烁 3 次，接着东西黄灯亮 2s，25s 后南北红灯熄灭，熄灭时间维持 30s，在这 30s 时间里，东西红灯一直亮，南北绿灯先亮 25s，然后以 1 次 /s 频率闪烁 3 次，接着南北黄灯亮 2s。以后重复该过程。按下停止按钮后，所有的灯都熄灭。交通信号灯的工作时序图如图 4-31 所示。

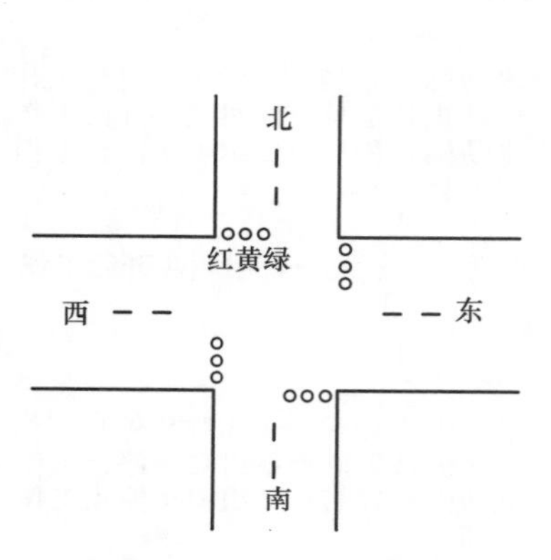

图 4-30　交通信号灯排列

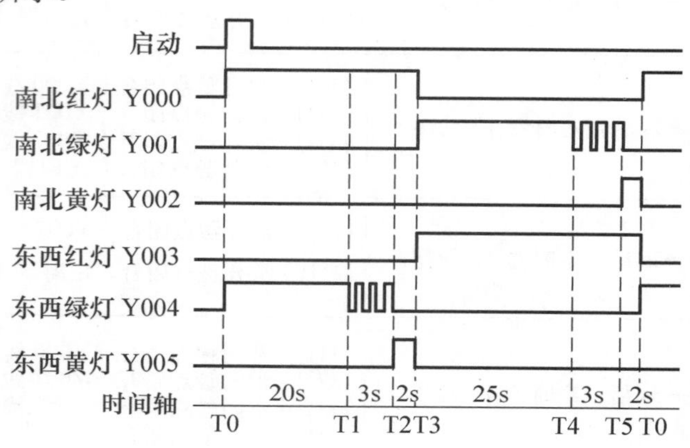

图 4-31　交通信号灯的工作时序图

4.4.2 确定输入 / 输出设备，并为其分配合适的 I/O 端子

交通信号灯控制需用到的输入 / 输出设备和对应的 I/O 端子见表 4-12。

表 4-12　交通信号灯控制需用到的输入 / 输出设备和对应的 I/O 端子

输入			输出		
输入设备	对应 PLC 端子	功能说明	输出设备	对应 PLC 端子	功能说明
SB1	X000	启动控制	南北红灯	Y000	驱动南北红灯亮
SB2	X001	停止控制	南北绿灯	Y001	驱动南北绿灯亮
—	—	—	南北黄灯	Y002	驱动南北黄灯亮
—	—	—	东西红灯	Y003	驱动东西红灯亮
—	—	—	东西绿灯	Y004	驱动东西绿灯亮
—	—	—	东西黄灯	Y005	驱动东西黄灯亮

4.4.3 绘制交通信号灯的 PLC 控制线路图

图 4-32 所示为交通信号灯的 PLC 控制线路图。

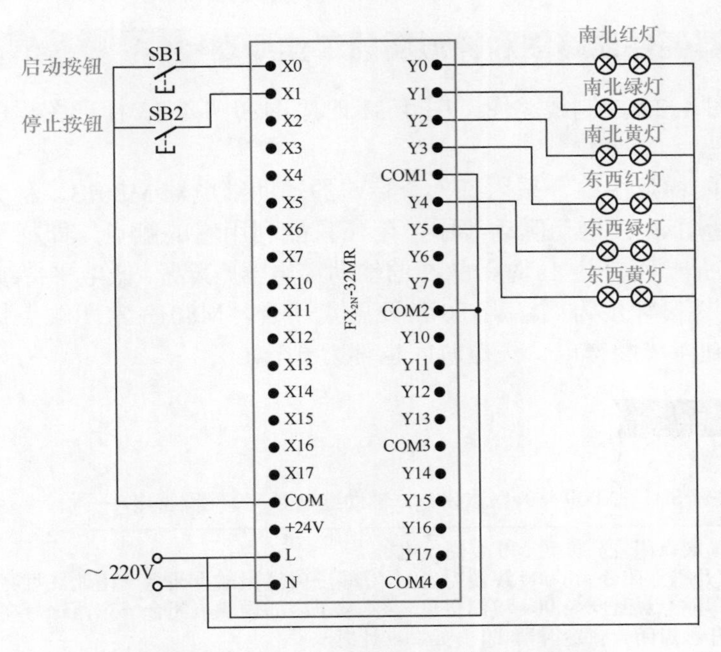

图 4-32 交通信号灯的 PLC 控制线路图

4.4.4 编写 PLC 控制程序

启动三菱 GX Developer 编程软件，编写满足控制要求的梯形图程序，编写完成的梯形图程序如图 4-33 所示。

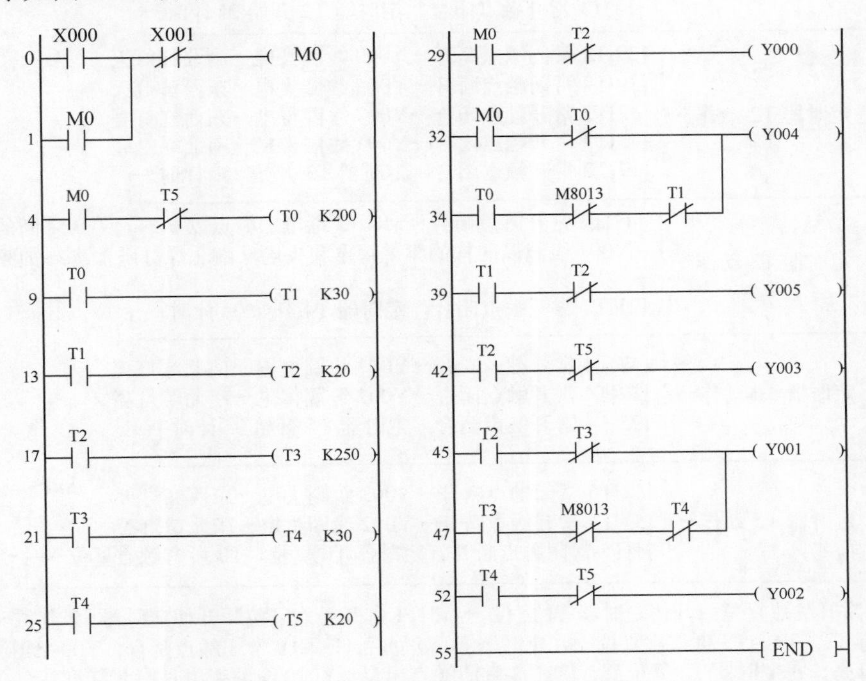

图 4-33 交通信号灯的梯形图程序

4.4.5 详解硬件线路图和梯形图的工作原理

下面对照图 4-32 控制线路图、图 4-31 时序图和图 4-33 梯形图程序来说明交通信号灯的工作原理。

在图 4-33 的梯形图中，采用了一个特殊的辅助继电器 M8013，称为触点利用型特殊继电器，它利用 PLC 自动驱动线圈，用户只能利用它的触点，即梯形图里只能画它的触点。M8013 是一个产生 1s 时钟脉冲的辅助继电器，其高、低电平持续时间各为 0.5s，以图 4-33 梯形图 [34] 步为例，当 T0 常开触点闭合，M8013 常闭触点接通、断开时间分别为 0.5s，Y004 线圈得电、失电时间也都为 0.5s。

1 启动控制

按下启动按钮 SB1→X000 常开触点闭合→辅助继电器 M0 线圈得电→
- [1]M0 自锁触点闭合，锁定 M0 线圈供电
- [29]M0 常开触点闭合，Y000 线圈得电→Y0 端子内部硬触点闭合→南北红灯亮
- [32]M0 常开触点闭合→Y004 线圈得电→Y4 端子内部硬触点闭合→东西绿灯亮
- [4]M0 常开触点闭合，定时器 T0 开始 20s 计时→

20s 后，定时器 T0 动作→
- [34]T0 常开触点闭合→M8013 继电器触点以 0.5s 通、0.5s 断的频率工作→Y004 线圈以同样的频率得电和失电→东西绿灯以 1 次/s的频率闪烁
- [9]T0 常开触点闭合，定时器 T1 开始 3s 计时→

3s 后，定时器 T1 动作→
- [39]T1 常开触点闭合→Y005 线圈得电→东西黄灯亮
- [13]T1 常开触点闭合，定时器 T2 开始 2s 计时→

2s 后，定时器 T2 动作→
- [29]T2 常闭触点断开→Y000 线圈失电→南北红灯灭
- [39]T2 常闭触点断开→Y005 线圈失电→东西黄灯灭
- [42]T2 常开触点闭合→Y003 线圈得电→东西红灯亮
- [45]T2 常开触点闭合→Y001 线圈得电→南北绿灯亮
- [17]T2 常开触点闭合，定时器 T3 开始 25s 计时→

25s 后，定时器 T3 动作→
- [47]T3 常开触点闭合→M8013 继电器触点以 0.5s 通、0.5s 断的频率工作→Y001 线圈以同样的频率得电和失电→南北绿灯以 1 次/s的频率闪烁
- [21]T3 常开触点闭合，定时器 T4 开始 3s 计时→

3s 后，定时器 T4 动作→
- [47]T4 常开触点断开→Y001 线圈失电→南北绿灯灭
- [52]T4 常开触点闭合→Y002 线圈得电→南北黄灯亮
- [25]T4 常开触点闭合，定时器 T5 开始 2s 计时→

2s 后，定时器 T5 动作→
- [42]T5 常闭触点断开→Y003 线圈失电→东西红灯灭
- [52]T5 常开触点断开→Y002 线圈失电→南北黄灯灭
- [4]T5 常闭触点断开，定时器 T0 复位，T0 所有触点复位→

→[9]T0 常开触点复位断开使定时器 T1 复位→[13]T1 常开触点复位断开使定时器 T2 复位→同样地，定时器 T3、T4、T5 也依次复位→在定时器 T0 复位后，[32]T0 常闭触点闭合，Y004 线圈得电，东西绿灯亮；在定时器 T2 复位后，[29]T2 常闭触点闭合，Y000 线圈得电，南北红灯亮；在定时器 T5 复位后，[4]T5 常闭触点闭合，定时器 T0 开始 20s 计时，以后又会重复前述过程

2 停止控制

按下停止按钮 SB2→X001 常闭触点断开→辅助继电器 M0 线圈失电

[1]M0 自锁触点断开，解除 M0 线圈供电
[29]M0 常开触点断开，Y000 线圈无法得电
[32]M0 常开触点断开→Y004 线圈无法得电
[4]M0 常开触点断开，定时器 T0 复位，T0 所有触点复位

→[9]T0 常开触点复位断开使定时器 T1 复位，T1 所有触点均复位→其中 [13]T1 常开触点复位断开使定时器 T2 复位→同样地，定时器 T3、T4、T5 也依次复位→在定时器 T1 复位后，[39]T1 常开触点断开，Y005 线圈无法得电；在定时器 T2 复位后，[42]T2 常开触点断开，Y003 线圈无法得电，在定时器 T3 复位后，[47]T3 常开触点断开，Y001 线圈无法得电；在定时器 T4 复位后，[52]T4 常开触点断开，Y002 线圈无法得电→Y000 ～ Y005 线圈均无法得电，所有交通信号灯都熄灭

第5章 步进指令的使用及实例

步进指令主要用于顺序控制编程，三菱 FX PLC 有两条步进指令：STL 和 RET。在顺序控制编程时，通常先绘制状态转移图（SFC 图），然后按照 SFC 图编写相应的梯形图程序。状态转移图有单分支、选择性分支和并行分支三种方式。

5.1 状态转移图与步进指令

5.1.1 顺序控制与状态转移图

一个复杂的任务往往可以分成若干个小任务，当按一定的顺序完成这些小任务后，整个大任务也就完成了。在生产实践中，顺序控制是指按照一定的顺序逐步控制来完成各个工序的控制方式。在采用顺序控制时，为了直观地表示出控制过程，可以绘制顺序控制图。

图 5-1 所示是一种三台电动机顺序控制图，由于每一个步骤称作一个工序，所以又称工序图。在 PLC 编程时，绘制的顺序控制图称为状态转移图，简称 SFC 图，图 5-1（b）为图 5-1（a）对应的状态转移图。

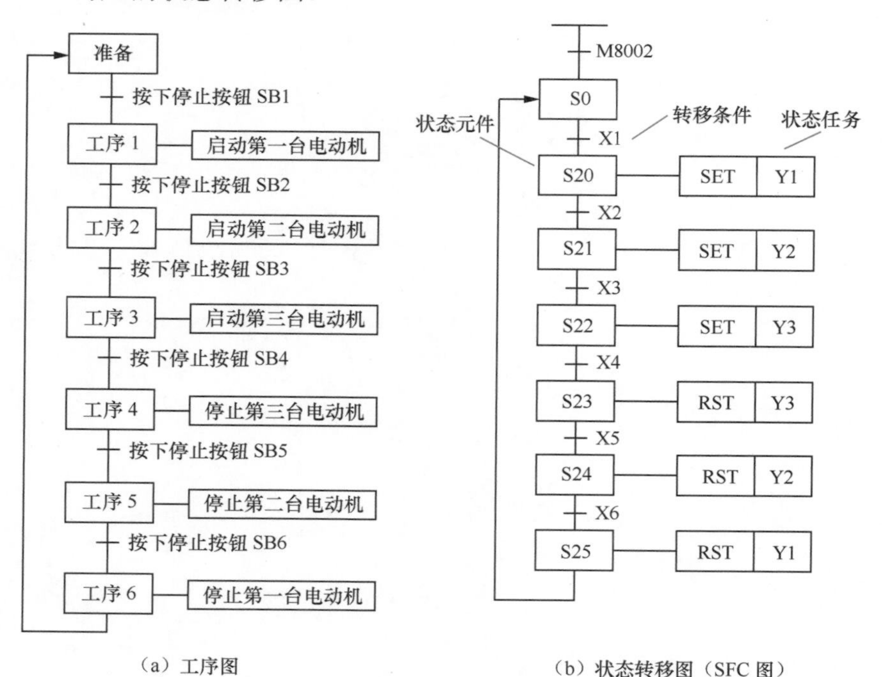

（a）工序图　　（b）状态转移图（SFC 图）

图 5-1　一种三台电动机顺序控制图

顺序控制有三个要素：转移条件、转移目标和工作任务。在图 5-1（a）中，当上一个工序需要转到下一个工序时必须满足一定的转移条件，如工序 1 要转到下一个工序 2 时，须按下启动按钮 SB2，若不按下按钮 SB2，即不满足转移条件，就无法进行下一个工序 2。当转移条件满足后，需要确定转移目标，如工序 1 转移目标是工序 2。每个工序都有具体的工作任务，如工序 1 的工作任务是“启动第一台电动机”。

PLC 编程时绘制的状态转移图与顺序控制图相似，图 5-1（b）中的状态元件（状态继电器）S20 相当于工序 1，［SET　Y1］相当于工作任务，S20 的转移目标是 S21，S25 的转移目标是 S0，M8002 和 S0 用来完成准备工作，其中 M8002 为触点利用型辅助继电器，只有触点，没有线圈，PLC 运行时触点会自动接通一个扫描周期，S0 为初始状态继电器，要在 S0 ～ S9 中选择，其他的状态继电器通常在 S20 ～ S499 中选择（三菱 FX_{2N} 系列）。

5.1.2　步进指令说明

PLC 顺序控制需要用到步进指令，三菱 FX_{2N} 系列 PLC 有两条步进指令：STL 和 RET。

1　指令名称与功能

指令名称及功能如表 5-1 所示。

表 5-1　指令名称及功能

指令名称（助记符）	功能
STL	步进开始指令，其功能是将步进接点接到左母线，该指令的操作元件为状态继电器 S
RET	步进结束指令，其功能是将子母线返回到左母线位置，该指令无操作元件

2　使用举例

（1）STL 指令使用

STL 指令使用举例如图 5-2 所示，其中图 5-2（a）为梯形图，图 5-2（b）为其对应的指令语句表。状态继电器 S 只有常开触点，没有常闭触点，在绘制梯形图时，输入指令［STL　S20］即能生成 S20 常开触点，S 常开触点闭合后，其右端相当于子母线，与子母线直接连接的线圈可以直接用 OUT 指令，相连的其他元件可用基本指令写出指令语句表，如触点用 LD 或 LDI 指令。

梯形图说明如下。

当 X000 常开触点闭合时→执行［SET　S20］指令→状态继电器 S20 被置 1（置位）→ S20 常开触点闭合→ Y000 线圈得电；若 X001 常开触点闭合，Y001 线圈也得电；若 X002 常开触点闭合，执行［SET　S21］指令，状态继电器 S21 被置 1 → S21 常开触点闭合。

（2）RET 指令使用

RET 指令使用举例如图 5-3 所示，其中图 5-3（a）为梯形图，图 5-3（b）为对应的指令语句表。RET 指令通常用在一系列步进指令的最后，表示状态流程的结束并返回主母线。

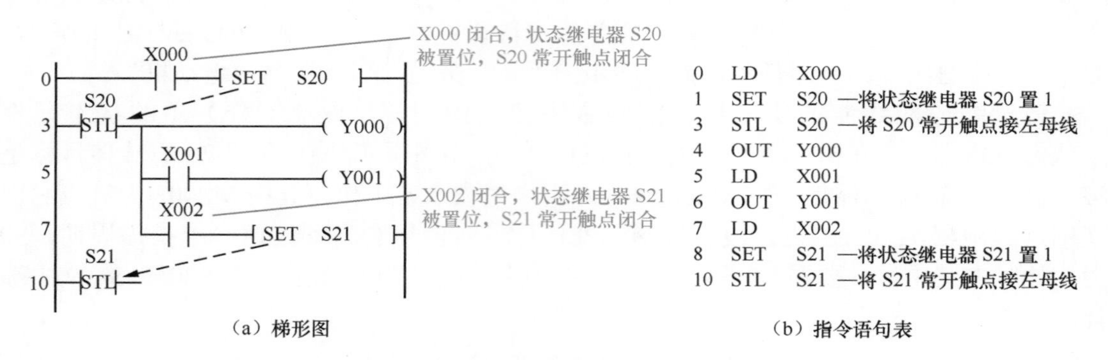

图 5-2　STL 指令使用举例

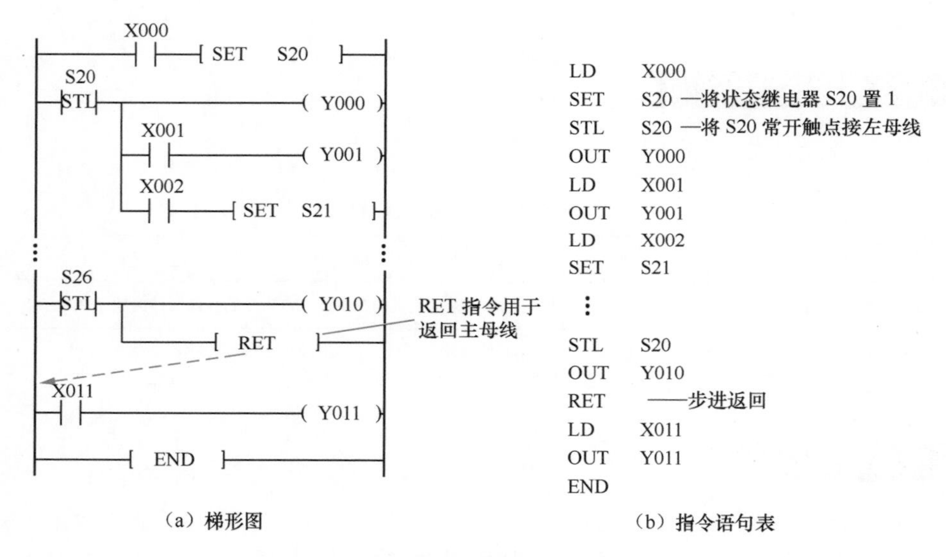

图 5-3　RET 指令使用举例

5.1.3　步进指令在两种编程软件中的编写形式

在三菱 FXGP_WIN-C 和 GX Developer 编程软件中都可以使用步进指令编写顺序控制程序，但两者的编写方式有所不同。

图 5-4 所示为 FXGP_WIN-C 和 GX Developer 软件编写的功能完全相同的梯形图程序，虽然两者的指令语句表程序完全相同，但梯形图却有区别，FXGP_WIN-C 软件编写的步程序段开始有一个 STL 触点（编程时输入［STL　S0］即能生成 STL 触点），而 GX Developer 软件编写的步程序段开始无 STL 触点，而是一个独占一行的［STL　S0］指令。

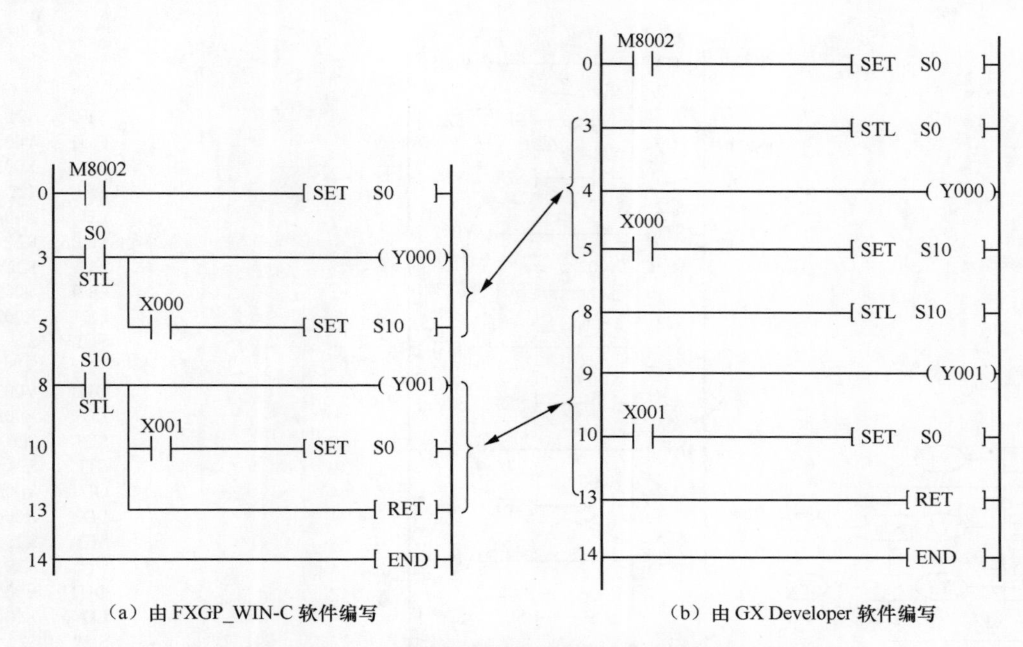

（a）由 FXGP_WIN-C 软件编写　　（b）由 GX Developer 软件编写

图 5-4　由两个不同编程软件编写的功能相同的梯形图程序

5.1.4　状态转移图分支方式

状态转移图的分支方式主要有：单分支方式、选择性分支方式和并行分支方式。图 5-1（b）的状态转移图为单分支，程序由前往后依次执行，中间没有分支，不复杂的顺序控制常采用这种单分支方式。较复杂的顺序控制可采用选择性分支方式或并行分支方式。

1　选择性分支方式

选择性分支状态转移图如图 5-5（a）所示，在状态器 S21 后有两个可选择的分支，当 X1 闭合时执行 S22 分支，当 X4 闭合时执行 S24 分支，如果 X1 较 X4 先闭合，则只执行 X1 所在的分支，X4 所在的分支不执行。图 5-5（b）是依据图 5-5（a）画出的梯形图，图 5-5（c）则为对应的指令语句表。

三菱 **FX** 系列 **PLC** 最多允许有 **8** 个可选择的分支。

2　并行分支方式

并行分支方式状态转移图如图 5-6（a）所示，在状态器 S21 后有两个并行的分支，并行分支用双线表示，当 X1 闭合时 S22 和 S24 两个分支同时执行，当两个分支都执行完成并且 X4 闭合时才能往下执行，若 S23 或 S25 任一条分支未执行完，即使 X4 闭合，也不会执行到 S26。图 5-6（b）是依据图 5-6（a）画出的梯形图，图 5-6（c）则为对应的指令语句表。

三菱 **FX** 系列 **PLC** 最多允许有 **8** 个并行的分支。

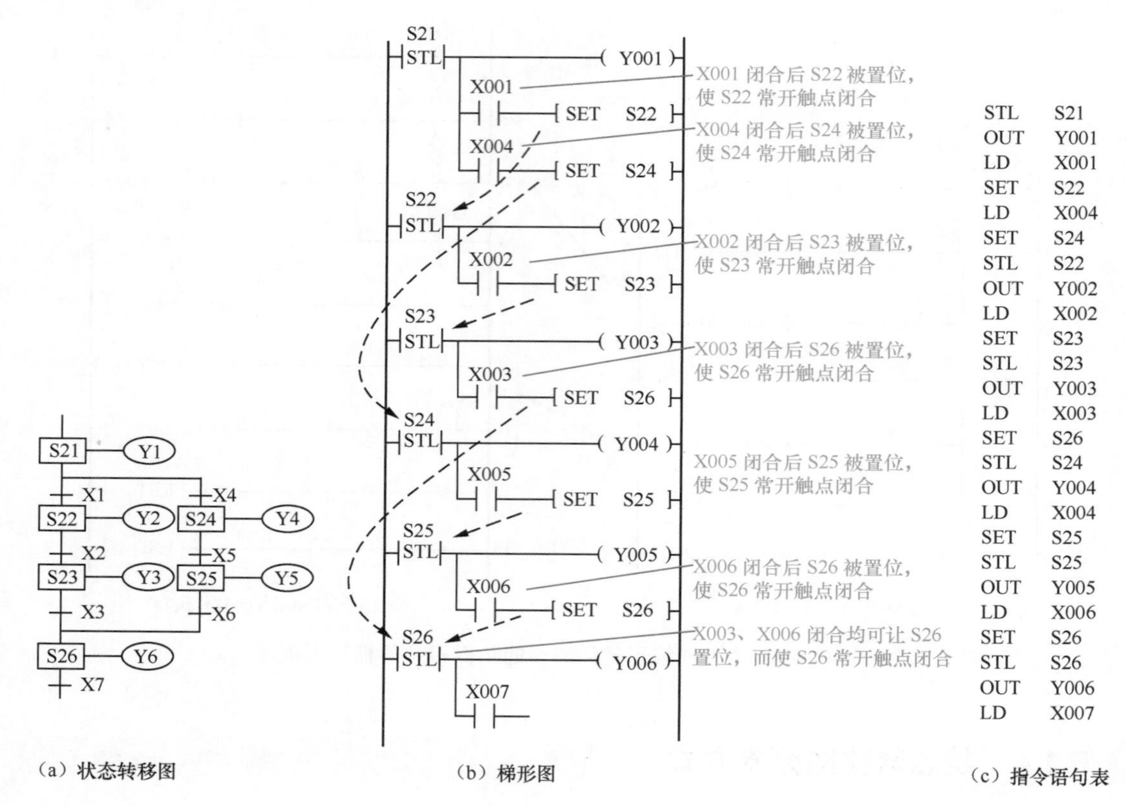

图 5-5　选择性分支方式

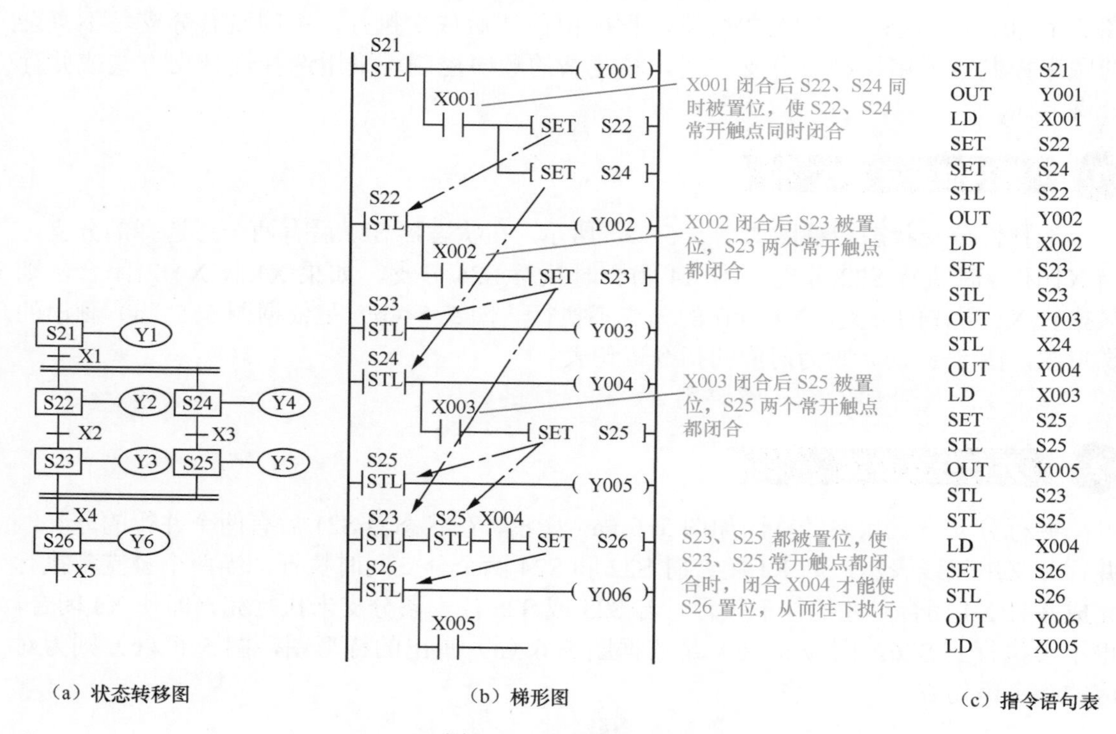

图 5-6　并行分支方式

5.1.5　用步进指令编程注意事项

在使用步进指令编写顺序控制程序时，要注意以下事项。

① 初始状态（S0）应预先驱动，否则程序不能向下执行，驱动初始状态通常用控制系统的初始条件，若无初始条件，可用 M8002 或 M8000 触点进行驱动。

② 不同步程序的状态继电器编号不要重复。

③ 当上一个步程序结束，转移到下一个步程序时，上一个步程序中的元件会自动复位（SET、RST 指令作用的元件除外）。

④ 在步进顺序控制梯形图中可使用双线圈功能，即在不同步程序中可以使用同一个输出线圈，这是因为 CPU 只执行当前处于活动步的步程序。

⑤ 同一编号的定时器不要在相邻的步程序中使用，不是相邻的步程序中则可以使用。

⑥ 不能同时动作的输出线圈尽量不要设在相邻的步程序中，因为可能出现下一步程序开始执行时上一步程序未完全复位，这样会出现不能同时动作的两个输出线圈同时动作，如果必须这样做，可以在相邻的步程序中采用软联锁保护，即给一个线圈串联另一个线圈的常闭触点。

⑦ 在步程序中可以使用跳转指令。在中断程序和子程序中也不能存在步程序。在步程序中最多可以有 4 级 FOR\NEXT 指令嵌套。

⑧ 在选择分支和并行分支程序中，分支数最多不能超过 8 条，总的支路数不能超过 16 条。

⑨ 如果希望在停电恢复后继续维持停电前的运行状态时，可使用 S500 ～ S899 停电保持型状态继电器。

5.2　液体混合装置的 PLC 控制系统开发实例

5.2.1　明确系统控制要求

两种液体混合装置如图 5-7 所示，YV1、YV2 分别为 A、B 液体注入控制电磁阀，电磁阀线圈通电时打开，液体可以流入，YV3 为 C 液体流出控制电磁阀，H、M、L 分别为高、中、低液位传感器，M 为搅拌电动机，通过驱动搅拌部件的旋转使 A、B 液体充分混合均匀。

液体混合装置控制要求如下。

① 装置的容器初始状态应为空的，三个电磁阀都关闭，电动机 M 停转。按下启动按钮，YV1 电磁阀打开，注入 A 液体，当 A 液体的液位达到 M 位置时，YV1 关闭；然后 YV2 电磁阀打开，注入 B 液体，当 B 液体的液位达到 H 位置时，YV2 关闭；接着电动机 M 开始搅拌 20s，而后 YV3 电磁阀打开，C 液体（A、B 混合液）流出，当 C 液体的液位下降到 L 位置时，开始 20s 计时，在此期间 C 液体全部流出，20s 后 YV3 关闭，一个完整的周期完成。后面自动重复上述过程。

② 当按下停止按钮后，装置要完成一个周期才停止。

③ 可以用手动方式控制 A、B 液体的注入和 C 液体的流出，也可以手动控制搅拌电动机的运转。

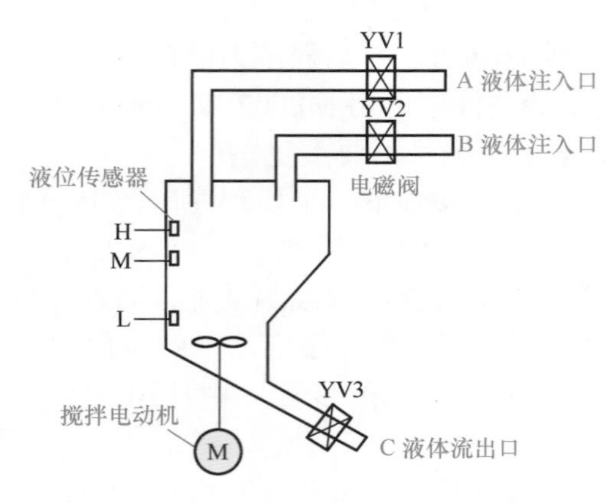

图 5-7　两种液体混合装置

5.2.2　确定输入 / 输出设备，并为其分配合适的 I/O 端子

液体混合装置控制需用到的输入 / 输出设备和对应的 I/O 端子见表 5-2。

表 5-2　液体混合装置控制需用到的输入 / 输出设备和对应的 I/O 端子

输入			输出		
输入设备	对应端子	功能说明	输出设备	对应端子	功能说明
SB1	X0	启动控制	KM1 线圈	Y1	控制 A 液体电磁阀
SB2	X1	停止控制	KM2 线圈	Y2	控制 B 液体电磁阀
SQ1	X2	检测低液位 L	KM3 线圈	Y3	控制 C 液体电磁阀
SQ2	X3	检测中液位 M	KM4 线圈	Y4	驱动搅拌电动机工作
SQ3	X4	检测高液位 H	—	—	—
QS	X10	手动 / 自动控制切换（ON：自动；OFF：手动）	—	—	—
SB3	X11	手动控制 A 液体流入	—	—	—
SB4	X12	手动控制 B 液体流入	—	—	—
SB5	X13	手动控制 C 液体流出	—	—	—
SB6	X14	手动控制搅拌电动机	—	—	—

5.2.3　绘制 PLC 控制线路图

图 5-8 所示为液体混合装置的 PLC 控制线路图。

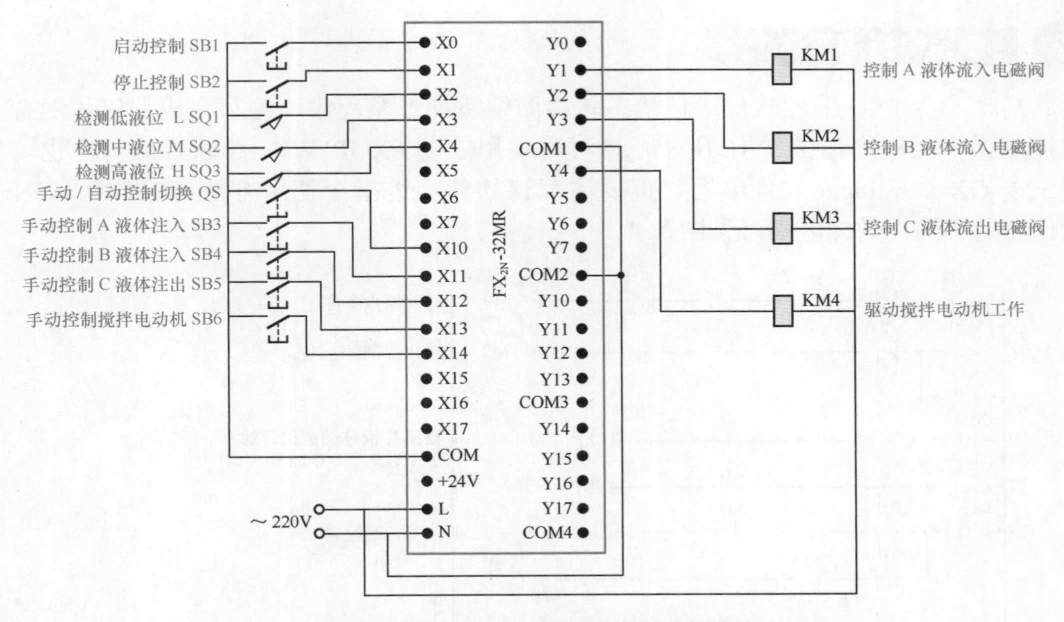

图 5-8　液体混合装置的 PLC 控制线路图

5.2.4　编写 PLC 控制程序

1　绘制状态转移图

在编写较复杂的步进程序时，建议先绘制状态转移图，再对照状态转移图的框架绘制梯形图。图 5-9 所示为液体混合装置控制的状态转移图。

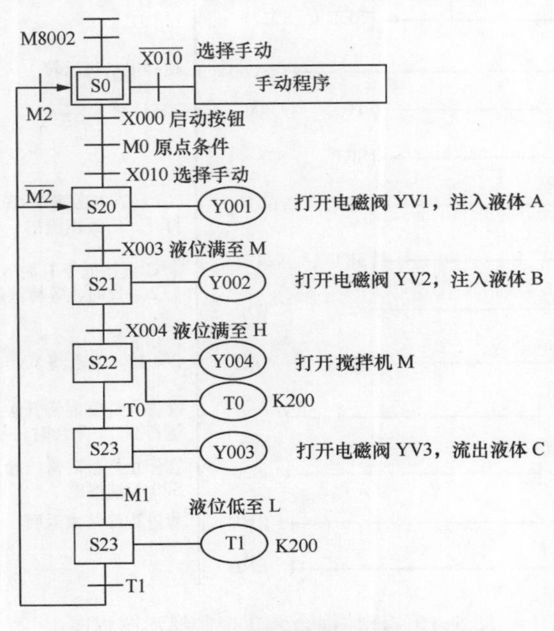

图 5-9　液体混合装置控制的状态转移图

2 编写梯形图程序

启动三菱 PLC 编程软件，按状态转移图编写梯形图程序，编写完成的液体混合装置控制梯形图程序如图 5-10 所示，该程序使用三菱 FXGP_WIN-C 软件编写，也可以用三菱 GX Developer 软件编写，但要注意该软件步进指令使用方法与 FXGP_WIN-C 软件有所不同，具体区别可见图 5-4。

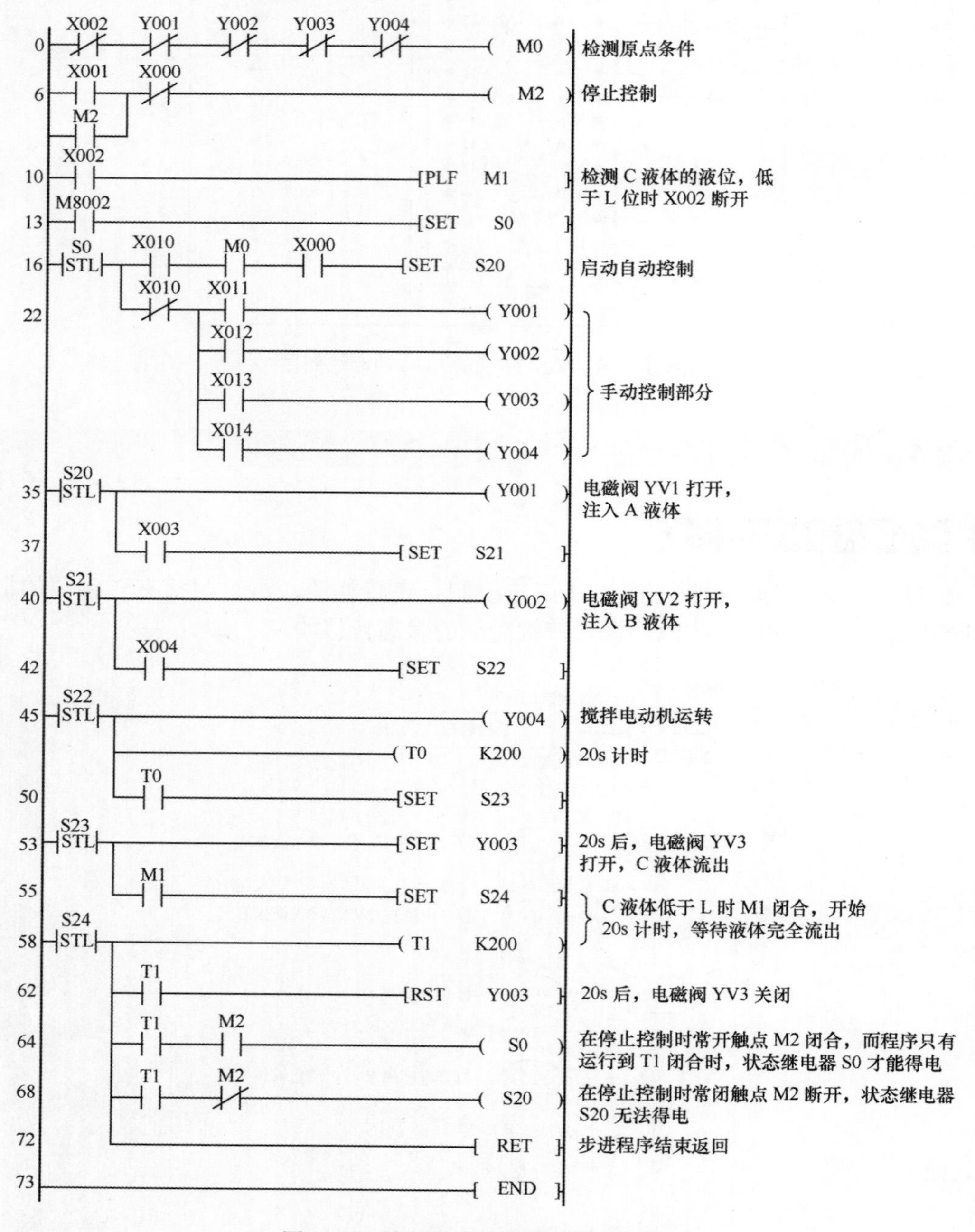

图 5-10　液体混合装置控制梯形图程序

5.2.5　详解硬件线路图和梯形图的工作原理

下面结合图 5-8 控制线路图和图 5-10 梯形图来说明液体混合装置的工作原理。

液体混合装置有自动和手动两种控制方式，由开关 QS 来决定（QS 闭合：自动控制；QS 断开：手动控制）。要让装置工作为自动控制方式，除了开关 QS 应闭合外，装置还须满足自动控制的初始条件（又称原点条件），否则系统将无法进入自动控制方式。装置的原点条件是 L、M、H 液位传感器的开关 SQ1、SQ2、SQ3 均断开，电磁阀 YV1、YV2、YV3 均关闭，电动机 M 停转。

1　检测原点条件

图 5-10 梯形图中的第 0 梯级程序用来检测原点条件（或称初始条件）。在自动控制工作前，若装置中的 C 液体位置高于传感器 L，则 SQ1 闭合，X002 常闭触点断开，或 Y001 ～ Y004 常闭触点断开（由 Y000 ～ Y003 线圈得电引起，电磁阀 YV1、YV2、YV3 和电动机 M 会因此得电工作），均会使辅助继电器 M0 线圈无法得电，第 16 梯级中的 M0 常开触点断开，无法对状态继电器 S20 置位，第 35 梯级 S20 常开触点断开，S21 无法置位，这样会依次使 S21、S22、S23、S24 常开触点无法闭合，装置无法进入自动控制状态。

如果是因为 C 液体未排完而使装置不满足自动控制的原点条件，可手动操作 SB5 按钮，使 X013 常开触点闭合，Y003 线圈得电，接触器 KM3 线圈得电，KM3 触点闭合接通电磁阀 YV3 线圈电源，YV3 打开，将 C 液体从装置容器中放完，液位传感器 L 的 SQ1 断开，X002 常闭触点闭合，M0 线圈得电，从而满足自动控制所需的原点条件。

2　自动控制过程

在启动自动控制前，需要做一些准备工作，包括操作准备和程序准备。

① 操作准备：将手动 / 自动切换开关 QS 闭合，选择自动控制方式，图 5-10 中第 16 梯级中的 X010 常开触点闭合，为接通自动控制程序段做准备，第 22 梯级中的 X010 常闭触点断开，切断手动控制程序段。

② 程序准备：在启动自动控制前，第 0 梯级程序会检测原点条件，若满足原点条件，则辅助继电器线圈 M0 得电，第 16 梯级中的 M0 常开触点闭合，为接通自动控制程序段做准备。另外，当程序运行到 M8002（触点利用型辅助继电器，只有触点没有线圈）时，M8002 自动接通一个扫描周期，［SET　S0］指令执行，将状态继电器 S0 置位，第 16 梯级中的 S0 常开触点闭合，也为接通自动控制程序段做准备。

③ 启动自动控制：按下启动按钮 SB1 → [16]X000 常开触点闭合→状态继电器 S20 置位→ [35]S20 常开触点闭合→ Y001 线圈得电→ Y1 端子内部硬触点闭合→ KM1 线圈得电→主电路中 KM1 主触点闭合（图 5-10 中未画出主电路部分）→电磁阀 YV1 线圈通电，阀门打开，注入 A 液体→当 A 液体高度到达液位传感器 M 位置时，传感器开关 SQ2 闭合→ [37]X003 常开触点闭合→状态继电器 S21 置位→ [40]S21 常开触点闭合，同时 S20 自动复位，[35]S20 触点断开→ Y002 线圈得电，Y001 线圈失电→电磁阀 YV2

阀门打开，注入 B 液体→当 B 液体高度到达液位传感器 H 位置时，传感器开关 SQ3 闭合→ [42]X004 常开触点闭合→状态继电器 S22 置位→ [45]S22 常开触点闭合，同时 S21 自动复位，[40]S21 触点断开→ Y004 线圈得电，Y002 线圈失电→搅拌电动机 M 运转，同时定时器 T0 开始 20s 计时→ 20s 后，定时器 T0 动作→ [50]T0 常开触点闭合→状态继电器 S23 置位→ [53]S23 常开触点闭合→ Y003 线圈被置位→电磁阀 YV3 打开，C 液体流出→当液体下降到液位传感器 L 位置时，传感器开关 SQ1 断开→ [10]X002 常开触点断开（在液体高于 L 位置时 SQ1 处于闭合状态）→下降沿脉冲会为继电器 M1 线圈接通一个扫描周期→ [55]M1 常开触点闭合→状态继电器 S24 置位→ [58]S24 常开触点闭合，同时 [53]S23 触点断开，由于 Y003 线圈是置位得电，故不会失电→ [58]S24 常开触点闭合后，定时器 T1 开始 20s 计时→ 20s 后，[62]T1 常开触点闭合，Y003 线圈被复位→电磁阀 YV3 关闭，与此同时，S20 线圈得电，[35]S20 常开触点闭合，开始下一次自动控制。

④ 停止控制：在自动控制过程中，若按下停止按钮 SB2 → [6]X001 常开触点闭合→ [6] 辅助继电器 M2 得电→ [7]M2 自锁触点闭合，锁定供电；[68]M2 常闭触点断开，状态继电器 S20 无法得电，[16]S20 常开触点断开；[64]M2 常开触点闭合，当程序运行到 [64] 时，T1 闭合，状态继电器 S0 得电，[16]S0 常开触点闭合，但由于常开触点 X000 处于断开（SB1 断开），状态继电器 S20 无法置位，[35]S20 常开触点处于断开，自动控制程序段无法运行。

3 手动控制过程

将手动 / 自动切换开关 QS 断开，选择手动控制方式→ [16]X010 常开触点断开，状态继电器 S20 无法置位，[35]S20 常开触点断开，无法进入自动控制；[22]X010 常闭触点闭合，接通手动控制程序→按下 SB3，X011 常开触点闭合，Y001 线圈得电，电磁阀 YV1 打开，注入 A 液体→松开 SB3，X011 常闭触点断开，Y001 线圈失电，电磁阀 YV1 关闭，停止注入 A 液体→按下 SB4 注入 B 液体，松开 SB4 停止注入 B 液体→按下 SB5 排出 C 液体，松开 SB5 停止排出 C 液体→按下 SB6 搅拌液体，松开 SB6 停止搅拌液体。

5.3 简易机械手的 PLC 控制系统开发实例

5.3.1 明确系统控制要求

简易机械手结构如图 5-11 所示。M1 为控制机械手左右移动的电动机，M2 为控制机械手上下升降的电动机，YV 线圈用来控制机械手夹紧放松，SQ1 为左到位检测开关，SQ2 为右到位检测开关，SQ3 为上到位检测开关，SQ4 为下到位检测开关，SQ5 为工件检测开关。

简易机械手控制要求如下。

① 机械手要将工件从工位 A 移到工位 B 处。

② 机械手的初始状态（原点条件）是机械手应停在工位 A 的上方，SQ1、SQ3 均闭合。

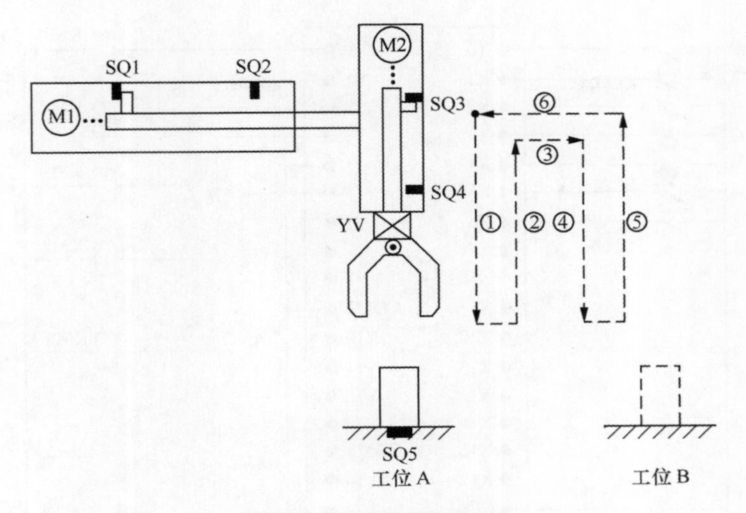

图 5-11 简易机械手结构

③ 若原点条件满足且SQ5闭合（工位A处有工件），按下启动按钮，机械手按“原点→下降→夹紧→上升→右移→下降→放松→上升→左移→原点停止”的步骤工作。

5.3.2 确定输入/输出设备，并为其分配合适的I/O端子

简易机械手控制需用到的输入/输出设备和对应的I/O端子见表5-3。

表5-3 简易机械手控制需用到的输入/输出设备和对应的I/O端子

输入			输出		
输入设备	对应端子	功能说明	输出设备	对应端子	功能说明
SB1	X0	启动控制	KM1 线圈	Y0	控制机械手右移
SB2	X1	停止控制	KM2 线圈	Y1	控制机械手左移
SQ1	X2	左到位检测	KM3 线圈	Y2	控制机械手下降
SQ2	X3	右到位检测	KM4 线圈	Y3	控制机械手上升
SQ3	X4	上到位检测	KM5 线圈	Y4	控制机械手夹紧
SQ4	X5	下到位检测	—	—	—
SQ5	X6	工件检测	—	—	—

5.3.3 绘制PLC控制线路图

图5-12所示为简易机械手的PLC控制线路图。

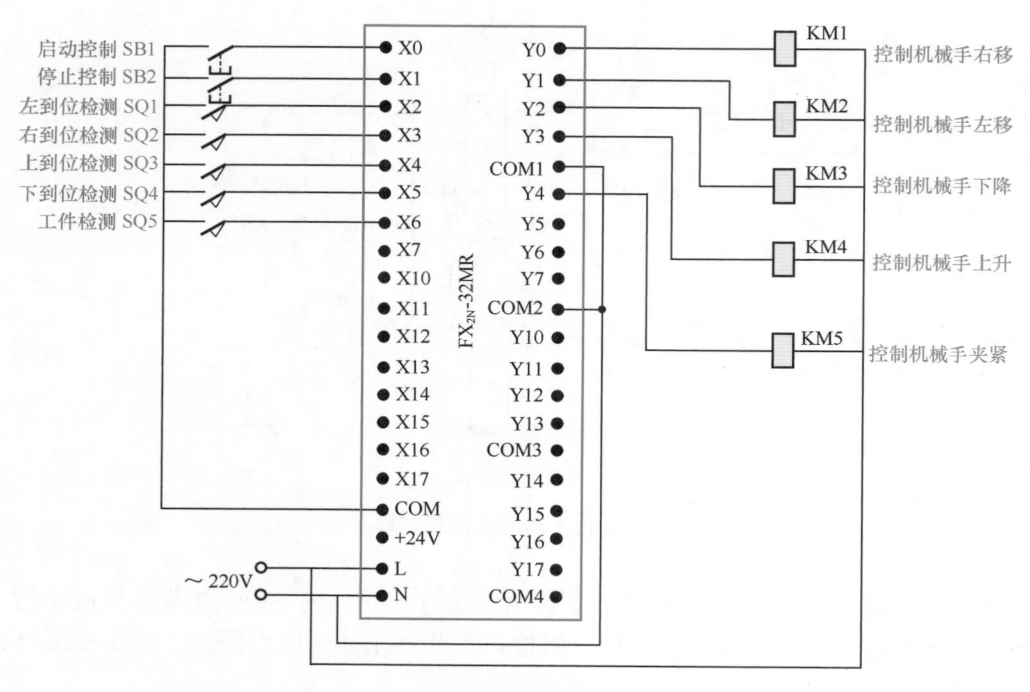

图 5-12　简易机械手的 PLC 控制线路图

5.3.4 编写 PLC 控制程序

1 绘制状态转移图

图 5-13 所示为简易机械手控制的状态转移图。

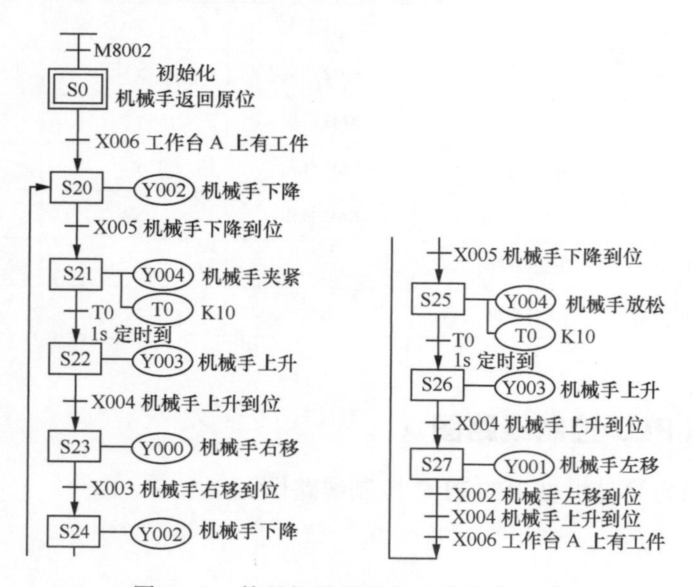

图 5-13　简易机械手控制的状态转移图

2 编写梯形图程序

启动三菱编程软件，按照图 5-13 所示的状态转移图来编写梯形图，编写完成的梯形图如图 5-14 所示。

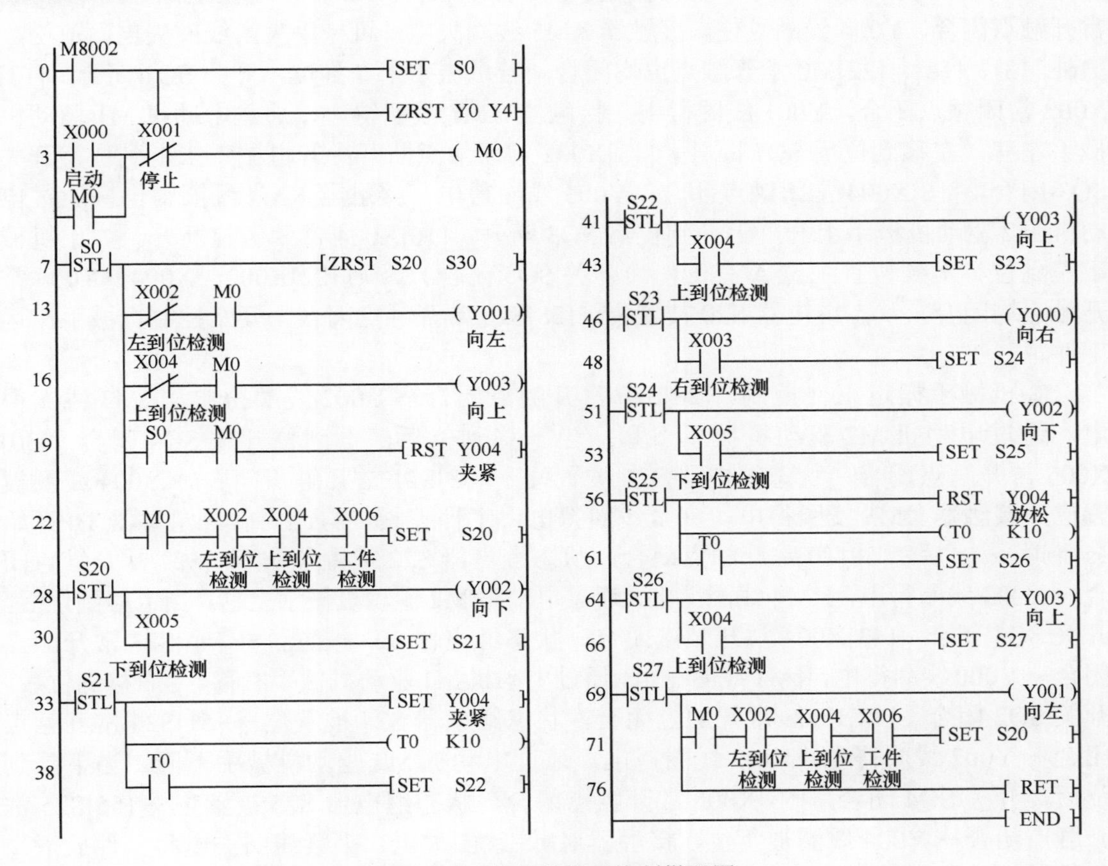

图 5-14 简易机械手控制梯形图

5.3.5 详解硬件线路图和梯形图的工作原理

下面结合图 5-12 控制线路图和图 5-14 梯形图来说明简易机械手的工作原理。

同样地，大多数机电设备在工作前先要回到初始位置，然后在程序的控制下，机电设备开始各种操作，操作结束又会回到初始位置，机电设备的初始位置也称原点。

1 初始化操作

当 PLC 通电并处于“RUN”状态时，程序会先进行初始化操作。程序运行时，M8002 会接通一个扫描周期，线圈 Y0 ～ Y4 先被 ZRST 指令（该指令的用法见第 6 章）批量复位，同时状态继电器 S0 被置位，[7]S0 常开触点闭合，状态继电器 S20 ～ S30 被 ZRST 指令批量复位。

2 启动控制

①原点条件检测。[13] ～ [28] 为原点检测程序。按下启动按钮 SB1 → [3]X000 常开触点闭合，辅助继电器 M0 线圈得电，M0 自锁触点闭合，锁定供电，同时 [19]M0 常开触点闭合，Y004 线圈复位，接触器 KM5 线圈失电，机械手夹紧线圈失电而放松，另外 [13]、[16]、[22]M0 常开触点也均闭合。若机械手未左到位，开关 SQ1 闭合，[13] X002 常闭触点闭合，Y001 线圈得电，接触器 KM1 线圈得电，通过电动机 M1 驱动机械手左移，左移到位后 SQ1 断开，[13]X002 常闭触点断开；若机械手未上到位，开关 SQ3 闭合，[16]X004 常闭触点闭合，Y003 线圈得电，接触器 KM4 线圈得电，通过电动机 M2 驱动机械手上升，上升到位后 SQ3 断开，[16]X004 常闭触点断开。如果机械手左到位、上到位且工位 A 有工件（开关 SQ5 闭合），则 [22]X002、X004、X006 常开触点均闭合，状态继电器 S20 被置位，[28]S20 常开触点闭合，开始控制机械手搬运工件。

②机械手搬运工件控制。[28]S20 常开触点闭合→ Y002 线圈得电，KM3 线圈得电，通过电动机 M2 驱动机械手下移，当下移到位后，下到位开关 SQ4 闭合，[30] X005 常开触点闭合，状态继电器 S21 被置位→ [33]S21 常开触点闭合→ Y004 线圈被置位，接触器 KM5 线圈得电，夹紧线圈得电将工件夹紧，与此同时，定时器 T0 开始 1s 计时→ 1s 后，[38]T0 常开触点闭合，状态继电器 S22 被置位→ [41]S22 常开触点闭合→ Y003 线圈得电，KM4 线圈得电，通过电动机 M2 驱动机械手上移，当上移到位后，开关 SQ3 闭合，[43]X004 常开触点闭合，状态继电器 S23 被置位→ [46]S23 常开触点闭合→ Y000 线圈得电，KM1 线圈得电，通过电动机 M1 驱动机械手右移，当右移到位后，开关 SQ2 闭合，[48]X003 常开触点闭合，状态继电器 S24 被置位→ [51]S24 常开触点闭合→ Y002 线圈得电，KM3 线圈得电，通过电动机 M2 驱动机械手下降，当下降到位后，开关 SQ4 闭合，[53]X005 常开触点闭合，状态继电器 S25 被置位→ [56]S25 常开触点闭合→ Y004 线圈被复位，接触器 KM5 线圈失电，夹紧线圈失电将工件放下，与此同时，定时器 T0 开始 1s 计时→ 1s 后，[61]T0 常开触点闭合，状态继电器 S26 被置位→ [64]S26 常开触点闭合→ Y003 线圈得电，KM4 线圈得电，通过电动机 M2 驱动机械手上升，当上升到位后，开关 SQ3 闭合，[66]X004 常开触点闭合，状态继电器 S27 被置位→ [69]S27 常开触点闭合→ Y001 线圈得电，KM2 线圈得电，通过电动机 M1 驱动机械手左移，当左移到位后，开关 SQ1 闭合，[71]X002 常开触点闭合，如果上到位开关 SQ3 和工件检测开关 SQ5 均闭合，则状态继电器 S20 被置位→ [28]S20 常开触点闭合，开始下一次工件搬运。若工位 A 无工件，SQ5 断开，机械手会停在原点位置。

3 停止控制

当按下停止按钮 SB2 → [3]X001 常闭触点断开→辅助继电器 M0 线圈失电→ [6]、[13]、[16]、[19]、[22]、[71]M0 常开触点均断开，其中 [6]M0 常开触点断开，解除 M0 线圈供电，其他 M0 常开触点断开，使状态继电器 S20 无法置位，[28]S20 步进触点无法闭合，[28] ~ [76] 程序无法运行，机械手不工作。

5.4 大小铁球分拣机的 PLC 控制系统开发实例

5.4.1 明确系统控制要求

大小铁球分拣机结构如图 5-15 所示。M1 为传送带电动机，通过传送带驱动机械手臂左向或右向移动；M2 为电磁铁升降电动机，用于驱动电磁铁 YA 上移或下移；SQ1、SQ4、SQ5 分别为混装球箱、小球球箱、大球球箱的定位开关，当机械手臂移到某球球箱上方时，相应的定位开关闭合；SQ6 为接近开关，当铁球靠近时开关闭合，表示电磁铁下方有球存在。

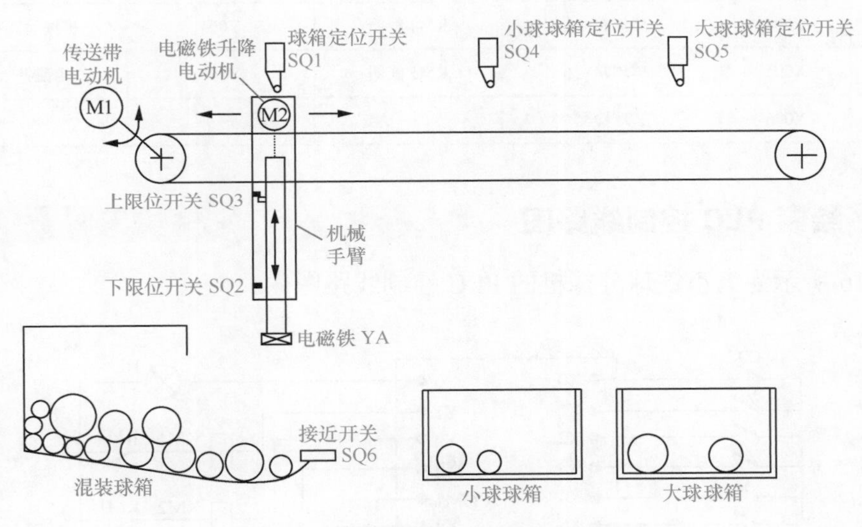

图 5-15　大小铁球分拣机结构

大小铁球分拣机控制要求及工作过程如下。

① 分拣机要从混装球箱中将大小球分拣出来，并将小球放入小球球箱内，大球放入大球球箱内。

② 分拣机的初始状态（原点条件）是机械手臂应停在混装球箱上方，SQ1、SQ3 均闭合。

③ 在工作时，若 SQ6 闭合，则电动机 M2 驱动电磁铁下移，2s 后，给电磁铁通电从混装球箱中吸引铁球，若此时 SQ2 处于断开，表示吸引的是大球；若 SQ2 处于闭合，则吸引的是小球。然后电磁铁上移，SQ3 闭合后，电动机 M1 带动机械手臂右移，如果电磁铁吸引的为小球，机械手臂移至 SQ4 处停止，电磁铁下移，将小球放入小球球箱（让电磁铁失电），而后电磁铁上移，机械手臂回归原位；如果电磁铁吸引的是大球，机械手臂移至 SQ5 处停止，电磁铁下移，将大球放入大球球箱，而后电磁铁上移，机械手臂回归原位。

5.4.2 确定输入 / 输出设备，并为其分配合适的 I/O 端子

大小铁球分拣机控制系统需用到的输入 / 输出设备和对应的 I/O 端子见表 5-4。

表 5-4　大小铁球分拣机控制系统需用到的输入 / 输出设备和对应的 I/O 端子

输入			输出		
输入设备	对应端子	功能说明	输出设备	对应端子	功能说明
SB1	X000	启动控制	HL	Y000	工作指示
SQ1	X001	混装球箱定位	KM1 线圈	Y001	电磁铁上升控制
SQ2	X002	电磁铁下限位	KM2 线圈	Y002	电磁铁下降控制
SQ3	X003	电磁铁上限位	KM3 线圈	Y003	机械手臂左移控制
SQ4	X004	小球球箱定位	KM4 线圈	Y004	机械手臂右移控制
SQ5	X005	大球球箱定位	KM5 线圈	Y005	电磁铁吸合控制
SQ6	X006	铁球检测	—	—	—

5.4.3 绘制 PLC 控制线路图

图 5-16 所示为大小铁球分拣机的 PLC 控制线路图。

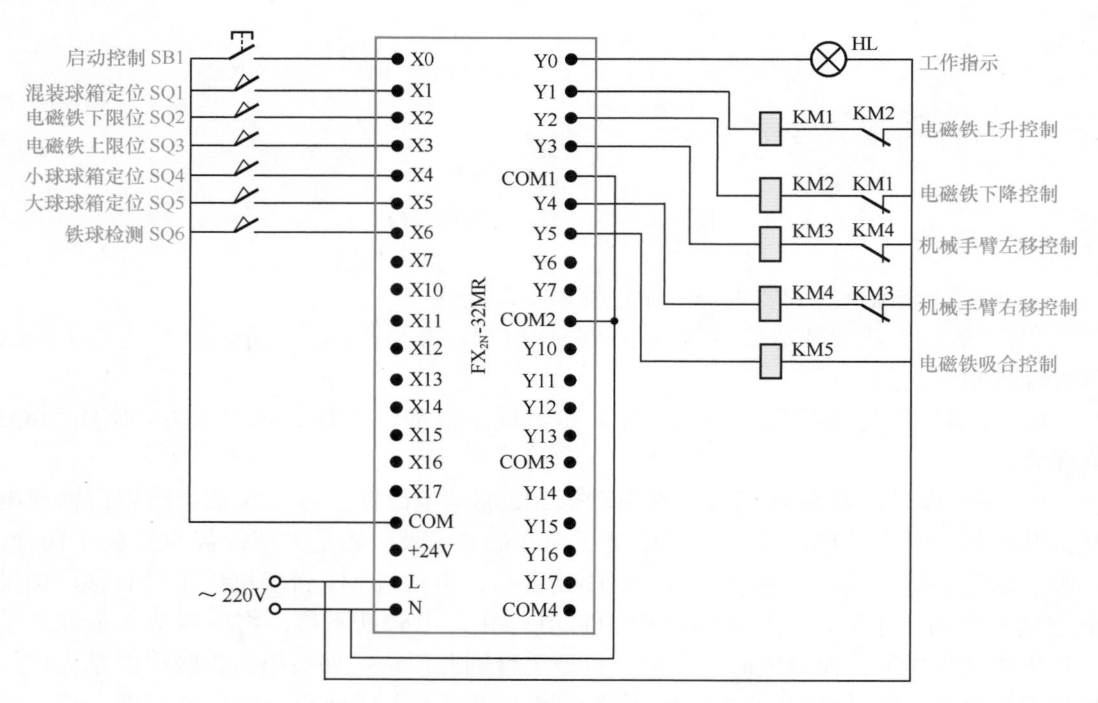

图 5-16　大小铁球分拣机的 PLC 控制线路图

5.4.4 编写 PLC 控制程序

1 绘制状态转移图

分拣机拣球时抓的可能为大球，也可能为小球，若抓的为大球则执行抓取大球控制，若抓的为小球则执行抓取小球控制，这是一种选择性控制，编程时应采用选择性分支方式。图 5-17 所示为大小铁球分拣机控制的状态转移图。

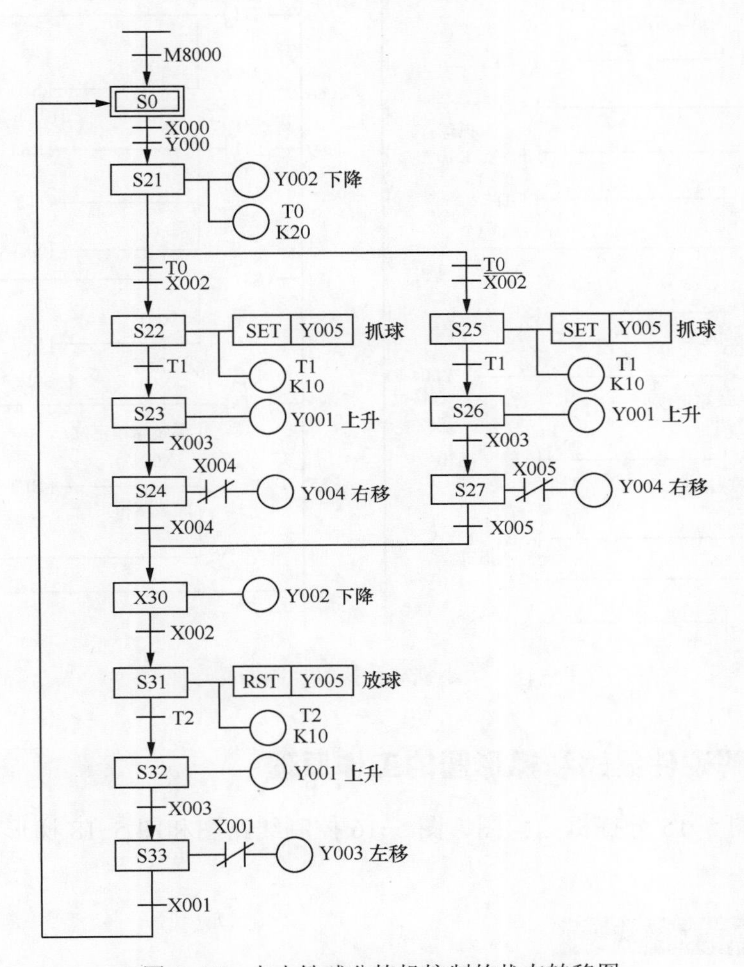

图 5-17 大小铁球分拣机控制的状态转移图

2 编写梯形图程序

启动三菱编程软件，根据图 5-17 所示的状态转移图编写梯形图，编写完成的梯形图如图 5-18 所示。

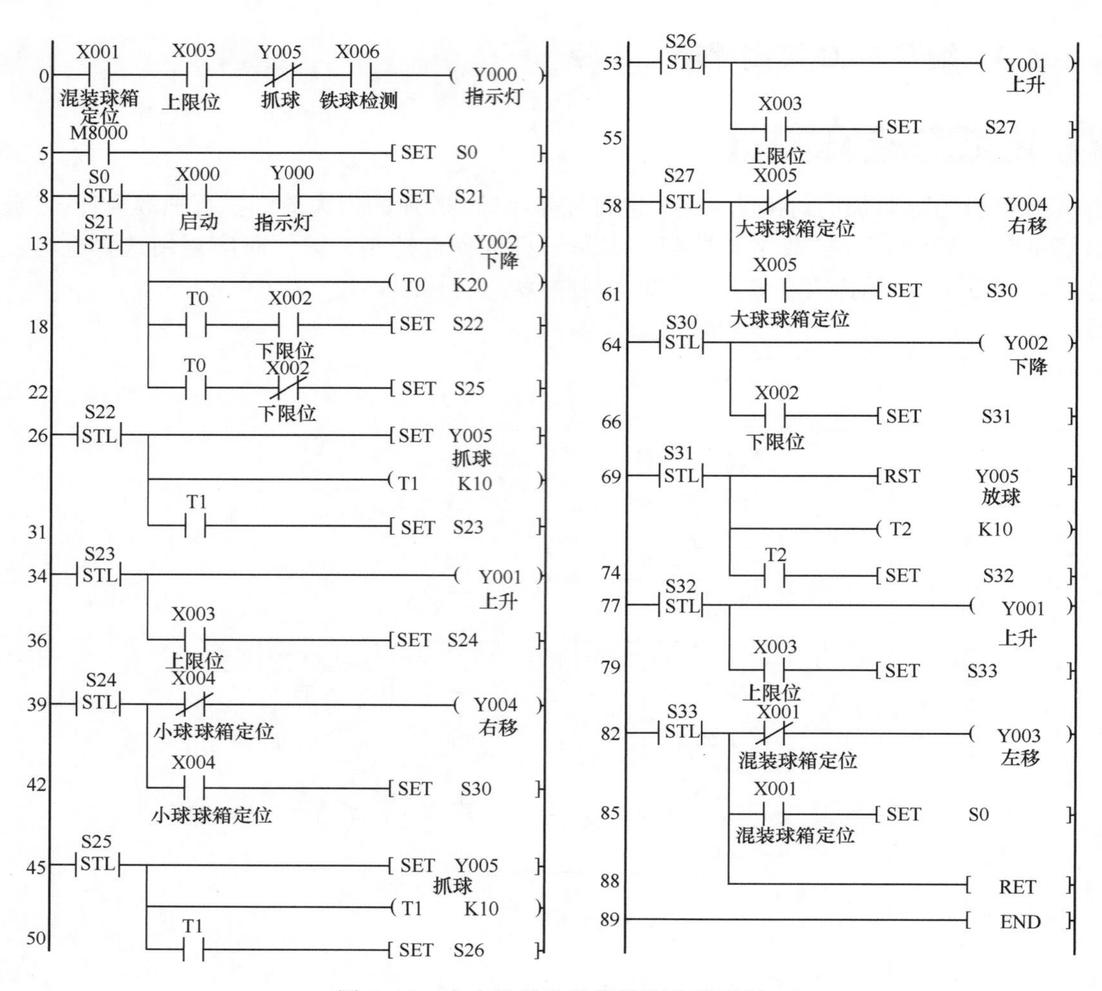

图 5-18　大小铁球分拣机控制的梯形图

5.4.5　详解硬件线路和梯形图的工作原理

下面结合图 5-15 分拣机结构图、图 5-16 控制线路图和图 5-18 梯形图来说明分拣机的工作原理。

1　检测原点条件

图 5-18 梯形图中的第 0 梯级程序用来检测分拣机是否满足原点条件。分拣机的原点条件有：①机械手臂停止混装球箱上方（会使定位开关 SQ1 闭合，[0]X001 常开触点闭合）；②电磁铁处于上限位位置（会使上限位开关 SQ3 闭合，[0]X003 常开触点闭合）；③电磁铁未通电（Y005 线圈无电，电磁铁也无供电，[0]Y005 常闭触点闭合）；④有铁球处于电磁铁正下方（会使铁球检测开关 SQ6 闭合，[0]X006 常开触点闭合）。这 4 点都满足后，[0]Y000 线圈得电，[8]Y000 常开触点闭合，同时 Y0 端子的内部硬触点接通，指示灯 HL 亮，若 HL 不亮，说明原点条件不满足。

2 工作过程

M8000 为运行监控辅助继电器，只有触点无线圈，在程序运行时触点一直处于闭合状态，M8000 闭合后，初始状态继电器 S0 被置位，[8]S0 常开触点闭合。

按下启动按钮 SB1 → [8]X000 常开触点闭合→状态继电器 S21 被置位→ [13]S21 常开触点闭合→ [13]Y002 线圈得电，通过接触器 KM2 使电动机 M2 驱动电磁铁下移。与此同时，定时器 T0 开始 2s 计时→ 2s 后，[18] 和 [22]T0 常开触点均闭合，若下限位开关 SQ2 处于闭合，表明电磁铁接触为小球，[18]X002 常开触点闭合，[22]X002 常闭触点断开，状态继电器 S22 被置位，[26]S22 常开触点闭合，开始抓小球控制程序。若下限位开关 SQ2 处于断开，表明电磁铁接触为大球，[18]X002 常开触点断开，[22]X002 常闭触点闭合，状态继电器 S25 被置位，[45]S25 常开触点闭合，开始抓大球控制程序。

① 小球抓取过程。[26]S22 常开触点闭合后，Y005 线圈被置位，通过 KM5 使电磁铁通电抓取小球，同时定时器 T1 开始 1s 计时→ 1s 后，[31]T1 常开触点闭合，状态继电器 S23 被置位→ [34]S23 常开触点闭合，Y001 线圈得电，通过 KM1 使电动机 M2 驱动电磁铁上升→当电磁铁上升到位后，上限位开关 SQ3 闭合，[36]X003 常开触点闭合，状态继电器 S24 被置位→ [39]S24 常开触点闭合，Y004 线圈得电，通过 KM4 使电动机 M1 驱动机械手臂右移→当机械手臂移到小球球箱上方时，小球球箱定位开关 SQ4 闭合→ [39]X004 常闭触点断开，Y004 线圈失电，机械手臂停止移动，同时 [42]X004 常开触点闭合，状态继电器 S30 被置位，[64]S30 常开触点闭合，开始放球过程。

② 放球并返回过程。[64]S30 常开触点闭合后，Y002 线圈得电，通过 KM2 使电动机 M2 驱动电磁铁下降，当下降到位后，下限位开关 SQ2 闭合→ [66]X002 常开触点闭合，状态继电器 S31 被置位→ [69]S31 常开触点闭合→ Y005 线圈被复位，电磁铁失电，将球放入球箱，与此同时，定时器 T2 开始 1s 计时→ 1s 后，[74]T2 常开触点闭合，状态继电器 S32 被置位→ [77]S32 常开触点闭合→ Y001 线圈得电，通过 KM1 使电动机 M2 驱动电磁铁上升→当电磁铁上升到位后，上限位开关 SQ3 闭合，[79]X003 常开触点闭合，状态继电器 S33 被置位→ [82]S33 常开触点闭合→ Y003 线圈得电，通过 KM3 使电动机 M1 驱动机械手臂左移→当机械手臂移到混装球箱上方时，混装球箱定位开关 SQ1 闭合→ [82]X001 常闭触点断开，Y003 线圈失电，电动机 M1 停转，机械手臂停止移动，与此同时，[85]X001 常开触点闭合，状态继电器 S0 被置位，[8]S0 常开触点闭合，若按下启动按钮 SB1，则开始下一次抓球过程。

③ 大球抓取过程。[45]S25 常开触点闭合后，Y005 线圈被置位，通过 KM5 使电磁铁通电抓取大球，同时定时器 T1 开始 1s 计时→ 1s 后，[50]T1 常开触点闭合，状态继电器 S26 被置位→ [53]S26 常开触点闭合，Y001 线圈得电，通过 KM1 使电动机 M2 驱动电磁铁上升→当电磁铁上升到位后，上限位开关 SQ3 闭合，[55]X003 常开触点闭合，状态继电器 S27 被置位→ [58]S27 常开触点闭合，Y004 线圈得电，通过 KM4 使电动机 M1 驱动机械手臂右移→当机械手臂移到大球球箱上方时，大球球箱定位开关 SQ5 闭合→ [58]X005 常闭触点断开，Y004 线圈失电，机械手臂停止移动，同时 [61]X005 常开触点闭合，状态继电器 S30 被置位，[64]S30 常开触点闭合，开始放球过程。大球的放球与返回过程与小球完全一样，这里不再叙述。

第6章 应用指令的使用举例

PLC 的指令分为基本应用指令、步进指令和应用指令（又称应用指令）。基本应用指令和步进指令的操作对象主要是继电器、定时器和计数器类的软元件，用于替代继电器控制线路进行顺序逻辑控制。为了适应现代工业自动控制的需求，现在的 PLC 都增加了一些应用指令，应用指令使 PLC 具有很强大的数据运算和特殊处理功能，从而大大扩展了 PLC 的使用范围。

6.1 应用指令的格式与规则

6.1.1 应用指令的格式

应用指令由功能助记符、功能号和操作数等组成。应用指令的格式如表 6-1 所示（以平均值指令为例）。

表 6-1 应用指令的格式

指令名称	助记符	功能号	操作数		
			源操作数（S）	目标操作数（D）	其他操作数（*n*）
平均值指令	MEAN	FNC45	K*n*X K*n*Y K*n*S K*n*M T、C、D	K*n*X K*n*Y K*n*S K*n*M T、C、D、V、Z	K*n*、H*n* *n* =1 ～ 64

应用指令格式说明如下。

（1）助记符

助记符用来规定指令的操作功能，一般由字母（英文单词或单词缩写）组成。上面的“MEAN”为助记符，其含义是对操作数取平均值。

（2）功能号

它是应用指令的代码号，每个应用指令都有自己的功能号，如 MEAN 指令的功能号为 FNC45，在编写梯形图程序时，如果要使用某应用指令，须输入该指令的助记符，而采用手持编程器编写应用指令时，要输入该指令的功能号。

（3）操作数

操作数又称操作元件，通常由源操作数 [S]、目标操作数 [D] 和其他操作数 [*n*] 组成。

操作数中的 K 表示十进制数，H 表示十六制数，*n* 为常数，X 为输入继电器，Y 为输出继电器、S 为状态继电器，M 为辅助继电器，T 为定时器，C 为计数器，D 为数据寄存器，V、Z 为变址寄存器。

如果源操作数和目标操作数不止一个，可分别用 [S1]、[S2]、[S3] 和 [D1]、[D2]、[D3] 表示。

举例：在图 6-1 中，指令的功能是在常开触点 X000 闭合时，将十进制数 100 送入数据寄存器 D10 中。

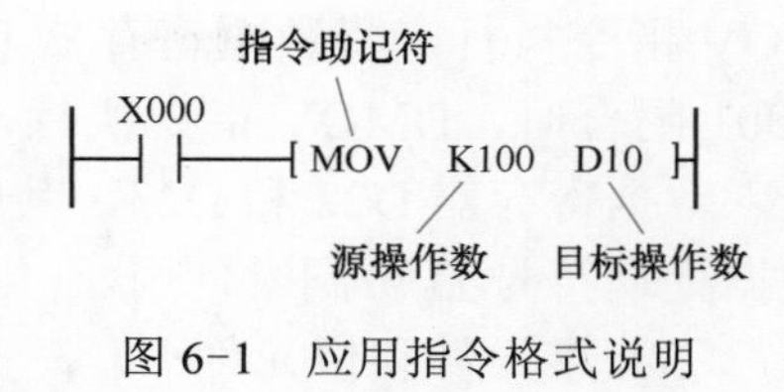

图 6-1 应用指令格式说明

6.1.2 应用指令的规则

1 指令执行形式

三菱 FX 系列 PLC 的应用指令有连续执行型和脉冲执行型两种形式。图 6-2（a）中的 MOV 为连续执行型应用指令，当常开触点 X000 闭合后，[MOV D10 D12] 指令在每个扫描周期都被重复执行。图 6-2（b）中的 MOVP 为脉冲执行型应用指令（在 MOV 指令后加 P 表示脉冲执行），[MOVP D10 D12] 指令仅在 X000 由断开转为闭合瞬间执行（闭合后不执行）。

X000 MOV D10 D12

（a）连续执行型

X000 MOVP D10 D12

（b）脉冲执行型

图 6-2 两种执行形式的应用指令

2 数据长度

应用指令可处理 16 位和 32 位数据。

（1）16 位数据

数据寄存器 D 和计数器 C0 ～ C199 存储的为 16 位数据，16 位数据结构如图 6-3 所示，其中最高位为符号位，其余为数据位，符号位的功能是指示数据位的正负，符号位为 0 表示数据位的数据为正数，符号位为 1 表示数据位的数据为负数。

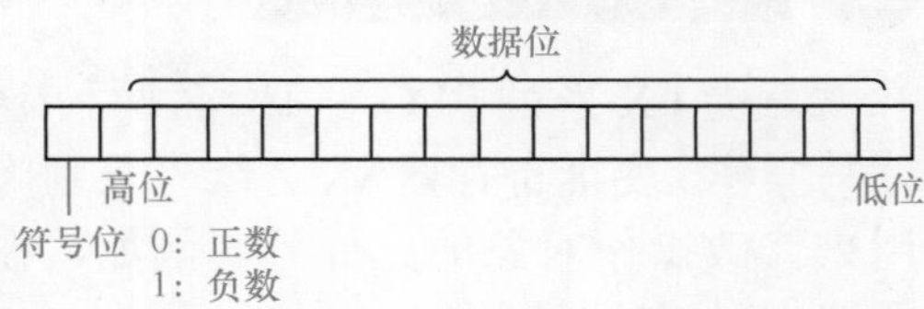

图 6-3 16 位数据结构

（2）32 位数据

一个数据寄存器可存储 16 位数据，相邻的两个数据寄存器组合起来可以存储 32 位数据。32 位数据结构如图 6-4 所示。

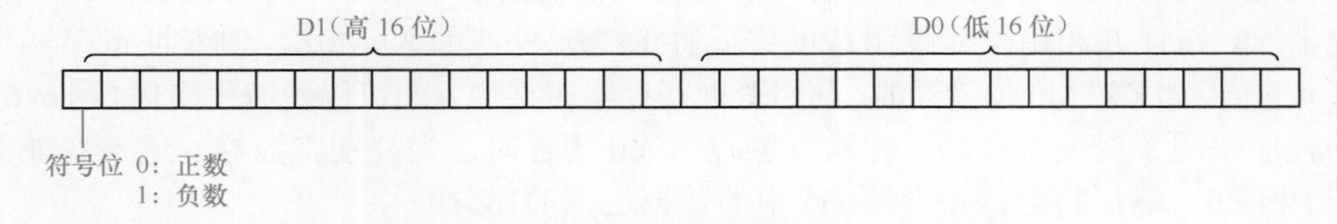

图 6-4 32 位数据结构

在应用指令前加 D 表示其处理数据为 32 位，在图 6-5 中，当常开触点 X000 闭合时，

MOV 指令执行，将数据寄存器 D10 中的 16 位数据送入数据寄存器 D12，当常开触点 X001 闭合时，DMOV 指令执行，将数据寄存器 D20 和 D21 中的 16 位数据拼成 32 位送入数据寄存器 D22 和 D23，其中 D20 → D22，D21 → D23。脉冲执行符号 P 和 32 位数据处理符号 D 可同时使用。

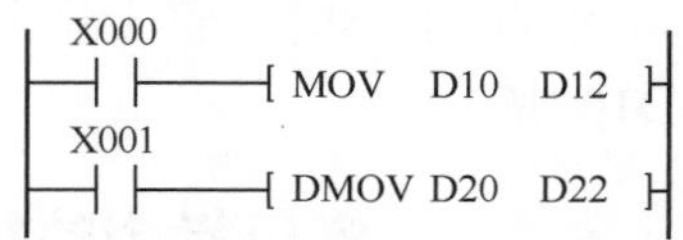

图 6-5　16 位和 32 位数据执行指令使用说明

（3）字元件和位元件

字元件是指处理数据的元件，如数据寄存器和定时器、计数器都为字元件。位元件是指只有断开和闭合两种状态的元件，如输入继电器 X、输出继电器 Y、辅助继电器 M 和状态继电器 S 都为位元件。

多个位元件组合可以构成字元件，位元件在组合时通常 4 个元件组成一个单元，位元件组合可用 K*n* 加首元件来表示，*n* 为单元数，如 K1M0 表示 M0 ～ M3 4 个位元件组合，K4M0 表示位元件 M0 ～ M15 组合成 16 位字元件（M15 为最高位，M0 为最低位），K8M0 表示位元件 M0 ～ M31 组合成 32 位字元件。其他的位元件组成字元件如 K4X0、K2Y10、K1S10 等。

在进行 16 位数据操作时，*n* 为 1 ～ 3，参与操作的位元件只有 4 ～ 12 位，不足的部分用 0 补足，由于最高位只能为 0，所以意味着只能处理正数。在进行 32 位数据操作时，*n* 为 1 ～ 7，参与操作的位元件有 4 ～ 28 位，不足的部分用 0 补足。在采用“K*n*+ 首元件编号”方式组合成字元件时，首元件可以任选，但为了避免混乱，通常选尾数为 0 的元件作首元件，如 M0、M10、M20 等。

不同长度的字元件在进行数据传递时，一般按以下规则。

① 长字元件→短字元件传递数据，长字元件低位数据传送给短字元件。

② 短字元件→长字元件传递数据，短字元件数据传送给长字元件低位，长字元件高位全部变为 0。

3　变址寄存器

三菱 FX 系列 PLC 有 V、Z 两种 16 位变址寄存器，它可以像数据寄存器一样进行读写操作。变址寄存器 V、Z 编号分别为 V0 ～ V7、Z0 ～ Z7，常用在传送、比较指令中，用来修改操作对象的元件号。例如，在图 6-6（a）梯形图中，如果 V0=18（即变址寄存器 V 中存储的数据为 18）、Z0=20，那么 D2V0 表示 D(2+V0)=D20，D10Z0 表示 D（10+Z0）=D30，指令执行的操作是将数据寄存器 D20 中数据送入 D30 中，因此图 6-6（a）和图 6-6（b）中两个梯形图的功能是等效的。

变址寄存器可操作的元件有输入继电器 X、输出继电器 Y、辅助继电器 M、状态继电器 S、指针 P 和由位元件组成的字元件的首元件，如 K*n*M0Z，但变址寄存器不能改变 *n* 的值，如 K2ZM0 是错误的。利用变址寄存器在某些方面可以使编程简化。图 6-6（c）中的程序采用了变址寄存器，在常开触点 X000 闭合时，先分别将数据 6 送入变址寄存器 V0 和 Z0，然后将数据寄存器 D6 中的数据送入 D16。

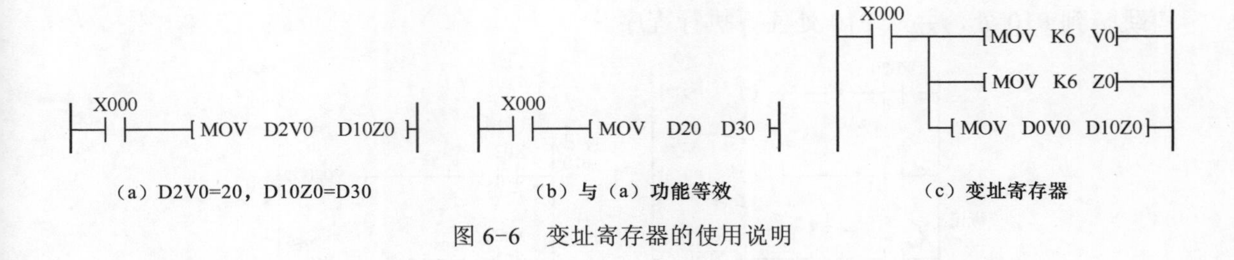

（a）D2V0=20，D10Z0=D30　　（b）与（a）功能等效　　（c）变址寄存器

图 6-6　变址寄存器的使用说明

6.2 应用指令的使用举例

三菱 FX PLC 可分为一代机（FX_{1S}、FX_{1N}、FX_{1NC}）、二代机（FX_{2N}、FX_{2NC}）和三代机（FX_{3G}、FX_{3U}、FX_{3UC}），由于二、三代机是在一代机基础上发展起来的，故其指令也较一代机增加了很多。目前市面上使用最多的为二代机，一代机正慢慢被淘汰，三代机数量还比较少，因此本书主要介绍三菱 FX 系列二代机的指令系统。学好了二代机指令，不但可以对一、二代机进行编程，还可以对三代机进行编程，不过如果要充分利用三代机的全部功能，还需要学习三代机独有的指令。

6.2.1 程序流程指令

程序流程指令的功能是改变程序执行的顺序，主要包括条件跳转、中断、子程序调用、子程序返回、主程序结束、警戒时钟、循环等指令。

1 条件跳转指令（CJ）

（1）指令格式

条件跳转指令格式如表 6-2 所示。

表 6-2　条件跳转指令格式

指令名称	助记符（功能号）	指令形式	操作数
			D
条件跳转指令	CJ（FNC00）	─┤├─[CJ Pn]	P0 ～ P63（FX_{1S}） P0 ～ P127（FX_{1N}\\$FX_{1NC}$\\$FX_{2N}$\\$FX_{2NC}$） P0 ～ P2047（$FX_{3G}$） P0 ～ P4095（$FX_{3U}$\\$FX_{3UC}$）

（2）使用说明

CJ 指令的使用说明如图 6-7 所示。在图 6-7（a）中，当常开触点 X020 闭合时，执行[CJ　P9]指令，程序会跳转到 CJ 指令指定的标号（指针）P9 处，并从该处开始执行程序，跳转指令与标记之间的程序将不会执行，如果 X020 处于断开状态，程序则不会跳转，而是往下执行，当执行到常开触点 X021 所在行时，若 X021 处于闭合，CJ 指令执行会使程序跳转到 P9 处。在图 6-7（b）中，当常开触点 X022 闭合时，CJ 指令执行会使程序跳转到 P10 处，并从 P10 处往下执行程序。

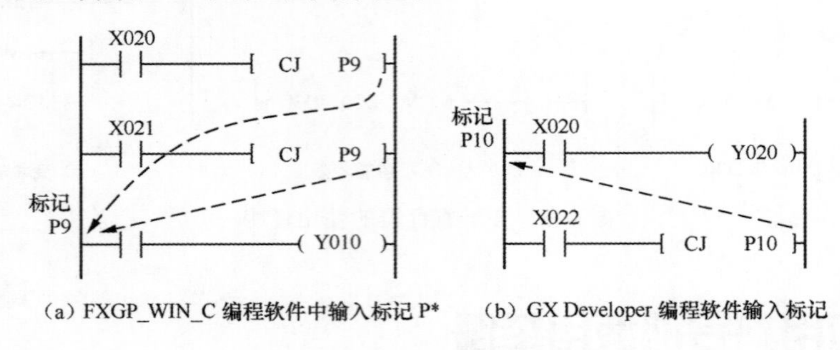

（a）FXGP_WIN_C 编程软件中输入标记 P*　（b）GX Developer 编程软件输入标记

图 6-7　CJ 指令的使用说明

在 FXGP_WIN-C 编程软件中输入标记 P* 的操作说明如图 6-8（a）所示，将光标移到某程序左母线步标号处，然后按键盘上的“P”键，在弹出的对话框中输入数字，单击“确定”按钮即输入标记。在 GX Developer 编程软件中输入标记 P* 的操作说明如图 6-8（b）所示，在程序左母线步标号处双击，弹出“梯形图输入”对话框，输入标记号，单击“确定”按钮即可。

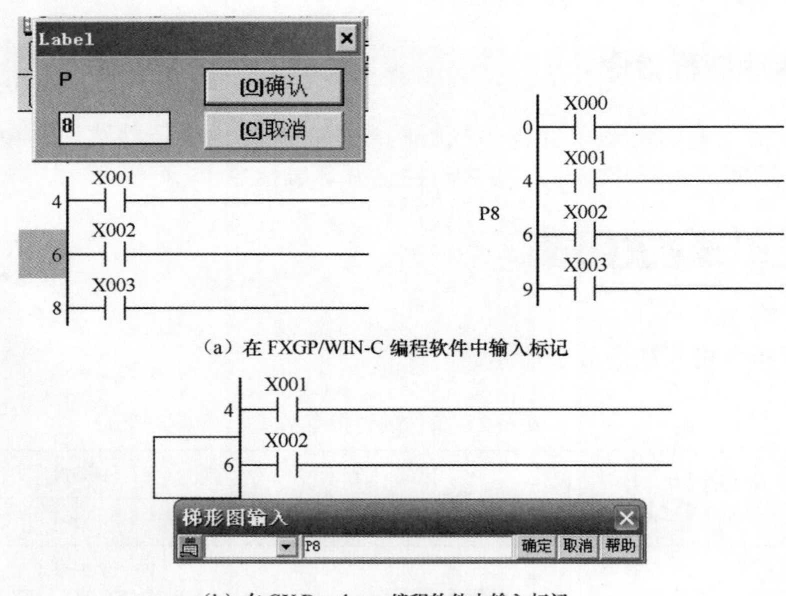

（a）在 FXGP/WIN-C 编程软件中输入标记

（b）在 GX Developer 编程软件中输入标记

图 6-8　标记 P* 的输入说明

2　子程序调用（CALL）和返回（SRET）指令

（1）指令格式

子程序调用和返回指令格式如表 6-3 所示。

（2）使用说明

子程序调用和返回指令的使用如图 6-9 所示。当常开触点 X001 闭合时，执行［CALL P11］指令，程序会跳转并执行标记 P11 处的子程序 1，如果常开触点 X002 闭合，执行［CALL P12］指令，程序会跳转并执行标记P12处的子程序2，子程序2执行到返回指令［SRET］时，会跳转到子程序1，而子程序1通过其［SRET］指令返回主程序。从图6-9中可以看出，子程序1中包含有跳转到子程序2的指令，这种方式称为嵌套。

表6-3 子程序调用和返回指令格式

指令名称	助记符与功能号	指令形式	操作数
			D
子程序调用指令	CALL FNC01	CALL Pn	P0～P63（FX_{1S}） P0～P127（FX_{1N}\\$FX_{1NC}$\\$FX_{2N}$\\$FX_{2NC}$） P0～P2047（$FX_{3G}$） P0～P4095（$FX_{3U}$\\$FX_{3UC}$） （嵌套5级）
子程序返回指令	SRET FNC02	SRET	无

在使用子程序调用和返回指令时要注意以下几点。

① 一些常用或多次使用的程序可以写成子程序，然后进行调用。

② 子程序要求写在主程序结束指令［FEND］之后。

③ 子程序中可使用嵌套，嵌套最多为5级。

④ CALL指令和CJ的操作数不能为同一标记，但不同嵌套的CALL指令可调用同一标记处的子程序。

⑤ 在子程序中，要求使用定时器T192～T199和T246～T249。

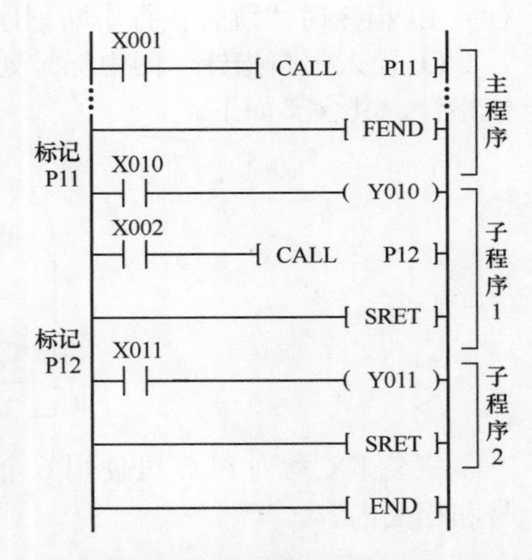

图6-9 子程序调用和返回指令的使用

3 中断指令

在生活中，人们经常会遇到这样的情况：当你正在书房看书时，突然客厅的电话响了，你就会停止看书，转而去接电话，接完电话后又接着去看书。这种停止当前工作，转而去做其他工作，做完后又返回来做先前工作的现象称为中断。

PLC也有类似的中断现象，当PLC正在执行某程序时，如果突然出现意外事情（中断输入），它就需要停止当前正在执行的程序，转而去处理意外事情（即去执行中断程序），处理完后又接着执行原来的程序。

（1）指令格式

中断指令有三条，其格式如表6-4所示。

表6-4 中断三条指令格式

指令名称	助记符与功能号	指令形式	操作数
			D
中断返回指令	IRET FNC03	IRET	无
允许中断指令	EI FNC04	EI	无

续表

指令名称	助记符与功能号	指令形式	操作数
			D
禁止中断指令	DI FNC05	DI	无

（2）指令说明及使用说明

中断指令的使用如图 6-10 所示，下面对照该图来说明中断指令的使用要点。

① 中断允许。EI 至 DI 指令之间或 EI 至 FEND 指令之间为中断允许范围，即程序运行到此处时，如果有中断输入，程序马上跳转执行相应的中断程序。

② 中断禁止。DI 至 EI 指令之间为中断禁止范围，当程序在此范围内运行时出现中断输入，不会马上跳转执行中断程序，而是将中断输入保存下来，等到程序运行完 EI 指令时才跳转执行中断程序。

③ 输入中断指针。图中标号处的 I001 和 I101 为中断指针，其含义如下。

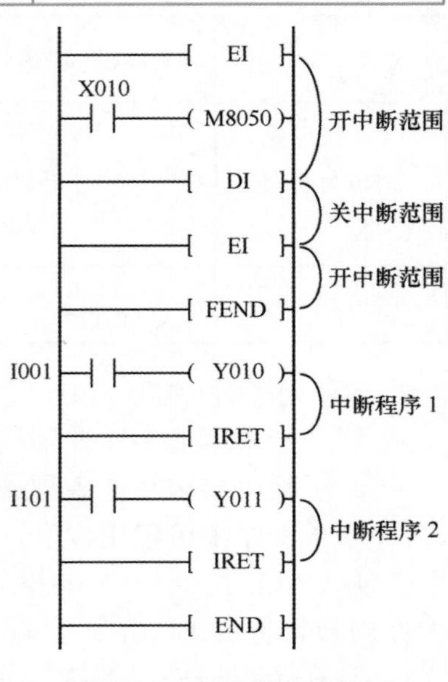

图 6-10　中断指令的使用

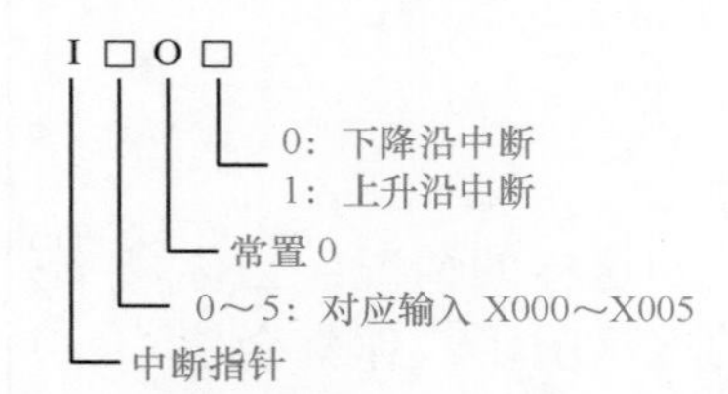

三菱 FX 系列 PLC 可使用 6 个输入中断指针，表 6-5 列出了这些输入中断指针编号和相关内容。

表 6-5　三菱 FX 系列 PLC 的中断指针编号和相关内容

中断输入	指针编号		禁止中断
	上升中断	下降中断	
X000	I001	I000	M8050
X001	I101	I100	M8051
X002	I201	I200	M8052
X003	I301	I300	M8053
X004	I401	I400	M8054
X005	I501	I500	M8055

对照表 6-5 不难理解图 6-10 梯形图的工作原理：当程序运行在中断允许范围内时，若 X000 触点由断开转为闭合 OFF → ON（如 X000 端子外接按钮闭合），程序马上跳

转执行中断指针 I001 处的中断程序，执行到［IRET］指令时，程序又返回主程序；当程序从 EI 指令往 DI 指令运行时，若 X010 触点闭合，特殊辅助继电器 M8050 得电，则将中断输入 X000 设为无效，这时如果 X000 触点由断开转为闭合，程序不会执行中断指针 I100 处的中断程序。

④ 定时中断。当需要每隔一定时间就反复执行某段程序时，可采用定时中断。三菱 FX_{1S}\$FX_{1N}$\$FX_{1NC}$ PLC 无定时中断功能，三菱 FX_{2N}\$FX_{2NC}$\$FX_{3G}$\$FX_{3U}$\$FX_{3UC}$ PLC 可使用 3 个定时中断指针。定时中断指针含义如下。

I □□□
└ 10～99（ms）
└ 6，7，8

定时中断指针 I6 □□、I7 □□、I8 □□可分别用 M8056、M8057、M8058 禁止。

4 主程序结束指令（FEND）

主程序结束指令格式如表 6-6 所示。

表 6-6 主程序结束指令格式

指令名称	助记符与功能号	指令形式	操作数
			D
主程序结束指令	FEND FNC06	┤├─[FEND]┤	无

主程序结束指令使用要点如下。

① FEND 表示一个主程序结束，执行该指令后，程序返回到第 0 步。

②多次使用 FEND 指令时，子程序或中断程序要写在最后的 FEND 指令与 END 指令之间，且必须以 RET 指令（针对子程序）或 IRET 指令（针对中断程序）结束。

5 刷新监视定时器指令（WDT）

（1）指令格式

刷新监视定时器指令格式如表 6-7 所示。

表 6-7 刷新监视定时器指令格式

指令名称	助记符与功能号	指令形式	操作数
			D
刷新监视定时器指令	WDT FNC07	┤├─[WDT]┤	无

（2）使用说明

PLC 在运行时，若一个运行周期（从 0 步运行到 END 或 FENT）超过 200ms 时，内部运行监视定时器会让 PLC 的 CPU 出错指示灯变亮，同时 PLC 停止工作。为了解决这个问题，可使用 WDT 指令对监视定时器进行刷新。WDT 指令的使用如图 6-11（a）

所示，若一个程序运行需 240ms，可在 120ms 程序处插入一个 WDT 指令，将监视定时器进行刷新，使定时器重新计时。

为了使 PLC 扫描周期超过 200ms，还可以使用 MOV 指令将希望运行的时间写入特殊数据寄存器 D8000 中，如图 6-11（b）所示，该程序将 PLC 扫描周期设为 300ms。

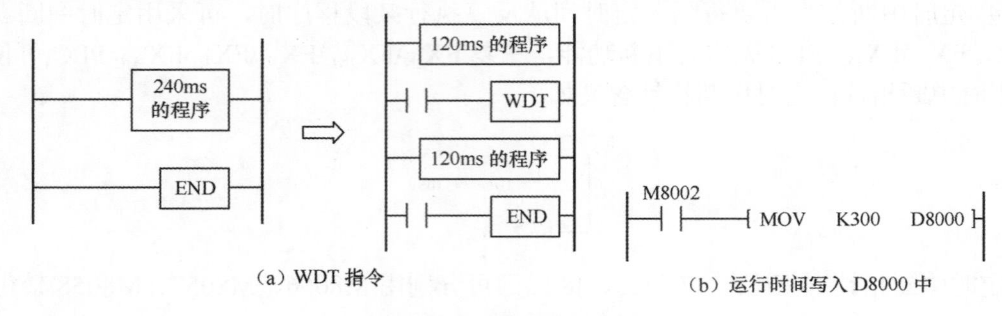

图 6-11　WDT 指令的使用

6　循环开始与结束指令

（1）指令格式

循环开始与结束指令格式如表 6-8 所示。

表 6-8　循环开始与结束指令格式

指令名称	助记符与功能号	指令形式	操作数
			S
循环开始指令	FOR FNC08	─[FOR S]─	K、H、KnX　KnY、KnS　KnM、T、C、D、V、Z
循环结束指令	NEXT FNC09	─[NEXT]─	无

（2）使用说明

循环开始与结束指令的使用如图 6-12 所示，[FOR　K4]指令设定 A 段程序（FOR ～ NEXT 之间的程序）循环执行 4 次，[FOR　D0]指令设定 B 段程序循环执行 D0（数据寄存器 D0 中的数值）次，若 D0=2，则 A 段程序反复执行 4 次，而 B 段程序会执行 4×2=8 次，这是因为运行到 B 段程序时，B 段程序需要反复运行 2 次，然后往下执行，当执行到 A 段程序 NEXT 指令时，又返回到 A 段程序头部重新开始运行，直至 A 段程序从头到尾执行 4 次。

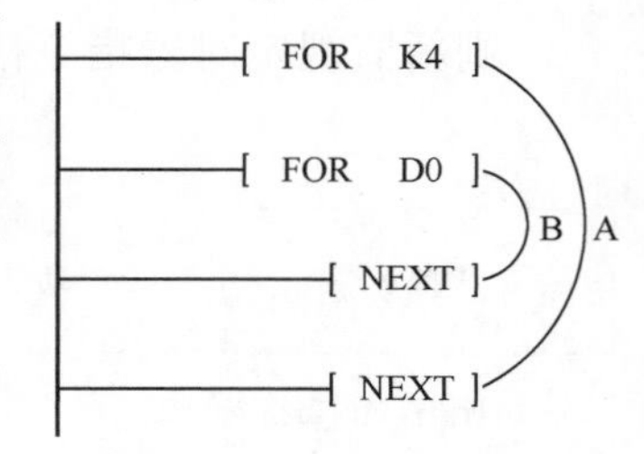

图 6-12　循环开始与结束指令的使用

FOR 与 NEXT 指令使用要点。

① FOR 与 NEXT 之间的程序可重复执行 *n* 次，*n* 由编程设定，*n*=1 ～ 32767。

② 循环程序执行完设定的次数后，紧接着执行 NEXT 指令后面的程序步。

③ 在 FOR ～ NEXT 程序之间最多可嵌套 5 层其他的 FOR ～ NEXT 程序，嵌套时

应避免出现以下情况。

a．缺少 NEXT 指令。

b．NEXT 指令写在 FOR 指令前。

c．NEXT 指令写在 FEND 或 END 之后。

d．NEXT 指令个数与 FOR 不一致。

6.2.2 传送与比较指令

传送与比较指令包括数据比较、传送、交换和变换指令，共 **10** 条，这些指令属于基本的应用指令，使用较为广泛。

1 比较指令

（1）指令格式

比较指令格式如表 6-9 所示。

表 6-9 比较指令格式

指令名称	助记符与功能号	指令形式	操作数		
			S1	S2	D
比较指令	CMP FNC10	[CMP S1 S2 D]	K、H KnX KnY、KnS KnM T、C、D、V、Z		Y、M、S

（2）使用说明

比较指令的使用如图 6-13 所示。CMP 指令有两个源操作数 K100、C10 和一个目标操作数 M0（位元件），当常开触点 X000 闭合时，CMP 指令执行，将源操作数 K100 和计数器 C10 当前值进行比较，根据比较结果来驱动目标操作数指定的三个连号位元件，若 K100>C10，M0 常开触点闭合；若 K100=C10，M1 常开触点闭合，若 K100<C10，M2 常开触点闭合。

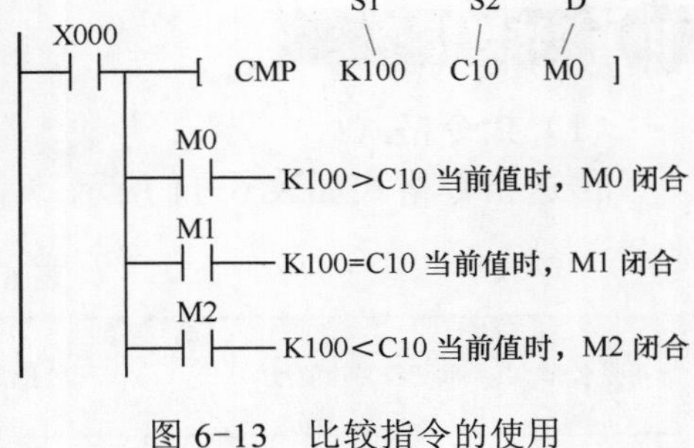

图 6-13 比较指令的使用

在指定 M0 为 CMP 的目标操作数时，M0、M1、M2 三个连号元件会被自动占用，在 CMP 指令执行后，这三个元件必定有一个处于 ON，当常开触点 X000 断开后，这三个元件的状态仍会被保存，要恢复它们的原状态，可采用复位指令。

2 区间比较指令

（1）指令格式

区间比较指令格式如表 6-10 所示。

（2）使用说明

区间比较指令的使用如图 6-14 所示。ZCP 指令有三个源操作数和一个目标操作数，前两个源操作数用于将数据分为三个区间，再将第三个源操作数在这三个区间进行比较，根据比较结果来驱动目标操作数指定的三个连号位元件，若 C30<K100，M3 常开触点闭合，若 K100 ≤ C30 ≤ K120，M4 常开触点闭合，若 C30>K120，M5 常开触点闭合。

表 6-10　区间比较指令格式

指令名称	助记符与功能号	指令形式	操作数			
			S1	S2	S3	D
区间比较指令	ZCP FNC11	ZCP S1 S2 S3 D	K、H KnX　KnY、KnS、KnM T、C、D、V、Z			Y、M、S

使用区间比较指令时，要求第一源操作数 S1 小于第二源操作数。

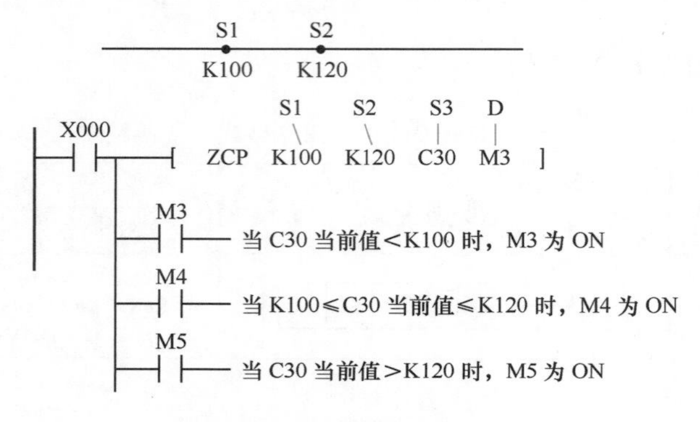

图 6-14　区间比较指令的使用

3 传送指令

（1）指令格式

传送指令格式如表 6-11 所示。

表 6-11　传送指令格式

指令名称	助记符与功能号	指令形式	操作数	
			S	D
传送指令	MOV FNC12	MOV S D	K、H KnX、KnY、KnS、KnM T、C、D、V、Z	KnY、KnS、KnM T、C、D、V、Z

（2）使用说明

传送指令的使用如图 6-15 所示。当常开触点 X000 闭合时，MOV 指令执行，将 K100（十进制数 100）送入数据寄存器 D10 中，由于 PLC 寄存器只能存储二进制数，因此将梯形图写入 PLC 前，编程软件会自动将十进制数转换成二进制数。

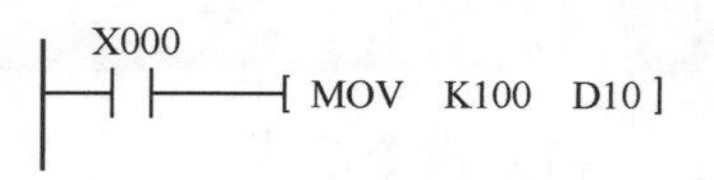

图 6-15　传送指令的使用

4 移位传送指令

（1）指令格式

移位传送指令格式如表 6-12 所示。

表 6-12 移位传送指令格式

指令名称	助记符与功能号	指令形式	操作数				
			m1	m2	*n*	S	D
移位传送指令	SMOV FNC13	SMOV S m1 m2 D *n*	K、H			K*n*X、K*n*Y、K*n*S、K*n*M T、C、D、V、Z	K*n*Y、K*n*S、K*n*M T、C、D、V、Z

（2）使用说明

移位传送指令的使用如图 6-16 所示。当常开触点 X000 闭合，SMOV 指令执行，首先将源数据寄存器 D1 中的 16 位二进制数据转换成四组 BCD 码，然后将这四组 BCD 码中的第 4 组（m1=K4）起的低 2 组（m2=K2）移入目标寄存器 D2 第 3 组（*n*=K3）起的低 2 组中，D2 中的第 4、1 组数据保持不变，再将形成的新四组 BCD 码还原成 16 位数据。例如，初始 D1 中的数据为 4567，D2 中的数据为 1234，执行 SMOV 指令后，D1 中的数据不变，仍为 4567，而 D2 中的数据将变成 1454。

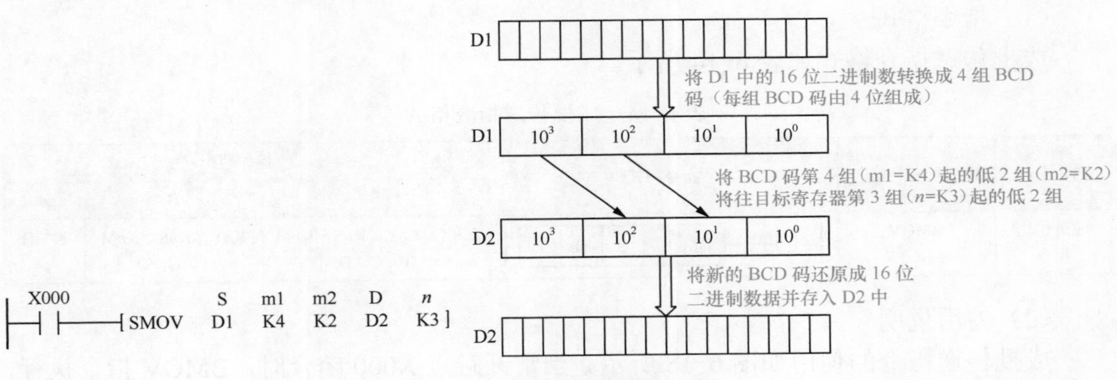

图 6-16 移位传送指令的使用

5 取反传送指令

（1）指令格式

取反传送指令格式如表 6-13 所示。

表 6-13 取反传送指令格式

指令名称	助记符与功能号	指令形式	操作数	
			S	D
取反传送指令	CML FNC14	CML S D	K、H K*n*X、K*n*Y、K*n*S、K*n*M T、C、D、V、Z	K*n*Y、K*n*S、K*n*M T、C、D、V、Z

（2）使用说明

取反传送指令的使用如图 6-17（a）所示，当常开触点 X000 闭合时，CML 指令执行，将数据寄存器 D0 中的低 4 位数据取反，再将取反的数据按低位到高位的顺序分别送入 4 个输出继电器 Y000 ～ Y003 中，数据传送如图 6-17（b）所示。

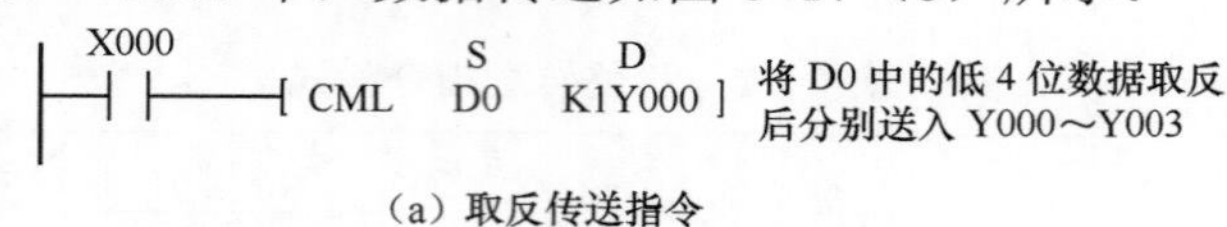

（a）取反传送指令

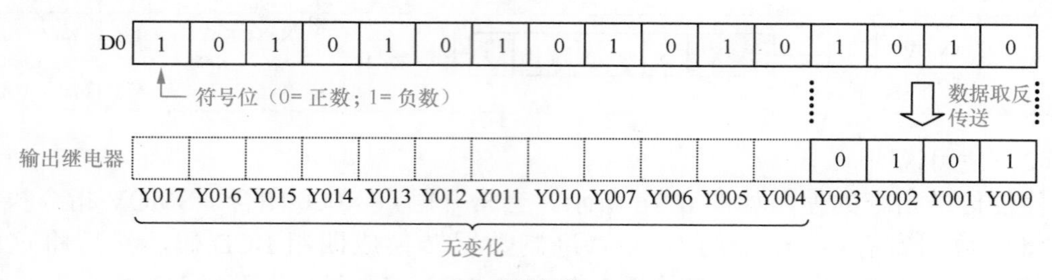

（b）数据传送

图 6-17　取反传送指令的使用

6 成批传送指令

（1）指令格式

成批传送指令格式如表 6-14 所示。

表 6-14　成批传送指令格式

指令名称	助记符与功能号	指令形式	操作数		
			S	D	n
成批传送指令	BMOV FNC15	─┤├─[BMOV S D n]	KnX、KnY、KnS、KnM T、C、D	KnY、KnS、KnM T、C、D	K、H

（2）使用说明

成批传送指令的使用如图 6-18 所示。当常开触点 X000 闭合时，BMOV 指令执行，将源操作元件 D5 开头的 n（n=3）个连号元件中的数据批量传送到目标操作元件 D10 开头的 n 个连号元件中，即将 D5、D6、D7 3 个数据寄存器中的数据分别同时传送到 D10、D11、D12 中。

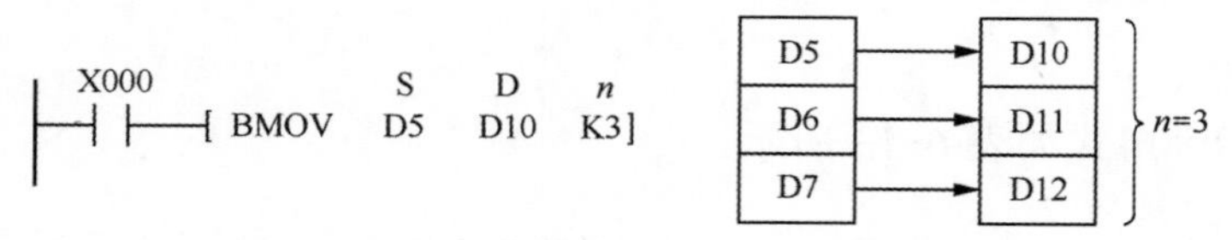

图 6-18　成批传送指令的使用

7 多点传送指令

（1）指令格式

多点传送指令格式如表 6-15 所示。

表6-15 多点传送指令格式

指令名称	助记符与功能号	指令形式	操作数		
			S	D	*n*
多点传送指令	FMOV FNC16	┤├─[FMOV S D *n*]	K、H KnX、KnY、KnS、KnM T、C、D、V、Z	KnY、KnS、KnM T、C、D	K、H

（2）使用说明

多点传送指令的使用如图6-19所示。当常开触点X000闭合时，FMOV指令执行，将源操作数0（K0）同时送入以D0开头的10（*n*=10）个连号数据寄存器中。

```
   X000             S    D     n
──┤├──────[ FMOV   K0   D0   K10 ]   将源数0（K0）同时送入以D0开头的
                                       10（n=10）个连号数据寄存器中
```

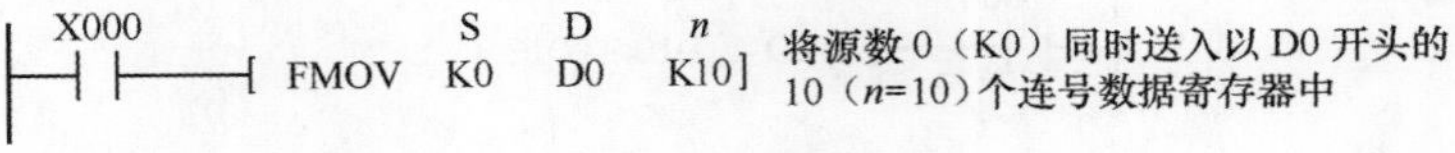

图6-19 多点传送指令的使用

8 数据交换指令

（1）指令格式

数据交换指令格式如表6-16所示。

表6-16 数据交换指令格式

指令名称	助记符与功能号	指令形式	操作数	
			D1	D2
数据交换指令	XCH FNC17	┤├─[XCH D1 D2]	KnY、KnS、KnM T、C、D、V、Z	KnY、KnS、KnM T、C、D、V、Z

（2）使用说明

数据交换指令的使用如图6-20所示。当常开触点X000闭合时，XCHP指令执行，两目标操作数D10、D11中的数据相互交换，若指令执行前D10=100、D11=101，指令执行后，D10=101、D11=100，如果使用连续执行指令XCH，则每个扫描周期数据都要交换，很难预知执行结果，所以一般采用脉冲执行指令XCHP进行数据交换。

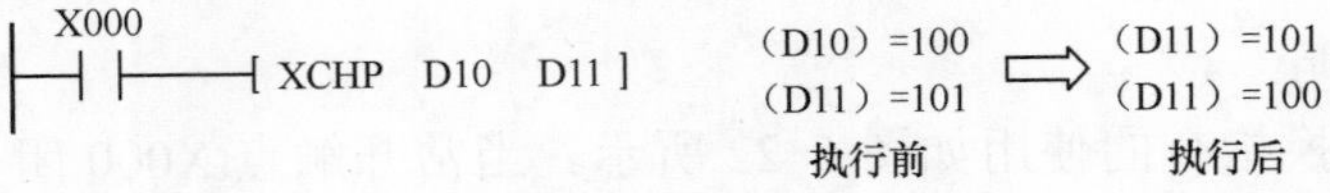

```
   X000
──┤├──────[ XCHP  D10  D11 ]    （D10）=100  ⇨  （D11）=101
                                （D11）=101      （D11）=100
                                  执行前            执行后
```

图6-20 数据交换指令的使用

9 BCD码转换指令

（1）指令格式

BCD码转换指令格式如表6-17所示。

（2）使用说明

BCD码转换指令的使用如图6-21所示。当常开触点X000闭合时，BCD指令执行，将源操作元件 D10 中的二进制数转换成 BCD 码，再存入目标操作元件 D12 中。

表 6-17　BCD 码转换指令格式

指令名称	助记符与功能号	指令形式	操作数	
			S	D
BCD 码转换指令	BCD FNC18	─┤├─[BCD S D]	KnX、KnY、KnS、KnM T、C、D、V、Z	KnY、KnS、KnM T、C、D、V、Z

三菱 FX 系列 PLC 内部在进行四则运算和增量、减量运算时，都是以二进制方式进行的。

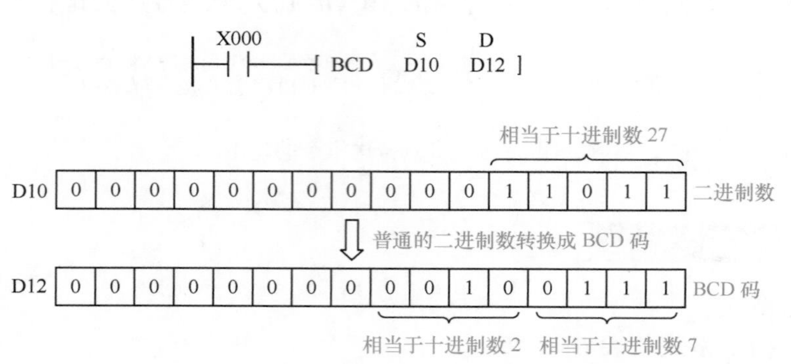

图 6-21　BCD 码转换指令的使用

10 二进制码转换指令

（1）指令格式

二进制码转换指令格式如表 6-18 所示。

表 6-18　二进制码转换指令格式

指令名称	助记符与功能号	指令形式	操作数	
			S	D
BIN 码转换指令	BIN FNC19	─┤├─[BIN S D]	KnX、KnY、KnS、KnM T、C、D、V、Z	KnY、KnS、KnM T、C、D、V、Z

（2）使用说明

二进制码转换指令的使用如图 6-22 所示。当常开触点 X000 闭合时，BIN 指令执行，将源操作元件 X000 ～ X007 构成的两组 BCD 码转换成二进制数码（BIN 码），再存入目标操作元件 D13 中。若 BIN 指令的源操作数不是 BCD 码，则会发生运算错误，如 X007 ～ X000 的数据为 10110100，该数据的前 4 位 1011 转换成十进制数为 11，它不是 BCD 码，因为单组 BCD 码不能大于 9，单组 BCD 码只能在 0000 ～ 1001 范围内。

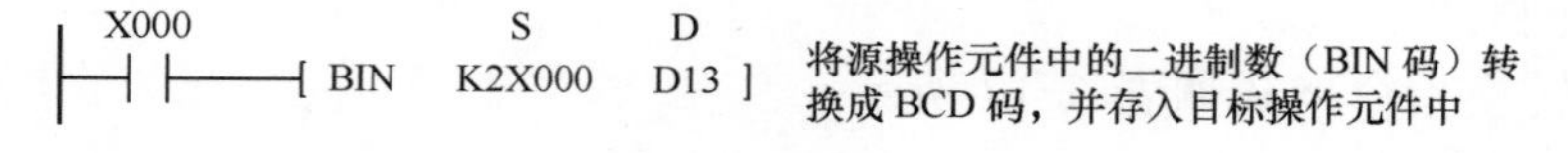

图 6-22　二进制码转换指令的使用

6.2.3 四则运算与逻辑运算指令

四则运算与逻辑运算指令属于比较常用的应用指令，共有10条。

1 二进制加法运算指令

（1）指令格式

二进制加法运算指令格式如表6-19所示。

表6-19 二进制加法运算指令格式

指令名称	助记符与功能号	指令形式	操作数		
			S1	S2	D
二进制加法运算指令	ADD FNC20	ADD S1 S2 D	K、H KnX、KnY、KnS、KnM T、C、D、V、Z		KnY、KnS、KnM T、C、D、V、Z

（2）使用说明

二进制加指令的使用如图6-23所示。

① 在图6-23（a）中，当常开触点X000闭合时，ADD指令执行，将两个源操元件D10和D12中的数据进行相加，结果存入目标操作元件D14中。源操作数可正可负，它们是以代数形式进行相加，如5+(−7)=−2。

② 在图6-23（b）中，当常开触点X000闭合时，DADD指令执行，将源操元件D11、D10和D13、D12分别组成32位数据再进行相加，结果存入目标操作元件D15、D14中。当进行32位数据运算时，要求每个操作数是两个连号的数据寄存器，为了确保不重复，指定的元件最好为偶数编号。

③ 在图6-23（c）中，当常开触点X001闭合时，ADDP指令执行，将D0中的数据加1，结果仍存入D0中。当一个源操作数和一个目标操作数为同一元件时，最好采用脉冲执行型加指令ADDP，因为若是连续型加指令，每个扫描周期指令都要执行一次，所得结果很难确定。

④ 在进行加法运算时，若运算结果为0，0标志继电器M8020会动作，若运算结果超出−32768～+32767（16位数相加）或−2147483648～+2147483647（32位数相加）范围，借位标志继电器M8022会动作。

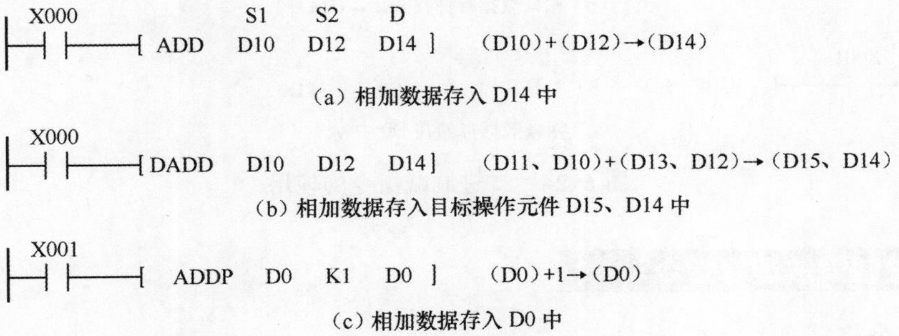

X000 [ADD D10 D12 D14] (D10)+(D12)→(D14)
(S1 S2 D)

（a）相加数据存入D14中

X000 [DADD D10 D12 D14] (D11、D10)+(D13、D12)→(D15、D14)

（b）相加数据存入目标操作元件D15、D14中

X001 [ADDP D0 K1 D0] (D0)+1→(D0)

（c）相加数据存入D0中

图6-23 二进制加指令的使用

2 二进制减法运算指令

（1）指令格式

二进制减法运算指令格式如表 6-20 所示。

表 6-20 二进制减法运算指令格式

指令名称	助记符与功能号	指令形式	操作数		
			S1	S2	D
二进制减法运算指令	SUB FNC21	SUB S1 S2 D	K、H KnX、KnY、KnS、KnM T、C、D、V、Z		KnY、KnS、KnM T、C、D、V、Z

（2）使用说明

二进制减指令的使用如图 6-24 所示。

① 在图 6-24（a）中，当常开触点 X000 闭合时，SUB 指令执行，将 D10 和 D12 中的数据进行相减，结果存入目标操作元件 D14 中。源操作数可正可负，它们是以代数形式进行相减，如 5-（-7）=12。

② 在图 6-24（b）中，当常开触点 X000 闭合时，DSUB 指令执行，将源操元件 D11、D10 和 D13、D12 分别组成 32 位数据再进行相减，结果存入目标操作元件 D15、D14 中。当进行 32 位数据运算时，要求每个操作数是两个连号的数据寄存器，为了确保不重复，指定的元件最好为偶数编号。

③ 在图 6-24（c）中，当常开触点 X001 闭合时，SUBP 指令执行，将 D0 中的数据减 1，结果仍存入 D0 中。当一个源操作数和一个目标操作数为同一元件时，最好采用脉冲执行型减指令 SUBP，若是连续型减指令，每个扫描周期指令都要执行一次，所得结果很难确定。

④ 在进行减法运算时，若运算结果为 0，0 标志继电器 M8020 会动作，若运算结果超出 -32768 ～ +32767（16 位数相减）或 -2147483648 ～ +2147483647（32 位数相减）范围，借位标志继电器 M8022 会动作。

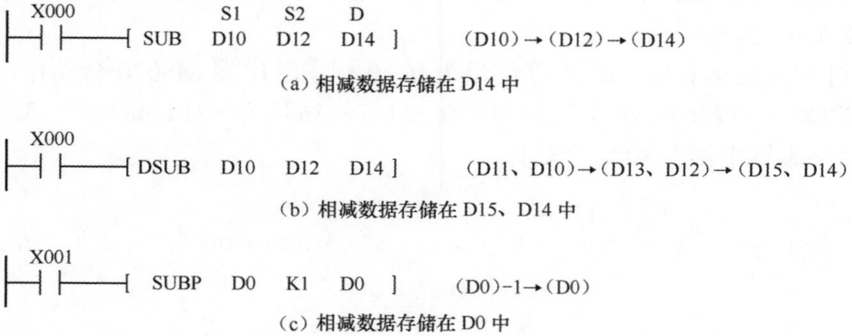

```
 X000              S1    S2    D
─┤ ├────[ SUB     D10   D12   D14 ]      (D10)→(D12)→(D14)
```
（a）相减数据存储在 D14 中

```
 X000
─┤ ├────[ DSUB    D10   D12   D14 ]      (D11、D10)→(D13、D12)→(D15、D14)
```
（b）相减数据存储在 D15、D14 中

```
 X001
─┤ ├────[ SUBP    D0    K1    D0  ]      (D0)-1→(D0)
```
（c）相减数据存储在 D0 中

图 6-24 二进制减指令的使用

3 二进制乘法运算指令

（1）指令格式

二进制乘法运算指令格式如表 6-21 所示。

表6-21 二进制乘法运算指令

指令名称	助记符与功能号	指令形式	操作数		
			S1	S2	D
二进制乘法运算指令	MUL FNC22	MUL S1 S2 D	K、H KnX、KnY、KnS、KnM T、C、D、V、Z		KnY、KnS、KnM T、C、D、V、Z （V、Z不能用于32位）

（2）使用说明

二进制乘法指令的使用如图6-25所示。在进行16位数乘积运算时，结果为32位，如图6-25（a）所示；在进行32位数乘积运算时，乘积结果为64位，如图6-25（b）所示；运算结果的最高位为符号位（0：正；1：负）。

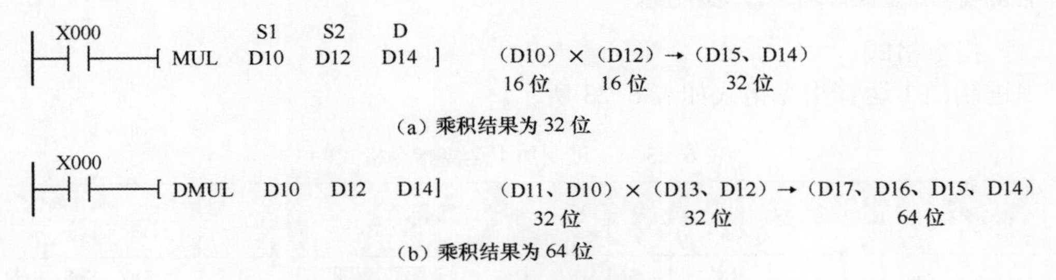

图6-25 二进制乘法指令的使用

4 二进制除法运算指令

（1）指令格式

二进制除法运算指令格式如表6-22所示。

表6-22 二进制除法运算指令格式

指令名称	助记符与功能号	指令形式	操作数		
			S1	S2	D
二进制除法运算指令	DIV FNC23	DIV S1 S2 D	K、H KnX、KnY、KnS、KnM T、C、D、V、Z		KnY、KnS、KnM T、C、D、V、Z （V、Z不能用于32位）

（2）使用说明

二进制除法指令的使用如图6-26所示。在进行16位数除法运算时，商为16位，余数也为16位，如图6-26（a）所示；在进行32位数除法运算时，商为32位，余数也为32位，如图6-26（b）所示；商和余的最高位为用1、0表示正、负。

X000 S1 S2 D
DIV D10 D12 D14
被除数 除数 商 余数
（D10）÷（D12）→D14…D15
16位 16位 16位 16位

(a) 商为16位

图6-26 二进制除法指令的使用

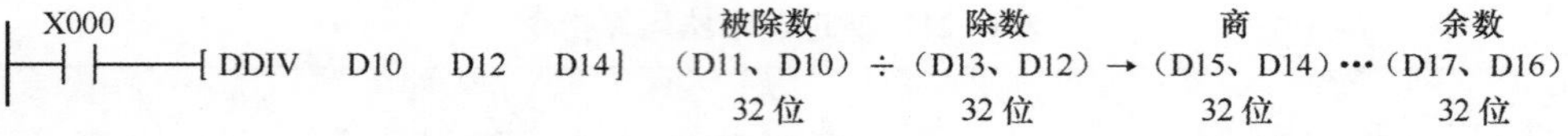

X000 ─┤├─[DDIV D10 D12 D14]　被除数 (D11、D10) ÷ 除数 (D13、D12) → 商 (D15、D14) … 余数 (D17、D16)　32 位　32 位　32 位　32 位

(b) 商为 32 位

图 6-26　二进制除法指令的使用（续）

在使用二进制除法指令时要注意。

① 当除数为 0 时，运算会发生错误，不能执行指令。

② 若将位元件作为目标操作数，无法得到余数。

③ 当被除数或除数中有一方为负数时，商则为负，当被除数为负时，余数则为负。

5 二进制加 1 运算指令

（1）指令格式

二进制加 1 运算指令格式如表 6-23 所示。

表 6-23　二进制加 1 运算指令格式

指令名称	助记符与功能号	指令形式	操作数
			D
二进制加 1 运算指令	INC FNC24	─┤├─[INC D]	KnY、KnS、KnM T、C、D、V、Z

（2）使用说明

二进制加 1 指令的使用如图 6-27 所示。当常开触点 X000 闭合时，INCP 指令执行，数据寄存器 D12 中的数据自动加 1。若采用连续执行型指令 INC，则每个扫描周期数据都要增加 1，在 X000 闭合时可能会经过多个扫描周期，因此最终结果很难确定，常采用脉冲执行型指令进行加 1 运算。

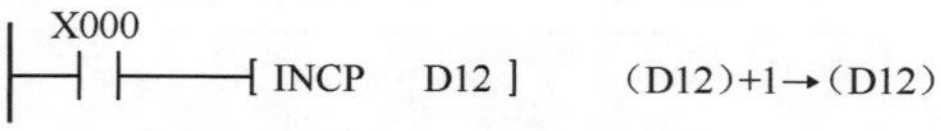

X000 ─┤├─[INCP D12]　(D12)+1→(D12)

图 6-27　二进制加 1 指令的使用

6 二进制减 1 运算指令

（1）指令格式

二进制减 1 运算指令格式如表 6-24 所示。

表 6-24　二进制减 1 运算指令格式

指令名称	助记符与功能号	指令形式	操作数
			D
二进制减 1 运算指令	DEC FNC25	─┤├─[DEC D]	KnY、KnS、KnM T、C、D、V、Z

（2）使用说明

二进制减 1 指令的使用如图 6-28 所示。当常开触点 X000 闭合时，DECP 指令执行，数据寄存器 D12 中的数据自动减 1。为保证 X000 每闭合一次数据减 1 一次，常采用脉冲执行型指令进行减 1 运算。

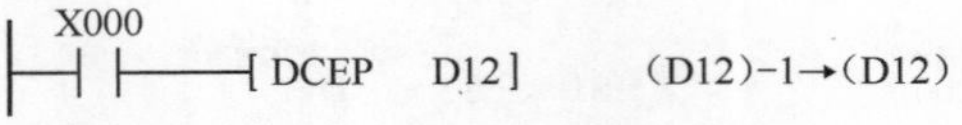

X000 ─┤ ├─[DCEP　D12]　　(D12)−1→(D12)

图 6-28　二进制减 1 指令的使用

7　逻辑与指令

（1）指令格式

逻辑与指令格式如表 6-25 所示。

表 6-25　逻辑与指令格式

指令名称	助记符与功能号	指令形式	操作数		
			S1	S2	D
逻辑与指令	WAND FNC26	─┤ ├─[WAND │ S1 │ S2 │ D]	K、H KnX、KnY、KnS、KnM T、C、D、V、Z		KnY、KnS、KnM T、C、D、V、Z

（2）使用说明

逻辑与指令的使用如图 6-29 所示。当常开触点 X000 闭合时，WAND 指令执行，将 D10 与 D12 中的数据“逐位进行与运算”，结果保存在 D14 中。

与运算规律是“有 0 得 0，全 1 得 1”，具体为：0∧0=0，0∧1=0，1∧0=0，1∧1=1。

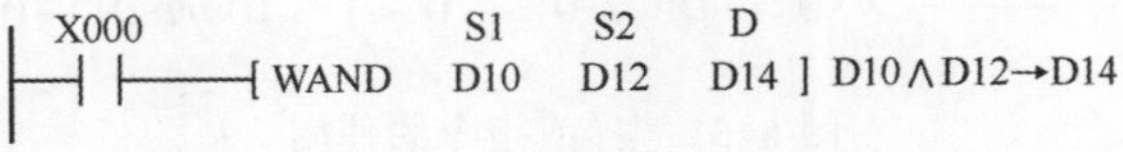

X000 ─┤ ├─[WAND　S1 D10　S2 D12　D D14]　D10∧D12→D14

图 6-29　逻辑与指令的使用

8　逻辑或指令

（1）指令格式

逻辑或指令格式如表 6-26 所示。

表 6-26　逻辑或指令格式

指令名称	助记符与功能号	指令形式	操作数		
			S1	S2	D
逻辑或指令	WOR FNC27	─┤ ├─[WOR │ S1 │ S2 │ D]	K、H KnX、KnY、KnS、KnM T、C、D、V、Z		KnY、KnS、KnM T、C、D、V、Z

（2）使用说明

逻辑或指令的使用如图 6-30 所示。当常开触点 X000 闭合时，WOR 指令执行，将

D10 与 D12 中的数据“逐位进行或运算”，结果保存在 D14 中。

或运算规律是“有 1 得 1，全 0 得 0”，具体为：0∨0=0，0∨1=1，1∨0=1，1∨1=1。

```
      X000            S1     S2     D
|—| |————[ WOR   D10    D12    D14 ]    D10∨D12→D14
```

图 6-30　逻辑或指令的使用

9 异或指令

（1）指令格式

逻辑异或指令格式如表 6-27 所示。

表 6-27　逻辑异或指令格式

指令名称	助记符与功能号	指令形式	操作数		
			S1	S2	D
逻辑异或指令	WXOR FNC28	WXOR S1 S2 D	K、H KnX、KnY、KnS、KnM T、C、D、V、Z		KnY、KnS、KnM T、C、D、V、Z

（2）使用说明

异或指令的使用如图 6-31 所示。当常开触点 X000 闭合时，WXOR 指令执行，将 D10 与 D12 中的数据“逐位进行异或运算”，结果保存在 D14 中。

异或运算规律是“相同得 0，相异得 1”，具体为：0⊕0=0，0⊕1=1，1⊕0=1，1⊕1=0。

```
      X000            S1     S2     D
|—| |————[ WXOR  D10    D12    D14 ]    D10 ⊕ D12→D14
```

图 6-31　异或指令的使用

10 求补指令

（1）指令格式

逻辑求补指令格式如表 6-28 所示。

表 6-28　逻辑求补指令格式

指令名称	助记符与功能号	指令形式	操作数
			D
逻辑求补指令	NEG FNC29	NEG D	KnY、KnS、KnM T、C、D、V、Z

（2）使用说明

求补指令的使用如图 6-32 所示。当常开触点 X000 闭合时，NEGP 指令执行，将 D10 中的数据“逐位取反再加 1”。求补的功能是对数据进行变号（绝对值不变），如求补前 D10=+8，求补后 D10=-8。为了避免每个扫描周期都进行求补运算，通常采用脉冲执行型求补指令 NEGP。

X000　[NEGP　D10]　$\overline{D10}$+1→D10（D）

图 6-32　求补指令的使用

6.2.4　循环与移位指令

循环与移位指令有 10 条，功能号是 FNC30 ~ FNC39。

1　循环右移指令

（1）指令格式

循环右移指令格式如表 6-29 所示。

表 6-29　循环右移指令格式

指令名称	助记符与功能号	指令形式	操作数	
			D	*n*（移位量）
循环右移指令	ROR FNC30	ROR　D　*n*	K、H K*n*Y、K*n*S、K*n*M T、C、D、V、Z	K、H *n* ≤ 16（16 位） *n* ≤ 32（32 位）

（2）使用说明

循环右移指令的使用如图 6-33 所示。当常开触点 X000 闭合时，RORP 指令执行，将 D0 中的数据右移（从高位往低位移）4 位，其中低 4 位移至高 4 位，最后移出的一位（即图中标有 * 号的位）除了移到 D0 的最高位外，还会移入进位标记继电器 M8022 中。为了避免每个扫描周期都进行右移，通常采用脉冲执行型指令 RORP。

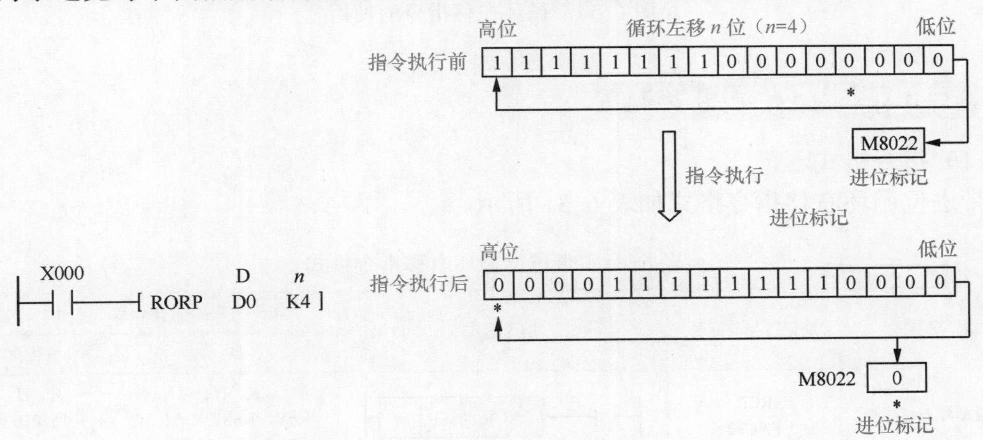

图 6-33　循环右移指令的使用

2　循环左移指令

（1）指令格式

循环左移指令格式如表 6-30 所示。

表 6-30　循环左移指令格式

指令名称	助记符与功能号	指令形式	操作数	
			D	n（移位量）
循环左移指令	ROL FNC31	ROL D n	K、H KnY、KnS、KnM T、C、D、V、Z	K、H n≤16（16 位） n≤32（32 位）

（2）使用说明

循环左移指令的使用如图 6-34 所示。当常开触点 X000 闭合时，ROLP 指令执行，将 D0 中的数据左移（从低位往高位移）4 位，其中高 4 位移至低 4 位，最后移出的一位（即图中标有 * 号的位）除了移到 D0 的最低位外，还会移入进位标记继电器 M8022 中。为了避免每个扫描周期都进行左移，通常采用脉冲执行型指令 ROLP。

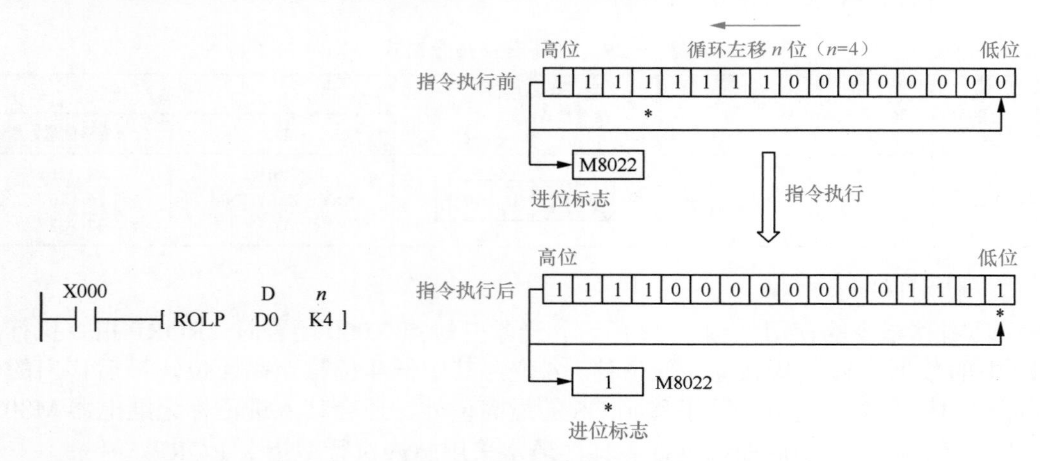

图 6-34　循环左移指令的使用

3 带进位循环右移指令

（1）指令格式

带进位循环右移指令格式如表 6-31 所示。

表 6-31　带进位循环右移指令格式

指令名称	助记符与功能号	指令形式	操作数	
			D	n（移位量）
带进位循环右移指令	RCR FNC32	RCR D n	K、H KnY、KnS、KnM T、C、D、V、Z	K、H n≤16（16 位） n≤32（32 位）

（2）使用说明

带进位循环右移指令的使用如图 6-35 所示。当常开触点 X000 闭合时，RCRP 指令执行，将 D0 中的数据右移 4 位，D0 中的低 4 位与继电器 M8022 的进位标记位（图中为 1）一起往高 4 位移，D0 最后移出的一位（即图中标有 * 号的位）移入 M8022。

为了避免每个扫描周期都进行右移，通常采用脉冲执行型指令 RCRP。

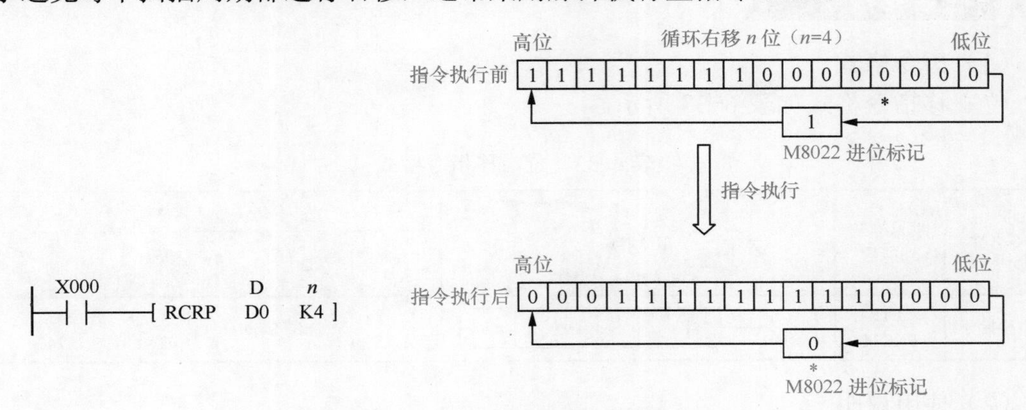

图 6-35 带进位循环右移指令的使用

4 带进位循环左移指令

（1）指令格式

带进位循环左移指令格式如表 6-32 所示。

表 6-32 带进位循环左移指令格式

指令名称	助记符与功能号	指令形式	操作数	
			D	n（移位量）
带进位循环左移指令	RCL FNC33	RCL D n	K、H KnY、KnS、KnM T、C、D、V、Z	K、H n ≤ 16（16 位） n ≤ 32（32 位）

（2）使用说明

带进位循环左移指令的使用如图 6-36 所示。当常开触点 X000 闭合时，RCLP 指令执行，将 D0 中的数据左移 4 位，D0 中的高 4 位与继电器 M8022 的进位标记位（图中为 0）一起往低 4 位移，D0 最后移出的一位（即图中标有 * 号的位）移入 M8022。为了避免每个扫描周期都进行左移，通常采用脉冲执行型指令 RCLP。

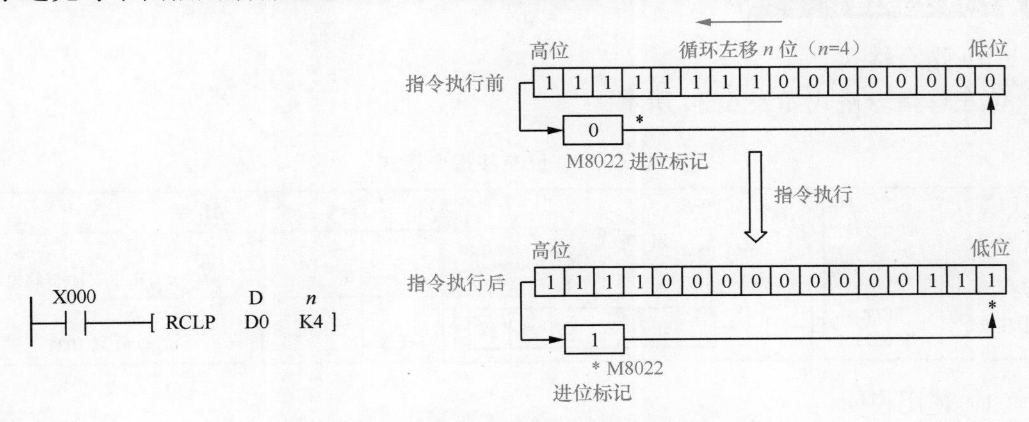

图 6-36 带进位循环左移指令的使用

5 位右移指令

（1）指令格式

位右移指令格式如表 6-33 所示。

表 6-33　位右移指令格式

指令名称	助记符与功能号	指令形式	操作数			
			S	D	n1（目标位元件的个数）	n2（移位量）
位右移指令	SFTR FNC34	─┤├──[SFTR S D n1 n2]─	X、Y M、S	Y、M、S	K、H $n2 \leq n1 \leq 1024$	

（2）使用说明

位右移指令的使用如图 6-37 所示。在图 6-37（a）中，当常开触点 X010 闭合时，SFTRP 指令执行，将 X003 ～ X000 四个元件的位状态（1 或 0）右移入 M15 ～ M0 中，X000 为源起始位元件，M0 为目标起始位元件，K16 为目标位元件数量，K4 为移位量。SFTRP 指令执行后，M3 ～ M0 移出丢失，M15 ～ M4 移到原 M11 ～ M0，X003 ～ X000 则移入原 M15 ～ M12，如图 6-37（b）所示。

为了避免每个扫描周期都移动，通常采用脉冲执行型指令 SFTRP。

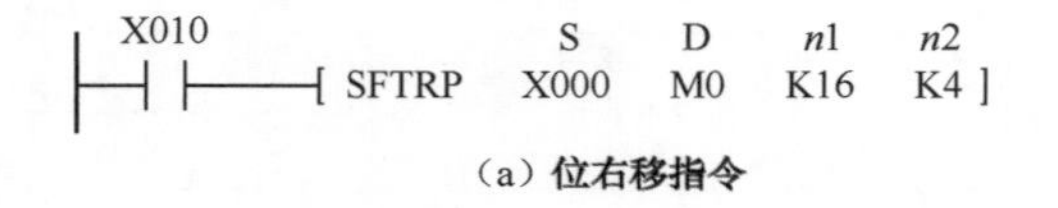

（a）位右移指令

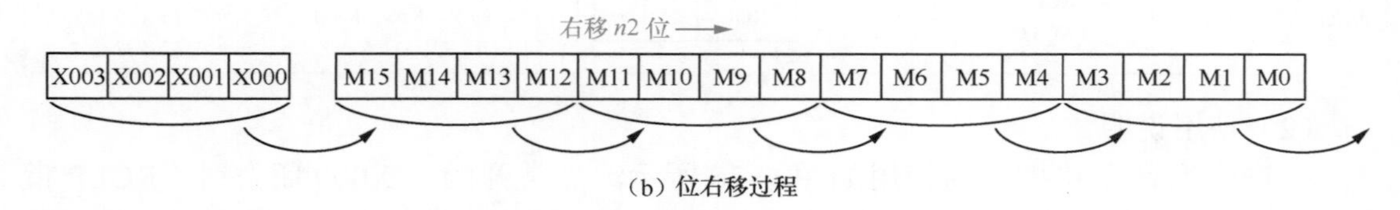

（b）位右移过程

图 6-37　位右移指令的使用

6 位左移指令

（1）指令格式

位左移指令格式如表 6-34 所示。

表 6-34　位左移指令格式

指令名称	助记符与功能号	指令形式	操作数			
			S	D	n1（目标位元件的个数）	n2（移位量）
位左移指令	SFTL FNC35	─┤├──[SFTL S D n1 n2]─	X、Y M、S	Y、M、S	K、H $n2 \leq n1 \leq 1024$	

（2）使用说明

位左移指令的使用如图 6-38 所示。在图 6-38（a）中，当常开触点 X010 闭合时，

SFTLP 指令执行，将 X003 ～ X000 四个元件的位状态（1 或 0）左移入 M15 ～ M0 中，X000 为源起始位元件，M0 为目标起始位元件，K16 为目标位元件数量，K4 为移位量。SFTLP 指令执行后，M15 ～ M12 移出丢失，M11 ～ M0 移到原 M15 ～ M4，X003 ～ X000 则移入原 M3 ～ M0，如图 6-38（b）所示。

为了避免每个扫描周期都移动，通常采用脉冲执行型指令 SFTLP。

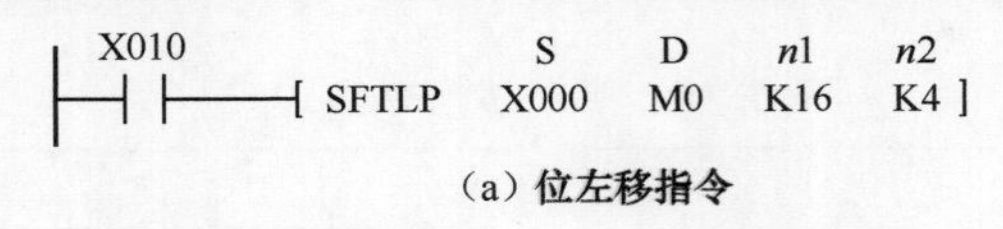

（a）位左移指令

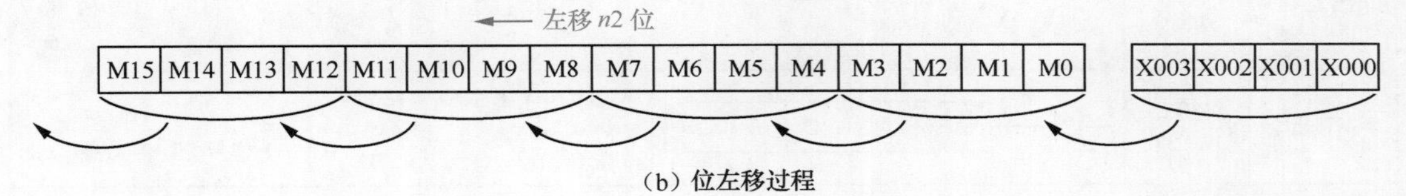

（b）位左移过程

图 6-38　位左移指令的使用

7　字右移指令

（1）指令格式

字右移指令格式如表 6-35 所示。

表 6-35　字右移指令格式

指令名称	助记符与功能号	指令形式	操作数			
			S	D	n1（目标位元件的个数）	n2（移位量）
字右移指令	WSFR FNC36	WSFR S D n1 n2	KnX、KnY、KnS、KnM T、C、D、	KnY、KnS、KnM T、C、D、	K、H $n2 \leq n1 \leq 1024$	

（2）使用说明

字右移指令的使用如图 6-39 所示。在图 6-39（a）中，当常开触点 X000 闭合时，WSFRP 指令执行，将 D3 ～ D0 4 个字元件的数据右移入 D25 ～ D10 中，D0 为源起始字元件，D10 为目标起始字元件，K16 为目标字元件数量，K4 为移位量。WSFRP 指令执行后，D13 ～ D10 的数据移出丢失，D25 ～ D14 的数据移入原 D21 ～ D10，D3 ～ D0 则移入原 D25 ～ D22，如图 6-39（b）所示。

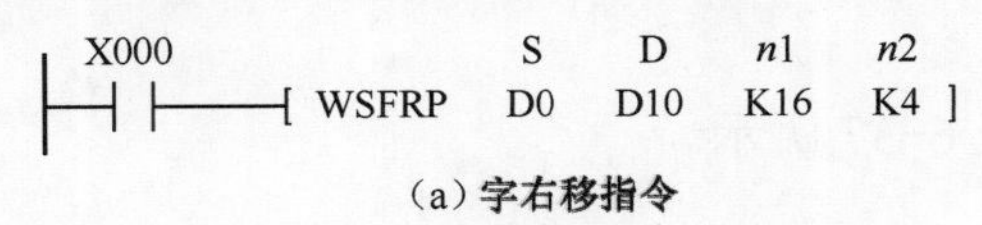

（a）字右移指令

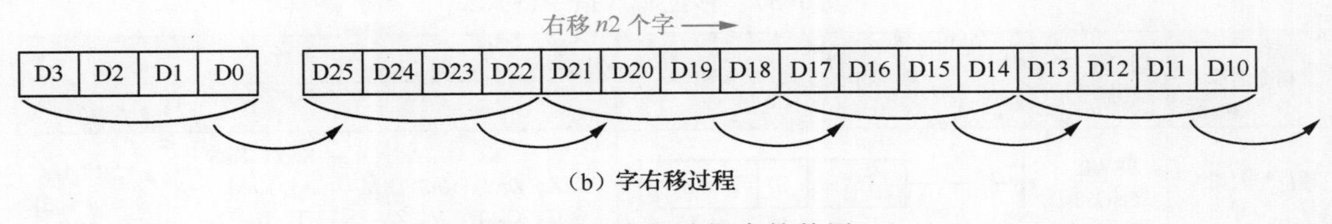

（b）字右移过程

图 6-39　字右移指令的使用

为了避免每个扫描周期都移动，通常采用脉冲执行型指令 WSFRP。

8 字左移指令

（1）指令格式

字左移指令格式如表 6-36 所示。

表 6-36　字左移指令格式

指令名称	助记符与功能号	指令形式	操作数			
			S	D	*n*1（目标位元件的个数）	*n*2（移位量）
字左移指令	WSFL FNC37	WSFL S D *n*1 *n*2	K*n*X、K*n*Y、K*n*S、K*n*M T、C、D、	K*n*Y、K*n*S、K*n*M T、C、D、	K、H $n2 \leqslant n1 \leqslant 1024$	

（2）使用说明

字左移指令的使用如图 6-40 所示。在图 6-40（a）中，当常开触点 X000 闭合时，WSFLP 指令执行，将 D3 ～ D0 4 个字元件的数据左移入 D25 ～ D10 中，D0 为源起始字元件，D10 为目标起始字元件，K16 为目标字元件数量，K4 为移位量。WSFLP 指令执行后，D25 ～ D22 的数据移出丢失，D21 ～ D10 的数据移入原 D25 ～ D14，D3 ～ D0 则移入原 D13 ～ D10，如图 6-40（b）所示。

为了避免每个扫描周期都移动，通常采用脉冲执行型指令 WSFLP。

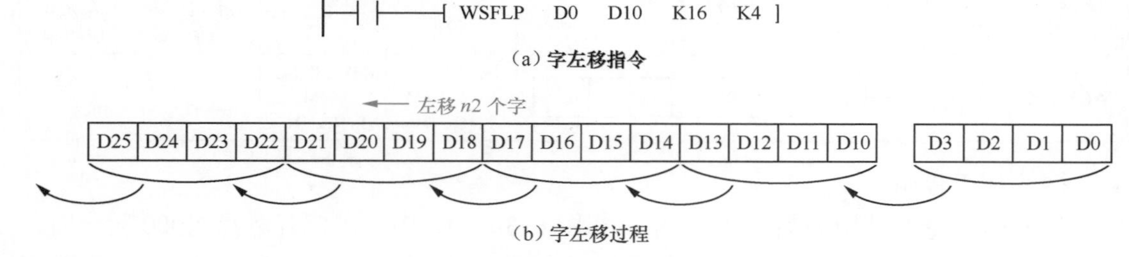

图 6-40　字左移指令的使用

9 移位写入指令

（1）指令格式

移位写入指令格式如表 6-37 所示。

表 6-37　移位写入指令格式

指令名称	助记符与功能号	指令形式	操作数		
			S	D	*n*
移位写入指令	SFWR FNC38	SFWR S D *n*	K、H K*n*X、K*n*Y、K*n*S、KM T、C、D、V、Z	K*n*Y、K*n*S、K*n*M T、C、D、	K、H $2 \leqslant n \leqslant 512$

（2）使用说明

移位写入指令的使用如图6-41所示。当常开触点X000闭合时，SFWRP指令执行，将D0中的数据写入D2中，同时作为指示器（或称指针）的D1的数据自动为1，当X000触点第二次闭合时，D0中的数据被写入D3中，D1中的数据自动变为2，连续闭合X000触点时，D0中的数据将依次写入D4、D5…中，D1中的数据也会自动递增1，当D1超过*n*-1时，所有寄存器被存满，进位标志继电器M8022会被置1。

D0为源操作元件，D1为目标起始元件，K10为目标存储元件数量。为了避免每个扫描周期都移动，通常采用脉冲执行型指令SFWRP。

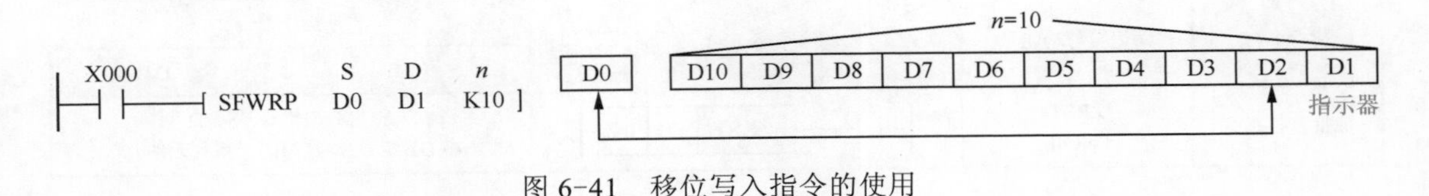

图6-41 移位写入指令的使用

10 移位读出指令

（1）指令格式

移位读出指令格式如表6-38所示。

表6-38 移位读出指令格式

指令名称	助记符与功能号	指令形式	操作数		
			S	D	*n*（源操作元件数量）
移位读出指令	SFRD FNC39	SFRD S D *n*	K、H K*n*Y、K*n*S、K*n*M T、C、D	K*n*Y、K*n*S、K*n*M T、C、D、V、Z	K、H 2≤*n*≤512

（2）使用说明

移位读出指令的使用如图6-42所示。当常开触点X000闭合时，SFRDP指令执行，将D2中的数据读入D20中，指示器D1的数据自动减1，同时D3数据移入D2（即D10～D3→D9～D2）。当连续闭合X000触点时，D2中的数据会不断读入D20，同时D10～D3中的数据也会由左往右不断逐字移入D2中，D1中的数据会随之递减1，同时当D1减到0时，所有寄存器的数据都被读出，0标志继电器M8020会被置1。

D1为源起始操作元件，D20为目标元件，K10为源操作元件数量。为了避免每个扫描周期都移动，通常采用脉冲执行型指令SFRDP。

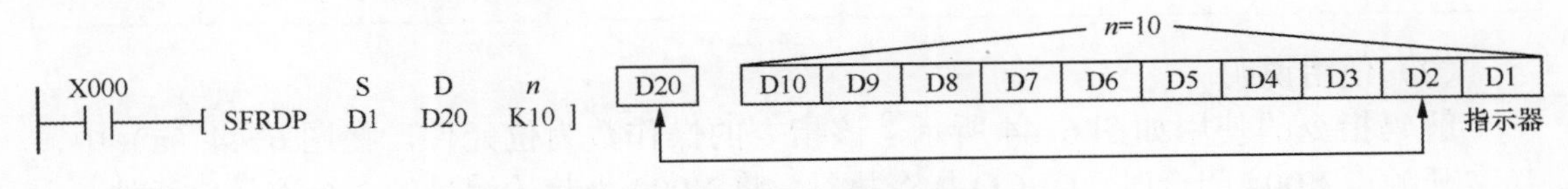

图6-42 移位读出指令的使用

6.2.5　数据处理指令

数据处理指令有 10 条，功能号为 FNC40 ～ FNC49。

1　成批复位指令

（1）指令格式

成批复位指令格式如表 6-39 所示。

表 6-39　成批复位指令格式

指令名称	助记符与功能号	指令形式	操作数	
			D1	D2
成批复位指令	ZRST FNC40	ZRST D1 D2	Y、M、T、C、S、D （D1 ≤ D2，且为同一系列元件）	

（2）使用说明

成批复位指令的使用如图 6-43 所示。在 PLC 开始运行的瞬间，M8002 触点接通一个扫描周期，ZRST 指令执行，将辅助继电器 M500 ～ M599、计数器 C235 ～ C255 和状态继电器 S0 ～ S127 全部复位清 0。

在使用 ZRST 指令时要注意，目标操作数 D2 序号应大于 D1，并且为同一系列元件。

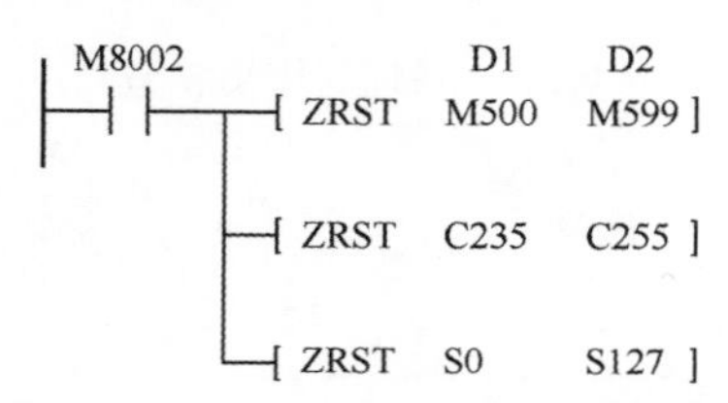

图 6-43　成批复位指令的使用

2　解码指令

（1）指令格式

解码指令格式如表 6-40 所示。

表 6-40　解码指令格式

指令名称	助记符与功能号	指令形式	操作数		
			S	D	*n*
解码指令	DECO FNC41	DECO S D *n*	K、H X、Y、M、S、 T、C、D、V、Z	Y、M、S、 T、C、D	K、H *n*=1 ～ 8

（2）使用说明

解码指令的使用如图 6-44 所示，该指令的操作数为位元件，在图 6-44（a）中，当常开触点 X004 闭合时，DECO 指令执行，将 X000 为起始编号的 3 个连号位元件（由 *n*=3 指定）组合状态进行解码，3 位数解码有 8 种结果，解码结果存入在 M17 ～ M10

（以 M10 为起始目标位元件）的 M13 中，因 X002、X001、X000 分别为 0、1、1，而 $(011)_2$=3，即指令执行结果使 M17 ～ M10 的第 3 位 M13=1。

图 6-44（b）的操作数为字元件，当常开触点 X004 闭合时，DECO 指令执行，对 D0 的低 4 位数进行解码，4 位数解码有 16 种结果，而 D0 的低 4 位数为 0111，$(0111)_2$=7，解码结果使目标字元件 D1 的低 8 位为 1，D1 的其他位均为 0。

当 *n* 在 K1 ～ K8 范围内变化时，解码则有 2 ～ 255 种结果，结果保存的目标元件不要在其他控制中重复使用。

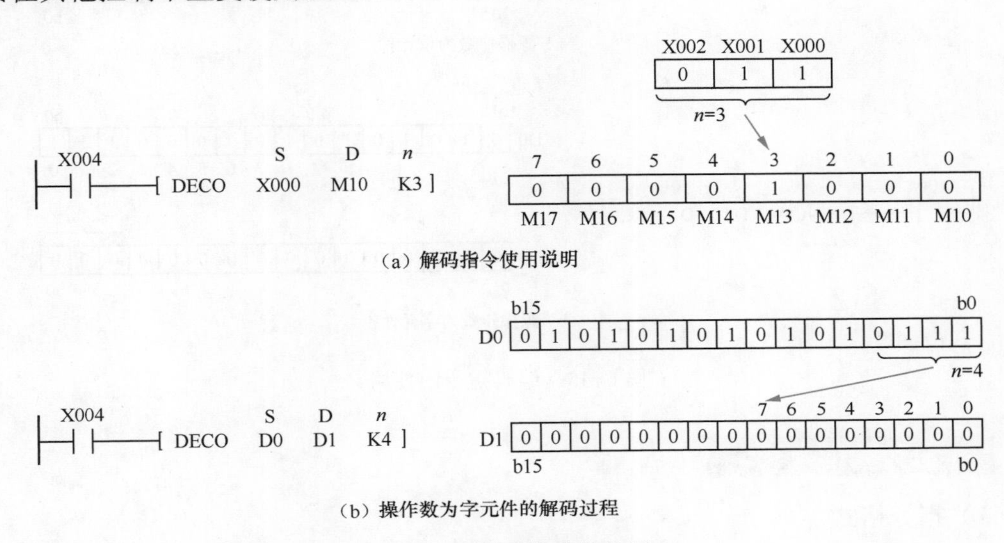

（a）解码指令使用说明

（b）操作数为字元件的解码过程

图 6-44　解码指令的使用

3 编码指令

（1）指令格式

编码指令格式如表 6-41 所示。

表 6-41　编码指令格式

指令名称	助记符与功能号	指令形式	操作数		
			S	D	*n*
编码指令	ENCO FNC42	ENCO S D *n*	X、Y、M、S、T、C、D、V、Z	T、C、D、V、Z	K、H *n*=1 ～ 8

（2）使用说明

编码指令的使用如图 6-45 所示。图 6-45（a）的源操作数为位元件，当常开触点 X004 闭合时，ENCO 指令执行，对 M17 ～ M10 中的 1 进行编码（第 5 位 M15=1），编码采用 3 位（由 *n*=3 确定），编码结果 101（即 5）存入 D10 低 3 位中。M10 为源操作起始位元件，D10 为目标操作元件，*n* 为编码位数。

图 6-45（b）的源操作数为字元件，当常开触点 X004 闭合时，ENCO 指令执行，对 D0 低 8 位中的 1（b6=1）进行编码，编码采用 3 位（由 *n*=3 确定），编码结果 110（即

6）存入 D1 低 3 位中。

当源操作元件中有多个 1 时，只对高位 1 进行编码，低位 1 忽略。

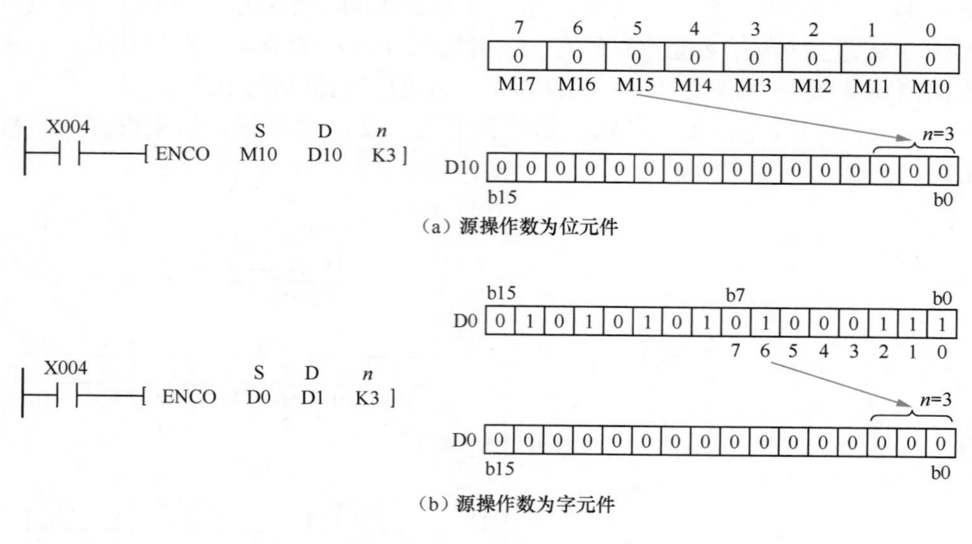

图 6-45　编码指令的使用

4　1 总数和指令

（1）指令格式

1 总数和指令格式如表 6-42 所示。

表 6-42　1 总数和指令格式

指令名称	助记符与功能号	指令形式	操作数	
			S	D
1 总数和指令	SUM FNC43	SUM S D	K、H KnX、KnY、KnM、KnS、T、C、D、V、Z	KnY、KnM、KnS、T、C、D、V、Z

（2）使用说明

1 总数和指令的使用如图 6-46 所示。当常开触点 X000 闭合，SUM 指令执行，计算源操作元件 D0 中 1 的总数，并将总数值存入目标操作元件 D2 中，图中 D0 中总共有 9 个 1，那么存入 D2 的数值为 9（即 1001）。

若 D0 中无 1，0 标志继电器 M8020 会动作，M8020=1。

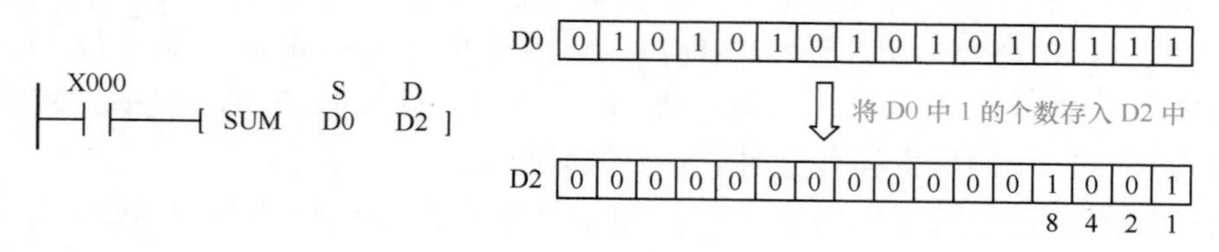

图 6-46　1 总数和指令的使用

5　1 位判别指令

（1）指令格式

1 位判别指令格式如表 6-43 所示。

表 6-43　1 位判别指令格式

指令名称	助记符与功能号	指令形式	操作数		
			S	D	*n*
1 位判别指令	BON FNC44	MEAN　S　D　*n*	K、H K*n*X、K*n*Y、 K*n*M、K*n*S、 T、C、D、V、Z	Y、S、M	K、H *n*=0 ～ 15（16 位操作） *n*=0 ～ 32（32 位操作）

（2）使用说明

1 位判别指令的使用如图 6-47 所示。当常开触点 X000 闭合，BON 指令执行，判别源操作元件 D10 的第 15 位（*n*=15）是否为 1，若为 1，则让目标操作位元件 M0=1，若为 0；M0=0。

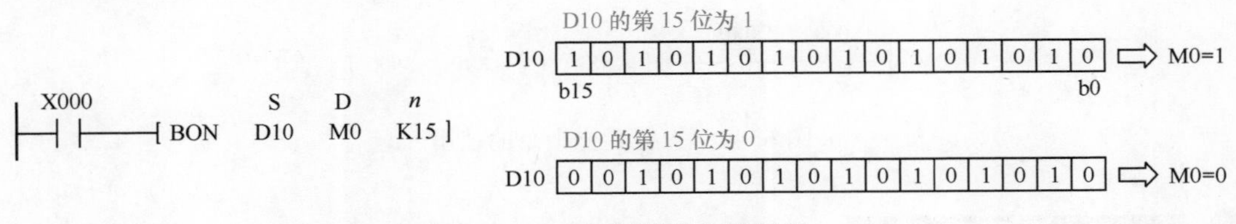

图 6-47　1 位判别指令的使用

6　平均值指令

（1）指令格式

平均值指令格式如表 6-44 所示。

表 6-44　平均值指令格式

指令名称	助记符与功能号	指令形式	操作数		
			S	D	*n*
平均值指令	MEAN FNC45	BON　S　D　*n*	K*n*X、K*n*Y、K*n*M、 K*n*S、T、C、D	K*n*Y、K*n*M、K*n*S、 T、C、D	K、H *n*=1 ～ 64

（2）使用说明

平均值指令的使用如图 6-48 所示。当常开触点 X000 闭合时，MEAN 指令执行，计算 D0 ～ D2 中数据的平均值，平均值存入目标元件 D10 中。D0 为源起始元件，D10 为目标元件，*n*=3 为源元件的个数。

X000　[MEAN　D0 (S)　D10 (D)　K3 (*n*)]

$$\frac{D0+D1+D2}{3} \rightarrow D10$$

图 6-48　平均值指令的使用

7 报警置位指令

（1）指令格式

报警置位指令格式如表 6-45 所示。

表 6-45 报警置位指令格式

指令名称	助记符与功能号	指令形式	操作数		
			S	D	n
报警置位指令	ANS FNC46	ANS S n D	T （T0 ～ T199）	S （S900 ～ S999）	K n=1 ～ 32767 （100ms 单位）

（2）使用说明

报警置位指令的使用如图 6-49 所示。当常开触点 X000、X001 同时闭合时，定时器 T0 开始 1s 计时（n=10），若两触点同时闭合时间超过 1s，ANS 指令会将报警状态继电器 S900 置位，若两触点同时闭合时间不到 1s，定时器 T0 未计完 1s 即复位，ANS 指令不会对 S900 置位。

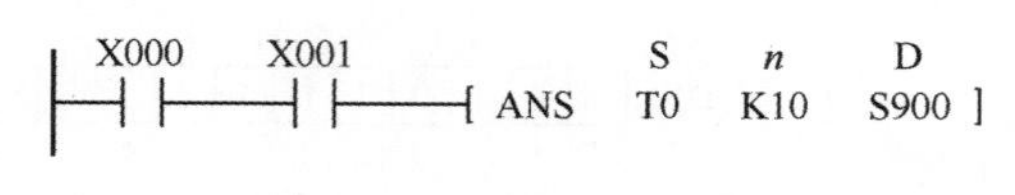

图 6-49 报警置位指令的使用

8 报警复位指令

（1）指令格式

报警复位指令格式如表 6-46 所示。

表 6-46 报警复位指令格式

指令名称	助记符与功能号	指令形式	操作数
报警复位指令	ANR FNC47	ANR	无

（2）使用说明

报警复位指令的使用如图 6-50 所示。当常开触点 X003 闭合时，ANR 指令执行，将信号报警继电器 S900 ～ S999 中正在动作（即处于置位状态）的报警继电器复位，若这些报警器有多个处于置位状态，在 X003 闭合时小编号的报警器复位，当 X003 再一次闭合时，则对下一个编号的报警器复位。

如果采用连续执行型 ANR 指令，在 X003 闭合期间，每经过一个扫描周期，ANR 指令就会依次对编号由小到大的报警器进行复位。

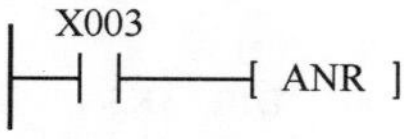

X003 [ANR]

图 6-50 报警复位指令的使用

9 求平方根指令

（1）指令格式

求平方根指令格式如表 6-47 所示。

表 6-47 求平方根指令格式

指令名称	助记符与功能号	指令形式	操作数	
			S	D
求平方根指令	SQR FNC48	─┤├─[SQR S D]	K、H、D	D

（2）使用说明

求平方根指令的使用如图 6-51 所示。当常开触点 X000 闭合时，SQR 指令执行，对源操作元件 D10 中的数进行求平方根运算，运算结果的整数部分存入目标操作元件 D12 中，若存在小数部分，将小数部分舍去，同时进位标志继电器 M8021 置位，若运算结果为 0，零标志继电器 M8020 置位。

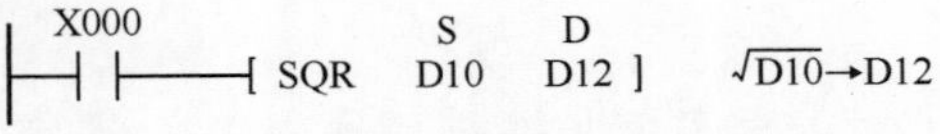

X000 ─┤├─[SQR D10(S) D12(D)]　$\sqrt{D10} \rightarrow D12$

图 6-51 求平方根指令的使用

10 二进制整数转换为浮点数指令

（1）指令格式

二进制整数转换成浮点数指令格式如表 6-48 所示。

表 6-48 二进制整数转换成浮点数指令格式

指令名称	助记符与功能号	指令形式	操作数	
			S	D
二进制整数转换为浮点数指令	FLT FNC49	─┤├─[FLT S D]	K、H、D	D

（2）使用说明

二进制整数转换为浮点数指令的使用如图 6-52 所示。当常开触点 X000 闭合时，FLT 指令执行，将源操作元件 D10 中的二进制整数转换成浮点数，再将浮点数存入目标操作元件 D13、D12 中。

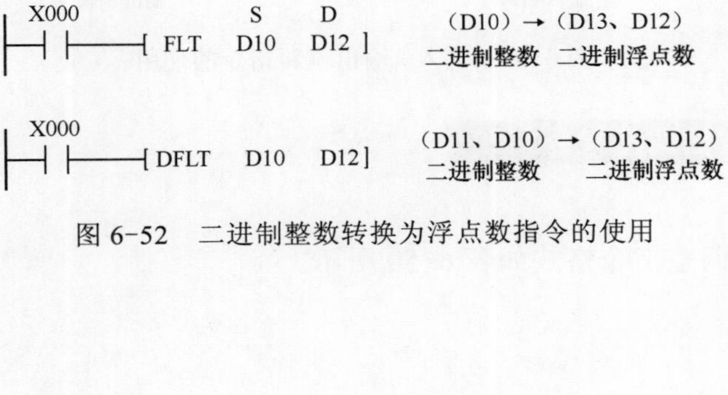

X000 ─┤├─[FLT D10(S) D12(D)]　（D10）→（D13、D12）　二进制整数 二进制浮点数

X000 ─┤├─[DFLT D10 D12]　（D11、D10）→（D13、D12）　二进制整数 二进制浮点数

图 6-52 二进制整数转换为浮点数指令的使用

由于 PLC 编程很少用到浮点数运算，读者若对浮点数及运算感兴趣，可查阅有关资料，这里不作介绍。

6.2.6　高速处理指令

高速处理指令共有 10 条，功能号为 FNC50 ～ FNC59。

1　输入 / 输出刷新指令

（1）指令格式

输入 / 输出刷新指令格式如表 6-49 所示。

表 6-49　输入 / 输出刷新指令格式

指令名称	助记符与功能号	指令形式	操作数	
			D	*n*
输入 / 输出刷新指令	REF FNC50	─┤├──[REF D *n*]	X、Y	K、H

（2）使用说明

在 PLC 运行程序时，输入端子接收输入信号，PLC 通常不会马上处理输入信号，要等到下一个扫描周期才处理输入信号，这样从输入到处理有一段时间差。另外，PLC 在运行程序产生输出信号时，也不是马上从输出端子输出，而是等程序运行到 END 时，才将输出信号从输出端子输出，这样从产生输出信号到信号从输出端子输出也有一段时间差。如果希望 PLC 在运行时能即刻接收输入信号，或能即刻输出信号，可采用输入 / 输出刷新指令。

输入 / 输出刷新指令的使用如图 6-53 所示。图 6-53（a）为输入刷新，当常开触点 X000 闭合时，REF 指令执行，将以 X010 为起始元件的 8 个（*n*=8）输入继电器 X010 ～ X017 刷新，即让 X010 ～ X017 端子输入的信号能马上被这些端子对应的输入继电器接收。图 6-53（b）为输出刷新，当常开触点 X001 闭合时，REF 指令执行，将以 Y000 为起始元件的 24 个（*n*=24）输出继电器 Y000 ～ Y007、Y010 ～ Y017、Y020 ～ Y027 刷新，让这些输出继电器能即刻往相应的输出端子输出信号。

REF 指令指定的首元件编号应为 X000、X010、X020…，Y000、Y010、Y020…，刷新的点数 *n* 就应是 8 的整数，如 8、16、24 等。

```
  X000                  D      n
──┤├──────[ REF   X010   K8 ]
```
（a）输入刷新

```
  X001                  D      n
──┤├──────[ REF   Y000   K24 ]
```
（b）输出刷新

图 6-53　输入 / 输出刷新指令的使用

2　输入滤波常数调整指令

（1）指令格式

输入滤波常数调整指令格式如表 6-50 所示。

表 6-50 输入滤波常数调整指令格式

指令名称	助记符与功能号	指令形式	操作数
			n
输入滤波常数调整指令	REFF FNC51	┤├──[REFF n]	K、H

（2）使用说明

为了提高 **PLC** 输入端子的抗干扰性，在输入端子内部都设有滤波器，滤波时间常数在 **10ms** 左右，可以有效吸收短暂的输入干扰信号，但对于正常的高速短暂输入信号也有抑制作用，为此 **PLC** 将一些输入端子的电子滤波器时间常数设为可调。三菱 FX_{2N} 系列 PLC 将 X000 ～ X017 端子内的电子滤波器时间常数设为可调，调节采用 REFF 指令，时间常数调节范围为 0 ～ 60ms。

输入滤波常数调整指令的使用如图 6-54 所示。当常开触点 X010 闭合时，REFF 指令执行，将 X000 ～ X017 端子的滤波常数设为 1ms（*n*=1），该指令执行前这些端子的滤波常数为 10ms，该指令执行后这些端子时间常数为 1ms，当常开触点 X020 闭合时，REFF 指令执行，将 X000 ～ X017 端子的滤波常数设为 20ms（*n*=20），此后至 END 或 FEND 处，这些端子的滤波常数为 20ms。

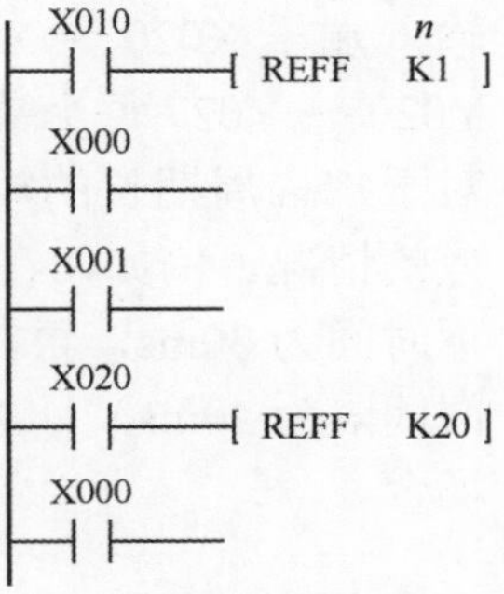

图 6-54 输入滤波常数调整指令的使用

当 X000 ～ X007 端子用作高速计数输入、速度检测或中断输入时，其输入滤波常数自动设为 50μs。

3 矩阵输入指令

（1）指令格式

矩阵输入指令格式如表 6-51 所示。

表 6-51 矩阵输入指令格式

指令名称	助记符与功能号	指令形式	操作数			
			S	D1	D2	*n*
矩阵输入指令	MTR FNC52	┤├──[MTR S D1 D2 n]	X	Y	Y、M、S	K、H *n*=2 ～ 8

（2）矩阵输入电路

PLC 通过输入端子来接收外界输入信号，由于输入端子数量有限，若采用一个端子接收一路信号的普通输入方式，很难实现大量多路信号输入，给 PLC 加设矩阵输入电路可以有效解决这个问题。

图 6-55（a）所示是一种 PLC 矩阵输入电路，采用 X020 ～ X027 端子接收外界输入信号，外接 3 组由二极管和按键组成的矩阵输入电路，端子另一端则分别接 PLC 的 Y020、Y021、Y022 端子。在工作时，Y020、Y021、Y022 端子内部硬触点轮流接通，如图 6-55（b）所示，当 Y020 接通（ON）时，Y021、Y022 断开；当 Y021 接通时，

Y020、Y022 断开；当 Y022 接通时，Y020、Y021 断开，然后重复这个过程，一个周期内每个端子接通时间为 20ms。

在 Y020 端子接通期间，若按下第一组输入电路中的某个按键，如 M37 按键，X027 端子输出的电流经二极管、按键流入 Y020 端子，并经 Y020 端子内部闭合的硬触点流到 COM 端，X027 端子有电流输出，相当于该端子有输入信号，该输入信号在 PLC 内部被转存到辅助继电器 M37 中。在 Y020 端子接通期间，若按下第二组或第三组中某个按键，由于此时 Y021、Y022 端子均断开，故操作这两组按键均无效。在 Y021 端子接通期间，X020 ～ X027 端子接收第二组按键输入，在 Y022 端子接通期间，X020 ～ X027 端子接收第三组按键输入。

在采用图 6-55（a）形式的矩阵输入电路时，如果将输出端子 Y020 ～ Y027 和输入端子 X020 ～ X027 全部利用起来，则可以实现 8×8=64 个开关信号输入，由于 Y020 ～ Y027 每个端子接通时间为 20ms，故矩阵电路的扫描周期为 8×20ms=160ms。对于扫描周期长的矩阵输入电路，若输入信号时间小于扫描周期，可能会出现输入无效的情况。例如，在图 6-55（a）中，若在 Y020 端子刚开始接通时按下按键 M52，按下时间为 30ms，再松开，由于此时 Y022 端子还未开始导通（从 Y020 到 Y022 导通时间间隔为 40ms），故操作按键 M52 无效，因此矩阵输入电路不适用于要求快速输入的场合。

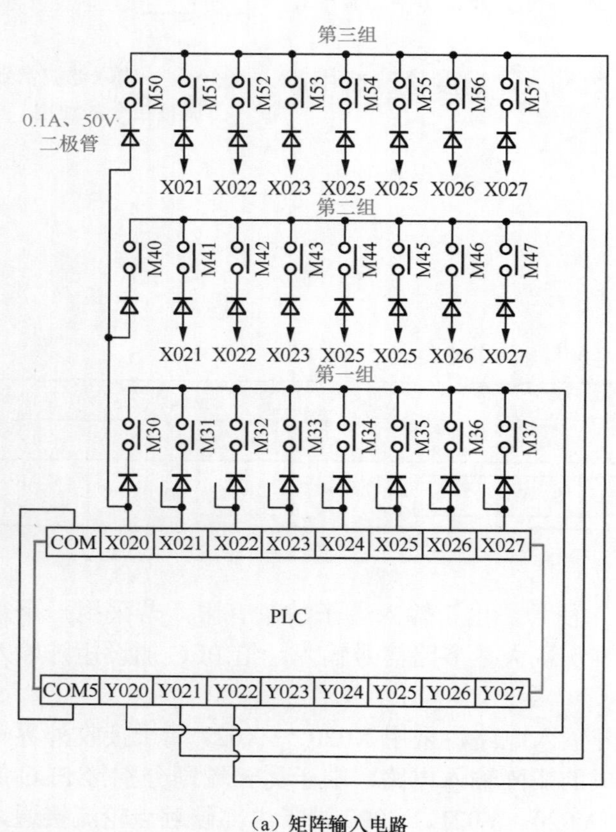

（a）矩阵输入电路

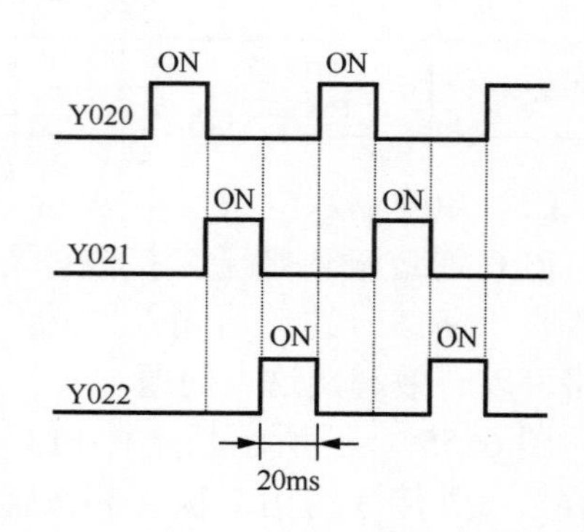

（b）Y020、Y021、Y022 端子内部硬触点轮流接通

图 6-55 一种 PLC 矩阵输入电路

（3）矩阵输入指令的使用

若PLC采用矩阵输入方式，除了要加设矩阵输入电路外，还须用MTR指令进行矩阵输入设置。矩阵输入指令的使用如图6-56所示。当触点M0闭合时，MTR指令执行，将[S]X020为起始编号的8个连号元件作为矩阵输入，将[D1]Y020为起始编号的3个（n=3）连号元件作为矩阵输出，将矩阵输入信号保存在以M30为起始编号的3组8个连号元件（M30～M37、M40～M47、M50～M57）中。

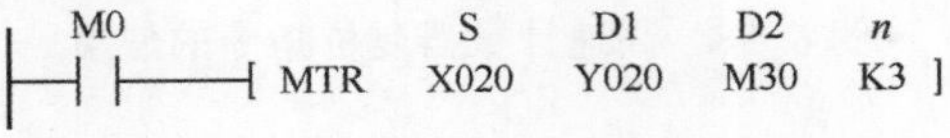

```
 M0                   S      D1     D2    n
─┤ ├───[ MTR    X020   Y020   M30   K3 ]
```

图6-56 矩阵输入指令的使用

4 高速计数器置位指令

（1）指令格式

高速计数器置位指令格式如表6-52所示。

表6-52 高速计数器置位指令格式

指令名称	助记符与功能号	指令形式	操作数		
			S1	S2	D
高速计数器置位指令	HSCS FNC53	┤├─[HSCS S1 S2 D]	K、H、KnX、KnY、KnM、KnS、T、C、D、V、Z	C（C235～C255）	Y、M、S

（2）使用说明

高速计数器置位指令的使用如图6-57所示。当常开触点X010闭合时，若高速计数器C255的当前值变为100（99→100或101→100），HSCS指令执行，将Y010置位。

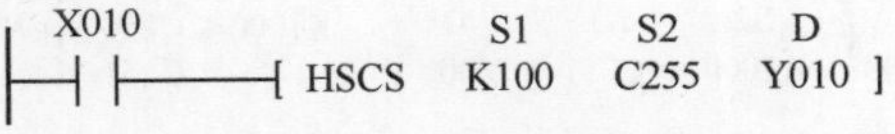

```
 X010                  S1     S2     D
─┤ ├───[ HSCS   K100   C255   Y010 ]
```

图6-57 高速计数器置位指令的使用

5 高速计数器复位指令

（1）指令格式

高速计数器复位指令格式如表6-53所示。

表6-53 高速计数器复位指令格式

指令名称	助记符与功能号	指令形式	操作数		
			S1	S2	D
高速计数器复位指令	HSCR FNC54	┤├─[HSCR S1 S2 D]	K、H、KnX、KnY、KnM、KnS、T、C、D、V、Z	C（C235～C255）	Y、M、S

（2）使用说明

高速计数器复位指令的使用如图 6-58 所示。当常开触点 X010 闭合时，若高速计数器 C255 的当前值变为 100（99 → 100 或 101 → 100），HSCR 指令执行，将 Y010 复位。

```
 X010                   S1     S2     D
─┤ ├────[ HSCR    K100   S255   Y010 ]
```

图 6-58　高速计数器复位指令的使用

6　高速计数器区间比较指令

（1）指令格式

高速计数器区间比较指令格式如表 6-54 所示。

表 6-54　高速计数器区间比较指令格式

指令名称	助记符与功能号	指令形式	操作数			
			S1	S2	S3	D
高速计数器区间比较指令	HSZ FNC55	HSZ S1 S2 S D	K、H、KnX、KnY、KnM、KnS、T、C、D、V、Z		C（C235 ～ C255）	Y、M、S（3 个连号元件）

（2）使用说明

高速计数器区间比较指令的使用如图 6-59 所示。在 PLC 运行期间，M8000 触点始终闭合，高速计数器 C251 开始计数，同时 HSZ 指令执行，当 C251 当前计数值＜K1000 时，让输出继电器 Y000 为 ON，当 K1000 ≤ C251 当前计数值≤ K2000 时，让输出继电器 Y001 为 ON，当 C251 当前计数值＞ K2000 时，让输出继电器 Y002 为 ON。

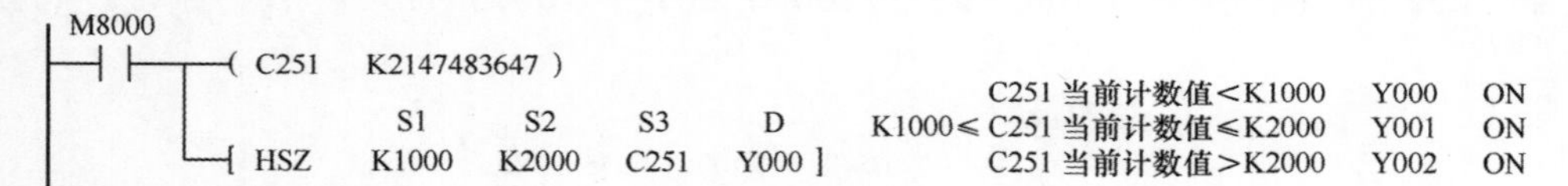

图 6-59　高速计数器区间比较指令的使用

7　速度检测指令

（1）指令格式

速度检测指令格式如表 6-55 所示。

表 6-55　速度检测指令格式

指令名称	助记符与功能号	指令形式	操作数		
			S1	S2	D
速度检测指令	SPD FNC56	SPD S1 S2 D	X0 ～ X5	K、H、KnX、KnY、KnM、KnS、T、C、D、V、Z	T、C、D、V、Z

（2）使用说明

速度检测指令的使用如图 6-60 所示。当常开触点 X010 闭合时，SPD 指令执行，计算 X000 输入端子在 100ms 内输入脉冲的个数，并将个数值存入 D0 中，指令还使用 D1、D2，其中 D1 用来存放当前时刻的脉冲数值（会随时变化），到 100ms 时复位；D2 用来存放计数的剩余时间，到 100ms 时复位。

采用旋转编码器配合 SPD 指令可以检测电动机的转速。旋转编码器结构如图 6-61 所示，旋转编码器盘片与电动机转轴连动，在盘片旁安装有接近开关，盘片凸起部分靠近接近开关时，开关会产生脉冲输出，n 为编码器旋转一周输出的脉冲数。在测速时，先将测速用的旋转编码器与电动机转轴连接，编码器的输出线接 PLC 的 X000 输入端子，再根据电动机的转速计算公式 $N=\left(\frac{60\times[D]}{n\times[S2]}\times10^3\right)$ r/min 编写梯形图程序。

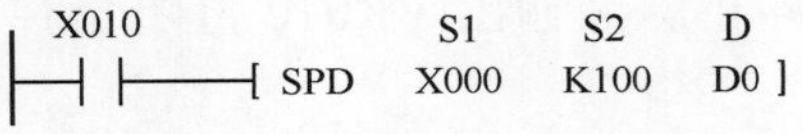

X010 —[SPD (S1) X000 (S2) K100 (D) D0]

图 6-60 速度检测指令的使用

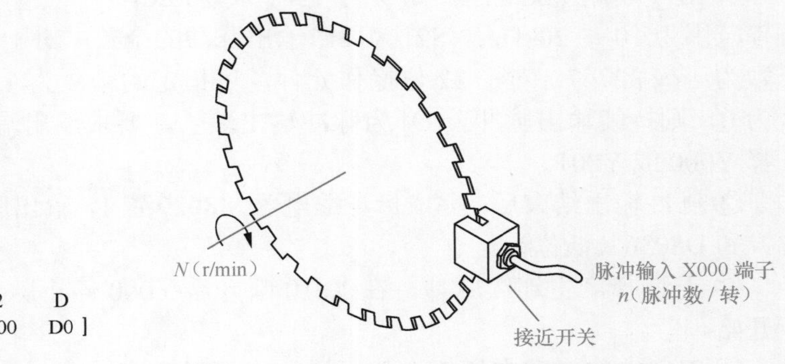

图 6-61 旋转编码器结构

设旋转编码器的 n=360，计时时间 $S2$=100ms，则 $N=\left(\frac{60\times[D]}{n\times[S2]}\times10^3\right)$ r/min=$\left(\frac{60\times[D]}{360\times100}\times10^3\right)$ r/min=$\left(\frac{5\times[D]}{3}\right)$ r/min。电动机转速检测程序如图 6-62 所示。

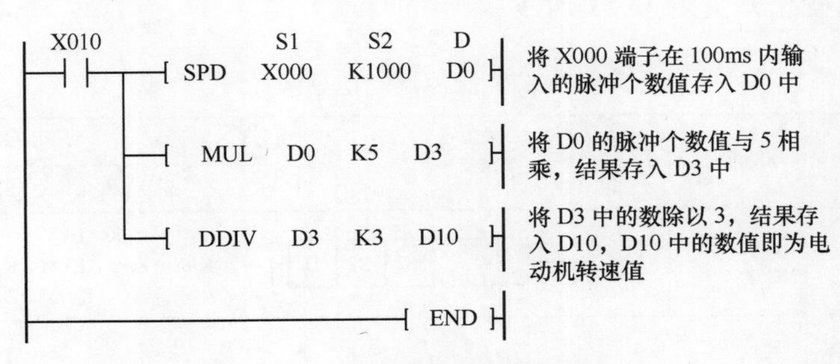

图 6-62 电动机转速检测程序

8 脉冲输出指令

（1）指令格式

脉冲输出指令格式如表 6-56 所示。

表 6-56　脉冲输出指令格式

指令名称	助记符与功能号	指令形式	操作数		
			S1	S2	D
脉冲输出指令	PLSY FNC57	PLSY S1 S2 D	K、H、 KnX、KnY、KnM、KnS、 T、C、D、V、Z		Y0 或 Y1

（2）使用说明

脉冲输出指令的使用如图 6-63 所示。当常开触点 X010 闭合时，PLSY 指令执行，让 Y000 端子输出占空比为 50% 的 1000Hz 脉冲信号，产生脉冲个数由 D0 指定。

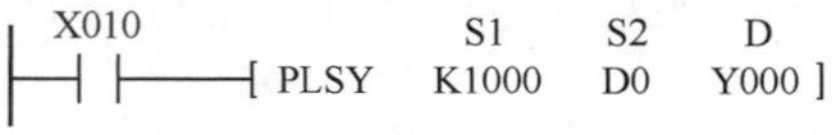

X010 [PLSY K1000 D0 Y000]（S1　S2　D）

图 6-63　脉冲输出指令的使用

脉冲输出指令使用要点如下。

① [S1] 为输出脉冲的频率，对于 FX_{2N} 系列 PLC，频率范围为 10 ～ 20kHz；[S2] 为要求输出脉冲的个数，对于 16 位操作元件，可指定的个数为 1 ～ 32767；对于 32 位操作元件，可指定的个数为 1 ～ 2147483647，如指定个数为 0，则持续输出脉冲。[D] 为脉冲输出端子，要求输出端子为晶体管输出型，只能选择 Y000 或 Y001。

② 脉冲输出结束后，完成标记继电器 M8029 置 1，输出脉冲总数保存在 D8037（高位）和 D8036（低位）。

③ 若选择产生连续脉冲，在 X010 断开后 Y000 停止脉冲输出，X010 再闭合时重新开始。

④ [S1] 中的内容在该指令执行过程中可以改变，[S2] 中的内容在指令执行时不能改变。

9 脉冲调制指令

（1）指令格式

脉冲调制指令格式如表 6-57 所示。

表 6-57　脉冲调制指令格式

指令名称	助记符与功能号	指令形式	操作数		
			S1	S2	D
脉冲调制指令	PWM FNC58	PWM S1 S2 D	K、H、 KnX、KnY、KnM、KnS、 T、C、D、V、Z		Y0 或 Y1

（2）使用说明

脉冲调制指令的使用如图 6-64 所示。当常开触点 X010 闭合时，PWM 指令执行，让 Y000 端子输出脉冲宽度为 [S1]D10、周期为 [S2]50 的脉冲信号。

脉冲调制指令使用要点如下。

① [S1] 为输出脉冲的宽度 t，t=0 ～ 32767ms；[S2] 为输出脉冲的周期 T，T=1 ～ 32767ms，要求 [S2]>[S1]，否则会出错；[D] 为脉冲输出端子，只能选择 Y000 或 Y001。

② 当 X010 断开后，Y000 端子停止脉冲输出。

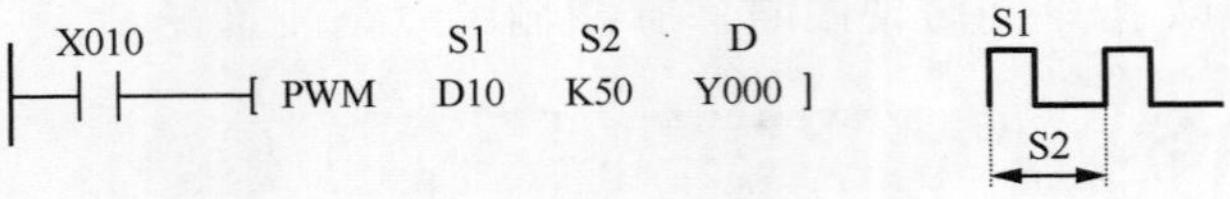

```
 X010          S1   S2   D        S1
─┤ ├───[ PWM  D10  K50  Y000 ]    ┌┐ ┌┐
                                  ┘└─┘└─
                                   S2
```

图 6-64　脉冲调制指令的使用

10 可调速脉冲输出指令

（1）指令格式

可调速脉冲输出指令格式如表 6-58 所示。

表 6-58　可调速脉冲输出指令格式

指令名称	助记符与功能号	指令形式	操作数			
			S1	S2	S3	D
可调速脉冲输出指令	PLSR FNC59	─┤ ├─[PLSR | S1 | S2 | S3 | D]─	K、H、KnX、KnY、KnM、KnS、T、C、D、V、Z			Y0 或 Y1

（2）使用说明

可调速脉冲输出指令的使用如图 6-65 所示。当常开触点 X010 闭合时，PLSR 指令执行，让 Y000 端子输出脉冲信号，要求输出脉冲频率由 0 开始，在 3600ms 内上升到最高频率 500Hz，在最高频率时产生 D0 个脉冲，再在 3600ms 内从最高频率下降到 0。

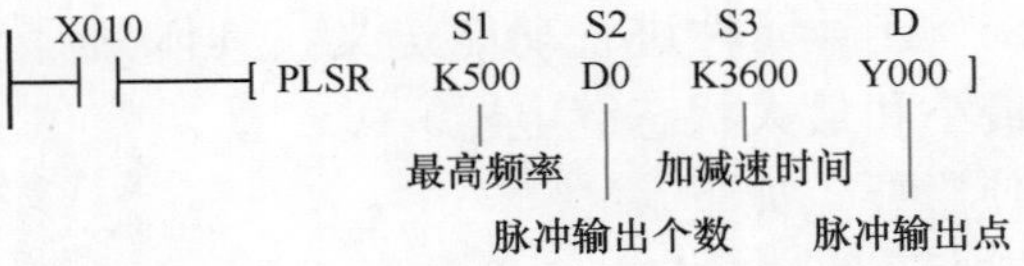

```
 X010           S1    S2    S3     D
─┤ ├───[ PLSR  K500   D0   K3600  Y000 ]
               最高频率     加减速时间
                    脉冲输出个数     脉冲输出点
```

图 6-65　可调速脉冲输出指令的使用

可调速脉冲输出指令使用要点如下。

① [S1] 为输出脉冲的最高频率，最高频率要设成 10 的倍数，设置范围为 10 ～ 20kHz。

② [S2] 为最高频率时输出脉冲数，该数值不能小于 110，否则不能正常输出，[S2] 的范围是 110 ～ 32767（16 位操作数）或 110 ～ 2147483647（32 位操作数）。

③ [S3] 为加减速时间，它是指脉冲由 0 升到最高频率（或最高频率降到 0）所需的时间。输出脉冲的一次变化为最高频率的 1/10。加减速时间设置有一定的范围，具体可采用以下式子计算：

$$\frac{90000}{[S1]} \times 5 \leqslant [S3] \leqslant \frac{[S2]}{[S1]} \times 818$$

④ [D] 为脉冲输出点，只能为 Y000 或 Y001，且要求是晶体管输出型。

⑤ 若 X010 由 ON 变为 OFF，停止输出脉冲，X010 再变为 ON 时，从初始重新动作。

⑥ PLSR 和 PLSY 两条指令在程序中只能使用一条，并且只能使用一次。这两条指令中的某一条与 PWM 指令同时使用时，脉冲输出点不能重复。

6.2.7　方便指令

方便指令共有 10 条，功能号是 FNC60 ～ FNC69。

1　状态初始化指令

（1）指令格式

状态初始化指令格式如表 6-59 所示。

表 6-59　状态初始化指令格式

指令名称	助记符与功能号	指令形式	操作数		
			S	D1	D2
状态初始化指令	IST FNC60	IST S D1 D2	X、Y、M、S （8 个连号元件）	S （S20 ～ S899）	

（2）使用说明

状态初始化指令主要用于步进控制，且在需要进行多种控制时采用，使用这条指令可以使控制程序大大简化，如在机械手控制中，有 5 种控制方式：手动、回原点、单步运行、单周期运行（即运行一次）和自动控制。在程序中采用该指令后，只需编写手动、回原点和自动控制 3 种控制方式的程序即可。

状态初始化指令的使用如图 6-66 所示。当 M8000 由 OFF → ON 时，IST 指令执行，将 X020 为起始编号的 8 个连号元件进行功能定义（具体见后述），将 S20、S40 分别设为自动操作时的编号最小和最大状态继电器。

状态初始化指令的使用要点如下。

① [S] 为功能定义起始元件，它包括 8 个连号元件，这 8 个元件的功能定义如下。

X020：手动控制	X022：单步运行控制	X024：全自动运行控制	X026：自动运行启动
X021：回原点控制	X023：单周期运行控制	X025：回原点启动	X027：停止控制

其中 X020 ～ X024 是工作方式选择，不能同时接通，通常选用图 6-67 所示的旋转开关。

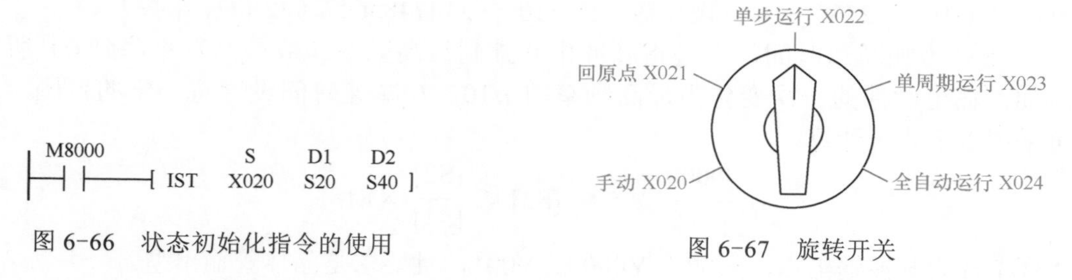

图 6-66　状态初始化指令的使用

图 6-67　旋转开关

② [D1]、[D2] 分别为自动操作控制时，实际用到的最小编号和最大编号状态继电器。

③ IST 指令在程序中只能用一次，并且要放在步进顺控指令 STL 之前。

2 数据查找指令

（1）指令格式

数据查找指令格式如表 6-60 所示。

表 6-60 数据查找指令格式

指令名称	助记符与功能号	指令形式	操作数			
			S1	S2	D	*n*
数据查找指令	SER FNC61	SER S1 S2 D *n*	KnX、KnY、KnM、KnS、T、C、D	K、H、KnX、KnY、KnM、KnS、T、C、D、V、Z	KnY、KnM、KnS、T、C、D	K、H、D

（2）使用说明

数据查找指令的使用如图 6-68 所示。当常开触点 X010 闭合时，SER 指令执行，从 [S1]D100 为首编号的 10 个连号元件（D100 ～ D109）中查找与 [S2]D0 相等的数据，查找结果存放在 [D]D10 为首编号的 5 个连号元件 D10 ～ D14 中。

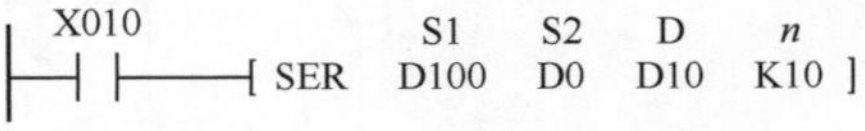

X010 [SER D100 D0 D10 K10]（S1 S2 D *n*）

图 6-68 数据查找指令的使用

在 D10 ～ D14 中，D10 存放数据相同的元件个数，D11、D12 分别存放数据相同的第一个和最后一个元件位置，D13 存放最小数据的元件位置，D14 存放最大数据的元件位置。例如，在 D100 ～ D109 中，D100、D102、D106 中的数据都与 D10 相同，D105 中的数据最小，D108 中数据最大，那么 D10=3、D11=0、D12=6、D13=5、D14=8。

3 绝对值式凸轮顺控指令

（1）指令格式

绝对值式凸轮顺控指令格式如表 6-61 所示。

表 6-61 绝对值式凸轮顺控指令格式

指令名称	助记符与功能号	指令形式	操作数			
			S1	S2	D	*n*
绝对值式凸轮顺控指令	ABSD FNC62	ABSD S1 S2 D *n*	KnX、KnY、KnM、KnS、T、C、D	C	Y、M、S	K、H、（1 ≤ *n* ≤ 64）

（2）使用说明

ABSD 指令用于产生与计数器当前值对应的多个波形，其使用如图 6-69 所示。在图 6-69（a）中，当常开触点 X000 闭合时，ABSD 指令执行，将 [D]M0 为首编号的 4 个连号元件 M0 ～ M3 作为波形输出元件，并将 [S2]C0 计数器当前计数值与 [S1]D300 为首编号的 8 个连号元件 D300 ～ D307 中的数据进行比较，然后让 M0 ～ M3 输出与 D300 ～ D307 数据相关的波形。

M0 ～ M3 输出波形与 D300 ～ D307 数据的关系如图 6-69（b）所示。D300 ～ D307 中的数据可采用 MOV 指令来传送，D300 ～ D307 的偶数编号元件用来存储上升数据点（角度值），奇数编号元件存储下降数据点。下面对照图 6-69（b）来说明图 6-69（a）梯形图的工作过程。

在常开触点 X000 闭合期间，X001 端子外接平台每旋转 1 度，该端子就输入一个脉冲，X001 常开触点就闭合一次（X001 常闭触点则断开一次），计数器 C0 的计数值就增 1。当平台旋转到 40 度时，C0 的计数值为 40，C0 的计数值与 D300 中的数据相等，ABSD 指令则让 M0 元件由 OFF 变为 ON；当 C0 的计数值为 60 时，C0 的计数值与 D305 中的数据相等，ABSD 指令则让 M2 元件由 ON 变为 OFF。C0 计数值由 60 变化到 360 之间的工作过程请对照图 6-69（b）自行分析。当 C0 的计数值达到 360 时，C0 常开触点闭合，执行［RST　C0］指令，将计数器 C0 复位，然后又重新上述工作过程。

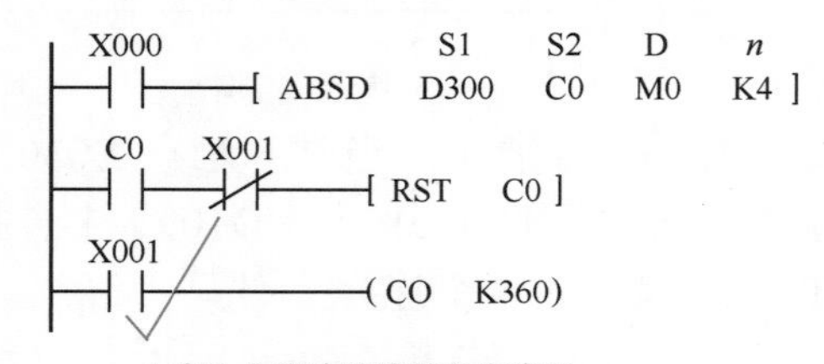

（a）梯形图的工作过程

上升数据点	下降数据点	输出元件
D300=40	D301=140	M0
D302=100	D303=200	M1
D304=160	D305=60	M2
D306=240	D307=280	M3

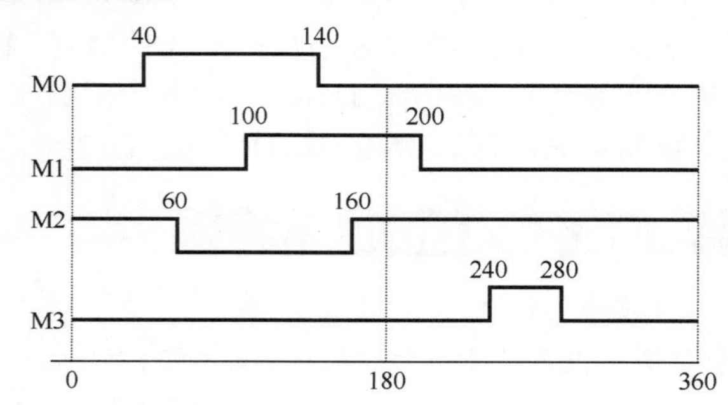

（b）输出波形与数据的关系

图 6-69　ABSD 指令的使用

4　增量式凸轮顺控指令

（1）指令格式

增量式凸轮顺控指令格式如表 6-62 所示。

表 6-62　增量式凸轮顺控指令格式

指令名称	助记符与功能号	指令形式	操作数			
			S1	S2	D	n
增量式凸轮顺控指令	INCD FNC63	INCD　S1　S2　D　n	KnX、KnY、KnM、KnS、T、C、D	C（两个连号元件）	Y、M、S	K、H、（1≤n≤64）

（2）使用说明

INCD 指令的使用如图 6-70 所示。INCD 指令的功能是将 [D]M0 为首编号的 4 个连号元件 M0 ～ M3 作为波形输出元件，并将 [S2]C0 当前计数值与 [S1]D300 为首编号的 4 个连号元件 D300 ～ D303 中的数据进行比较，让 M0 ～ M3 输出与 D300 ～ D304 数据相关的波形。

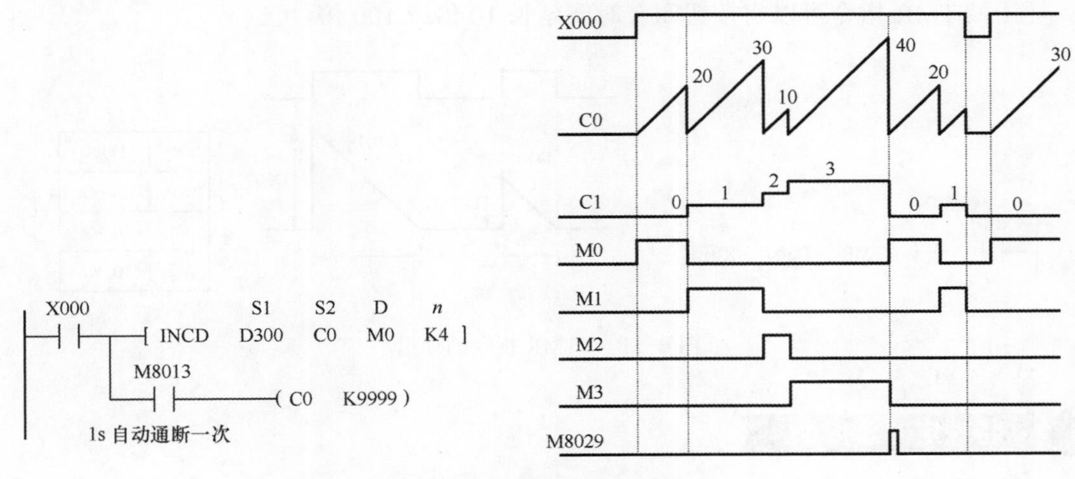

图 6-70　INCD 指令的使用

首先用 MOV 指令往 D300 ～ D303 中传送数据，让 D300=20、D301=30、D302=10、D303=40。在常开触点 X000 闭合期间，时钟辅助继电器 M8013 触点每隔 1s 就通断一次（通断各 0.5s），计数器 C0 的计数值就计 1，随着 M8013 不断动作，C0 计数值不断增大。在 X000 触点刚闭合时，M0 由 OFF 变为 ON，当 C0 计数值与 D300 中的数据 20 相等时，C0 自动复位清 0，同时 M0 元件也复位（由 ON 变为 OFF）；然后 M1 由 OFF 变为 ON，当 C0 计数值与 D301 中的数据 30 相等时，C0 又自动复位，M1 元件随之复位；当 C0 计数值与最后寄存器 D303 中的数据 40 相等时，M3 元件复位，完成标记辅助继电器 M8029 置 ON，表示完成一个周期，接着开始下一个周期。

在 C0 计数的同时，C1 也计数，C1 用来计 C0 的复位次数，完成一个周期后，C1 自动复位。当触点 X000 断开时，C1、C0 均复位，M0 ～ M3 也由 ON 转为 OFF。

5 示教定时器指令

（1）指令格式

示教定时器指令格式如表 6-63 所示。

表 6-63　示教定时器指令格式

指令名称	助记符与功能号	指令形式	操作数	
			D	n
示教定时器指令	TTMR FNC64	TTMR D n	D	K、H、（n=0 ～ 2）

（2）使用说明

TTMR 指令的使用如图 6-71 所示。TTMR 指令的功能是测定 X010 触点的接通时间。当常开触点 X010 闭合时，TTMR 指令执行，用 D301 存储 X010 触点当前接通时间 t_0（D301 中的数据随 X010 闭合时间变化，再将 D301 中的时间 t_0 乘以 10ⁿ，结果存入 D300 中。当触点 X010 断开时，D301 复位，D300 中的数据不变。

利用 TTMR 指令可以将按钮闭合时间延长 10 倍或 100 倍。

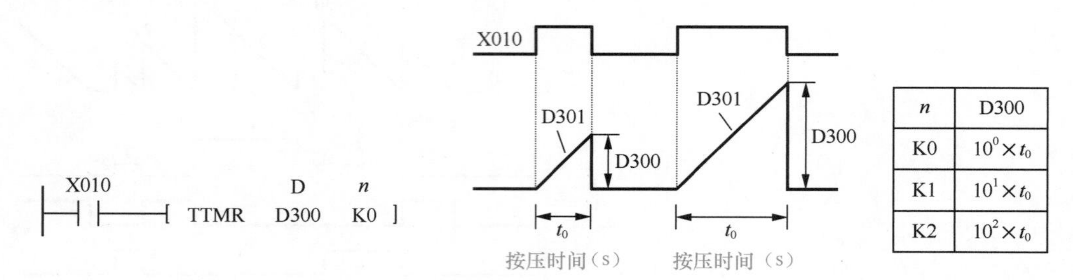

图 6-71　TTMR 指令的使用

6 特殊定时器指令

（1）指令格式

特殊定时器指令格式如表 6-64 所示。

表 6-64　特殊定时器指令格式

指令名称	助记符与功能号	指令形式	操作数		
			S	n	D
特殊定时器指令	STMR FNC65	STMR S n D	T（T0 ～ T199）	K、H n=1 ～ 32767	Y、M、S（4 个连号）

（2）使用说明

STMR 指令的使用如图 6-72 所示。STMR 指令的功能是产生延时断开定时、单脉冲定时和闪动定时。当常开触点 X000 闭合时，STMR 指令执行，让 [D]M0 为首编号的 4 个连号元件 M0 ～ M3 产生 10s 的各种定时脉冲，其中 M0 产生 10s 延时断开定时脉冲，M1 产生 10s 单定时脉冲，M2、M3 产生闪动定时脉冲（即互补脉冲）。

当触点 X010 断开时，M0 ～ M3 经过设定的值后变为 OFF，同时定时器 T10 复位。

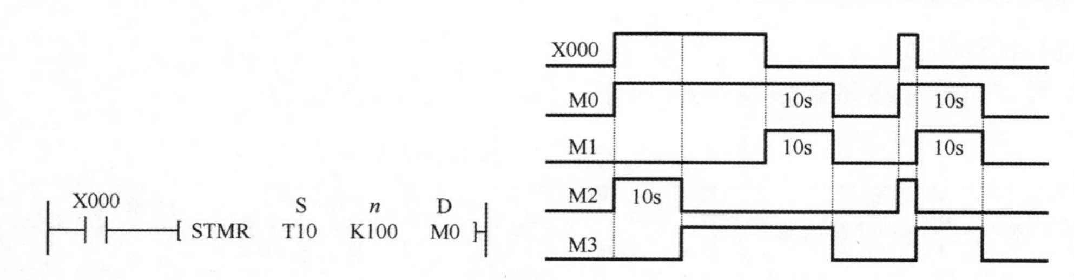

图 6-72　STMR 指令的使用

7 交替输出指令

（1）指令格式

交替输出指令格式如表 6-65 所示。

表 6-65　交替输出指令格式

指令名称	助记符与功能号	指令形式	操作数
			D
交替输出指令	ALT FNC66	ALT D	Y、M、S

（2）使用说明

ALT 指令的使用如图 6-73 所示。ALT 指令的功能是产生交替输出脉冲。当常开触点 X000 由 OFF → ON 时，ALTP 指令执行，让 [D]M0 由 OFF → ON，在 X000 由 ON → OFF 时，M0 状态不变，当 X000 再一次由 OFF → ON 时，M0 由 ON → OFF。若采用连续执行型 ALT 指令，在每个扫描周期 M0 状态就会改变一次，因此通常采用脉冲执行型 ALTP 指令。

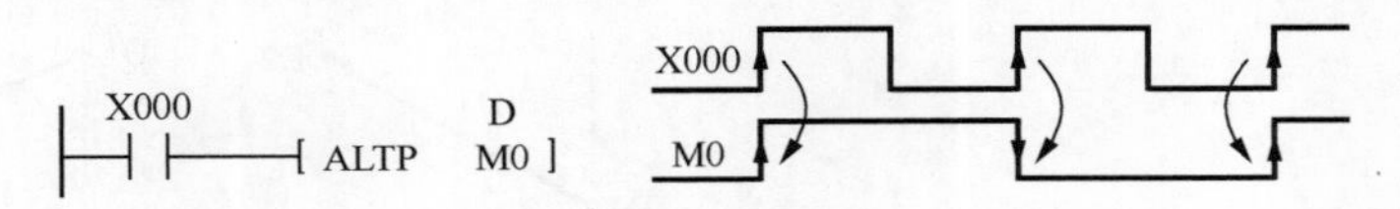

图 6-73　ALT 指令的使用

利用 ALT 指令可以实现分频输出，如图 6-74 所示，当 X000 按图示频率通断时，M0 产生的脉冲频率降低一半，而 M1 产生的脉冲频率较 M0 再降低一半，每使用一次 ALT 指令可进行一次二分频。

利用 ALT 指令还可以实现一个按钮控制多个负载启动 / 停止。如图 6-75 所示，当常开触点 X000 闭合时，辅助继电器 M0 由 OFF → ON，M0 常闭触点断开，Y000 对应的负载停止，M0 常开触点闭合，Y001 对应的负载启动，X000 断开后，辅助继电器 M0 状态不变；当 X000 第二次闭合时，M0 由 ON → OFF，M0 常闭触点闭合，Y000 对应的负载启动，M0 常开触点断开，Y001 对应的负载停止。

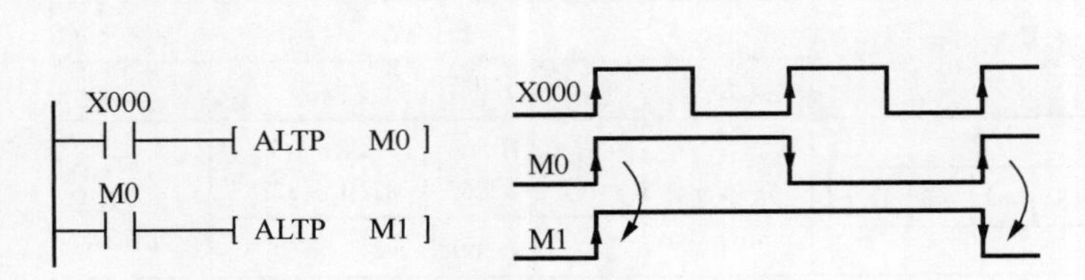

图 6-74　利用 ALT 指令实现分频输出

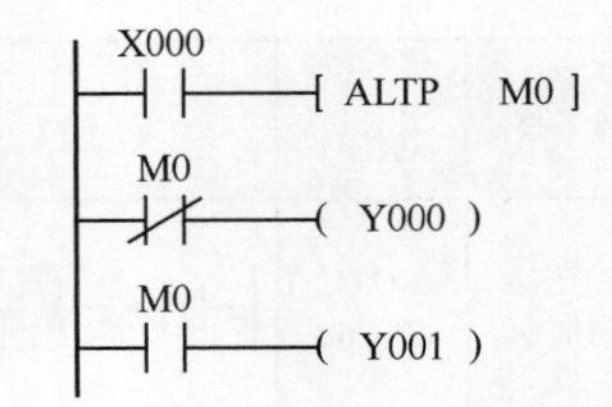

图 6-75　利用 ALT 指令实现一个按钮控制多个负载启动 / 停止

8 斜波信号输出指令

（1）指令格式

斜波信号输出指令格式如表 6-66 所示。

表 6-66　斜波信号输出指令格式

指令名称	助记符与功能号	指令形式	操作数			
			S1	S2	D	*n*
斜波信号输出指令	RAMP FNC67	─┤├──[RAMP │ S1 │ S2 │ D │ *n*]─	D			K、H *N*=1 ～ 32767

（2）使用说明

RAMP 指令的使用如图 6-76 所示。RAMP 指令的功能是产生斜波信号。当常开触点 X000 闭合时，RAMP 指令执行，让 [D]D3 的内容从 [S1]D1 的值变化到 [S2]D2 的值，变化时间为 1000 个扫描周期，扫描次数存放在 D4 中。

设置 PLC 的扫描周期可确定 D3（值）从 D1 变化到 D2 的时间。先往 D8039（恒定扫描时间寄存器）写入设定扫描周期时间（ms），设定的扫描周期应大于程序运行扫描时间，再将 M8039（定时扫描继电器）置位，PLC 就进入恒扫描周期运行方式。如果设定的扫描周期为 20ms，那么图 6-76 的 D3（值）从 D1 变化到 D2 所需的时间应为 20ms×1000=20s。

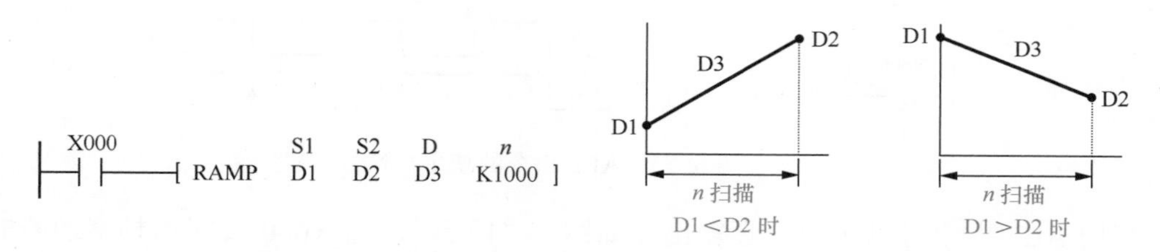

图 6-76　RAMP 指令的使用

9　旋转工作台控制指令

（1）指令格式

旋转工作台控制指令格式如表 6-67 所示。

表 6-67　旋转工作台控制指令格式

指令名称	助记符与功能号	指令形式	操作数			
			S	*m*1	*m*2	D
旋转工作台控制指令	ROTC FNC68	─┤├──[ROTC │ S │ *m*1 │ *m*2 │ D]─	D （3 个连号元件）	K、H *m*1=2 ～ 32767	K、H *m*2=0 ～ 32767	Y、M、S （8 个连号元件）
				*m*1 ≥ *m*2		

（2）使用说明

ROTC 指令的功能是对旋转工作台的方向和位置进行控制，使工作台上指定的工件能以最短的路径转到要求的位置。图 6-77 所示是一种旋转工作台的结构示意图，它由转台和工作手臂两大部分组成，转台被均分成 10 个区，每个区放置一个工件，转台旋转时会使检测开关 X000、X001 产生两相脉冲，利用这两相脉冲不但可以判断转台正转 / 反转外，还能检测转台当前旋转位置，检测开关 X002 用来检测转台的 0 位置。

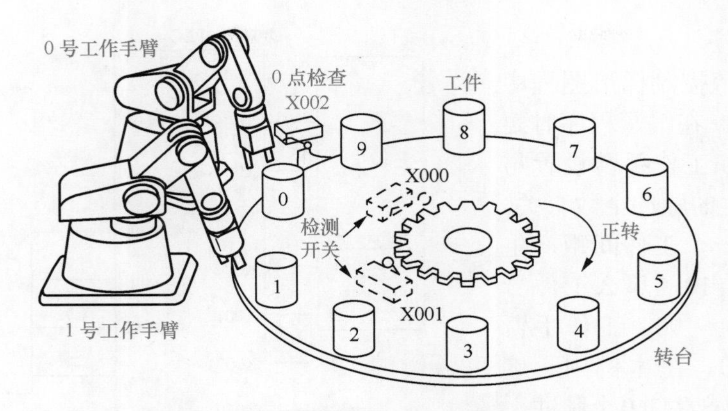

图 6-77　一种旋转工作台的结构示意图

ROTC 指令的使用如图 6-78 所示。

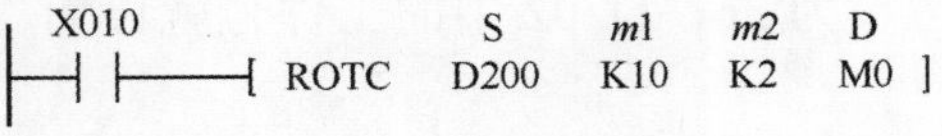

```
 X010                    S      m1    m2    D
──┤ ├────[ ROTC   D200   K10   K2    M0 ]
```

图 6-78　ROTC 指令的使用

在图 6-78 中，当常开触点 X010 闭合时，ROTC 指令执行，对操作数 [S]、[*m*1]、[*m*2]、[D] 的功能进行如下定义。

[S]：
- D200：作为计数寄存器使用
- D201：调用工作手臂号 } 用传送指令 MOV 设定
- D202：调用工件号 } 用传送指令 MOV 设定

[m1]：工作台每转一周旋转编码器产生的脉冲数

[m2]：低速运行区域，取值一般为 1.5～2 个工件间距

[D]：
- M0：A 相信号
- M1：B 相信号
- M2：0 点检测信号

（M0～M2）用输入 X（旋转编码器）来驱动，X000→M0、X001→M1、X002→M2

- M3：高速正转
- M4：低速正转
- M5：停止
- M6：低速反转
- M7：高速反转

（M3～M7）当 X010 置 ON 时，ROTC 指令执行，可以自动得到 M3～M7 的功能，当 X010 置 OFF 时，M3～M7 为 OFF

（3）ROTC 指令应用实例

有一个图 6-77 所示的旋转工作台，转台均分 10 个区，编号为 0 ～ 9，每区可放 1 个工件，转台每转一周两相旋转编码器能产生 360 个脉冲，低速运行区为工件间距的 1.5 倍，采用数字开关输入要加工的工件号，加工采用默认 1 号工作手臂。要求使用 ROTC 指令并将有关硬件进行合适的连接，让工作台能以最高的效率调任意一个工件进行加工。

① 硬件连接

旋转工作台的硬件连接如图 6-79 所示。4 位拨码开关用于输入待加工的工件号，旋转编码器用于检测工作台的位置信息，0 点检测信号用于告知工作台是否到达 0 点位置，启动按钮用于启动工作台运行，Y000 ～ Y004 端子用于输出控制信号，通过控制变频器来控制工作台电机的运行。

② 编写程序

旋转工作台控制梯形图程序如图 6-80 所示。在编写程序时要注意，工件号和工作手臂设置与旋转编码器产生的脉冲个数有关，如编码器旋转一个工件间距产生 n 个脉冲，如 n=10，那么工件号 0 ～ 9 应设为 0 ～ 90，工作手臂号应设为 0，10。在本例中，旋转编码器转一周产生360个脉冲，工作台又分为 10 个区，每个工件间距应产生 36 个脉冲，因此 D201 中的 1 号工作手臂应设为 36，D202 中的工件号就设为“实际工件号 ×36”。

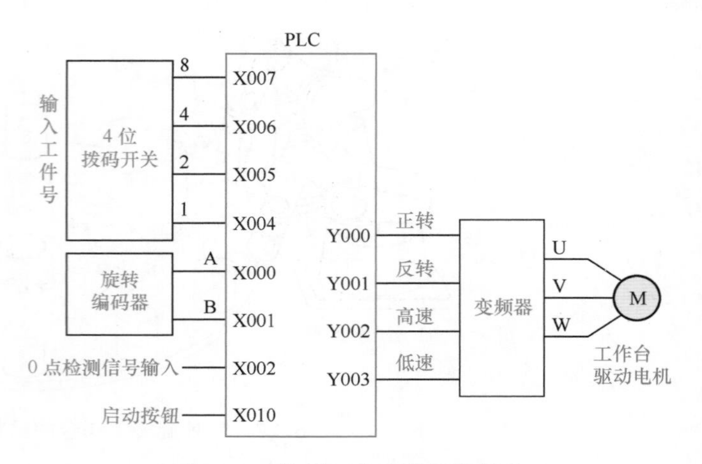

图 6-79　旋转工作台的硬件连接

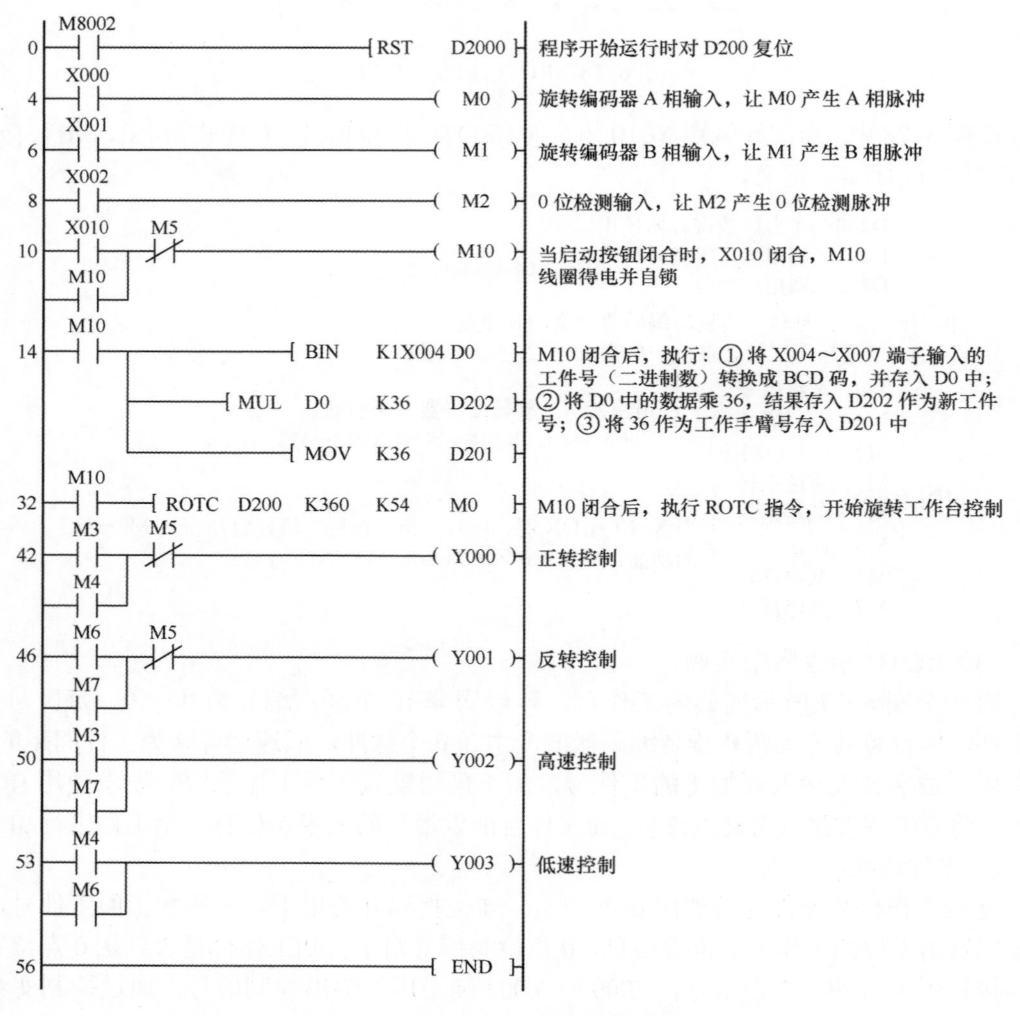

图 6-80　旋转工作台控制梯形图程序

PLC在进行旋转工作台控制时，在执行ROTC指令时，会根据有关程序和输入信号（输入工作号、编码器输入、0点检测输入和启动输入）产生控制信号（高速、低速、正转、反转），通过变频器来对旋转工作台电动机进行各种控制。

10 数据排序指令

（1）指令格式

数据排序指令格式如表6-68所示。

表6-68 数据排序指令格式

指令名称	助记符与功能号	指令形式	操作数				
			S	*m*1	*m*2	D	*n*
数据排序指令	SORT FNC69	SORT S *m*1 *m*2 D *n*	D（连号元件）	K、H *m*1=2～32 *m*1≥*m*2	K、H *m*2=1～6	D（连号元件）	D

（2）使用说明

SORT指令的使用如图6-81所示。SORT指令的功能是将[S]D100为首编号的[*m*1]5行[*m*2]4列共20个元件（即D100～D119）中的数据进行排序，排序以D0指定的列作为参考，排序按由小到大进行，排序后的数据存入[D]D200为首编号的5×5=20个连号元件中。

```
      X010              S      m1    m2    D      n
 ──┤├──────[ SORT     D100    K5    K4   D200   D0 ]
```

图6-81 SORT指令的使用

表6-69为排序前D100～D119中的数据，若D0=2，当常开触点X010闭合时，SORT指令执行，将D100～D119中的数据以第2列作为参考进行由小到大排列，表6-70为排序后D200～D219中的数据。

表6-69 排序前D100～D119中的数据

行号 \ 列号	1	2	3	4
	人员号码	身长	体重	年龄
1	D100 1	D105 150	D110 45	D115 20
2	D101 2	D106 180	D111 50	D116 40
3	D102 3	D107 160	D112 70	D117 30
4	D103 4	D108 100	D113 20	D118 8
5	D104 5	D109 150	D114 50	D119 45

表 6-70 排序后 D200 ～ D219 中的数据

列号 / 行号	1	2	3	4
	人员号码	身长	体重	年龄
1	D200 4	D205 100	D210 20	D215 8
2	D201 1	D206 150	D211 45	D216 20
3	D202 5	D207 150	D212 50	D217 45
4	D203 3	D208 160	D213 70	D218 30
5	D204 2	D209 180	D214 50	D219 40

6.2.8 外围 I/O 设备指令

外围 I/O 设备指令共有 10 条，功能号为 FNC70 ～ FNC79。

1 十键输入指令

（1）指令格式

十键输入指令格式如表 6-71 所示。

表 6-71 十键输入指令格式

指令名称	助记符与功能号	指令形式	操作数		
			S	D1	D2
十键输入指令	TKY FNC70	TKY S D1 D2	X、Y、M、S （10 个连号元件）	KnY、KnM、KnS、 T、C、D、V、Z	X、Y、M、S （11 个连号元件）

（2）使用说明

TKY 指令的使用如图 6-82 所示。在图 6-82（a）中，TKY 指令的功能是将以 [S] 为首编号的 X000 ～ X011 10 个端子输入的数据送入 [D1]D0 中，同时将 [D2] 为首地址的 M10 ～ M19 中相应的位元件置位。

使用 TKY 指令时，可在 PLC 的 X000 ～ X011 10 个端子外接代表 0 ～ 9 的 10 个按键，如图 6-82（b）所示，当常开触点 X030 闭合时，如果依次操作 X002、X001、X003、X000，就往 D0 中输入数据 2130，同时与按键对应的位元件 M12、M11、M13、M10 也依次被置 ON，如图 6-82（c）所示，当某一按键松开后，相应的位元件还会维持 ON，直到下一个按键被按下才变为 OFF。该指令还会自动用到 M20，当依次操作按键时，M20 会依次被置 ON，ON 的保持时间与按键的按下时间相同。

十键输入指令的使用要点如下。

① 若多个按键都按下，先按下的键有效。

② 当常开触点 X030 断开时，M10 ～ M20 都变为 OFF，但 D0 中的数据不变。

③ 在做 16 位操作时，输入数据范围为 0 ～ 9999，当输入数据超过 4 位，最高位数（千位数）会溢出，低位补入；在做 32 位操作时，输入数据范围为 0 ～ 99999999。

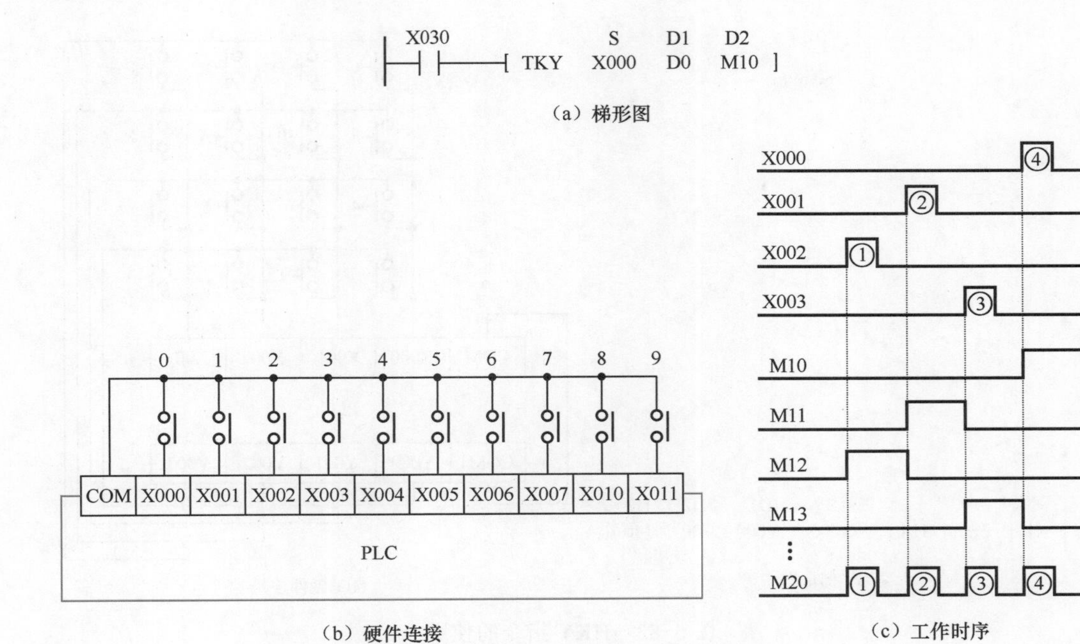

图 6-82 TKY 指令的使用

2 十六键输入指令

（1）指令格式

十六键输入指令格式如表 6-72 所示。

表 6-72 十六键输入指令格式

指令名称	助记符与功能号	指令形式	操作数			
			S	D1	D2	D2
十六键输入指令	HKY FNC71	HKY S D1 D2 D3	X（4个连号元件）	Y	T、C、D、V、Z	Y、M、S（8个连号元件）

（2）使用说明

HKY 指令的使用如图 6-83 所示。在使用 HKY 指令时，一般要给 PLC 外围增加键盘输入电路，如图 6-83（b）所示。HKY 指令的功能是将 [S] 为首编号的 X000 ～ X003 4 个端子作为键盘输入端，将以 [D1] 为首编号的 Y000 ～ Y003 4 个端子作为 PLC 的扫描键盘输出端，[D2] 指定的元件 D0 用来存储键盘输入信号，[D3] 指定的以 M0 为首编号的 8 个元件 M0 ～ M7 用来响应功能键 A ～ F 输入信号。

十六键输入指令的使用要点如下。

① 利用 0 ～ 9 数字键可以输入 0 ～ 9999 数据，输入的数据以 BIN 码（二进制数）形式保存在 [D2]D0 中，若输入数据大于 9999，则数据的高位溢出。若使用 32 位操作 DHKY 指令时，可输入 0 ～ 99999999，数据保存在 D1、D0 中。按下多个按键时，先按下的键有效。

② Y000 ～ Y003 完成一次扫描工作后，完成标记继电器 M8029 会置位。

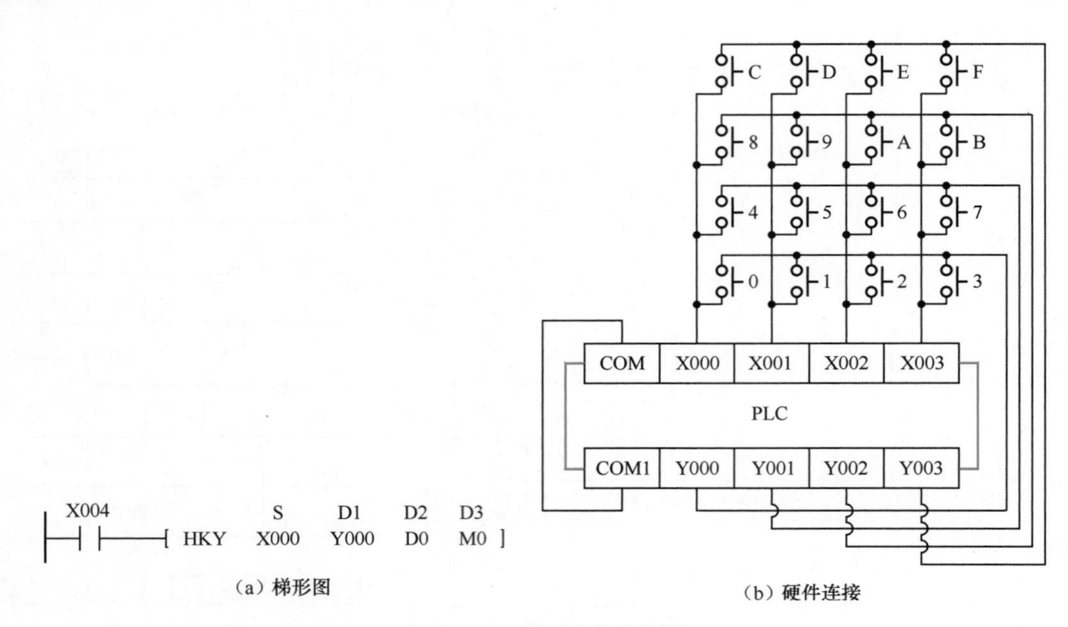

（a）梯形图　　（b）硬件连接

图 6-83　HKY 指令的使用

③ 当操作功能键 A ～ F 时，M0 ～ M7 会有相应的动作，A ～ F 与 M0 ～ M5 的对应关系如图 6-84 所示。

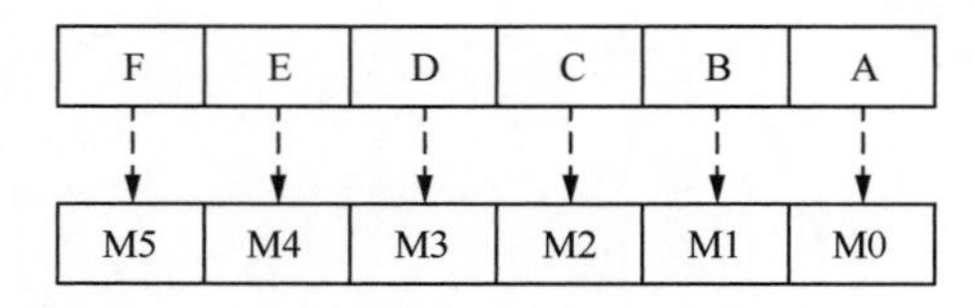

图 6-84　A ～ F 与 M0 ～ M5 的对应关系

如按下 A 键时，M0 置 ON 并保持，当按下另一键时，如按下 D 键，M0 变为 OFF，同时 D 键对应的元件 M3 置 ON 并保持。

④ 在按下 A ～ F 某键时，M6 置 ON（不保持），松开按键 M6 由 ON 转为 OFF；在按下 0 ～ 9 某键时，M7 置 ON（不保持）。当常开触点 X004 断开时，[D2]D0 中的数据仍保存，但 M0 ～ M7 全变为 OFF。

⑤ 如果将 M8167 置 ON，那么可以通过键盘输入十六进制数并保存在 [D2]D0 中。如操作键盘输入 123BF，那么该数据会以二进制形式保存在 [D2] 中。

⑥ 键盘一个完整扫描过程需要 8 个 PLC 扫描周期，为防止键盘输入滤波延时造成存储错误，要求使用恒定扫描模式或定时中断处理。

3 数字开关指令

（1）指令格式

数字开关指令格式如表 6-73 所示。

（2）使用说明

DSW 指令的使用如图 6-85 所示。DSW 指令的功能是读入一组或两组 4 位数字开关的输入值。[S] 指定键盘输入端的首编号，将首编号为起点的 4 个连号端子 X010 ～

X013 作为键盘输入端；[D1] 指定 PLC 扫描键盘输出端的首编号，将首编号为起点的 4 个连号端子 Y010 ～ Y013 作为扫描输出端；[D2] 指定数据存储元件；[*n*] 指定数字开关的组数，*n*=1 表示一组，*n*=2 表示两组。

表 6-73　数字开关指令格式

指令名称	助记符与功能号	指令形式	操作数			
			S	D1	D2	*n*
数字开关指令	DSW FNC72	DSW S D1 D2 *n*	X （4个连号元件）	Y	T、C、D、 V、Z	K、H *n*=1、2

在使用 DSW 指令时，须给 PLC 外接相应的数字开关输入电路。PLC 与一组数字开关连接电路如图 6-85（b）所示。在常开触点 X000 闭合时，DSW 指令执行，PLC 从 Y010 ～ Y013 端子依次输出扫描脉冲，如果数字开关设置的输入值为 1101 0110 1011 1001（数字开关某位闭合时，表示该位输入 1）。当 Y010 端子为 ON 时，数字开关的低 4 位往 X013 ～ X010 输入 1001，1001 被存入 D0 低 4 位；当 Y011 端子为 ON 时，数字开关的次低 4 位往 X013 ～ X010 输入 1011，该数被存入 D0 的次低 4 位，一个扫描周期完成后，1101 0110 1011 1001 全被存入 D0 中，同时将标志继电器 M8029 置 ON。

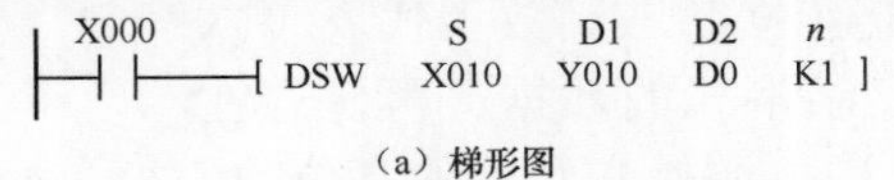

（a）梯形图

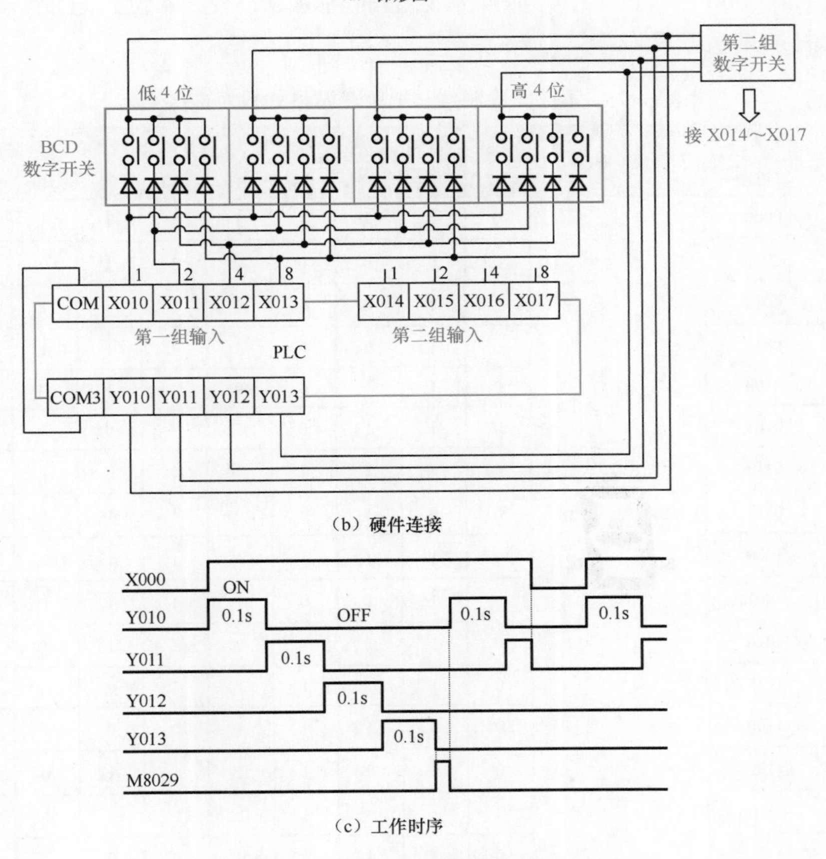

（b）硬件连接

（c）工作时序

图 6-85　DSW 指令的使用

如果需要使用两组数字开关，可将第二组数字开关一端与 X014 ～ X017 连接，另一端则和第一组一样与 Y010 ～ Y013 连接，当将 [*n*] 设为 2 时，第二组数字开关输入值通过 X014 ～ X017 存入 D1 中。

4　七段译码指令

（1）指令格式

七段译码指令格式如表 6-74 所示。

表 6-74　七段译码指令格式

指令名称	助记符与功能号	指令形式	操作数	
			S	D
七段译码指令	SEGD FNC73	┤├──[SEGD S D]┤	K、H、K*n*Y、K*n*M、K*n*S、T、C、D、V、Z	K*n*Y、K*n*M、K*n*S、T、C、D、V、Z

（2）使用说明

X000 ┤├──[SEGD　S D0　D K2Y000]

图 6-86　SEGD 指令的使用

SEGD 指令的使用如图 6-86 所示。SEGD 指令的功能是将源操作数 [S]D0 中的低 4 位二进制数（代表十六进制数 0 ～ F）转换成七段显示格式的数据，再保存在目标操作数 [D]Y000 ～ Y007 中，源操作数中的高位数不变。4 位二进制数与七段显示格式数对应关系见表 6-75。

表 6-75　4 位二进制数与七段显示格式数对应关系

[S]		七段码构成	[D]								显示数据
十六进制	二进制		B7	B6	B5	B4	B3	B2	B1	B0	
0	0000		0	0	1	1	1	1	1	1	0
1	0001		0	0	0	0	0	1	1	0	1
2	0010		0	1	0	1	1	0	1	1	2
3	0011		0	1	0	0	1	1	1	1	3
4	0100		0	1	1	0	0	1	1	0	4
5	0101		0	1	1	0	1	1	0	1	5
6	0110		0	1	1	1	1	1	0	1	6
7	0111	B0 B5 B6 B1 B4 B2 B3	0	0	1	0	0	1	1	1	7
8	1000		0	1	1	1	1	1	1	1	8
9	1001		0	1	1	0	1	1	1	1	9
A	1010		0	1	1	1	0	1	1	1	A
B	1011		0	1	1	1	1	1	0	0	b
C	1100		0	0	1	1	1	0	0	1	C
D	1101		0	1	0	1	1	1	1	0	d
E	1110		0	1	1	1	1	0	0	1	E
F	1111		0	1	1	1	0	0	0	1	F

(3) 用 SEGD 指令驱动七段码显示器

利用 SEGD 指令可以驱动七段码显示器显示字符，七段码显示器外形与结构如图 6-87 所示，由 7 个发光二极管排列成“8”字形，根据发光二极管共用电极不同，可分为共阳极和共阴极两种。PLC 与七段码显示器的连接如图 6-88 所示。在图 6-86 所示的梯形图中，设 D0 的低 4 位二进制数为 1001，当常开触点 X000 闭合时，SEGD 指令执行，1001 被转换成七段显示格式数据 01101111，该数据存入 Y007 ～ Y000，Y007 ～ Y000 端子输出 01101111，七段码显示管 B6、B5、B3、B2、B1、B0 段亮（B4 段不亮），显示十进制数“9”。

(a) 外形

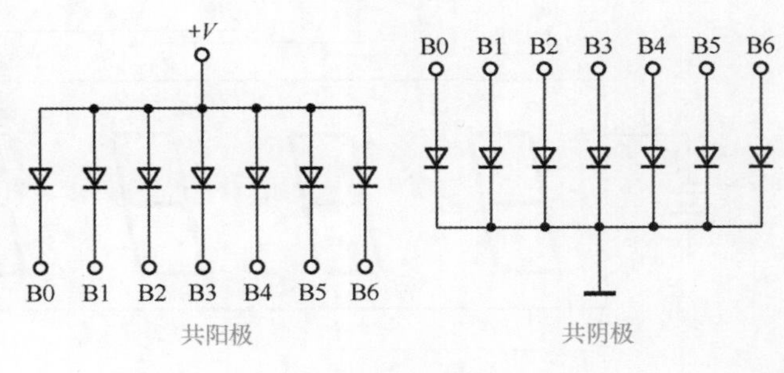

(b) 结构

图 6-87　七段码显示器外形与结构

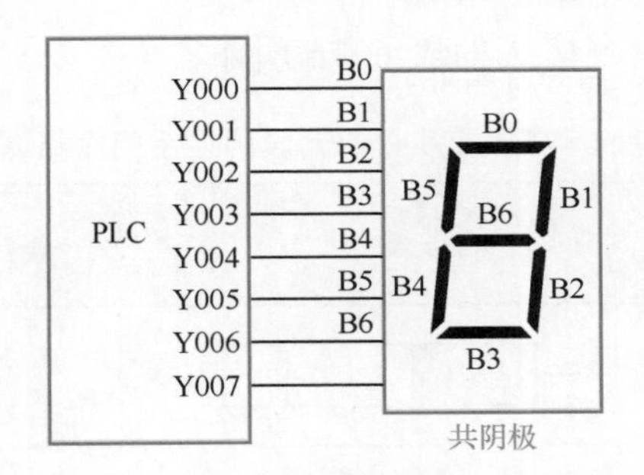

图 6-88　PLC 与七段码显示器的连接

5 带锁存的七段码显示指令

(1) 关于带锁存的七段码显示器

普通的七段码显示器显示一位数字需用到 8 个端子来驱动，若显示多位数字时要用到大量引线，很不方便。采用带锁存的七段码显示器可实现用少量几个端子来驱动显示多位数字。带锁存的七段码显示器与 PLC 的连接如图 6-89 所示。下面以显示 4 位十进制数 1836 为例来说明电路工作原理。

首先 Y13、Y12、Y11、Y10 端子输出 6 的 BCD 码 0110 到显示器，经显示器内部电路转换成 6 的七段码格式数据 01111101，与此同时 Y14 端子输出选通脉冲，该选通脉冲使显示器的个位数显示有效（其他位不能显示），显示器个数显示 6；然后 Y13、Y12、Y11、Y10 端子输出 3 的 BCD 码 0011 到显示器，给显示器内部电路转换成 3 的七段码格式数据“01001111”，同时 Y15 端子输出选通脉冲，该选通脉冲使显示器的十位数显示有效，显示器十位数显示 3；在显示十位的数字时，个位数的七段码数据被锁存下来，故个位的数字仍显示，采用同样的方法依次让显示器百、千位分别显示 8、1，结果就在显示器上显示出 1836。

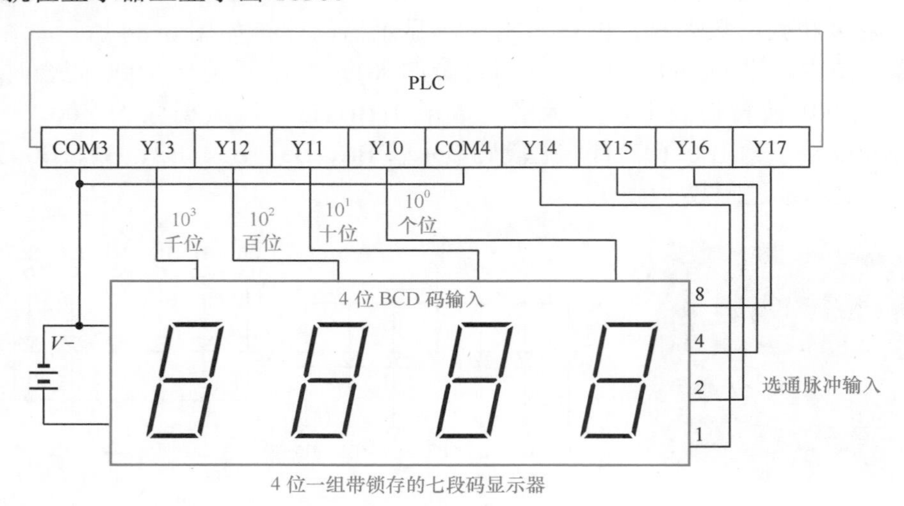

图 6-89　带锁存的七段码显示器与 PLC 的连接

（2）带锁存的七段码显示指令格式

带锁存的七段码显示指令格式如表 6-76 所示。

表 6-76　带锁存的七段码显示指令格式

指令名称	助记符与功能号	指令形式	操作数		
			S	D	*n*
带锁存的七段码显示指令	SEGL FNC74	SEGL S D *n*	K、H、K*n*Y、K*n*M、K*n*S、T、C、D、V、Z	Y	K、H（一组时 *n*=0 ～ 3，两组时 *n*=4 ～ 7）

（3）使用说明

SEGL 指令的使用如图 6-90 所示，当 X000 闭合时，SEGL 指令执行，将源操作数 [S]D0 中数据（0 ～ 9999）转换成 BCD 码并形成选通信号，再从目标操作数 [D] Y010 ～ Y017 端子输出，去驱动带锁存功能的七段码显示器，使之以十进制形式直观显示 D0 中的数据。

```
X000                S      D      n
─┤ ├──────[ SEGL    D0     Y010   K0 ]
```

图 6-90　SEGL 指令的使用

指令中 [*n*] 的设置与 PLC 输出类型、BCD 码和选通信号有关，具体见表 6-77。例如，PLC 的输出类型 = 负逻辑（即输出端子内接 NPN 型三极管）、显示器输入数据类型 = 负逻辑（如 6 的负逻辑 BCD 码为 1001，正逻辑为 0110）、显示器选通脉冲类型 = 正逻辑（即脉冲为高电平），若是接 4 位一组显示器，则 *n*=1；若是接 4 位两组显示器，则 *n*=5。

表 6-77　PLC 输出类型、BCD 码、选通信号与 [n] 的设置关系

PLC 输出类型		显示器数据输入类型		显示器选通脉冲类型		n 取值	
PNP	NPN	高电平有效	低电平有效	高电平有效	低电平有效	4 位一组	4 位两组
正逻辑	负逻辑	正逻辑	负逻辑	正逻辑	负逻辑		
	√	√		√		3	7
	√	√			√	2	6
	√		√	√		1	5
	√		√		√	0	4
√		√		√		0	4
√		√			√	1	5
√			√	√		2	6
√			√		√	3	7

（4）4 位两组带锁存的七段码显示器与 PLC 的连接

4 位两组带锁存的七段码显示器与 PLC 的连接如图 6-91 所示，在执行 SEGL 指令时，显示器可同时显示 D10、D11 中的数据，其中 Y13 ～ Y10 端子所接显示器显示 D10 中的数据，Y23 ～ Y20 端子所接显示器显示 D11 中的数据，Y14 ～ Y17 端子输出扫描脉冲（即依次输出选通脉冲），Y14 ～ Y17 完成一次扫描后，标志继电器 M8029 会置 ON。Y14 ～ Y17 端子输出的选通脉冲是同时送到两组显示器的，如 Y14 端输出选通脉冲时，两显示器分别接收 Y13 ～ Y10 和 Y23 ～ Y20 端子送来的 BCD 码，并在内部转换成七段码格式数据，再驱动各自的各位显示数字。

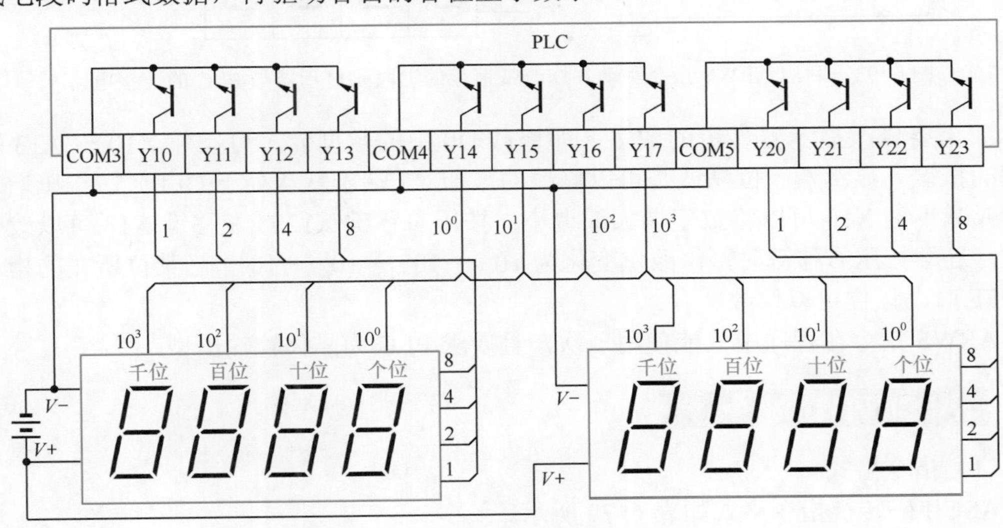

图 6-91　4 位两组带锁存的七段码显示器与 PLC 的连接

6　方向开关指令

（1）指令格式

方向开关指令格式如表 6-78 所示。

表 6-78　方向开关指令格式

指令名称	助记符与功能号	指令形式	操作数			
			S	D1	D2	*n*
方向开关指令	ARWS FNC75	ARWS S D1 D2 *n*	X、Y、M、S	T、C、D、V、Z	Y	K、H （*n*=0 ～ 3）

（2）使用说明

ARWS 指令的使用如图 6-92 所示。ARWS 指令不但可以像 SEGL 指令一样，能将 [D1]D0 中的数据通过 [D2]Y000 ～ Y007 端子驱动带锁存的七段码显示器显示出来，还可以利用 [S] 指定的 X010 ～ X013 端子输入来修改 [D]D0 中的数据。[*n*] 的设置与 SEGL 指令相同，见表 6-76。

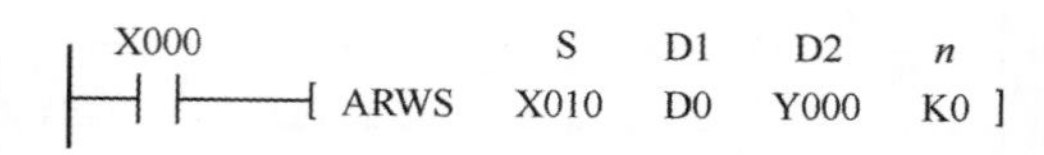

图 6-92　ARWS 指令的使用

利用 ARWS 指令驱动并修改带锁存的七段码显示器与 PLC 的连接电路如图 6-93 所示。当常开触点 X000 闭合时，ARWS 指令执行，将 D0 中的数据转换成 BCD 码并形成选通脉冲，从 Y0 ～ Y7 端子输出，驱动带锁存的七段码显示器显示 D0 中的数据。

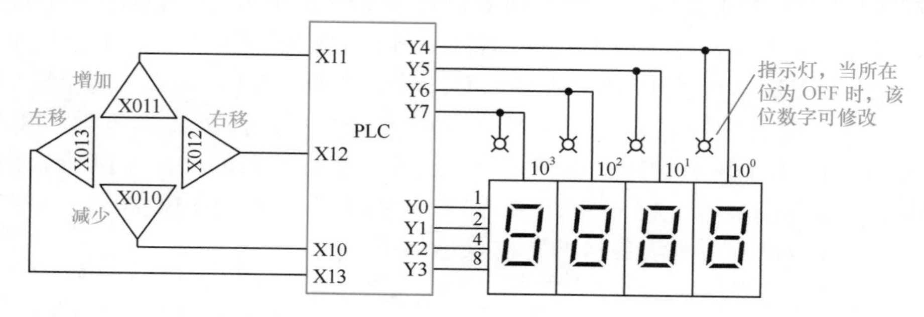

图 6-93　利用 ARWS 指令驱动并修改带锁存的七段码显示器与 PLC 的连接电路

如果要修改显示器显示的数字（即修改 D0 中的数据），可操作 X10 ～ X13 端子外接的按键。显示器千位默认是可以修改的（即 Y7 端子默认处于 OFF），按压增加键 X11 或减小键 X10 可以将数字调大或调小，按压右移键 X12 或左移键 X13 可以改变修改位，连续按压右移键时，修改位变化为 $10^3 \rightarrow 10^2 \rightarrow 10^1 \rightarrow 10^0$，当某位所在的指示灯为 OFF 时，该位可以修改。

ARWS 指令在程序中只能使用一次，且要求 PLC 为晶体管输出型。

7　ASCII 码转换指令

（1）指令格式

ASCII 码转换指令格式如表 6-79 所示。

表 6-79　ASCII 码转换指令格式

指令名称	助记符与功能号	指令形式	操作数	
			S	D
ASCII 码转换指令	ASC FNC76	ASC S D	8 个以下的字母或数字	T、C、D

（2）使用说明

ASC 指令的使用如图 6-94 所示。当常开触点 X000 闭合时，ASC 指令执行，将 ABCDEFGH 这 8 个字母转换成 ASCII 码并存入 D300 ～ D303 中。如果将 M8161 置 ON 后再执行 ASC 指令，ASCII 码只存入 [D] 低 8 位（要占用 D300 ～ D307）。M8161 处于不同状态时，ASCII 码存储位置如图 6-95 所示。

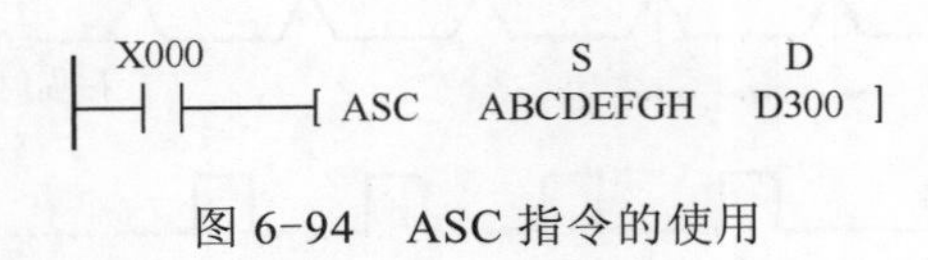

图 6-94　ASC 指令的使用

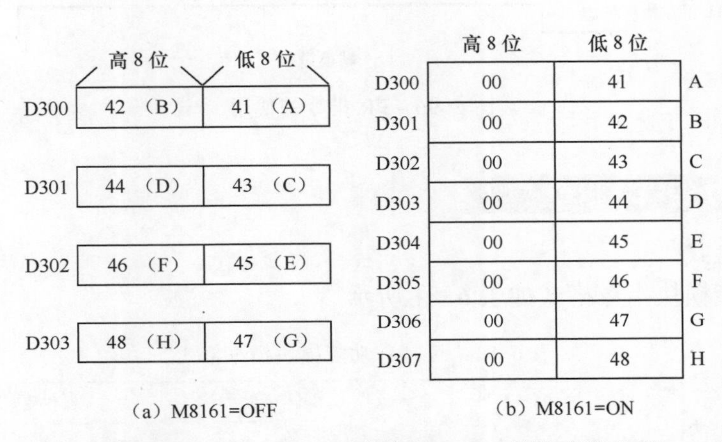

图 6-95　M8161 处于不同状态时 ASCII 码的存储位置

8　ASCII 码打印输出指令

（1）指令格式

ASCII 码打印输出指令格式如表 6-80 所示。

表 6-80　ASCII 码打印输出指令格式

指令名称	助记符与功能号	指令形式	操作数	
			S	D
ASCII 码打印输出指令	PR FNC77	PR S D	8 个以下的字母或数字	T、C、D

（2）使用说明

PR 指令的使用如图 6-96 所示。当常开触点 X000 闭合时，PR 指令执行，将 D300 为首编号的几个连号元件中的 ASCII 码从 Y000 为首编号的几个端子输出。在输出 ASCII 码时，先从 Y000 ～ Y007 端输出 A 的 ASCII 码（由 8 位二进制数组成），然后输出 B、C…H，在输出 ASCII 码的同时，Y010 端会输出选通脉冲，Y011 端输出正在执行标志，如图 6-96（b）所示，Y010、Y011 端输出信号去 ASCII 码接收电路，使之能正常接收 PLC 发出的 ASCII 码。

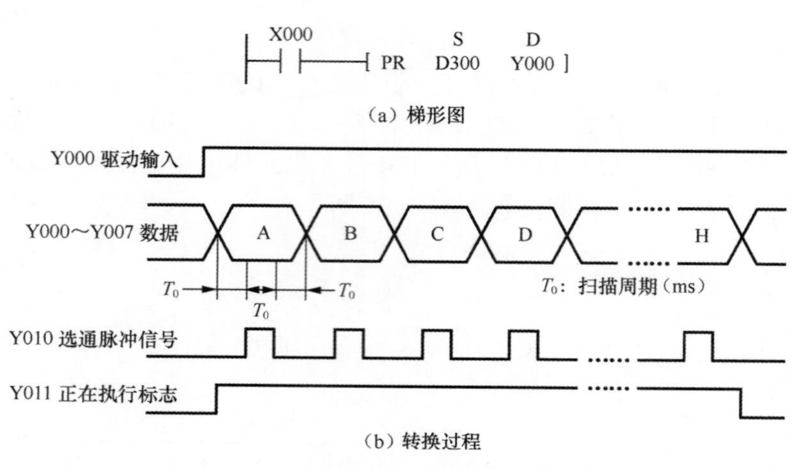

图 6-96　PR 指令的使用

9 读特殊功能模块指令

（1）指令格式

读特殊功能模块指令格式如表 6-81 所示。

表 6-81　读特殊功能模块指令格式

指令名称	助记符与功能号	指令形式	操作数			
			*m*1	*m*2	D	*n*
读特殊功能模块指令	FROM FNC78	FROM *m*1 *m*2 D *n*	K、H *m*1=0 ～ 7	K、H *m*2=0 ～ 32767	K*n*Y、K*n*M、K*n*S、T、C、D、V、Z	K、H *n*=0 ～ 32767

（2）使用说明

FROM 指令的使用如图 6-97 所示。当常开触点 X000 闭合时，FROM 指令执行，将 [*m*1] 单元号为 1 的特殊功能模块中的 [*m*2]29 号缓冲存储器（BFM）中的 [*n*]16 位数据读入 K4M0（M0 ～ M16）。

X000　FROM　*m*1 K1　*m*2 K29　D K4M0　*n* K1

单元号　BFM# 传送源　传送地点　传送点数

图 6-97　FROM 指令的使用

当 X000=ON 时，执行 FROM 指令；当 X000=OFF 时，不传送数据，传送地点的数据不变。脉冲指令执行也一样。

10 写特殊功能模块指令

（1）指令格式

写特殊功能模块指令格式如表 6-82 所示。

表 6-82　写特殊功能模块指令格式

指令名称	助记符与功能号	指令形式	操作数			
			*m*1	*m*2	D	*n*
写特殊功能模块指令	TO FNC79	TO *m*1 *m*2 S *n*	K、H *m*1=0 ~ 7	K、H *m*2=0 ~ 32767	K*n*Y、K*n*M、K*n*S、T、C、D、V、Z	K、H *n*=0 ~ 32767

（2）使用说明

TO 指令的使用如图 6-98 所示。当常开触点 X000 闭合时，TO 指令执行，将 [D]D0 中的 [*n*]16 位数据写入 [*m*1] 单元号为 1 的特殊功能模块中的 [*m*2]12 号缓冲存储器（BFM）中。

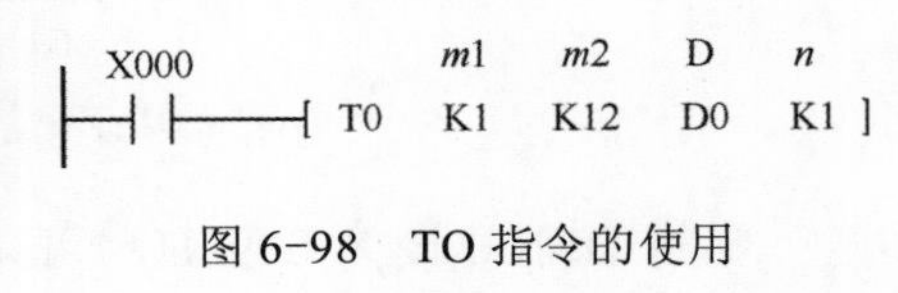

图 6-98　TO 指令的使用

6.2.9　外围串行设备（SER）指令

外围设备指令共有 8 条，用于对连接在串行通信口的外围设备进行控制，功能号是 FNC80 ~ FNC86、FNC88。

1　串行数据传送指令

（1）指令格式

串行数据传送指令格式如表 6-83 所示。

表 6-83　串行数据传送指令格式

指令名称	助记符与功能号	指令形式	操作数			
			S	*m*	D	*n*
串行数据传送指令	RS FNC80	RS S *m* D *n*	D	K、H、D	D	K、H、D

（2）使用说明

① 指令的使用形式

利用 RS 指令可以让两台 PLC 之间进行数据交换，首先使用 FX_{2N}-485-BD 通信版将两台 PLC 连接好，如图 6-99 所示。RS 指令的使用形式如图 6-100 所示，当常开触点 X000 闭合时，RS 指令执行，将 [S]D200 为首编号的 [*m*]D0 个寄存器中的数据传送给 [D]D500 为首编号的 [*n*]D1 个寄存器。

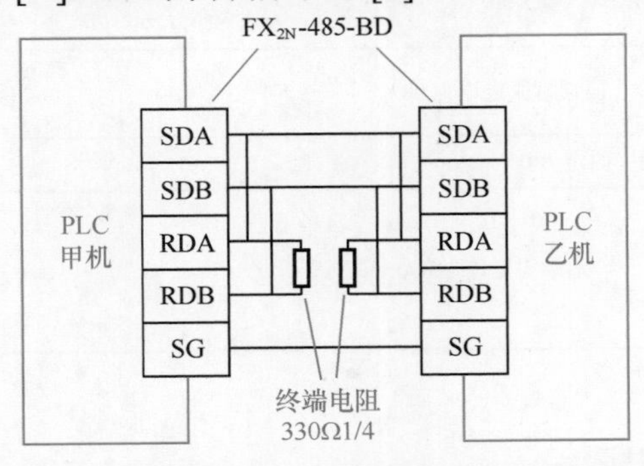

图 6-99　利用 RS 指令通信时的两台 PLC 的连接

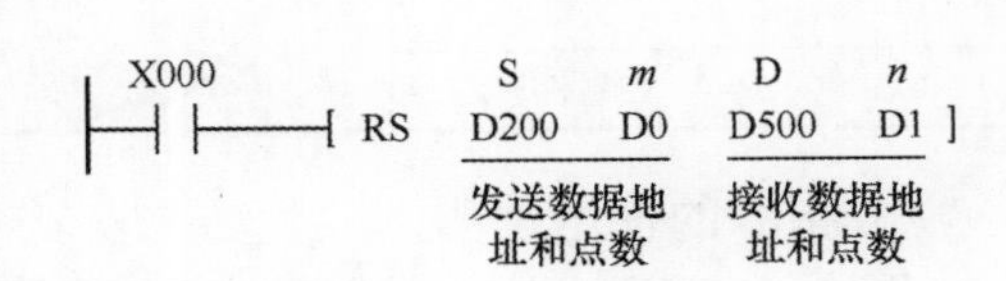

图 6-100　RS 指令的使用形式

② 定义发送数据的格式

在使用 RS 指令发送数据时，先要定义发送数据的格式，设置特殊数据寄存器 D8120 的各位可以定义发送数据格式。D8120 的各位与数据格式关系见表 6-84。例如，要求发送的数据格式为：数据长 =7 位、奇偶校验 = 奇校验、停止位 =1 位、传输速度 =19200、无起始和终止符。D8120 的各位应进行如下设置。

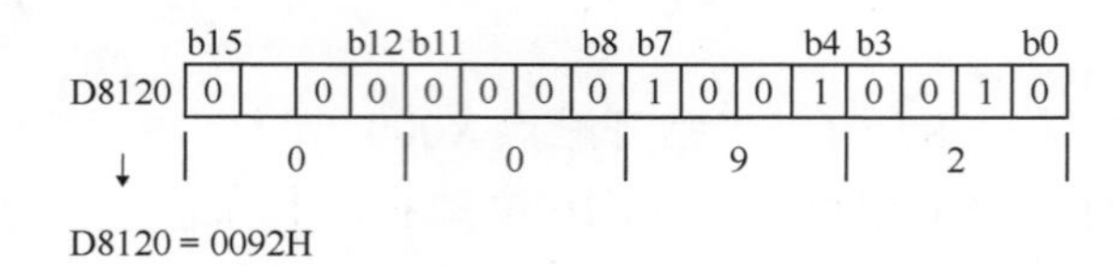

要将 D8120 设为 0092H，可采用图 6-101 所示的梯形图程序，当常开触点 X001 闭合时，MOV 指令执行，将十六进制数 0092 送入 D8120 中（指令会自动将十六进制数 0092 转换成二进制数，再送入 D8120 中）。

X001

[MOV　H0092　D8120]

图 6-101　将 D8120 设为 0092H 的梯形图程序

表 6-84　D8120 的各位与数据格式的关系

位号	名称	内容	
		0	1
b0	数据长	7 位	8 位
b1 b2	奇偶校验	b2，b1 （0，0）：无校验 （0，1）：奇校验 （1，1）：偶校验	
b3	停止位	1 位	2 位
b4 b5 b6 b7	传送速率（bit/s）	b7, b6, b5, b4 (0, 0, 1, 1)：300 (0, 1, 0, 0)：600 (0, 1, 0, 1)：1,200 (0, 1, 1, 0)：2,400	(0, 0, 1, 1)：4,800 (1, 0, 0, 0)：9,600 (1, 0, 0, 1)：19,200
b8	起始符	无	有 (D8124)
b9	终止符	无	有 (D8125)
b10 b11	控制线	通常固定设为 00	
b12	不可使用（固定为 0）		
b13	和校验	通常固定设为 000	
b14	协议		
b15	控制顺序		

③ 指令的使用说明

图 6-102 所示为一个典型的 RS 指令使用程序。

初始脉冲 M8002 —[MOV H0092 D8120] 程序运行时，M8002接通一个扫描周期，设置发送数据的格式

X010 —[RS D200 D0 D500 D1] 当X010接通时，RS指令执行，做好数据传送准备，PLC处于接收等待状态

发送请求脉冲 —[MOV K8 D0] 当发送请求脉冲触点（可根据需要设定）闭合时，往D0送入8，确定传送数据的点数

—[SET M8122] 同时将发送标志继电器M8122置位，然后开始将D200～D207中的8点数据往从机D500～D507中传送，数据传送完毕，M8122自动复位

M8123 接收完成 —[BMOV D500 D70 K8] 若主机接收从机发送来的数据，接收完毕后，接收完成标志继电器M8123置ON，M8123触点接通，开始将D500～D507中的数据转存到D70～D77中，同时将接收完成标志继电器M8123复位，M8123复位后，再次转为接收等待状态

—[RST M8123]

图 6-102　一个典型的RS指令使用程序

2 八进制位传送指令

（1）指令格式

八进制位传送指令格式如表6-85所示。

表 6-85　八进制位传送指令格式

指令名称	助记符与功能号	指令形式	操作数	
			S	D
八进制位传送指令	PRUN FNC81	┤├─[PRUN S D]	KnX、KnM（n=1～8，元件最低位要为0）	KnX、KnM（n=1～8，元件最低位要为0）

（2）使用说明

PRUN指令的使用如图6-103所示，以图6-103（a）为例，当常开触点X030闭合时，PRUN指令执行，将[S]位元件X000～X007、X010～X017中的数据分别送入[D]位元件M0～M7、M10～M17中，由于X采用八进制编号，而M采用十进制编号，尾数为8、9的继电器M自动略过。

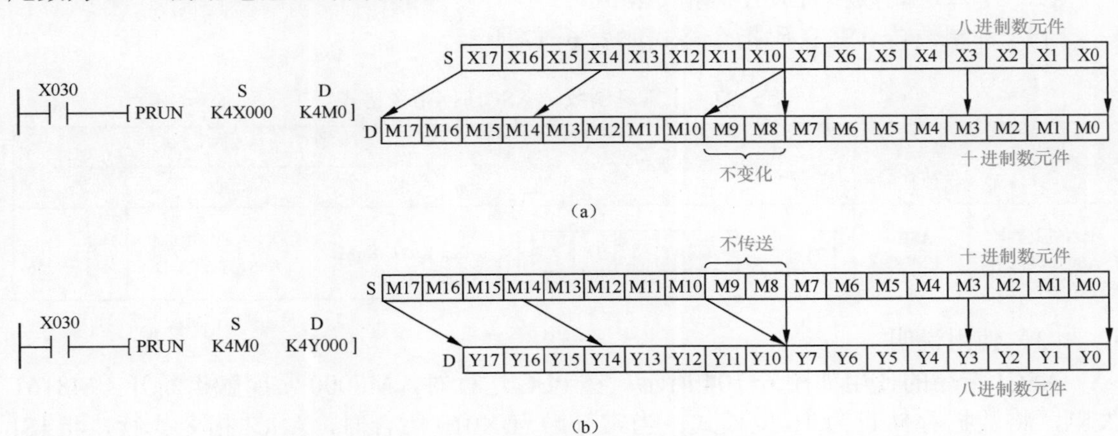

图 6-103　PRUN指令的使用

3 十六进制数转 ASCII 码指令

（1）关于 ASCII 码知识

ASCII 码又称美国标准信息交换码，它是一种使用 7 位或 8 位二进制数进行编码的方案，最多可以对 256 个字符（包括字母、数字、标点符号、控制字符及其他符号）进行编码。ASCII 编码表见表 6-86。计算机采用 ASCII 编码方式，当按下键盘上的 A 键时，键盘内的编码电路就将该键编码成 1000001，再送入计算机进行处理。

表 6-86　ASCII 编码表

$b_7b_6b_5$ / $b_4b_3b_2b_1$	000	001	010	011	100	101	110	111
0000	nul	dle	sp	0	@	P	、	p
0001	soh	dc1	!	1	A	Q	a	q
0010	stx	dc2	"	2	B	R	b	r
0011	etx	dc3	#	3	C	S	c	s
0100	eot	dc4	$	4	D	T	d	t
0101	enq	nak	%	5	E	U	e	u
0110	ack	svn	&	6	F	V	f	v
0111	bel	etb	’	7	G	W	g	w
1000	bs	can	（	8	H	X	h	x
1001	ht	em	）	9	I	Y	i	y
1010	lf	sub	*	:	J	Z	j	z
1011	vt	esc	+	;	K	[	k	{
1100	ff	fs	,	<	L	\	l	|
1101	cr	gs	−	=	M	]	m	}
1110	so	rs	.	>	N	^	n	~
1111	si	us	/	?	O	_	o	del

（2）十六进制数转 ASCII 码指令格式

十六进制数转 ASCII 码指令格式如表 6-87 所示。

表 6-87　十六进制数转 ASCII 码指令格式

指令名称	助记符与功能号	指令形式	操作数		
			S	D	*n*
十六进制数转 ASCII 码指令	ASCI FNC82	ASCI S D *n*	K、H、KnX、KnY、KnM、KnS、T、C、D	KnX、KnY、KnM、KnS、T、C、D	K、H *n*=1 ～ 256

（3）使用说明

ASCI 指令的使用如图 6-104 所示。在 PLC 运行时，M8000 常闭触点断开，M8161 失电，将数据存储设为 16 位模式。当常开触点 X010 闭合时，ASCI 指令执行，将 [S] D100 存储的 [*n*]4 个十六进制数转换成 ASCII 码，并保存在 [D]D200 为首编号的几个连号元件中。

当 8 位模式处理辅助继电器 M8161=OFF 时，数据存储形式是 16 位，此时 [D] 元件的高 8 位和低 8 位分别存放一个 ASCII 码，如图 6-105 所示，D100 中存储十六进制数 0ABC，执行 ASCI 指令后，0、A 被分别转换成 0、A 的 ASCII 码 30H、41H，并存入 D200 中；当 M8161=ON 时，数据存储形式是 8 位，此时 [D] 元件仅用低 8 位存放一个 ASCII 码。

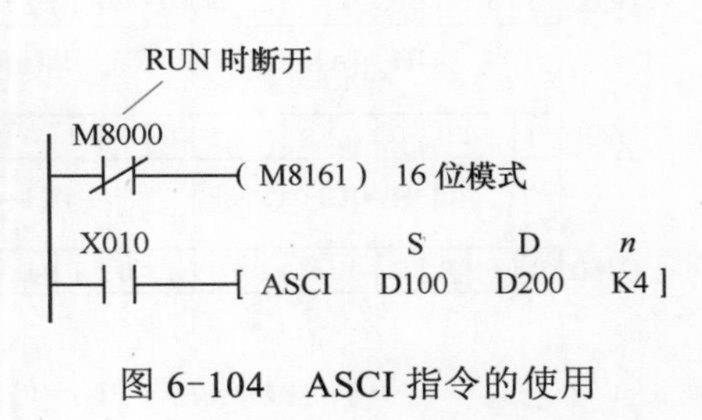

图 6-104　ASCI 指令的使用

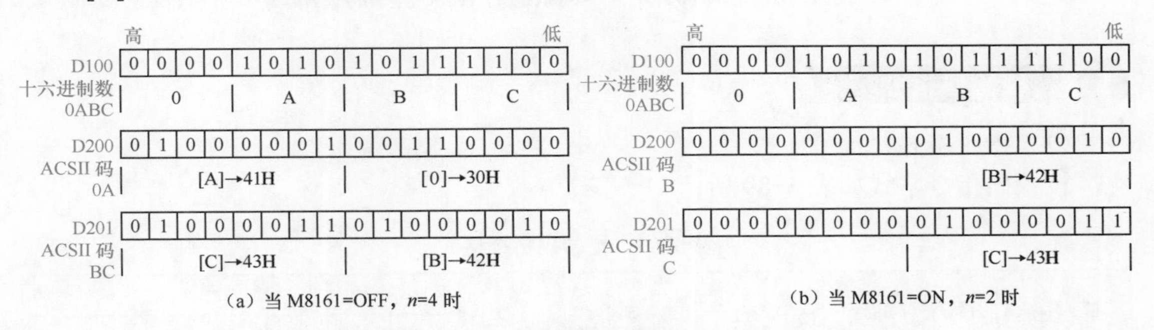

图 6-105　M8161 处于不同状态时 ASC 指令的使用

4　ASCII 码转十六进制数指令

（1）指令格式

ASCII 码转十六进制数指令格式如表 6-88 所示。

表 6-88　ASCII 码转十六进制数指令格式

指令名称	助记符与功能号	指令形式	操作数		
			S	D	n
ASCII 码转十六进制数指令	HEX FNC83	[HEX S D n]	K、H、KnX、KnY、KnM、KnS、T、C、D	KnX、KnY、KnM、KnS、T、C、D	K、H n=1 ～ 256

（2）使用说明

HEX 指令的使用如图 6-106 所示。在 PLC 运行时，M8000 常闭触点断开，M8161 失电，将数据存储设为 16 位模式。当常开触点 X010 闭合时，HEX 指令执行，将 [S]D200、D201 存储的 [n]4 个 ASCII 码转换成十六进制数，并保存在 [D]D100 中。

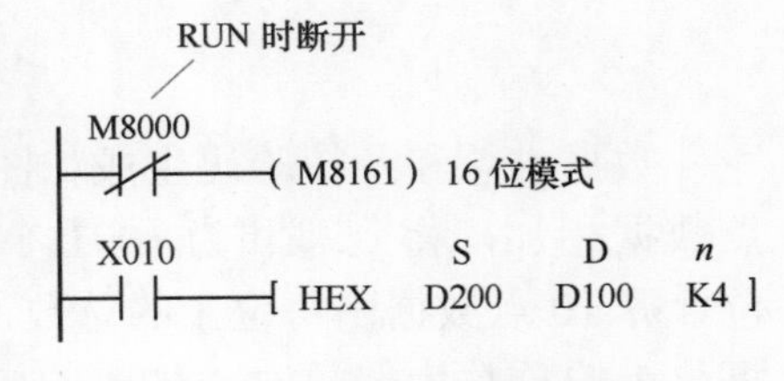

图 6-106　HEX 指令的使用

如图 6-107 所示，当 M8161=OFF 时，数据存储形式是 16 位，[S] 元件的高 8 位和低 8 位分别存放一个 ASCII 码；当 M8161=ON 时，数据存储形式是 8 位，此时 [S] 元件仅低 8 位有效，即只用低 8 位存放一个 ASCII 码。

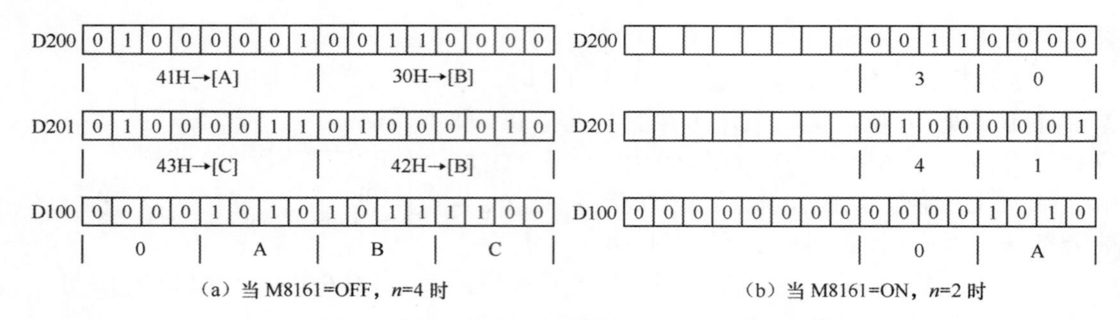

图 6-107　M8161 处于不同状态时 HEX 指令的使用

5 校验码指令

（1）指令格式

校验码指令格式如表 6-89 所示。

表 6-89　校验码指令格式

指令名称	助记符与功能号	指令形式	操作数		
			S	D	n
校验码指令	CCD FNC84	CCD S D n	KnX、KnY、KnM、KnS、T、C、D	KnY、KnM、KnS、T、C、D	K、H n=1 ～ 256

（2）使用说明

CCD 指令的使用如图 6-108 所示。在 PLC 运行时，M8000 常闭触点断开，M8161 失电，将数据存储设为 16 位模式。当常开触点 X010 闭合时，CCD 指令执行，将 [S] D100 为首编号元件的 [n]10 点数据（8 位为 1 点）进行求总和，并生成校验码，再将数据总和及校验码分别保存在 [D]、[D]+1（D0、D1）中。

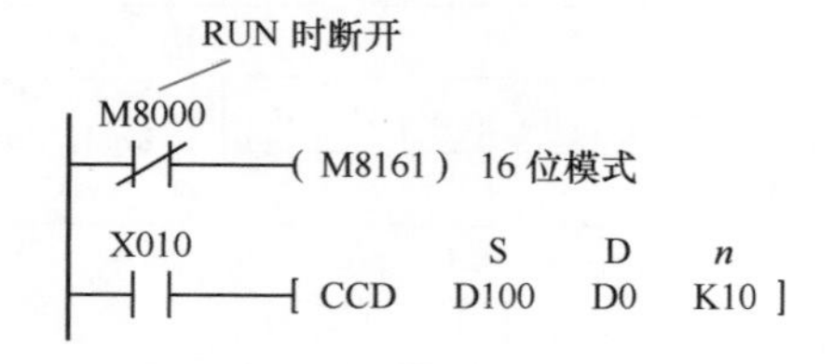

图 6-108　CCD 指令的使用

数据求总和及校验码生成如图 6-109 所示。在求总和时，将 D100 ～ D104 中的 10 点数据相加，得到总和为 1091（二进制为 10001000011）。生成校验码的方法是：逐位计算 10 点数据中每位 1 的总数，每位 1 的总数为奇数时，生成的校验码对应位为 1；每位 1 的总数为偶数时，生成的校验码对应位为 0，图 6-109 中 D100 ～ D104 中的 10 点数据的最低位 1 的总数为 3，是奇数，故生成校验码对应位为 1，10 点数据生成的校验码为 1000101。数据总和存入 D0 中，校验码存入 D1 中。

校验码指令常用于检验通信中数据是否发生错误。

S	数据内容
D100 低	K100　= 0 1 1 0 0 1 0 0
D100 高	K111　= 0 1 1 0 1 1 1 1
D101 低	K100　= 0 1 1 0 0 1 0 0
D101 高	K98　= 0 1 1 0 0 0 1 0
D102 低	K123　= 0 1 1 1 1 0 1 1
D102 高	K66　= 0 1 0 0 0 0 1 0
D103 低	K100　= 0 1 1 0 0 1 0 0
D103 高	K95　= 0 1 0 1 1 1 1 1
D104 低	K210　= 1 1 0 1 0 0 1 0
D104 高	K88　= 0 1 0 1 1 0 0 0
合计	K1091
校验	1 0 0 0 0 1 0 1

1 的个数是奇数，校验为 1
1 的个数是偶数，校验为 0

D0 | 0 | 0 | 0 | 0 | 0 | 1 | 0 | 0 | 0 | 1 | 0 | 0 | 0 | 0 | 1 | 1 | ⇐ 1091

D1 | 0 | 0 | 0 | 0 | 0 | 0 | 0 | 0 | 1 | 0 | 0 | 0 | 0 | 1 | 0 | 1 | ⇐ 校验

图 6-109　数据求总和及校验码生成

6　电位器模拟量读出指令

（1）指令格式

电位器模拟量读出指令格式如表 6-90 所示。

表 6-90　电位器模拟量读出指令格式

指令名称	助记符与功能号	指令形式	操作数	
			S	D
电位器模拟量读出指令	VRRD FNC85	─┤├──[VRRD │ S │ D]	K、H 变量号 0 ~ 7	K*n*Y、K*n*M、K*n*S、T、C、D、V、Z

（2）使用说明

VRRD 指令的功能是将模拟量调整器 [S] 号电位器的模拟值转换成二进制数 0 ~ 255，并存入 [D] 元件中。模拟量调整器是一种功能扩展板，FX_{1N}-8AV-BD 和 FX_{2N}-8AV-BD 是两种常见的调整器，安装在 PLC 的主单元上，调整器上有 8 个电位器，编号为 0 ~ 7，当电位器阻值由 0 调到最大时，相应转换成的二进制数由 0 变到 255。

VRRD 指令的使用如图 6-110 所示。当常开触点 X000 闭合时，VRRD 指令执行，将模拟量调整器的 [S]0 号电位器的模拟值转换成二进制数，再保存在 [D]D0 中，当常开触点 X001 闭合时，定时器 T0 开始以 D0 中的数作为计时值进行计时，这样就可以通过调节电位器来改变定时时

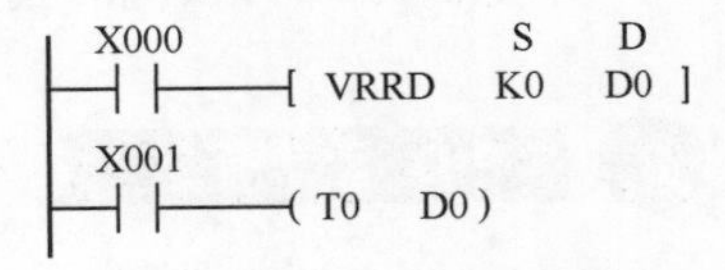

图 6-110　VRRD 指令的使用

间，如果定时时间大于 255，可用乘法指令 MUL 将 [D] 与某常数相乘而得到更大的定时时间。

7　电位器模拟量开关设定指令

（1）指令格式

电位器模拟量开关设定指令格式如表 6-91 所示。

表 6-91　电位器模拟量开关设定指令格式

指令名称	助记符与功能号	指令形式	操作数	
			S	D
电位器模拟量开关设定指令	VRSC FNC86	─┤├──[VRSC S D]	K、H 变量号 0 ～ 7	KnY、KnM、KnS、T、C、D、V、Z

（2）使用说明

VRSC 指令的功能与 VRRD 指令类似，但 VRSC 指令是将模拟量调整器 [S] 号电位器均分成 0 ～ 10 部分（相当于 0 ～ 10 挡），并转换成二进制数 0 ～ 10，再存入 [D] 元件中。电位器在旋转时是通过四舍五入化成整数值 0 ～ 10。

VRSC 指令的使用如图 6-111 所示。当常开触点 X000 闭合时，VRSC 指令执行，将模拟量调整器的 [S]1 号电位器的模拟值转换成二进制数 0 ～ 10，再保存在 [D]D1 中。

利用 VRSC 指令能将电位器分成 0 ～ 10 共 11 挡，可实现一个电位器进行 11 种控制切换，程序如图 6-112 所示。当常开触点 X000 闭合时，VRSC 指令执行，将 1 号电位器的模拟量值转换成二进制数（0 ～ 10），并存入 D1 中；当常开触点 X001 闭合时，DECO（解码）指令执行，对 D1 的低 4 位数进行解码，4 位数解码有 16 种结果，解码结果存入 M0 ～ M15 中，设电位器处于 1 挡，D1 的低 4 位数则为 0001，因 $(0001)_2=1$，解码结果使 M1 为 1（M0 ～ M15 其他的位均为 0），M1 常开触点闭合，执行设定的程序。

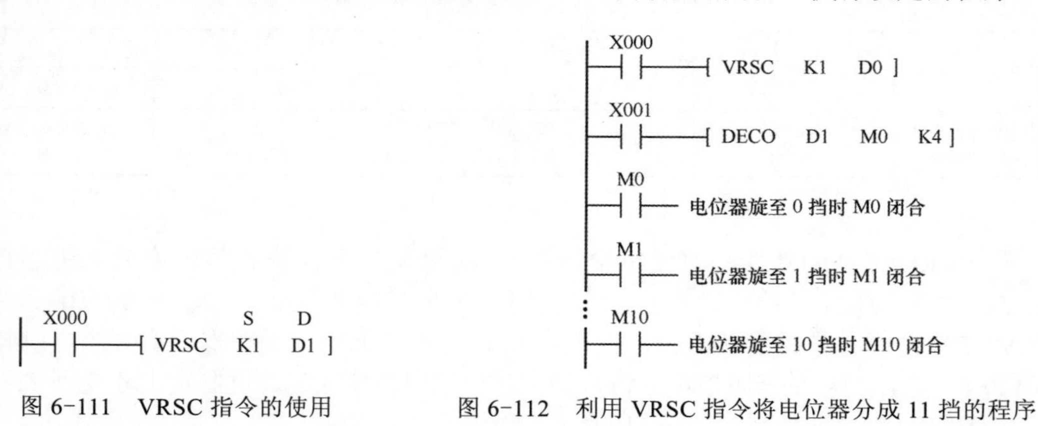

图 6-111　VRSC 指令的使用

图 6-112　利用 VRSC 指令将电位器分成 11 挡的程序

8　PID 运算指令

（1）关于 PID 控制

PID 控制又称比例微积分控制，是一种闭环控制。以图 6-113 所示的恒压供水系统为例来说明 PID 控制原理。

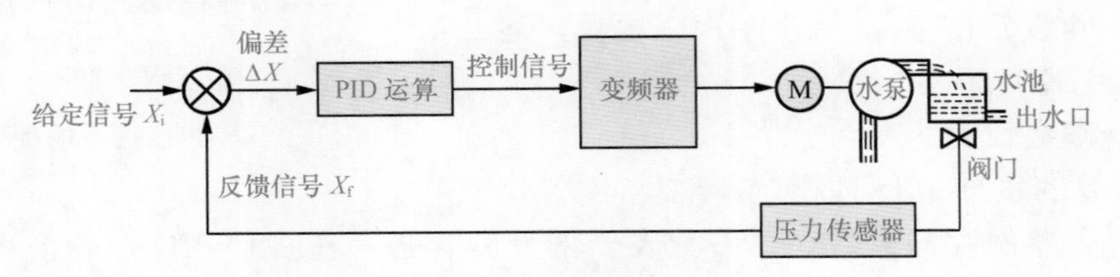

图 6-113 恒压供水系统

电动机驱动水泵将水抽入水池，水池中的水除了经出水口提供用水外，还经阀门送到压力传感器，传感器将水压大小转换成相应的电信号 X_f，X_f 反馈到比较器与给定信号 X_i 进行比较，得到偏差信号 ΔX（$\Delta X=X_i-X_f$）。

若 $\Delta X>0$，表明水压小于给定值，偏差信号经 PID 运算得到控制信号，控制变频器，使之输出频率上升，电动机转速加快，水泵抽水量增多，水压增大。

若 $\Delta X<0$，表明水压大于给定值，偏差信号经 PID 运算得到控制信号，控制变频器，使之输出频率下降，电动机转速变慢，水泵抽水量减少，水压下降。

若 $\Delta X=0$，表明水压等于给定值，偏差信号经 PID 运算得到控制信号，控制变频器，使之输出频率不变，电动机转速不变，水泵抽水量不变，水压不变。

由于控制回路的滞后性，会使水压值与给定值有偏差。例如，当用水量增多水压下降时，电路需要对有关信号进行处理，再控制电动机转速变快，提高水泵抽水量。从压力传感器检测到水压下降，使控制电动机转速加快，提高水泵抽水量，恢复水压需要一定时间。通过提高电动机转速恢复水压后，系统又要将电动机转速调回正常值，这也要一定的时间，在这段回调时间内水泵抽水量会偏多，导致水压又增大，又需进行反调。这样的结果是水池水压会在给定值上下波动（振荡），即水压不稳定。

采用了 PID 运算可以有效减小控制环路滞后和过调问题（无法彻底消除）。**PID 运算包括 P 处理、I 处理和 D 处理。P（比例）处理是将偏差信号 ΔX 按比例放大，提高控制的灵敏度；I（积分）处理是对偏差信号进行积分处理，缓解 P 处理比例放大量过大引起的超调和振荡；D（微分）处理是对偏差信号进行微分处理，以提高控制的迅速性。**

（2）PID 运算指令格式

PID 运算指令格式如表 6-92 所示。

表 6-92 PID 运算指令格式

指令名称	助记符与功能号	指令形式	操作数			
			S1	S2	S3	D
PID 运算指令	PID FNC88	PID S1 S2 S3 D	D	D	D	D

（3）使用说明

① 指令的使用形式

PID 指令的使用形式如图 6-114 所示。当常开触点 X000 闭合时，PID 指令执行，

将 [S1]D0 设定值与 [S2]D1 测定值之差按 [S3] D100 ～ D124 设定的参数表进行 PID 运算，运算结果存入 [D]D150 中。

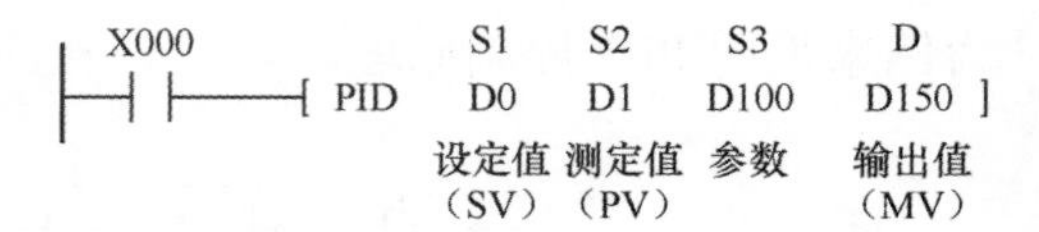

图 6-114 PID 指令的使用形式

② PID 参数设置

PID 运算的依据是 [S3] 指定首地址的 25 个连号数据寄存器保存的参数表。参数表一部分内容必须在执行 PID 指令前由用户用指令写入（如用 MOV 指令），一部分留作内部运算使用，还有一部分用来存入运算结果。[S3] ～ [S3]+24 保存的参数表内容见表 6-93。

表 6-93 [S3] ～ [S3]+24 保存的参数表内容

元件	功能		
[S3]	采样时间（T_s） 1 ～ 32767（ms）（但比运算周期短的时间数值无法执行）		
[S3]+1	动作方向（ACT）	bit0 0：正动作（如空调控制）	1：逆动作（如加热炉控制）
		bit1 0：输入变化量报警无	1：输入变化量报警有效
		bit2 0：输出变化量报警无	1：输出变化量报警有效
		bit3 不可使用	
		bit4：自动调谐不动作	1：执行自动调谐
		bit5：输出值上下限设定无	1：输出值上下限设定有效
		bit6 ～ bit15 不可使用	
		另外，请不要使 bit5 和 bit2 同时处于 ON	
[S3]+2	输入滤波常熟（α）	0 ～ 99[%]	0 时没有输入滤波
[S3]+3	比例增益（Kp）	1 ～ 32767[%]	
[S3]+4	积分时间（T_I）	0 ～ 32767(×100ms)	0 时作为∞处理（无积分）
[S3]+5	微分增益（K_D）	0 ～ 100[%]	0 时无积分增益
[S3]+6	微分时间（T_D）	0 ～ 32767(×10ms)	0 时无微分处理
[S3]+7 ～ [S3]+19	PID 运算的内部处理占用		
[S3]+20	输入变化量（增侧）报警设定值	0 ～ 32767（[S3]+1<ACT> 的 bit1=1 时有效）	
[S3]+21	输入变化量（减侧）报警设定值	0 ～ 32767（[S3]+1<ACT> 的 bit1=1 时有效）	
[S3]+22	输出变化量（增侧）报警设定值	0 ～ 32767（[S3]+1<ACT> 的 bit2=1，bit5=0 时有效）	
	另外，输出上限设定值	-32768 ～ 32767（[S3]+1<ACT> 的 bit2=0，bit5=1 时有效）	
[S3]+23	输出变化量（减侧）报警设定值 另外，输出下限设定值	0 ～ 32767（[S3]+1<ACT> 的 bit2=1，bit5=0 时有效） -32768 ～ 32767（[S3]+1<ACT> 的 bit2=0，bit5=1 时有效）	
[S3]+24	报警输出	bit0 输入变化量（增侧）溢出	（[S3]+1<ACT> 的 bit1=1 或 bit2=1 时有效）
		bit1 输入变化量（减侧）溢出	
		bit2 输出变化量（增侧）溢出	
		bit3 输出变化量（减侧）溢出	

③ PID 控制应用举例

在恒压供水 PID 控制系统中，压力传感器将水压大小转换成电信号。该信号是模拟量，PLC 无法直接接收，需要用电路将模拟量转换成数字量，再将数字量作为测定值送入 PLC，将它与设定值之差进行 PID 运算，运算得到控制值，控制值是数字量，变频器无法直接接收，需要用电路将数字量控制值转换成模拟量信号，去控制变频器，使变频器根据控制信号来调制泵电机的转速，以实现恒压供水。

三菱 FX_{2N} 型 PLC 有专门配套的模拟量输入 / 输出功能模块 FX_{0N}-3A，在使用时将它用专用电缆与 PLC 连接好，如图 6-115 所示，再将模拟输入端接压力传感器，模拟量输出端接变频器。在工作时，压力传感器送来的反映压力大小的电信号进入 FX_{0N}-3A 模块转换成数字量，再送入 PLC 进行 PID 运算，运算得到的控制值送入 FX_{0N}-3A 转换成模拟量控制信号，该信号去调节变频器的频率，从而调节泵电机的转速。

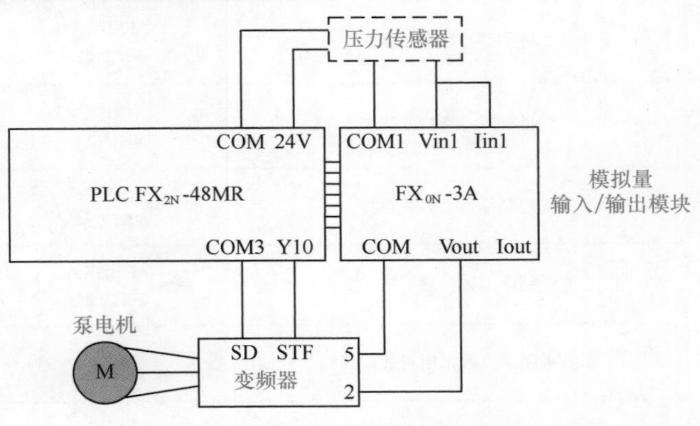

图 6-115　PID 控制恒压供水的硬件连接

6.2.10　浮点数（实数）运算指令

浮点数即实数，是指带小数点的数。浮点数运算指令包括浮点数比较、变换、四则运算、开平方和三角函数等指令。这些指令的使用方法与二进制数运算指令类似，但浮点运算都是 32 位。大多数情况下，很少用到浮点运算指令。浮点运算指令格式见表 6-94。

表 6-94　浮点运算指令格式

指令名称	助记符与功能号	指令形式
二进制浮点数比较	ECMP FNC110	ECMP S1 S2 D
二进制浮点数区间比较	EZCP FNC111	EZCP S1 S2 S D
二进制浮点数数据传送	EMOV FNC112	EMOV S D
二进制浮点数→字符串	ESTR FNC116	ESTR S1 S2 D
字符串→二进制浮点数	EVAL FNC117	EVAL S D
二进制浮点数→十进制浮点数	EBCD FNC118	EBCD S D
十进制浮点数→二进制浮点数	EBIN FNC119	EBIN S D
二进制浮点数加法运算	EADD FNC120	EADD S1 S2 D
二进制浮点数减法运算	ESUB FNC121	ESUB S1 S2 D

续表

指令名称	助记符与功能号	指令形式
二进制浮点数乘法运算	EMUL FNC122	EMUL S1 S2 D
二进制浮点数除法运算	EDIV FNC123	EDIV S1 S2 D
二进制浮点数指数运算	EXP FNC124	EXP S D
二进制浮点数自然对数运算	LOGE FNC125	LOGE S D
二进制浮点数常用对数运算	LOG10 FNC126	LOG10 S D
二进制浮点数开方运算	ESQR FNC127	ESQR S D
二进制浮点数符号翻转运算	ENEG FNC128	ENEG D
二进制浮点数→ BIN 整数	INT FNC129	INT S D
二进制浮点数 SIN 运算	SIN FNC130	SIN S D
二进制浮点数 COS 运算	COS FNC131	COS S D
二进制浮点数 TAN 运算	TAN FNC132	TAN S D
二进制浮点数 SIN^{-1} 运算	ASIN FNC133	ASIN S D
二进制浮点数 COS^{-1} 运算	ACOS FNC134	ACOS S D
二进制浮点数 TAN^{-1} 运算	ATAN FNC135	ATAN S D
二进制浮点数角度→弧度	RAD FNC136	RAD S D
二进制浮点数弧度→角度	DEG FNC137	DEG S D

6.2.11 高低位变换指令

高低位变换指令只有一条，功能号为 FNC147，指令助记符为 SWAP。

1 高低位变换指令格式

（1）指令格式

高低位变换指令格式如表 6-95 所示。

表 6-95 高低位变换指令格式

指令名称	助记符与功能号	指令形式	操作数
			S
高低位变换指令格式	SWAP FNC147	┤├──[SWAP S]	KnY、KnM、KnS、T、C、D、V、Z

（2）使用说明

高低位变换指令的使用如图 6-116 所示，图 6-116（a）中的 SWAPP 为 16 位指令，当常开触点 X000 闭合时，SWAPP 指令执行，D10 中的高 8 位和低 8 位数据互换；图 6-116（b）的 DSWAPP 为 32 位指令，当常开触点 X001 闭合时，DSWAPP 指令执行，D10 中的高 8 位和低 8 位数据互换，D11 中的高 8 位和低 8 位数据互换。

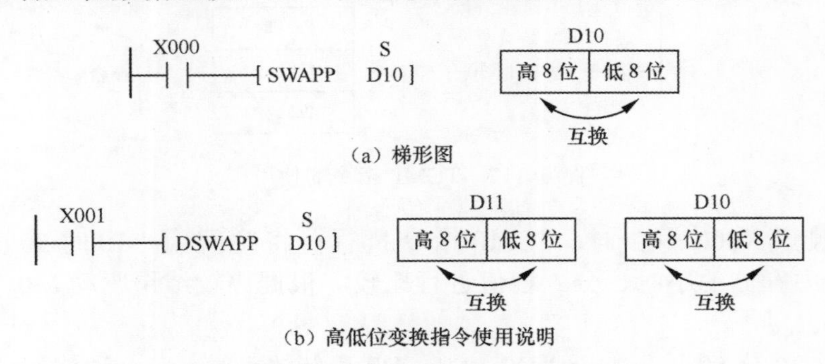

图 6-116 高低位变换指令的使用

6.2.12 时钟运算指令

时钟运算指令有 7 条，功能号为 160 ～ 163、166、167、169，其中 169 号指令仅适用于 FX_{1S}、FX_{1N} 机型，不适用于 FX_{2N}、FX_{2NC} 机型。

1 时钟数据比较指令

（1）指令格式

时钟数据比较指令格式如表 6-96 所示。

表 6-96 时钟数据比较指令格式

指令名称	助记符与功能号	指令形式	操作数				
			S1	S2	S3	S	D
时钟数据比较指令	TCMP FNC160	┤├──[TCMP S1 S2 S3 S D]	K、H、KnX、KnY、KnM、KnS、T、C、D、V、Z			T、C、D（占 3 个连续元件）	Y、M、S（占 3 个连续元件）

（2）使用说明

TCMP 指令的使用如图 6-117 所示。[S1] 为指定基准时间的小时值（0 ～ 23），[S2] 为指定基准时间的分钟值（0 ～ 59），[S3] 为指定基准时间的秒值（0 ～ 59），[S] 指定待比较的时间值，其中 [S]、[S]+1、[S]+2 分别为待比较的小时、分、秒值，[D] 为比较输出元件，其中 [D]、[D]+1、[D]+2 分别为 >、=、< 时的输出元件。

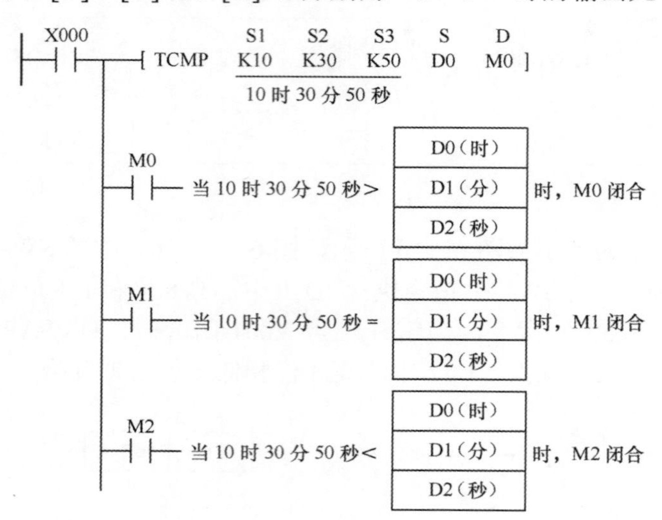

图 6-117　TCMP 指令的使用

当常开触点 X000 闭合时，TCMP 指令执行，将时间值“10 时 30 分 50 秒”与 D0、D1、D2 中存储的小时、分、秒值进行比较，根据比较结果驱动 M0 ～ M2，具体如下。

若“10 时 30 分 50 秒”大于“D0、D1、D2 存储的小时、分、秒值”，M0 被驱动，M0 常开触点闭合。

若“10 时 30 分 50 秒”等于“D0、D1、D2 存储的小时、分、秒值”，M1 被驱动，M1 常开触点闭合。

若“10 时 30 分 50 秒”小于“D0、D1、D2 存储的小时、分、秒值”，M2 被驱动，M2 常开触点闭合。

当常开触点 X000=OFF 时，TCMP 指令停止执行，但 M0 ～ M2 仍保持 X000 为 OFF 前时的状态。

2　时钟数据区间比较指令

（1）指令格式

时钟数据区间比较指令格式如表 6-97 所示。

表 6-97　时钟数据区间比较指令格式

指令名称	助记符与功能号	指令形式	操作数			
			S1	S2	S	D
时钟数据区间比较指令	TZCP FNC161	TZCP S1 S2 S D	T、C、D [S1] ≤ [S2]（3 个连续元件）		T、C、D	Y、M、S（占 3 个连续元件）

（2）使用说明

TZCP 指令的使用如图 6-118 所示。[S1] 指定第一基准时间值（小时、分、秒值），[S2]

指定第二基准时间值（小时、分、秒值），[S] 指定待比较的时间值，[D] 为比较输出元件，[S1]、[S2]、[S]、[D] 都需占用 3 个连号元件。

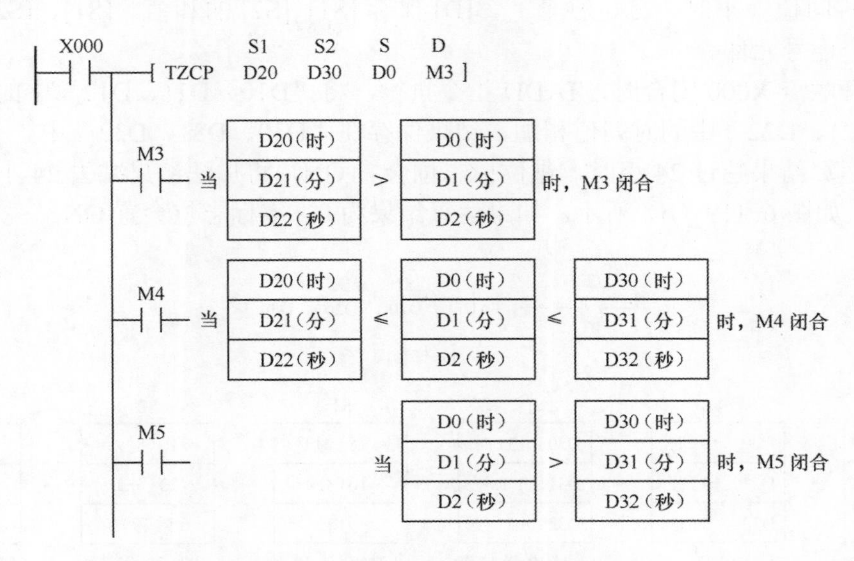

图 6-118　TZCP 指令的使用

当常开触点 X000 闭合时，TZCP 指令执行，将“D20、D21、D22”“D30、D31、D32”中的时间值与“D0、D1、D2”中的时间值进行比较，根据比较结果驱动 M3 ～ M5，具体如下。

若“D0、D1、D2”中的时间值小于“D20、D21、D22”中的时间值，M3 被驱动，M3 常开触点闭合。

若“D0、D1、D2”中的时间值处于“D20、D21、D22”和“D30、D31、D32”时间值之间，M4 被驱动，M4 常开触点闭合。

若“D0、D1、D2”中的时间值大于“D30、D31、D32”中的时间值，M5 被驱动，M5 常开触点闭合。

当常开触点 X000=OFF 时，TZCP 指令停止执行，但 M3 ～ M5 仍保持 X000 为 OFF 前时的状态。

3　时钟数据加法指令

（1）指令格式

时钟数据加法指令格式如表 6-98 所示。

表 6-98　时钟数据加法指令格式

指令名称	助记符与功能号	指令形式	操作数		
			S1	S2	D
时钟数据加法指令	TADD FNC162	TADD S1 S2 D	T、C、D		T、C、D

（2）使用说明

TADD 指令的使用如图 6-119 所示。[S1] 指定第一时间值（小时、分、秒值），[S2] 指定第二时间值（小时、分、秒值），[D] 保存 [S1]+[S2] 的和值，[S1]、[S2]、[D] 都需占用 3 个连号元件。

当常开触点 X000 闭合时，TADD 指令执行，将“D10、D11、D12”中的时间值与“D20、D21、D22”中的时间值相加，结果保存在“D30、D31、D32”中。

如果运算结果超过 24 小时，进位标志位会置 ON，将加法结果减去 24 小时再保存在 [D] 中，如图 6-119（b）所示。如果运算结果为 0，零标志位会置 ON。

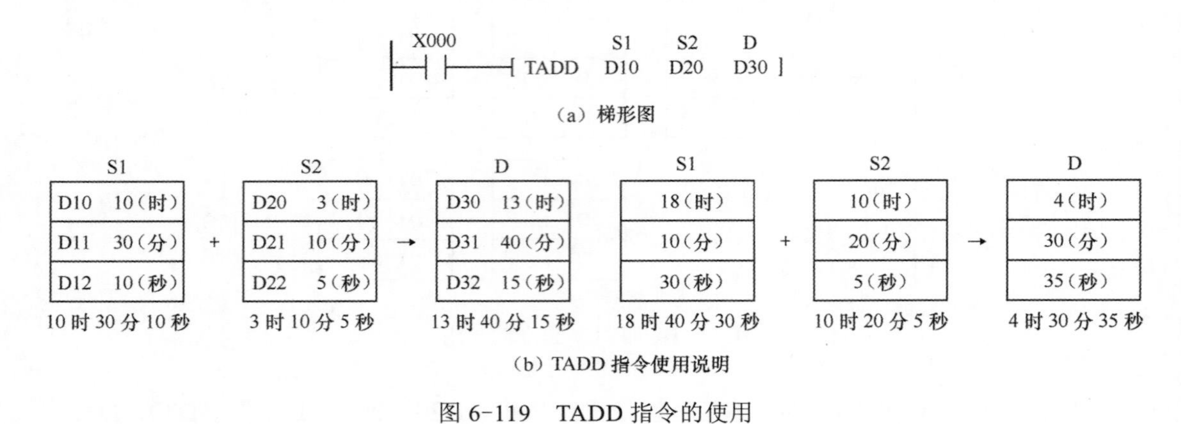

图 6-119　TADD 指令的使用

4　时钟数据减法指令

（1）指令格式

时钟数据减法指令格式如表 6-99 所示。

表 6-99　时钟数据减法指令格式

指令名称	助记符与功能号	指令形式	操作数		
			S1	S2	D
时钟数据减法指令	TSUB FNC163	TSUB S1 S2 D	T、C、D		T、C、D

（2）使用说明

TSUB 指令的使用如图 6-120 所示。[S1] 指定第一时间值（小时、分、秒值），[S2] 指定第二时间值（小时、分、秒值），[D] 保存 [S1]-[S2] 的差值，[S1]、[S2]、[D] 都需占用 3 个连号元件。

当常开触点 X000 闭合时，执行 TSUB 指令，将“D10、D11、D12”中的时间值与“D20、D21、D22”中的时间值相减，结果保存在“D30、D31、D32”中。

如果运算结果小于 0 小时，借位标志位会置 ON，将减法结果加 24 小时再保存在 [D] 中，如图 6-120 所示。

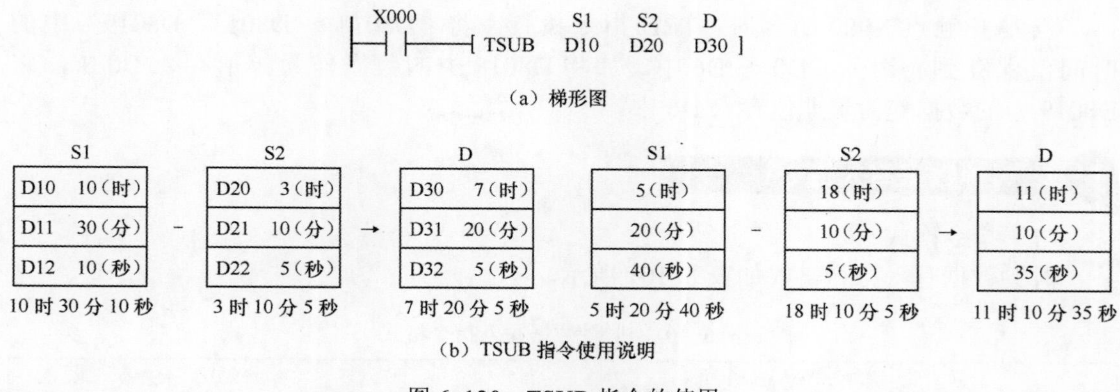

图 6-120　TSUB 指令的使用

5　时钟数据读出指令

（1）指令格式

时钟数据读出指令格式如表 6-100 所示。

表 6-100　时钟数据读出指令格式

指令名称	助记符与功能号	指令形式	操作数
			D
时钟数据读出指令	TRD FNC166	[TRD D]	T、C、D （7 个连号元件）

（2）使用说明

TRD 指令的使用如图 6-121 所示。TRD 指令的功能是将 PLC 当前时间（年、月、日、时、分、秒、星期）读入 [D]D0 为首编号的 7 个连号元件 D0 ～ D6 中。PLC 当前时间保存在实时时钟用的特殊数据寄存器 D8013 ～ D8019 中，这些寄存器中的数据会随时间变化而变化。D0 ～ D6 和 D8013 ～ D8019 的内容及对应关系如图 6-121（b）所示。

图 6-121　TRD 指令的使用

当常开触点 X000 闭合时，TRD 指令执行，将“D8018 ～ D8013、D8019”中的时间值保存到（读入）D0 ～ D6 中，如将 D8018 中的数据作为年值存入 D0 中，将 D8019 中的数据作为星期值存入 D6 中。

6　时钟数据写入指令

（1）指令格式

时钟数据写入指令格式如表 6-101 所示。

表 6-101　时钟数据写入指令格式

指令名称	助记符与功能号	指令形式	操作数
			S
时钟数据写入指令	TWR FNC167	─┤├──[TWR S]	T、C、D （7 个连号元件）

（2）使用说明

TWR 指令的使用如图 6-122 所示。TWR 指令的功能是将 [S]D10 为首编号的 7 个连号元件 D10 ～ D16 中的时间值（年、月、日、时、分、秒、星期）写入特殊数据寄存器 D8013 ～ D8019 中。D10 ～ D16 和 D8013 ～ D8019 的内容及对应关系如图 6-121（b）所示。

X001 ─┤├──[TWR　S D10]

（a）梯形图

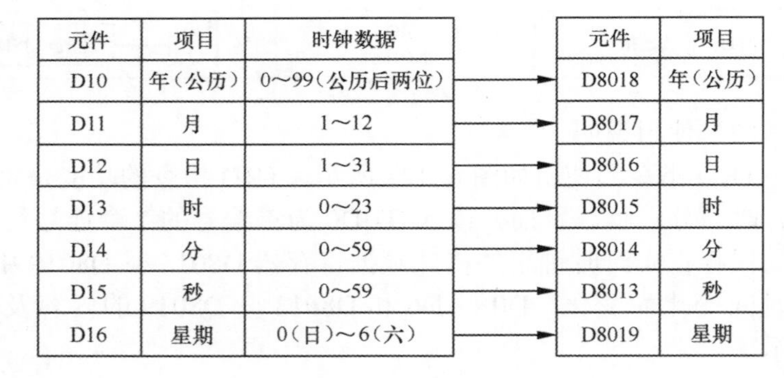

元件	项目	时钟数据	→	元件	项目
D10	年（公历）	0～99（公历后两位）	→	D8018	年（公历）
D11	月	1～12	→	D8017	月
D12	日	1～31	→	D8016	日
D13	时	0～23	→	D8015	时
D14	分	0～59	→	D8014	分
D15	秒	0～59	→	D8013	秒
D16	星期	0（日）～6（六）	→	D8019	星期

（b）TWR 指令使用说明

图 6-122　TWR 指令的使用

当常开触点 X001 闭合时，TWR 指令执行，将“D10 ～ D16”中的时间值写入 D8018 ～ D8013、D8019 中，如将 D10 中的数据作为年值写入 D8018 中，将 D16 中的数据作为星期值写入 D8019 中。

（3）修改 PLC 的实时时钟

PLC 在出厂时已经设定了实时时钟，以后实时时钟会自动运行，如果实时时钟运行不准确，可以采用程序修改。图 6-123 所示为修改 PLC 实时时钟的梯形图程序，利用它可以将实时时钟设为 05 年 4 月 25 日 3 时 20 分 30 秒星期二。

在编程时，先用 MOV 指令将要设定的年、月、日、时、分、秒、星期值分别传送给 D0 ～ D6，然后用 TWR 指令将 D0 ～ D6 中的时间值写入 D8018 ～ D8013、D8019 中。

在进行时钟设置时，设置的时间应较实际时间晚几分钟，当实际时间到达设定时间后让X000触点闭合，程序就将设置的时间写入PLC的实时时钟数据寄存器中，闭合触点X001，M8017置ON，可对时钟进行±30s修正。

PLC实时时钟的年值默认为两位（如05年），如果要改成4位（2005年），可给图6-123程序追加图6-124所示的程序，在第二个扫描周期开始年值就为4位。

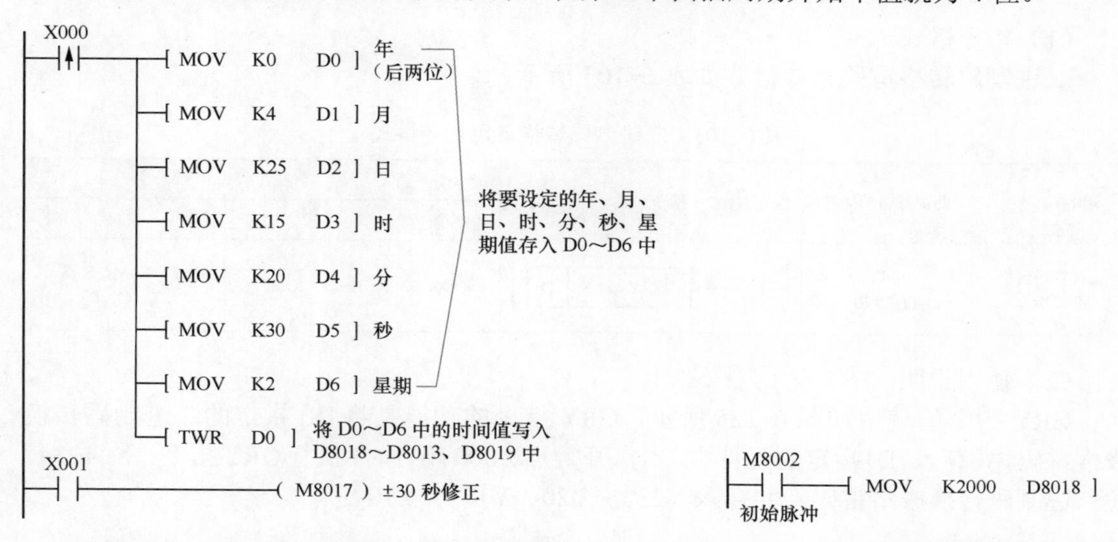

图6-123 修改PLC实时时钟的梯形图程序

图6-124 将年值改为4位需增加的梯形图程序

6.2.13 格雷码变换指令

1 有关格雷码的知识

两个相邻代码之间仅有一位数码不同的代码称为格雷码。十进制数、二进制与格雷码的对应关系如表6-102所示。

表6-102 十进制数、二进制数与格雷码的对应关系

十进制数	二进制数	格雷码	十进制数	二进制数	格雷码
0	0000	0000	8	1000	1100
1	0001	0001	9	1001	1101
2	0010	0011	10	1010	1111
3	0011	0010	11	1011	1110
4	0100	0110	12	1100	1010
5	0101	0111	13	1101	1011
6	0110	0101	14	1110	1001
7	0111	0100	15	1111	1000

从表6-102中可以看出，相邻的两个格雷码之间仅有一位数码不同，如5的格雷码是0111，它与4的格雷码0110仅最后一位不同，与6的格雷码0101仅倒数第二位

不同。二进制数在递增或递减时，往往多位发生变化，3 的二进制数 0011 与 4 的二进制数 0100 同时有三位发生变化，这样在数字电路处理中很容易出错，而格雷码在递增或递减时，仅有一位发生变化，这样不容易出错，所以格雷码常用于高分辨率的系统中。

2　二进制码（BIN 码）转格雷码指令

（1）指令格式

二进制码转格雷码指令格式如表 6-103 所示。

表 6-103　二进制码转格雷码指令格式

指令名称	助记符与功能号	指令形式	操作数	
			S	D
二进制码转格雷码指令	GRY FNC170	GRY S D	K、H、 KnX、KnY、KnM、KnS、 T、C、D	KnY、KnM、KnS、 T、C、D

（2）使用说明

GRY 指令的使用如图 6-125 所示。GRY 指令的功能是将 [S] 指定的二进制码转换成格雷码，并存入 [D] 指定的元件中。当常开触点 X000 闭合时，执行 GRY 指令，将“1234”的二进制码转换成格雷码，并存入 Y23 ～ Y20、Y17 ～ Y10 中。

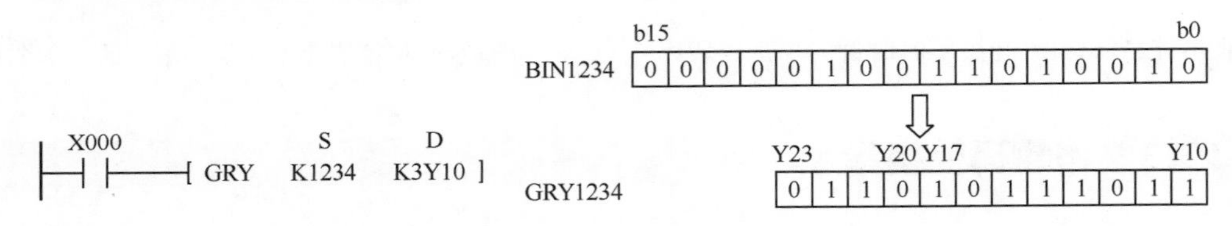

图 6-125　GRY 指令的使用

3　格雷码转二进制码指令

（1）指令格式

格雷码转二进制码指令格式如表 6-104 所示。

表 6-104　格雷码转二进制码指令格式

指令名称	助记符与功能号	指令形式	操作数	
			S	D
格雷码转二进制码指令	GBIN FNC171	GBIN S D	K、H、 KnX、KnY、KnM、KnS、 T、C、D	KnY、KnM、KnS、 T、C、D

（2）使用说明

GBIN 指令的使用如图 6-126 所示。GBIN 指令的功能是将 [S] 指定的格雷码转换成二进制码，并存入 [D] 指定的元件中。当常开触点 X020 闭合时，GBIN 指令执行，将 X13 ～ X10、X7 ～ X0 中的格雷码转换成二进制码，并存入 D10 中。

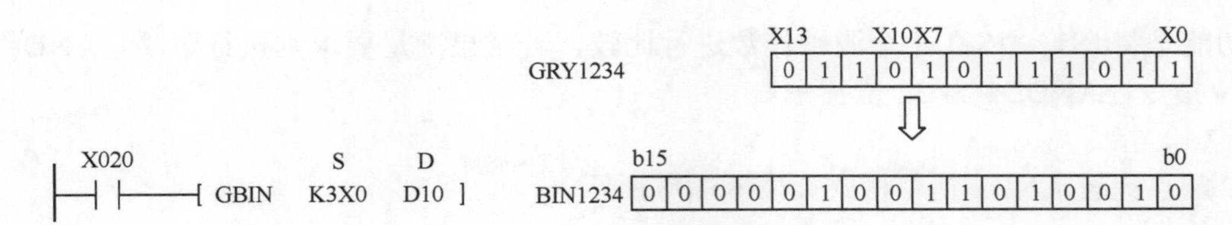

图 6-126 GBIN 指令的使用

6.2.14 触点比较指令

触点比较指令分为三类：LD* 指令、AND* 指令和 OR* 指令。

1 触点比较 LD* 指令

LD* 指令是连接左母线的触点比较指令，其功能是将 [S1]、[S2] 两个源操作数进行比较，若结果满足要求则执行驱动。LD* 为 16 位指令，LDD* 为 32 位指令。

（1）指令格式

触点比较 LD* 指令格式如表 6-105 所示。

表 6-105 触点比较 LD* 指令格式

指令助记符与功能号	指令形式	导通条件	操作数	
			S1	S2
LD=FNC224	LD= S1 S2	S1=S2 时导通	K、H、KnX、KnY、KnM、KnS、T、C、D、V、Z	K、H、KnX、KnY、KnM、KnS、T、C、D、V、Z
LD > FNC225	LD> S1 S2	S1>S2 时导通		
LD < FNC226	LD< S1 S2	S1<S2 时导通		
LD <> FNC228	LD<> S1 S2	S1 ≠ S2 时导通		
LD ≤ FNC229	LD<= S1 S2	S1 ≤ S2 时导通		
LD ≥ FNC230	LD>= S1 S2	S1 ≥ S2 时导通		

（2）使用说明

LD* 指令的使用如图 6-127 所示。当计数器 C10 的计数值等于 200 时，驱动 Y010；当 D200 中的数据大于 -30 并且常开触点 X001 闭合时，将 Y011 置位；当计数器 C200 的计数值小于 678493 时，或 M3 触点闭合时，驱动 M50。

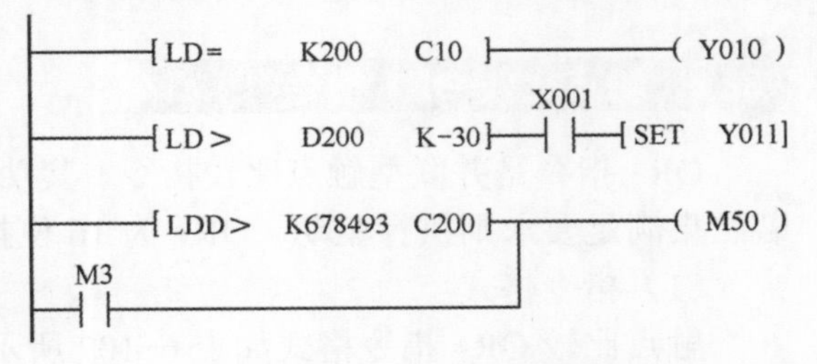

图 6-127 LD* 指令的使用

2 触点比较 AND* 指令

AND* 指令是串联型触点比较指令，

其功能是将 [S1]、[S2] 两个源操作数进行比较，若结果满足要求则执行驱动。AND* 为 16 位指令，ANDD* 为 32 位指令。

（1）指令格式

触点比较 AND* 指令格式如表 6-106 所示。

表 6-106　触点比较 AND* 指令格式

指令助记符与功能号	指令形式	导通条件	操作数	
			S1	S2
AND=FNC232	AND= S1 S2	S1=S2 时导通	K、H、KnX、KnY、KnM、KnS、T、C、D、V、Z	K、H、KnX、KnY、KnM、KnS、T、C、D、V、Z
AND > FNC233	AND> S1 S2	S1>S2 时导通		
AND < FNC234	AND< S1 S2	S1<S2 时导通		
AND <> FNC236	AND<> S1 S2	S1 ≠ S2 时导通		
AND ≤ FNC237	AND<= S1 S2	S1 ≤ S2 时导通		
AND ≥ FNC238	AND>= S1 S2	S1 ≥ S2 时导通		

（2）使用说明

AND* 指令的使用如图 6-128 所示。当常开触点 X000 闭合且计数器 C10 的计数值等于 200 时，驱动 Y010；当常闭触点 X001 闭合且 D0 中的数据不等于 -10 时，将 Y011 置位；当常开触点 X002 闭合且 D10、D11 中的数据小于 678493 时，或者触点 M3 闭合时，驱动 M50。

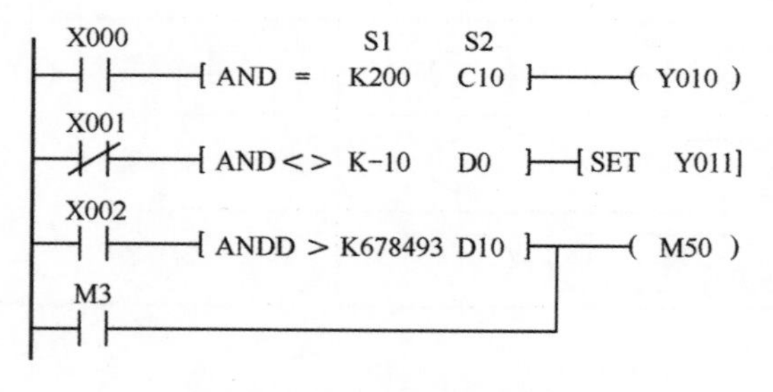

图 6-128　AND* 指令的使用

3　触点比较 OR* 指令

OR* 指令是并联型触点比较指令，其功能是将 [S1]、[S2] 两个源操作数进行比较，若结果满足要求则执行驱动。OR* 为 16 位指令，ORD* 为 32 位指令。

（1）指令格式

触点比较 OR* 指令格式如表 6-107 所示。

表 6-107 触点比较 OR∗ 指令格式

<table>
<tr><th rowspan="2">指令助记符与功能号</th><th rowspan="2">指令形式</th><th rowspan="2">导通条件</th><th colspan="2">操作数</th></tr>
<tr><th>S1</th><th>S2</th></tr>
<tr><td>OR=FNC240</td><td>OR= S1 S2</td><td>S1=S2 时导通</td><td rowspan="6">K、H、
KnX、KnY、
KnM、KnS、
T、C、D、V、Z</td><td rowspan="6">K、H、
KnX、KnY、
KnM、KnS、
T、C、D、V、Z</td></tr>
<tr><td>OR > FNC241</td><td>OR> S1 S2</td><td>S1>S2 时导通</td></tr>
<tr><td>OR < FNC242</td><td>OR< S1 S2</td><td>S1<S2 时导通</td></tr>
<tr><td>OR <> FNC244</td><td>OR<> S1 S2</td><td>S1 ≠ S2 时导通</td></tr>
<tr><td>OR ≤ FNC245</td><td>OR<= S1 S2</td><td>S1 ≤ S2 时导通</td></tr>
<tr><td>OR ≥ FNC246</td><td>OR>= S1 S2</td><td>S1 ≥ S2 时导通</td></tr>
</table>

（2）使用说明

OR∗ 指令的使用如图 6-129 所示。当常开触点 X001 闭合时，或者计数器 C10 的计数值等于 200 时，驱动 Y000；当常开触点 X002、M30 均闭合，或 D100 中的数据大于或等于 100000 时，驱动 M60。

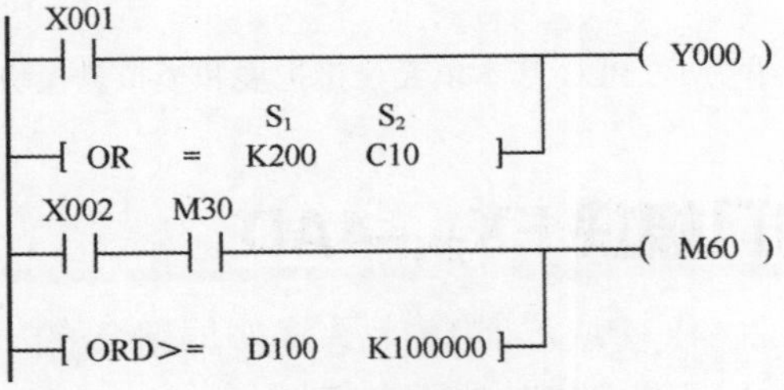

```
 X001
─┤├──────────────────────( Y000 )
              S1    S2
─[ OR   =   K200   C10   ]
 X002    M30
─┤├──────┤├──────────────( M60 )
─[ ORD>=    D100   K100000 ]
```

图 6-129 OR∗ 指令的使用

第7章　模拟量模块的使用

三菱 FX 系列 PLC 基本单元（又称主单元）只能处理数字量，在处理模拟量时就需要对基本单元连接模拟量处理模块。模拟量是指连续变化的电压或电流，如压力传感器能将不断增大的压力转换成不断升高的电压，该电压就是模拟量。模拟量模块包括模拟量输入模块、模拟量输出模块和温控模块。

图 7-1 中的 PLC 基本单元（FX_{2N}-48MR）通过扩展电缆连接了 I/O 扩展模块和模拟量处理模块，FX_{2N}-4AD 为模拟量输入模块，它属于特殊功能模块，并且最靠近 PLC 基本单元，其设备号为 0；FX_{2N}-4DA 为模拟量输出模块，它也是特殊功能模块，其设备号为 1（扩展模块不占用设备号）；FX_{2N}-4AD-PT 为温度模拟量输入模块，它属于特殊功能模块，其设备号为 2；FX_{2N}-16EX 为输入扩展模块，给 PLC 扩展了 16 个输入端子（X030 ～ X047）；FX_{2N}-32ER 为输入 / 输出扩展模块，给 PLC 扩展了 16 个输入端子（X050 ～ X067）和 16 个输出端子（Y030 ～ Y047）。

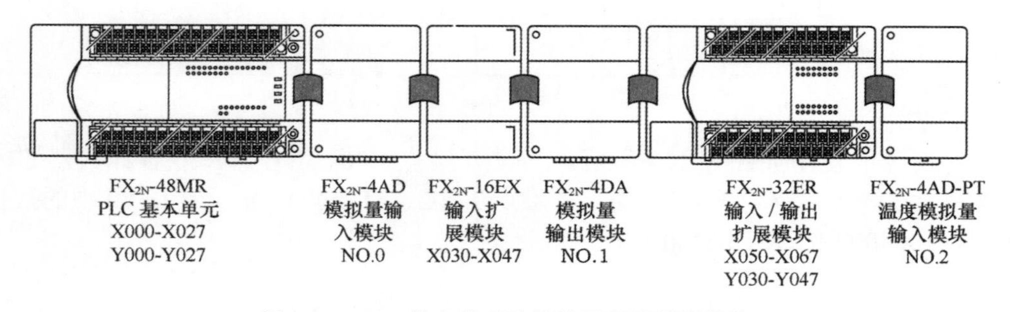

图 7-1　PLC 基本单元连接扩展和模拟量模块

7.1　模拟量输入模块 FX_{2N}-4AD

模拟量输入模块简称 **AD** 模块，其功能是将外界输入的模拟量（电压或电流）转换成数字量并存在内部特定的 **BFM**（缓冲存储器）中，**PLC** 可以使用 **FROM** 指令从 **AD** 模块中读取这些 **BFM** 中的数字量。三菱 FX 系列 AD 模块型号很多，常用的有 FX_{0N}-3A、FX_{2N}-2AD、FX_{2N}-4AD、FX_{2N}-8AD 等，本节以 FX_{2N}-4AD 模块为例来介绍模拟量输入模块。

7.1.1　外形

模拟量输入模块 FX_{2N}-4AD 的外形如图 7-2 所示。

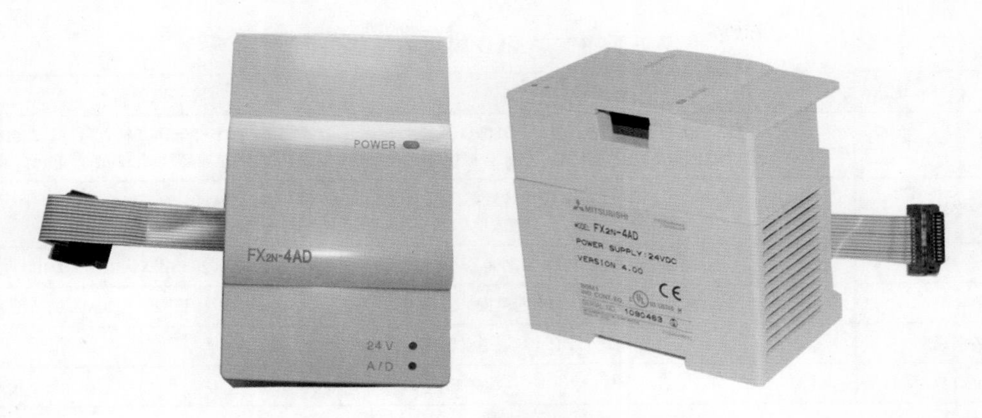

图 7-2　模拟量输入模块 FX_{2N}-4AD 的外形

7.1.2　接线

FX_{2N}-4AD 模块有 CH1 ～ CH4 4 个模拟量输入通道，可以同时将 4 路模拟量信号转换成数字量，存入模块内部相应的缓冲存储器（BFM）中，PLC 可使用 FROM 指令读取这些存储器中的数字量。FX_{2N}-4AD 模块有一条扩展电缆和 18 个接线端子（需要打开面板才能看见），扩展电缆用于连接 PLC 基本单元或上一个模块，FX_{2N}-4AD 模块的接线方式如图 7-3 所示，每个通道内部电路均相同，且都占用 4 个接线端子。

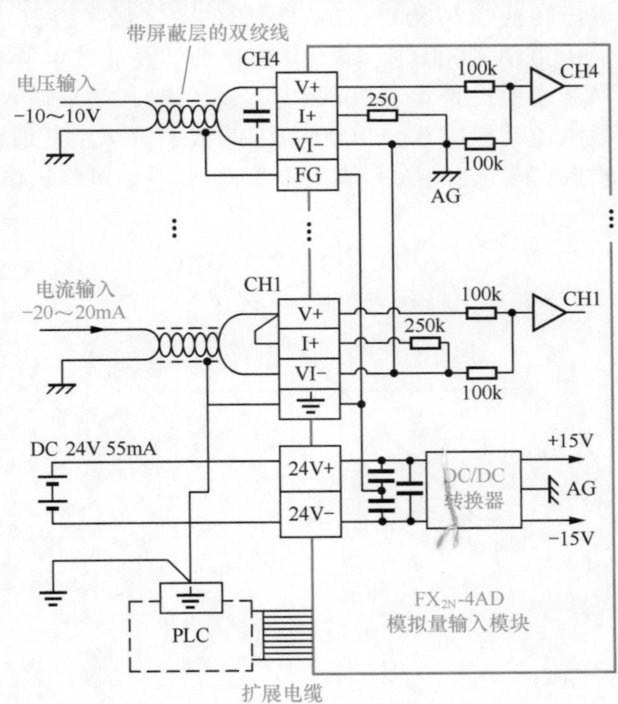

图 7-3　FX_{2N}-4AD 模块的接线方式

FX_{2N}-4AD 模块的每个通道均可设为电压型模拟量输入或电流型模拟量输入。当某通道设为电压型模拟量输入时，电压输入线接该通道的 V+、VI- 端子，可接收的电压输入范围为 -10 ～ +10V，为增强输入抗干扰性，可在 V+、VI- 端子间接一个 0.1 ～ 0.47μF 的电容；当某通道设为电流型模拟量输入时，电流输入线接该通道的 I+、VI- 端子，同时将 I+、V+ 端子连接起来，可接收 -20 ～ 20mA 范围的电流输入。

7.1.3　性能指标

FX_{2N}-4AD 模块的性能指标见表 7-1。

表 7-1　FX_{2N}-4AD 模块的性能指标

项目	电压输入	电流输入
模拟输入范围	DC -10 ～ 10V（输入阻抗：200kΩ） 如果输入电压超过 ±15V，单元会被损坏	DC -20 ～ 20mA（输入阻抗：250Ω） 如果输入电流超过 ±32mA，单元会被损坏
数字输出	12 位的转换结果以 16 位二进制补码方式存储 最大值：+2047；最小值：-2048	
分辨率	5mV（10V 默认范围：1/2000）	20μA（20mA 默认范围：1/1000）
总体精度	±1%（对于 -10 ～ 10V 的范围）	±1%（对于 -20 ～ 20mA 的范围）
转换速度	15ms/ 通道（常速），6ms/ 通道（高速）	
适用的 PLC 型号	$FX_{1N}/FX_{2N}/FX_{2NC}$	

7.1.4　输入 / 输出曲线

FX_{2N}-4AD 模块可以将输入电压或输入电流转换成数字量，其转换关系如图 7-4 所示。当某通道设为电压输入时，如果输入 -10 ～ +10V 范围内的电压，AD 模块可将该电压转换成 -2000 ～ 2000 范围的数字量（用 12 位二进制数表示），转换分辨率为 5mV（1000mV/2000），如 10V 电压会转换成数字量 2000，9.995V 转换成的数字量为 1999；当某通道设为 4 ～ 20mA 电流输入时，如果输入 4 ～ 20mA 范围的电流，AD 模块可将该电流转换成 0 ～ 1000 范围的数字量；当某通道设为 -20 ～ 20mA 电流输入时，如果输入 -20 ～ 20mA 范围的电流，AD 模块可将该电流转换成 -1000 ～ 1000 范围的数字量。

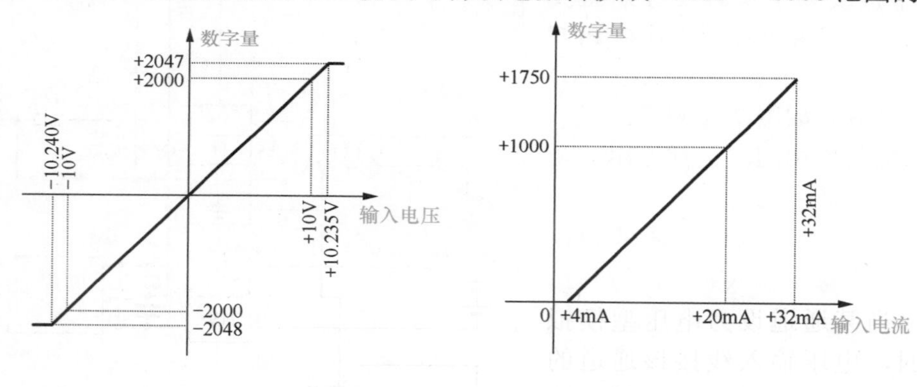

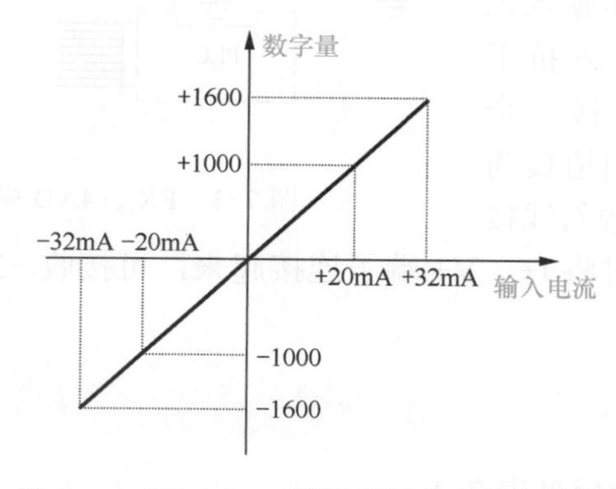

图 7-4　FX_{2N}-4AD 模块的输入 / 输出转换关系曲线

7.1.5 增益和偏移说明

1 增益

FX_{2N}-4AD 模块可以将 -10 ～ 10V 范围内的输入电压转换成 -2000 ～ 2000 范围的数字量，若输入电压范围只有 -5 ～ 5V，转换得到的数字量为 -1000 ～ 1000，这样大量的数字量未被利用。如果希望提高转换分辨率，将 -5 ～ 5V 范围的电压也可以转换成 -2000 ～ 2000 范围的数字量，可通过设置 AD 模块的增益值来实现。

增益是指输出数字量为 1000 时对应的模拟量输入值。增益说明如图 7-5 所示，以图 7-5（a）为例，当 AD 模块某通道设为 -10 ～ 10V 电压输入时，其默认增益值为 5000（即 5V），当输入 5V 时会转换得到数字量 1000，输入 10V 时会转换得到数字量 2000，增益值为 5000 时的输入 / 输出关系如 A 线所示。如果将增益值设为 2500，当输入 2.5V 时会转换得到数字量 1000，输入 5V 时会转换得到数字量 2000，增益值为 2500 时的输入 / 输出关系如 B 线所示。

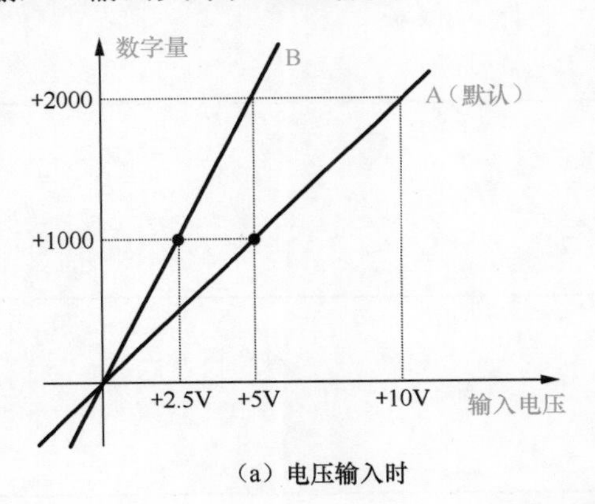

（a）电压输入时

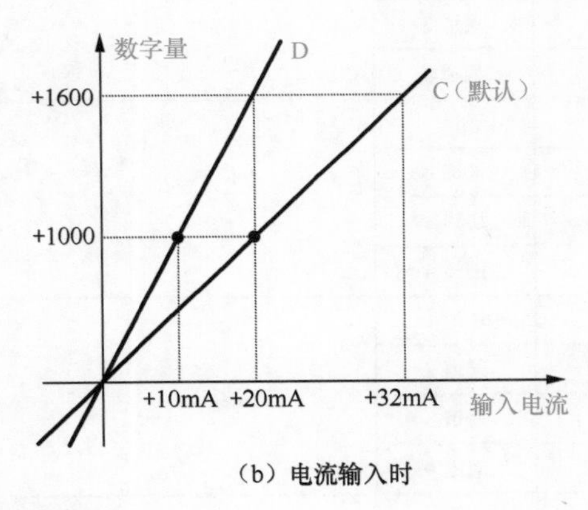

（b）电流输入时

图 7-5 增益说明

2 偏移

FX_{2N}-4AD 模块某通道设为 -10 ～ 10V 电压输入时，若输入 -5 ～ 5V 电压，转换可得到 -1000 ～ 1000 范围的数字量。如果希望将 -5 ～ 5V 范围内的电压转换成 0 ～ 2000 范围的数字量，可通过设置 AD 模块的偏移量来实现。

偏移是指输出数字量为 0 时对应的模拟量输入值。偏移说明如图 7-6 所示，当 AD 模块某通道设为 -10 ～ 10V 电压输入时，其默认偏移值为 0（即 0V），当输入 -5V 时会转换得到数字量 -1000，输入 5V 时会转换得到数字量 1000，偏移值为 0 时的输入 / 输出关系如 F 线所示。如果将偏移值设为 -5000（即 -5V），当输入 -5V 时会转换得到数

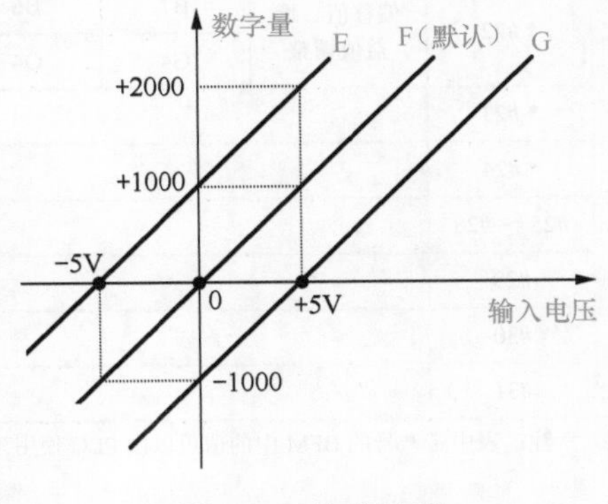

图 7-6 偏移说明

字量 0000，输入 0V 时会转换得到数字量 1000，输入 +5V 时会转换得到数字量 2000，偏移值为 -5V 时的输入 / 输出关系如 E 线所示。

7.1.6　缓冲存储器（BFM）功能说明

FX_{2N}-4AD 模块内部有 32 个 16 位 BFM（缓冲存储器），这些 BFM 的编号为 #0 ～ #31，在这些 BFM 中，有的 BFM 用来存储由模拟量转换来的数字量，有的 BFM 用来设置通道的输入形式（电压或电流输入），还有的 BFM 具有其他功能。

FX_{2N}-4AD 模块的各个 BFM 功能见表 7-2。

表 7-2　FX_{2N}-4AD 模块的各个 BFM 功能

<table>
<tr><th>BFM</th><th colspan="9">内容</th></tr>
<tr><td>* #0</td><td colspan="9">通过初始化，默认值 =H0000</td></tr>
<tr><td>* #1</td><td>通道 1</td><td colspan="8" rowspan="4">平均采样次数 1 ～ 4096
默认设置为 8</td></tr>
<tr><td>* #2</td><td>通道 2</td></tr>
<tr><td>* #3</td><td>通道 3</td></tr>
<tr><td>* #4</td><td>通道 4</td></tr>
<tr><td>#5</td><td>通道 1</td><td colspan="8" rowspan="4">平均值</td></tr>
<tr><td>#6</td><td>通道 2</td></tr>
<tr><td>#7</td><td>通道 3</td></tr>
<tr><td>#8</td><td>通道 4</td></tr>
<tr><td>#9</td><td>通道 1</td><td colspan="8" rowspan="4">当前值</td></tr>
<tr><td>#10</td><td>通道 2</td></tr>
<tr><td>#11</td><td>通道 3</td></tr>
<tr><td>#12</td><td>通道 4</td></tr>
<tr><td>#13 ～ #14</td><td colspan="9">保留</td></tr>
<tr><td>#15</td><td colspan="9">选择 A/D 转换速度：设置 0，则选择正常转换速度，15ms/ 通道（默认）；设置 1，则选择高速，6ms/ 通道</td></tr>
<tr><td>#16 ～ #19</td><td colspan="9">保留</td></tr>
<tr><td>* #20</td><td colspan="9">复位到默认值，默认设定 =0</td></tr>
<tr><td>* #21</td><td colspan="9">禁止调整偏移值、增益值。默认 =（0,1），允许</td></tr>
<tr><td rowspan="2">* #22</td><td rowspan="2">偏移值、增益值调整</td><td>B7</td><td>B6</td><td>B5</td><td>B4</td><td>B3</td><td>B2</td><td>B1</td><td>B0</td></tr>
<tr><td>G4</td><td>O4</td><td>G3</td><td>O3</td><td>G2</td><td>O2</td><td>G1</td><td>O1</td></tr>
<tr><td>* #23</td><td colspan="9">偏移值，默认值 =0</td></tr>
<tr><td>* #24</td><td colspan="9">增益值，默认值 =5000</td></tr>
<tr><td>#25 ～ #28</td><td colspan="9">保留</td></tr>
<tr><td>#29</td><td colspan="9">错误状态</td></tr>
<tr><td>#30</td><td colspan="9">识别码 K2010</td></tr>
<tr><td>#31</td><td colspan="9">禁用</td></tr>
</table>

注：表中带 * 号的 BFM 中的值可以由 PLC 使用 TO 指令来写入，不带 * 号的 BFM 中的值可以由 PLC 使用 FROM 指令来读取。

下面对表 7-2 中的 BFM 功能做进一步的说明。

（1）#0 BFM

#0 BFM 用来初始化 AD 模块 4 个通道，即用来设置 4 个通道的模拟量输入形式。 该 BFM 中的 16 位二进制数据可用 4 位十六进制数 H□□□□表示，每个□用来设置一个通道，最高位□设置 CH4 通道，最低位□设置 CH1 通道。

当□=0 时，通道设为 -10 ～ 10V 电压输入；当□=1 时，通道设为 4 ～ 20mA 电流输入；当□=2 时，通道设为 -20 ～ 20mA 电流输入；当□=3 时，通道关闭，输入无效。

例如，#0 BFM 中的值为 H3310 时，CH1 通道设为 -10 ～ 10V 电压输入，CH2 通道设为 4 ～ 20mA 电流输入，CH3、CH4 通道关闭。

（2）#1 ～ #4 BFM

#1 ～ #4 BFM 分别用来设置 CH1 ～ CH4 通道的平均采样次数。 例如，#1 BFM 中的次数设为 3 时，CH1 通道需要对输入的模拟量转换 3 次，再对得到的 3 个数字量取平均值，将数字量平均值存入 #5 BFM 中。#1 ～ #4 BFM 中的平均采样次数越大，得到平均值的时间越长，如果输入的模拟量变化较快，平均采样次数值应设小一些。

（3）#5 ～ #8 BFM

#5 ～ #8 BFM 分别用来存储 CH1 ～ CH4 通道的数字量平均值。

（4）#9 ～ #12 BFM

#9 ～ #12 BFM 分别用来存储 CH1 ～ CH4 通道在当前扫描周期转换来的数字量。

（5）#15 BFM

#15 BFM 用来设置所有通道的模 / 数转换速度， 若 #15 BFM=0，所有通道的模 / 数转换速度设为 15ms（普速）；若 #15 BFM=1，所有通道的模 / 数转换速度为 6ms（高速）。

（6）#20 BFM

当往 #20 BFM 中写入 1 时，所有参数的恢复到出厂设置值。

（7）#21 BFM

#21 BFM 用来禁止 / 允许偏移值和增益值的调整。 当 #21 BFM 的 b1 位 =1、b0 位 =0 时，禁止调整偏移值和增益值；当 b1 位 =0、b0 位 =1 时，允许调整。

（8）#22 BFM

#22 BFM 使用低 8 位来指定增益值和偏移值调整的通道， 低 8 位标记为 $G_4O_4\ G_3O_3\ G_2O_2\ G_1O_1$，当 $G_□$位为 1 时，则 $CH_□$通道增益值可调整，当 $O_□$位为 1 时，则 $CH_□$通道偏移值可调整。如 #22 BFM=H0003，则 #22 BFM 的低 8 位 $G_4O_4\ G_3O_3\ G_2O_2\ G_1O_1$=00000011，CH1 通道的增益值和偏移值可调整，#24 BFM 的值被设为 CH1 通道的增益值，#23 BFM 的值被设为 CH1 通道的偏移值。

（9）#23 BFM

#23 BFM 用来存放偏移值，该值可由 PLC 使用 TO 指令写入。

（10）#24 BFM

#24 BFM 用来存放增益值，该值可由 PLC 使用 TO 指令写入。

（11）#29 BFM

#29 BFM 以位的状态来反映模块的错误信息。 #29 BFM 各位错误定义见表 7-3。例如，#29 BFM 的 b1 位为 1（ON），表示存储器中的偏移值和增益值数据不正常；b1 位为 0，表示数据正常。PLC 使用 FROM 指令读取 #29 BFM 中的值，就了解 AD 模块

的操作状态。

表 7-3 #29 BFM 各位错误定义

BFM#29 的位	ON	OFF
b0：错误	b1 ～ b4 中任何一位为 ON。 如果 b1 ～ b4 中任何一个为 ON，所有通道的 A/D 转换停止	无错误
b1：偏移和增益错误	在 EEPROM 中的偏移和增益数据不正常或调整错误	增益和偏移数据正常
b2：电源故障	DC 24V 电源故障	电源正常
b3：硬件错误	A/D 转换器或其他硬件故障	硬件正常
b10：数字范围错误	数字输出值小于 -2048 或大于 2047	数字输出值正常
b11：平均采样错误	平均采样数不小于 4097 或不大于 0（使用默认值 8）	平均采样设置正常（为 1 ～ 4096）
b12：偏移和增益调整禁止	禁止：#21BFM 的（b1，b0）设为（1，0）	允许 #21BFM 的（b1，b0）设置为（1，0）

注：位 b4 ～ b7、b9 和 b13 ～ b15 未定义。

（12）#30 BFM

#30 BFM 用来存放 FX_{2N}-4AD 模块的 ID 号（身份标识号码），FX_{2N}-4AD 模块的 ID 号为 2010，PLC 通过读取 #30 BFM 中的值来判别该模块是否为 FX_{2N}-4AD 模块。

7.1.7 实例程序

在使用 FX_{2N}-4AD 模块时，除了要对模块进行硬件连接外，还需为 PLC 编写有关的程序，用来设置模块的工作参数和读取模块转换得到的数字量及模块的操作状态。

1 基本使用程序

图 7-7 所示为设置和读取 FX_{2N}-4AD 模块的 PLC 程序。程序工作原理说明如下。

当 PLC 运行开始时，M8002 触点接通一个扫描周期，首先 FROM 指令执行，将 0 号模块 #30 BFM 中的 ID 值读入 PLC 的数据存储器 D4 中，然后 CMP 指令（比较指令）执行，将 D4 中的数值与数值 2010 进行比较，若两者相等，表明当前模块为 FX_{2N}-4AD 模块，则将辅助继电器 M1 置 1。M1 常开触点闭合，从上往下执行 TOP、FROM 指令，第一个 TOP 指令（TOP 为脉冲型 TO 指令）执行，让 PLC 往 0 号模块的 #0 BFM 中写入 H3300，将 CH1、CH2 通道设为 -10 ～ 10V 电压输入，同时关闭 CH3、CH4 通道，第二个 TOP 指令执行。让 PLC 往 0 号模块的 #1、#2 BFM 中写入 4，将 CH1、CH2 通道的平均采样数设为 4，FROM 指令执行，将 0 号模块的 #29 BFM 中的操作状态值读入 PLC 的 M10 ～ M25 中。若模块工作无错误，并且转换得到的数字量范围正常，则 M10 继电器为 0，M10 常闭触点闭合，M20 继电器也为 0，M20 常闭触点闭合，FROM 指令执行，将 #5、#6 BFM 中的 CH1、CH2 通道转换来的数字量平均值读入 PLC 的 D0、D1 中。

2 增益和偏移值的调整程序

如果在使用 FX_{2N}-4AD 模块时需要调整增益值和偏移值，可以在图 7-7 程序之后增加图 7-8 所示的程序，当 PLC 的 X010 端子外接开关闭合时，可启动该程序的运行。

程序工作原理说明如下。

```
M8002
─┤├─┬─[FROM  K0   K30    D4     K1]   将 0 号模块的 #30 BFM 中的 ID 值读入 PLC 的数据存储器 D4 中
初始 │
脉冲 └─[CMP   K2010  D4   M0]         将 D4 中的数值与数值 2010 进行比较，若两者相等，则将辅助继电器 M1 置 1

M1
─┤├─┬─[TOP   K0   K0     H3300  K1]   往 0 号模块的 #0 BFM 中写入 H3300，将 CH1、CH2 通道设为 -10～10V 电压输入，同时关闭 CH3、CH4 通道
    ├─[TOP   K0   K1     K4     K2]   往 0 号模块的 #1、#2 BFM 中写入 4，将 CH1、CH2 通道的平均采样数设为 4
    ├─[FROM  K0   K29    K4M10  K1]   将 0 号模块的 #29 BFM 中的操作状态值读入 M10～M25 中
    │ M10 M20
    └─┤/├─┤/├─[FROM  K0  K5  D0  K2]  若模块工作无错误，并且转换得到的数字量范围正常，则将 #5、#6 BFM 中的 CH1、CH2 通道转换来的数字量平均值读入 PLC 的 D0、D1 中
      无错  数字输出
            值正常
```

图 7-7　设置和读取 FX_{2N}-4AD 模块的 PLC 程序

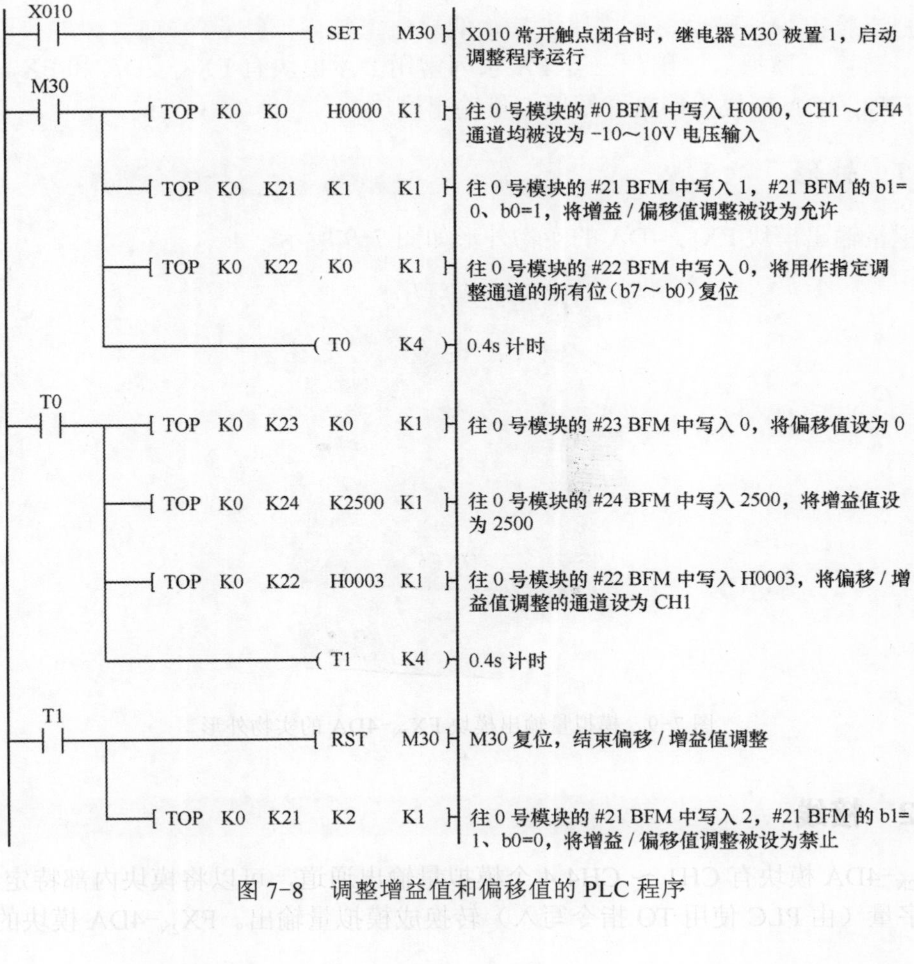

```
X010
─┤├──────[SET   M30]                  X010 常开触点闭合时，继电器 M30 被置 1，启动调整程序运行

M30
─┤├─┬─[TOP  K0  K0   H0000  K1]       往 0 号模块的 #0 BFM 中写入 H0000，CH1～CH4 通道均被设为 -10～10V 电压输入
    ├─[TOP  K0  K21  K1     K1]       往 0 号模块的 #21 BFM 中写入 1，#21 BFM 的 b1=0、b0=1，将增益 / 偏移值调整被设为允许
    ├─[TOP  K0  K22  K0     K1]       往 0 号模块的 #22 BFM 中写入 0，将用作指定调整通道的所有位（b7～b0）复位
    └─(T0   K4)                       0.4s 计时

T0
─┤├─┬─[TOP  K0  K23  K0     K1]       往 0 号模块的 #23 BFM 中写入 0，将偏移值设为 0
    ├─[TOP  K0  K24  K2500  K1]       往 0 号模块的 #24 BFM 中写入 2500，将增益值设为 2500
    ├─[TOP  K0  K22  H0003  K1]       往 0 号模块的 #22 BFM 中写入 H0003，将偏移 / 增益值调整的通道设为 CH1
    └─(T1   K4)                       0.4s 计时

T1
─┤├─┬─[RST  M30]                      M30 复位，结束偏移 / 增益值调整
    └─[TOP  K0  K21  K2     K1]       往 0 号模块的 #21 BFM 中写入 2，#21 BFM 的 b1=1、b0=0，将增益 / 偏移值调整被设为禁止
```

图 7-8　调整增益值和偏移值的 PLC 程序

当按下 PLC X010 端子外接开关时，程序中的 X010 常开触点闭合，[SET M30]指令执行，继电器 M30 被置 1，M30 常开触点闭合，三个 TOP 指令从上往下执行，第一个 TOP 指令执行时，PLC 往 0 号模块的 #0 BFM 中写入 H0000，CH1 ～ CH4 通道均被设为 -10 ～ 10V 电压输入，第二个 TOP 指令执行时，PLC 往 0 号模块的 #21 BFM 中写入 1，#21 BFM 的 b1=0、b0=1，允许增益 / 偏移值调整，第三个 TOP 指令执行时，往 0 号模块的 #22 BFM 中写入 0，将用作指定调整通道的所有位（b7 ～ b0）复位，然后定时器 T0 开始 0.4s 计时。

0.4s 后，T0 常开触点闭合，又有三个 TOP 指令从上往下执行，第一个 TOP 指令执行时，PLC 往 0 号模块的 #23 BFM 中写入 0，将偏移值设为 0，第二个 TOP 指令执行时，PLC 往 0 号模块的 #24 BFM 中写入 2500，将增益值设为 2500，第三个 TOP 指令执行时，PLC 往 0 号模块的 #22 BFM 中写入 H0003，将偏移 / 增益值调整的通道设为 CH1，然后定时器 T1 开始 0.4s 计时。

0.4s 后，T1 常开触点闭合，首先 RST 指令执行，M30 复位，结束偏移 / 增益值调整，接着 TO 指令执行，往 0 号模块的 #21 BFM 中写入 2，#21 BFM 的 b1=1、b0=0，禁止增益 / 偏移值调整。

7.2 模拟量输出模块 FX_{2N}-4DA

模拟量输出模块简称 DA 模块，其功能是将模块内部特定 BFM（缓冲存储器）中的数字量转换成模拟量输出。三菱 FX 系列常用 DA 模块有 FX_{2N}-2DA 和 FX_{2N}-4DA，本节以 FX_{2N}-4DA 模块为例来介绍模拟量输出模块。

7.2.1 外形

模拟量输出模块 FX_{2N}-4DA 的实物外形如图 7-9 所示。

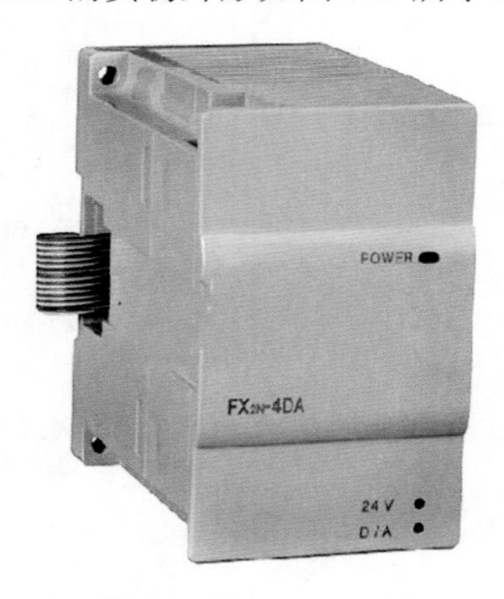

图 7-9　模拟量输出模块 FX_{2N}-4DA 的实物外形

7.2.2 接线

FX_{2N}-4DA 模块有 CH1 ～ CH4 4 个模拟量输出通道，可以将模块内部特定的 BFM 中的数字量（由 PLC 使用 TO 指令写入）转换成模拟量输出。FX_{2N}-4DA 模块的接线方式如图 7-10 所示，每个通道内部电路均相同。

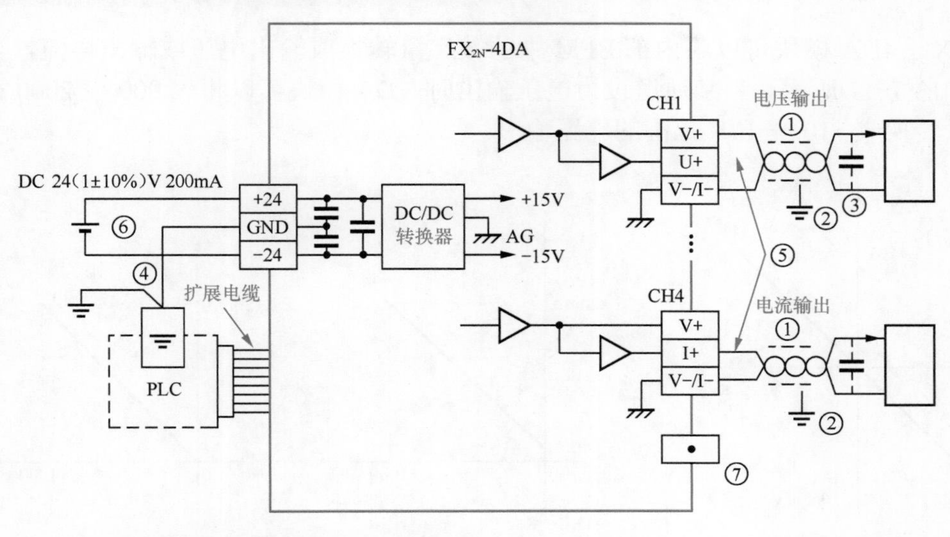

注：① 双绞屏蔽电缆，应远离干扰源。
② 输出电缆的负载端使用单点接地。
③ 若有噪声或干扰可以连接一个平滑电位器。
④ FX_{2N}-4DA 与 PLC 基本单元的地应连接在一起。
⑤ 电压输出端或电流输出端，若短接，可能会损坏 FX_{2N}-4DA。
⑥ 24V 电源，电流 200mA 外接或用 PLC 的 24V 电源。
⑦ 不使用的端子，不要在这些端子上连接任何单元。

图 7-10　FX_{2N}-4DA 模块的接线方式

FX_{2N}-4DA 模块的每个通道均可设为电压型模拟量输出或电流型模拟量输出。当某通道设为电压型模拟量输出时，电压输出线接该通道的 V+、V-/I- 端子，可输出 -10 ～ 10V 范围的电压；当某通道设为电流型模拟量输出时，电流输出线接该通道的 I+、V-/I- 端子，可输出 -20 ～ 20mA 范围的电流。

7.2.3　性能指标

FX_{2N}-4DA 模块的性能指标见表 7-4。

表 7-4　FX_{2N}-4DA 模块的性能指标

项目	输出电压	输出电流
模拟量输出范围	-10 ～ 10V（外部负载阻抗 2kΩ ～ 1MΩ）	0 ～ 20mA（外部负载阻抗 500Ω）
数字输出	12 位	
分辨率	5mV	20μA
总体精度	±1%（满量程 10V）	±1%（满量程 20mA）
转换速度	4 个通道：2.1ms	
隔离	模数电路之间采用光电隔离	
电源规格	主单元提供 5V/30mA 直流，外部提供 24V/200mA 直流	
适用的 PLC 型号	FX_{2N}/FX_{1N}/FX_{2NC}	

7.2.4 输入 / 输出曲线

FX_{2N}-4DA 模块可以将内部 BFM 中的数字量转换成输出电压或输出电流，其转换关系如图 7-11 所示。当某通道设为电压输出时，DA 模块可以将 -2000 ～ 2000 范围的数字量转换成 -10 ～ 10V 范围的电压输出。

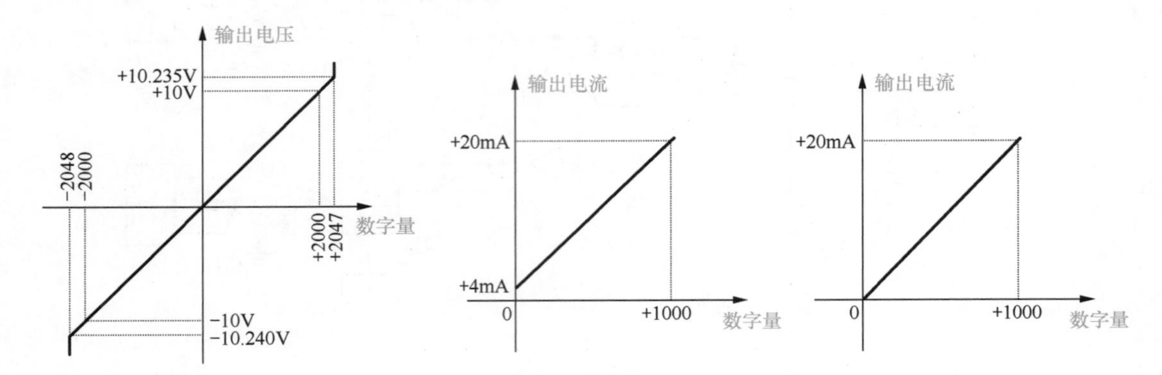

图 7-11　FX_{2N}-4DA 模块的输入 / 输出转换关系曲线

7.2.5 增益和偏移说明

与 FX_{2N}-4AD 模块一样，FX_{2N}-4DA 模块也可以调整增益值和偏移值。

1 增益

增益指数字量为 1000 时对应的模拟量输出值。增益说明如图 7-12 所示，以图 7-12（a）为例，当 DA 模块某通道设为 -10 ～ 10V 电压输出时，其默认增益值为 5000（即 5V）。数字量 1000 对应的输出电压为 5V，增益值为 5000 时的输入 / 输出关系如图 7-12（a）中 A 线所示，如果将增益值设为 2500，则数字量 1000 对应的输出电压为 2.5V，其输入 / 输出关系如图 7-12（a）中 B 线所示。

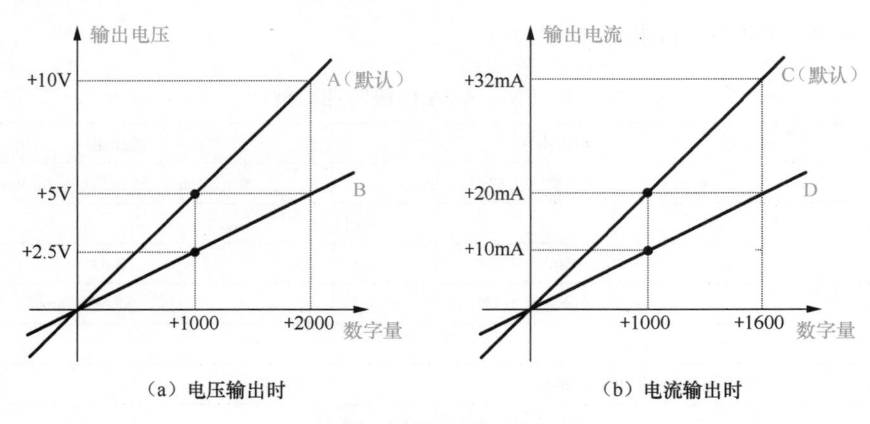

图 7-12　增益说明

2 偏移

偏移指数字量为0时对应的模拟量输出值。偏移说明如图7-13所示，当DA模块某通道设为-10～10V电压输出时，其默认偏移值为0（即0V）。它能将数字量0000转换成0V输出，偏移值为0时的输入/输出关系如F线所示，如果将偏移值设为-5000（即-5V），它能将数字量0000转换成-5V电压输出，偏移值为-5V时的输入/输出关系如E线所示。

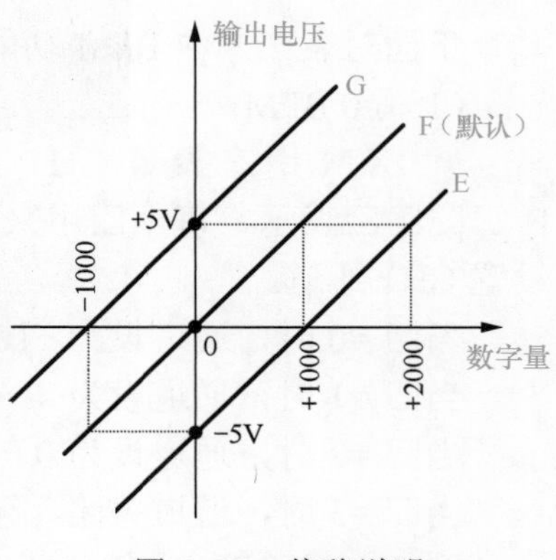

图7-13 偏移说明

7.2.6 缓冲存储器（BFM）功能说明

FX_{2N}-4DA模块内部也有32个16位BFM（缓冲存储器），这些BFM的编号为#0～#31，FX_{2N}-4DA模块的各个BFM功能见表7-5。

表7-5 FX_{2N}-4DA模块的各个BFM功能

BFM	内容
*#0	输出模式选择，出厂设置H0000
#1	CH1、CH2、CH3、CH4待转换的数字量
#2	
#3	
#4	
#5	数据保持模式，出厂设置H0000
#6～#7	保留
*#8	CH1、CH2偏移/增益设定命令，出厂设置H0000
*#9	CH3、CH4偏移/增益设定命令，出厂设置H0000
#10	CH1偏移数据
#11	CH1增益数据
#12	CH2偏移数据
#13	CH2增益数据
#14	CH3偏移数据
#15	CH3增益数据
#16	CH4偏移数据
#17	CH4增益数据
#18～#19	保留
#20	初始化，初始值=0
#21	禁止调整I/O特性（初始值=1）
#22～#28	保留
#29	错误状态
#30	K3020识别码
#31	保留

下面对表 7-5 中 BFM 功能做进一步的说明。

（1）#0 BFM

#0 BFM 用来设置 CH1 ～ CH4 通道的模拟量输出形式，该 BFM 中的数据用 H □□□□表示，每个□用来设置一个通道，最高位的□设置 CH4 通道，最低位的□设置 CH1 通道。

当□ =0 时，通道设为 -10 ～ 10V 电压输出。

当□ =1 时，通道设为 4 ～ 20mA 电流输出。

当□ =2 时，通道设为 0 ～ 20mA 电流输出。

当□ =3 时，通道关闭，无输出。

例如，#0 BFM 中的值为 H3310 时，CH1 通道设为 -10 ～ 10V 电压输出，CH2 通道设为 4 ～ 20mA 电流输出，CH3、CH4 通道关闭。

（2）#1 ～ #4 BFM

#1 ～ #4 BFM 分别用来存储 CH1 ～ CH2 通道的待转换的数字量。这些 BFM 中的数据由 PLC 用 TO 指令写入。

（3）#5 BFM

#5 BFM 用来设置 CH1 ～ CH4 通道在 PLC 由 RUN → STOP 时的输出数据保持模式。当某位为 0 时，RUN 模式下对应通道最后输出值将被保持输出；当某位为 1 时，对应通道最后输出值为偏移值。

例如，#5 BFM=H0011，CH1、CH2 通道输出变为偏移值，CH3、CH4 通道输出值保持为 RUN 模式下的最后输出值不变。

（4）#8、#9 BFM

#8 BFM 用来允许 / 禁止调整 CH1、CH2 通道的增益值和偏移值。#8 BFM 的数据格式为 H G_2O_2 G_1O_1，当某位为 0 时，表示禁止调整，为 1 时允许调整，#10 ～ #13 BFM 中设定 CH1、CH2 通道的增益或偏移值才有效。

#9 BFM 用来允许 / 禁止调整 CH3、CH4 通道的增益值和偏移值。#9 BFM 的数据格式为 H G_4O_4 G_3O_3，当某位为 0 时，表示禁止调整，为 1 时允许调整，#14 ～ #17 BFM 中设定 CH3、CH4 通道的增益或偏移值才有效。

（5）#10 ～ #17 BFM

#10、#11 BFM 用来保存 CH1 通道的偏移值和增益值，#12、#13 BFM 用来保存 CH2 通道的偏移值和增益值，#14、#15 BFM 用来保存 CH3 通道的偏移值和增益值，#16、#17 BFM 用来保存 CH4 通道的偏移值和增益值。

（6）#20 BFM

#20 BFM 用来初始化所有 BFM。当 #20 BFM=1 时，所有 BFM 中的值都恢复到出厂设定值。当设置出现错误时，常将 #20 BFM 设为 1 来恢复到初始状态。

（7）#21 BFM

#21 BFM 用来禁止 / 允许 I/O 特性（增益和偏移值）调整。当 #21 BFM=1 时，允许增益和偏移值调整；当 #21 BFM=2 时，禁止增益和偏移值调整。

（8）#29 BFM

#29 BFM 以位的状态来反映模块的错误信息。#29 BFM 各位错误定义见表 7-6，

如 #29 BFM 的 b2 位为 ON（即 1）时，表示模块的 DC 24V 电源出现故障。

表 7-6 #29 BFM 各位错误定义

#29 BFM 的位	名称	ON（1）	OFF（0）
b0	错误	b1 到 b4 任何一位为 ON	错误无错
b1	O/G 错误	EEPROM 中的偏移 / 增益数据不正常或者发生设置错误	偏移 / 增益数据正常
b2	电源错误	24V DC 电源故障	电源正常
b3	硬件错误	D/A 转换器故障或其他硬件故障	没有硬件缺陷
b10	范围错误	数字输入或模拟输出值超出指定范围	输入或输出值在规定范围内
b12	G/O 调整禁止状态	#21BFM 没有设为“1”	可调整状态（#21BFM =1）

注：位 b4 ～ b9，b11，b13 ～ b15 未定义。

（9）#30 BFM

#30 BFM 用来存放 **FX_{2N}-4DA** 模块的 **ID** 号（身份标识号码），**FX_{2N}-4DA** 模块的 **ID** 号为 **3020**，PLC 通过读取 #30 BFM 中的值来判别该模块是否为 FX_{2N}-4DA 模块。

7.2.7 实例程序

在使用 FX_{2N}-4DA 模块时，除了要对模块进行硬件连接外，还需为 PLC 编写有关的程序，用来设置模块的工作参数和写入需转换的数字量及读取模块的操作状态。

1 基本使用程序

图 7-14 所示的程序用来设置 DA 模块的基本工作参数，并将 PLC 中的数据送入 DA 模块，让它转换成模拟量输出。

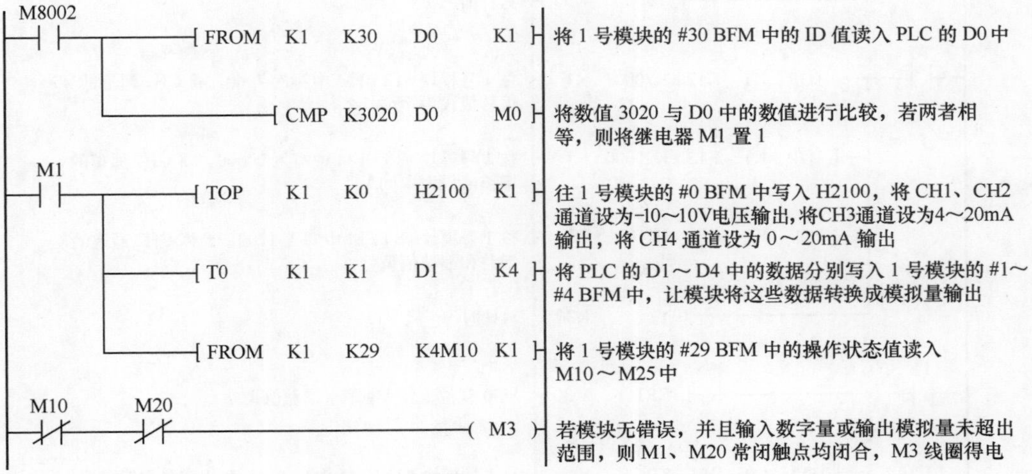

M8002
FROM K1 K30 D0 K1　将 1 号模块的 #30 BFM 中的 ID 值读入 PLC 的 D0 中
CMP K3020 D0 M0　将数值 3020 与 D0 中的数值进行比较，若两者相等，则将继电器 M1 置 1
M1
TOP K1 K0 H2100 K1　往 1 号模块的 #0 BFM 中写入 H2100，将 CH1、CH2 通道设为-10～10V电压输出，将CH3通道设为4～20mA 输出，将 CH4 通道设为 0～20mA 输出
T0 K1 K1 D1 K4　将 PLC 的 D1～D4 中的数据分别写入 1 号模块的 #1～#4 BFM 中，让模块将这些数据转换成模拟量输出
FROM K1 K29 K4M10 K1　将 1 号模块的 #29 BFM 中的操作状态值读入 M10～M25 中
M10 M20
(M3)　若模块无错误，并且输入数字量或输出模拟量未超出范围，则 M1、M20 常闭触点均闭合，M3 线圈得电

图 7-14 设置 FX_{2N}-4DA 模块并使之输出模拟量的 PLC 程序

程序工作原理说明如下。

当 PLC 运行开始时，M8002 触点接通一个扫描周期，首先 FROM 指令执行，

将 1 号模块 #30 BFM 中的 ID 值读入 PLC 的数据存储器 D0 中，然后 CMP 指令（比较指令）执行，将 D0 中的数值与数值 3020 进行比较，若两者相等，表明当前模块为 FX_{2N}-4DA 模块，则将辅助继电器 M1 置 1。M1 常开触点闭合，从上往下执行 TO、FROM 指令，第一个 TO 指令（TOP 为脉冲型 TO 指令）执行，让 PLC 往 1 号模块的 #0 BFM 中写入 H2100，将 CH1、CH2 通道设为 -10 ～ 10V 电压输出，将 CH3 通道设为 4 ～ 20mA 输出，将 CH4 通道设为 0 ～ 20mA 输出，然后第二个 TO 指令执行，将 PLC 的 D1 ～ D4 中的数据分别写入 1 号模块的 #1 ～ #4 BFM 中，让模块将这些数据转换成模拟量输出，接着 FROM 指令执行，将 1 号模块的 #29 BFM 中的操作状态值读入 PLC 的 M10 ～ M25 中，若模块工作无错误，并且输入数字量或输出模拟量范围正常，则 M10 继电器为 0，M10 常闭触点闭合，M20 继电器也为 0，M20 常闭触点闭合，M3 线圈得电为 1。

2 增益和偏移值的调整程序

如果在使用 FX_{2N}-4DA 模块时需要调整增益和偏移值，可以在图 7-14 程序之后增加图 7-15 所示的程序，当 PLC 的 X011 端子外接开关闭合时，可启动该程序的运行。程序工作原理说明如下。

触点	指令	说明
X010	SET M30	X010 常开触点闭合时，继电器 M30 被置 1，启动调整程序运行
M30	TOP K1 K0 H0010 K1	往 1 号模块 #0 BFM 中写入 H0010，将 CH2 通道设为4～20mA电流输出，其他通道均设为-10～10V 电压输出
	TOP K1 K21 K1 K1	往 1 号模块 #21 BFM 中写入 1，允许增益和偏移值调整
	T0 K30	3s计时
T0	TOP K1 K12 K7000 K1	往 1 号模块 #12 BFM 中写入 7000，将 CH2 通道的偏移值设为 7mA
	TOP K1 K13 K20000 K1	往 1 号模块 #13 BFM 中写入 20000，将 CH2 通道的增益值设为 20mA
	TOP K1 K8 H1100 K1	往 1 号模块 #8 BFM 中写入 1100，允许 CH2 通道的增益和偏移值调整
	T1 K30	3s计时
T1	RST M30	M30 复位，结束偏移 / 增益值调整
	TOP K0 K21 K2 K1	往 1 号模块 #21 BFM 中写入 2，禁止增益和偏移值调整

图 7-15　调整增益和偏移值的 PLC 程序

当按下 PLC X010 端子外接开关时，程序中的 X010 常开触点闭合，[SET　M30]

指令执行，继电器 M30 被置 1，M30 常开触点闭合，两个 TOP 指令从上往下执行，第一个 TOP 指令执行时，PLC 往 1 号模块的 #0 BFM 中写入 H0010，将 CH2 通道设为 4 ～ 20mA 电流输出，其他均设为 -10 ～ 10V 电压输出，第二个 TOP 指令执行时，PLC 往 1 号模块的 #21 BFM 中写入 1，允许增益 / 偏移值调整，然后定时器 T0 开始 3s 计时。

3s 后，T0 常开触点闭合，三个 TOP 指令从上往下执行，第一个 TOP 指令执行时，PLC 往 1 号模块的 #12 BFM 中写入 7000，将偏移值设为 7mA，第二个 TOP 指令执行时，PLC 往 1 号模块的 #13 BFM 中写入 20000，将增益值设为 20mA，第三个 TOP 指令执行时，PLC 往 1 号模块的 #8 BFM 中写入 H1100，允许 CH2 通道的偏移 / 增益值调整，然后定时器 T1 开始 3s 计时。

3s 后，T1 常开触点闭合，首先 RST 指令执行，M30 复位，结束偏移 / 增益值调整，接着 TO 指令执行，往 1 号模块的 #21 BFM 中写入 2，禁止增益 / 偏移量调整。

7.3 温度模拟量输入模块 FX_{2N}-4AD-PT

温度模拟量输入模块的功能是将温度传感器送来的反映温度高低的模拟量转换成数字量。三菱 FX 系列常用的温度模拟量模块有 FX_{2N}-4AD-PT 型和 FX_{2N}-4AD-TC 型，两者最大的区别在于前者使用 PT100 型温度传感器，而后者使用热电偶型温度传感器。本节以 FX_{2N}-4AD-PT 型模块为例来介绍温度模拟量输入模块。

7.3.1 外形

FX_{2N}-4AD-PT 型温度模拟量输入模块的实物外形如图 7-16 所示。

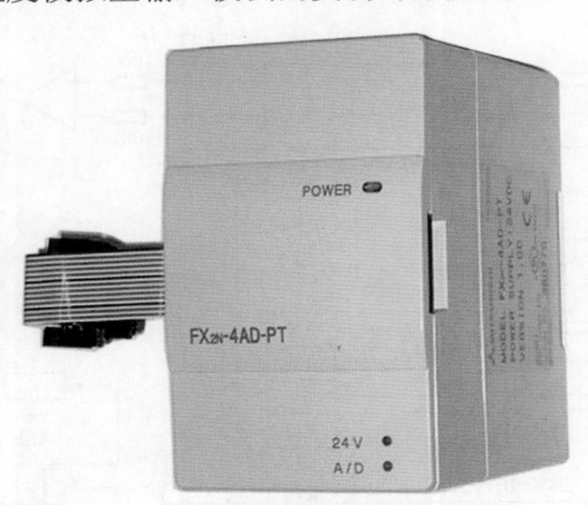

图 7-16 FX_{2N}-4AD-PT 型温度模拟量输入模块的实物外形

7.3.2 PT100 型温度传感器与模块的接线

1 PT100 型温度传感器

PT100 型温度传感器的核心是铂热电阻，其电阻会随着温度的变化而改变。PT 后面的“100”表示其阻值在 0℃时为 100Ω，当温度升高时其阻值线性增大，在 100℃时阻值约为 138.5Ω。PT100 型温度传感器的外形和温度 - 电阻曲线如图 7-17 所示。

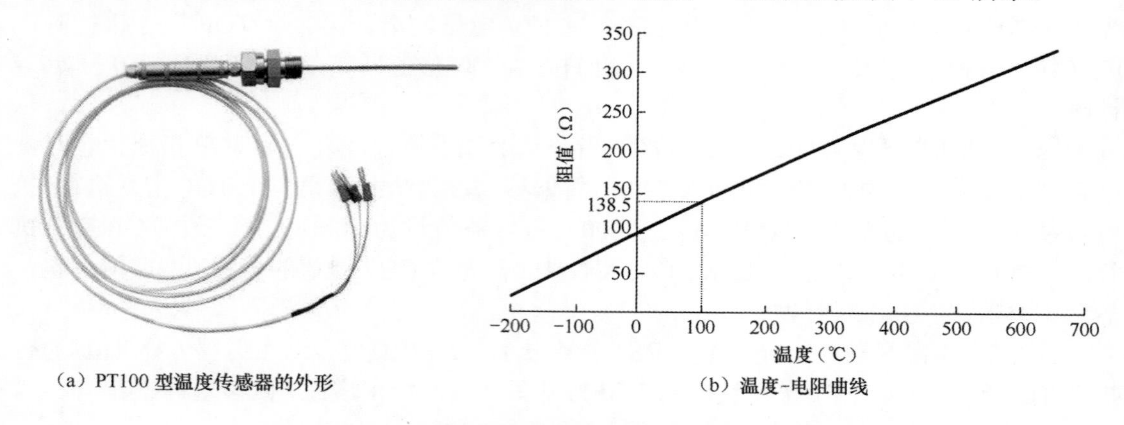

（a）PT100 型温度传感器的外形

（b）温度 - 电阻曲线

图 7-17 PT100 型温度传感器的外形和温度 - 电阻曲线

2 模块的接线

FX_{2N}-4AD-PT 模块有 CH1 ～ CH4 4 个温度模拟量输入通道，可以同时将 4 路 PT100 型温度传感器送来的模拟量转换成数字量，存入模块内部相应的缓冲存储器（BFM）中，PLC 可使用 FROM 指令读取这些存储器中的数字量。FX_{2N}-4AD-PT 模块的接线方式如图 7-18 所示，每个通道内部电路均相同。

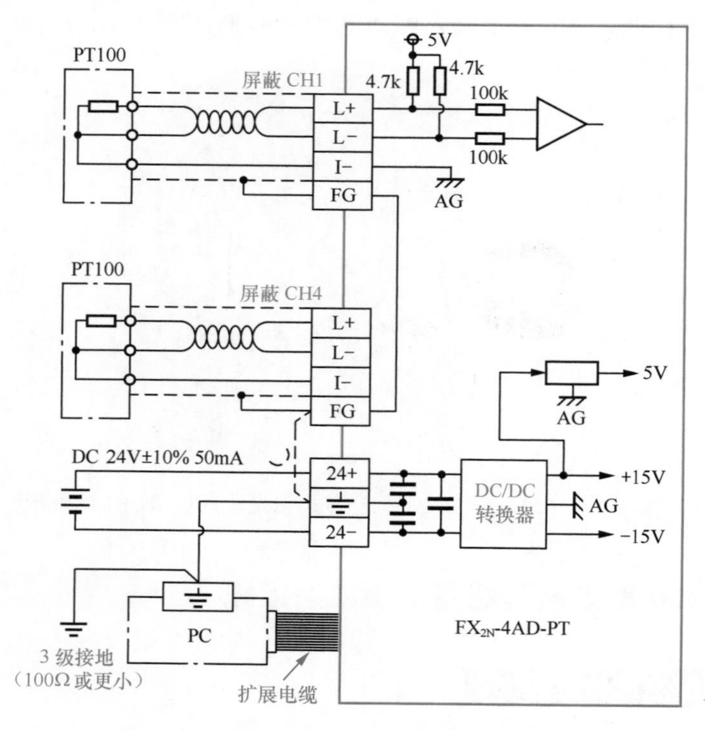

图 7-18 FX_{2N}-4AD-PT 模块的接线方式

7.3.3 性能指标

FX_{2N}-4AD-PT 模块的性能指标见表 7-7。

表 7-7 FX_{2N}-4AD-PT 模块的性能指标

项目	摄氏度	华氏度
	通过读取适当的缓冲区，可以得到℃和℉两种可读数据	
模拟输入信号	箔温度 PT100 传感器（100Ω），3 线，4 通道（CH1，CH2，CH3，CH4），3850PPM/℃（DIN43760，JIS C1604-1989）	
传感器电流	1mA 传感器：100Ω PT100	
补偿范围	-100 ～ 600℃	-148 ～ 1112 ℉
数字输出	-1000 ～ 6000	-1480 ～ 11120
	12 位转换 11 数据位 +1 符号位	
最小可测温度	0.2 ～ 0.3℃	0.36 ～ 0.54 ℉
总精度	全范围的 ±1%（补偿范围）	
转换速度	4 通道 15ms	
适用的 PLC 型号	FX_{1N}/FX_{2N}/FX_{2NC}	

7.3.4 输入 / 输出曲线

FX_{2N}-4AD-PT 模块可以将 PT100 型温度传感器送来的反映温度高低的模拟量转换成数字量，其温度 / 数字量转换关系如图 7-19 所示。

FX_{2N}-4AD-PT 模块可接受摄氏温度（℃）和华氏温度（℉）。对于摄氏温度，水的冰点时温度定为 0℃，沸点为 100℃，对于华氏温度，水的冰点温度定为 32 ℉，沸点温度为 212 ℉，摄氏温度与华氏温度的换算关系式为：

$$℃ = 5/9\times(℉ - 32)$$

$$℉ = 9/5\times ℃ +32$$

图 7-19（a）所示为摄氏温度与数字量转换关系，当温度为 600℃时，转换成的数字量为 6000；图 7-19（b）所示为华氏温度与数字量转换关系，当温度为 1112° F 时，转换成的数字量为 11120。

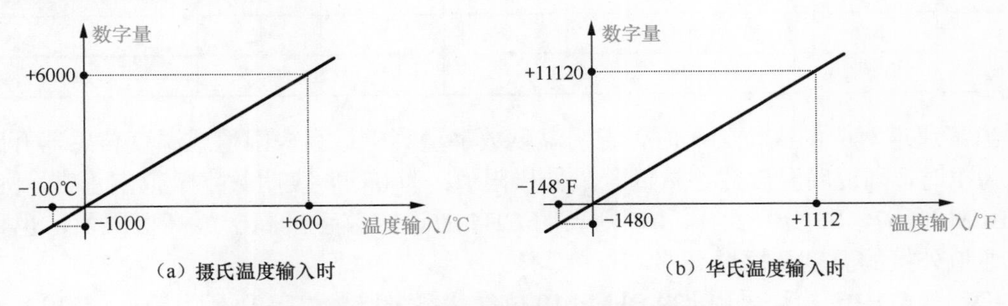

图 7-19 FX_{2N}-4AD-PT 模块温度 / 数字量转换关系

7.3.5 缓冲存储器（BFM）功能说明

FX_{2N}-4AD-PT 模块的各个 BFM 功能见表 7-8。

表 7-8 FX_{2N}-4AD-PT 模块的各个 BFM 功能

BFM 编号	内容	BFM 编号	内容
*#1 ～ #4	CH1 ～ CH4 的平均采样次数（1 ～ 4096），默认值 =8	*#21 ～ #27	保留
*#5 ～ #8	CH1 ～ CH4 在 0.1℃单位下的平均温度	*#28	数字范围错误锁存
*#9 ～ #12	CH1 ～ CH4 在 0.1℃单位下的当前温度	#29	错误状态
*#13 ～ #16	CH1 ～ CH4 在 0.1 ℉单位下的平均温度	#30	识别码 K2040
*#17 ～ #20	CH1 ～ CH4 在 0.1 ℉单位下的当前温度	#31	保留

下面对表 7-8 中 BFM 功能做进一步的说明。

（1）#1 ～ #4 BFM

#1 ～ #4 BFM 分别用来设置 CH1 ～ CH4 通道的平均采样次数，如 #1 BFM 中的次数设为 3 时，CH1 通道需要对输入的模拟量转换 3 次，再对得到的 3 个数字量取平均值，将数字量平均值存入 #5 BFM 中。#1 ～ #4 BFM 中的平均采样次数越大，得到平均值的时间越长，如果输入的模拟量变化较快，平均采样次数值应设小一些。

（2）#5 ～ #8 BFM

#5 ～ #8 BFM 分别用来存储 CH1 ～ CH4 通道的摄氏温度数字量平均值。

（3）#9 ～ #12 BFM

#9 ～ #12 BFM 分别用来存储 CH1 ～ CH4 通道在当前扫描周期转换来的摄氏温度数字量。

（4）#13 ～ #16 BFM

#13 ～ #16 BFM 分别用来存储 CH1 ～ CH4 通道的华氏温度数字量平均值。

（5）#17 ～ #20 BFM

#17 ～ #20 BFM 分别用来存储 CH1 ～ CH4 通道在当前扫描周期转换来的华氏温度数字量。

（6）#28 BFM

#28 BFM 以位的状态来反映 CH1 ～ CH4 通道的数字量范围是否在允许范围内。#28 BFM 的位定义如下。

b15 到 b8	b7	b6	b5	b4	b3	b2	b1	b0
未用	高	低	高	低	高	低	高	低
	CH4		CH3		CH2		CH1	

当某通道对应的高位为 1 时，表明温度数字量高于最高极限值或温度传感器开路；低位为 1 时，则说明温度数字量低于最低极限值；为 0 时，表明数字量范围正常。例如，#28 BFM 的 b7、b6 分别为 1、0，则表明 CH4 通道的数字量高于最高极限值，也可能是该通道外接的温度传感器开路。

FX_{2N}-4AD-PT 模块采用 #29 BFM b10 位的状态来反映数字量是否错误（超出允许范围），更具体的错误信息由 #28 BFM 的位来反映。#28 BFM 的位指示出错后，即使数字量又恢复到正常范围，位状态也不会复位，需要用 TO 指令写入 0 或关闭电源进行复位。

（7）#29 BFM

#29 BFM 以位的状态来反映模块的错误信息。#29 BFM 各位错误定义见表 7-9。

表 7-9　#29 BFM 各位错误定义

#29 BFM 的位	ON（1）	OFF（0）
b0：错误	如果 b1 ～ b3 中任何一个为 ON，出错通道的 A/D 转换停止	无错误
b1：保留	保留	保留
b2：电源故障	24V DC 电源故障	电源正常
b3：硬件错误	A/D 转换器或其他硬件故障	硬件正常
b4 ～ b9：保留	保留	保留
b10：数字范围错误	数字输出 / 模拟输入值超出指定范围	数字输出值正常
b11：平均错误	所选平均结果的数值超出可用范围，参考 #1 ～ #4BFM	平均正常（为 1 ～ 4096）
b12 ～ b15：保留	保留	保留

（8）#30 BFM

#30 BFM 用来存放 FX_{2N}-4AD-PT 模块的 ID 号（身份标识号码），FX_{2N}-4AD-PT 模块的 ID 号为 2040，PLC 通过读取 #30 BFM 中的值来判别该模块是否为 FX_{2N}-4AD-PT 模块。

7.3.6　实例程序

图 7-20 所示是设置和读取 FX_{2N}-4AD-PT 模块的 PLC 程序。

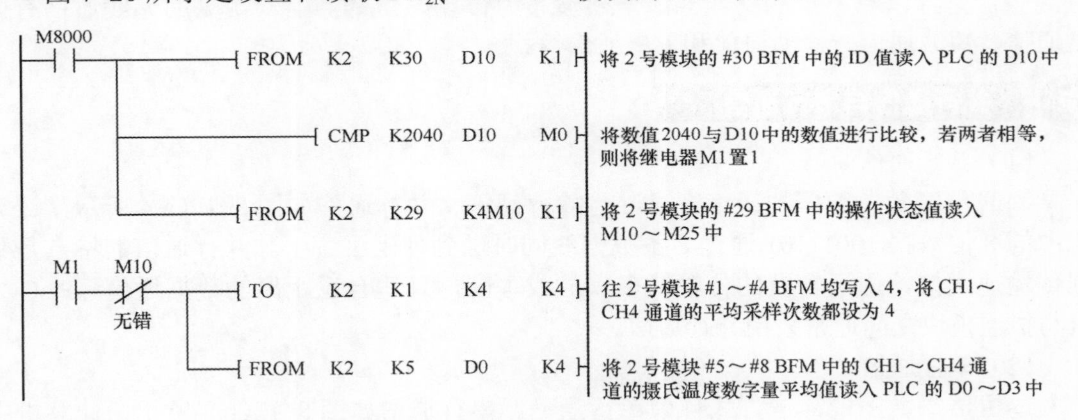

图 7-20　设置和读取 FX_{2N}-4AD-PT 模块的 PLC 程序

程序工作原理说明如下。

当 PLC 运行开始时，M8000 触点始终闭合，首先 FROM 指令执行，将 2 号模块 #30 BFM 中的 ID 值读入 PLC 的数据存储器 D10 中，然后执行 CMP（比较）指令，将 D10 中的数值与数值 2040 进行比较，若两者相等，表明当前模块为 FX_{2N}-4AD-PT，则将辅助继电器 M1 置 1，接着又执行 FROM 指令，将 2 号模块的 #29 BFM 中的操作状态值读入 PLC 的 M10 ～ M25 中。

如果 2 号模块为 FX_{2N}-4AD-PT 模块，并且模块工作无错误码，M1 常开触点闭合，M10 常闭触点闭合，TO、FROM 指令先后执行，在执行 TO 指令时，往 2 号模块 #1 ～ #4 BFM 均写入 4，将 CH1 ～ CH4 通道的平均采样次数都设为 4，在执行 FROM 指令时，将 2 号模块 #5 ～ #8 BFM 中的 CH1 ～ CH4 通道的摄氏温度数字量平均值读入 PLC 的 D0 ～ D3 中。

第8章 PLC 通信

8.1 通信基础知识

通信是指一地与另一地之间的信息传递。PLC 通信是指 PLC 与计算机、PLC 与 PLC、PLC 与人机界面（触摸屏）、PLC 与其他智能设备之间的数据传递。

8.1.1 通信方式

1 有线通信和无线通信

有线通信是指以导线、电缆、光缆、纳米材料等看得见的材料为传输媒质的通信。无线通信是指以看不见的材料（如电磁波）为传输媒质的通信，常见的无线通信有微波通信、短波通信、移动通信和卫星通信等。

2 并行通信与串行通信

（1）并行通信

同时传输多位数据的通信方式称为并行通信。并行通信如图 8-1（a）所示，计算机中的 8 位数据 10011101 通过 8 条数据线同时送到外围设备中。并行通信的特点是数据传输速度快，由于需要的传输线多，故成本高，只适合近距离的数据通信。PLC 主机与扩展模块之间通常采用并行通信。

（2）串行通信

逐位传输数据的通信方式称为串行通信。串行通信如图 8-1（b）所示，计算机中的 8 位数据 10011101 通过一条数据逐位传送到外围设备中。串行通信的特点是数据传输速度慢，但由于只需要一条传输线，故成本低，适合远距离的数据通信。PLC 与计算机、PLC 与 PLC、PLC 与人机界面之间通常采用串行通信。

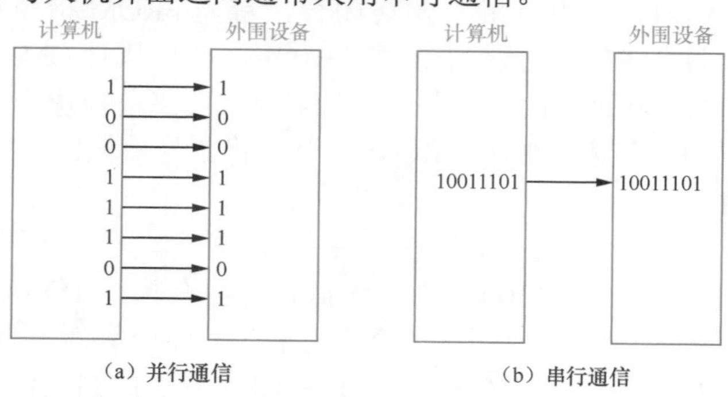

图 8-1　并行通信与串行通信

3 异步通信和同步通信

串行通信又可分为异步通信和同步通信。PLC 与其他设备之间主要采用串行异步通信。

（1）异步通信

在异步通信中，数据是一帧一帧地传送的。异步通信如图 8-2 所示，这种通信是以帧为单位进行数据传输的，一帧数据传送完成后，可以接着传送下一帧数据，也可以等待，等待期间为空闲位（高电平）。

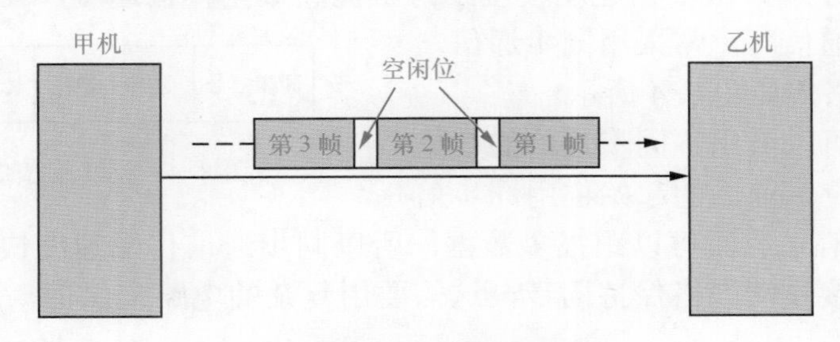

图 8-2　异步通信

串行通信时，数据是以帧为单位传送的，帧数据有一定的格式。帧数据格式如图 8-3 所示，可以看出，一帧数据由起始位、数据位、奇偶校验位和停止位组成。

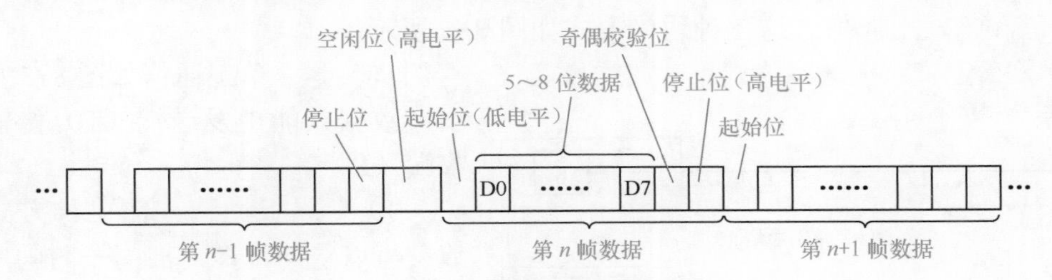

图 8-3　异步通信帧数据格式

起始位：表示一帧数据的开始，起始位一定为低电平。当甲机要发送数据时，先送一个低电平（起始位）到乙机，乙机接收到起始信号后，马上开始接收数据。

数据位：它是要传送的数据，紧跟在起始位后面。数据位的数据为 5 ～ 8 位，传送数据时是从低位到高位逐位进行的。

奇偶校验位：该位用于检验传送的数据有无错误。奇偶校验是检查数据传送过程中有无发生错误的一种校验方式，它分为奇校验和偶校验。奇校验是指数据和校验位中 1 的总个数为奇数；偶校验是指数据和校验位中 1 的总个数为偶数。

以奇校验为例，如果发送设备传送的数据中有偶数个 1，为保证数据和校验位中 1 的总个数为奇数，奇偶校验位应为 1，如果在传送过程中数据产生错误，其中一个 1 变为 0，那么传送到接收设备的数据和校验位中 1 的总个数为偶数，外围设备就知道传送过来的数据发生错误，会要求重新传送数据。

数据传送采用奇校验或偶校验均可，但要求发送端和接收端的校验方式一致。在帧数据中，奇偶校验位也可以不用。

停止位：它表示一帧数据的结束。停止位可以是 1 位、1.5 位或 2 位，但一定为高电平。

一帧数据传送结束后，可以接着传送第二帧数据，也可以等待，等待期间数据线为高电平（空闲位）。如果要传送下一帧，只要让数据线由高电平变为低电平（下一帧起始位开始），接收器就可以开始接收下一帧数据。

（2）同步通信

在异步通信中，每一帧数据发送前要用起始位，在结束时要用停止位，这样会占用一定的时间，导致数据传输速度较慢。为了提高数据传输速度，在计算机与一些高速设备进行数据通信时，常采用同步通信。同步通信的数据格式如图 8-4 所示。

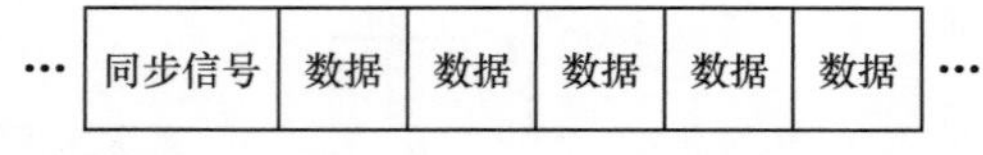

图 8-4　同步通信的数据格式

从图 8-4 中可以看出，同步通信的数据后面取消了停止位，前面的起始位用同步信号代替，在同步信号后面可以跟很多数据，所以同步通信传输速度快，但由于同步通信要求发送端和接收端严格保持同步，这需要用复杂的电路来保证，所以 PLC 通常不采用这种通信方式。

4　单工通信、半双工通信和全双工通信

在串行通信中，根据数据的传输方向不同，可分为三种通信方式：单工通信、半双工通信和全双工通信。这三种通信方式如图 8-5 所示。

① 单工通信：在这种方式下，数据只能往一个方向传送。单工通信如图 8-5（a）所示，数据只能由发送端（T）传输给接收端（R）。

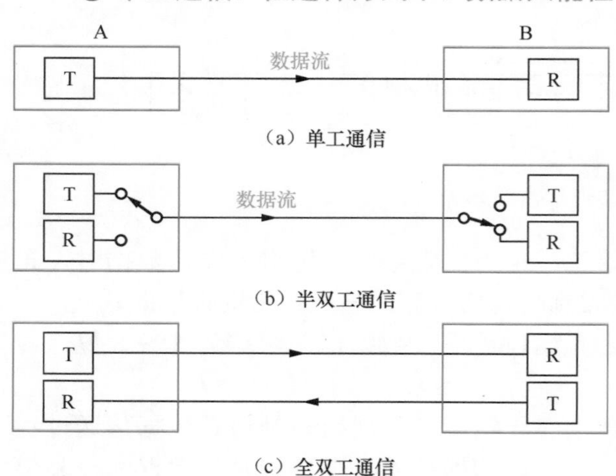

图 8-5　三种通信方式

② 半双工通信：在这种方式下，数据可以双向传送，但同一时间内，只能往一个方向传送，只有一个方向的数据传送完成后，才能往另一个方向传送数据。半双工通信如图 8-5（b）所示，通信的双方都有发送器和接收器，一方发送时，另一方接收，由于只有一条数据线，所以双方不能在发送数据的同时接收数据。

③ 全双工通信：在这种方式下，数据可以双向传送，通信的双方都有发送器和接收器，由于有两条数据线，所以双方在发送数据的同时也可以接收数据。全双工通信如图 8-5（c）所示。

8.1.2　通信传输介质

有线通信采用的传输介质主要有双绞线、同轴电缆和光缆。这三种通信传输介质

如图 8-6 所示。

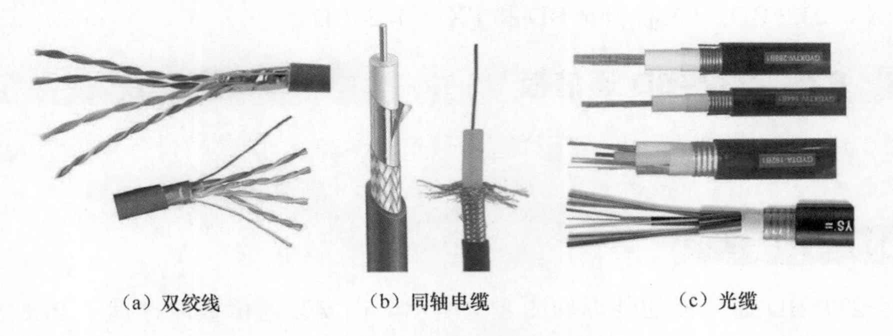

（a）双绞线　（b）同轴电缆　（c）光缆

图 8-6 三种通信传输介质

（1）双绞线

双绞线是将两根导线扭绞在一起，以减少电磁波的干扰，如果再加上屏蔽套层，则抗干扰能力更好。双绞线的成本低、安装简单，RS-232C、RS-422 和 RS-485 等接口多用双绞线电缆进行通信连接。

（2）同轴电缆

同轴电缆的结构从内到外依次为内导体（芯线）、绝缘线、屏蔽层及外保护层。由于从截面看这四层构成了 4 个同心圆，故称为同轴电缆。根据通频带不同，同轴电缆可分为基带（5052）和宽带（7552）两种，其中基带同轴电缆常用于 Ethernet（以太网）中。同轴电缆的传输速率高、传输距离远，但价格较双绞线高。

（3）光缆

光缆是将石英玻璃经特殊工艺拉成细丝结构，这种细丝的直径比头发丝还要细，一般直径在 8 ～ 95μm（单模光纤）及 50/62.5μm（多模光纤，50μm 为欧洲标准，62.5μm 为美国标准），但它能传输的数据量却很大。

光纤是以光的形式传输信号的，其优点是传输数字的光脉冲信号，不会受电磁干扰，不怕雷击，不易被窃听，数据传输安全性好，传输距离长，且带宽宽、传输速度快。但由于通信双方发送和接收的都是电信号，因此通信双方都需要价格昂贵的光纤设备进行光电转换，另外光纤连接头的制作与光纤连接需要专门工具和专门的技术人员。

双绞线、同轴电缆和光缆参数特性见表 8-1。

表 8-1 双绞线、同轴电缆和光缆参数特性

特性	双绞线	同轴电缆		光缆
		基带（50Ω）	宽带（75Ω）	
传输速率	1 ～ 4Mbit/s	1 ～ 10Mbit/s	1 ～ 450Mbit/s	10 ～ 500Mbit/s
网络段最大长度	1.5km	1 ～ 3km	10km	50km
抗电磁干扰能力	弱	中	中	强

8.2 通信接口设备

PLC 通信接口主要有三种标准：RS-232C、RS-422 和 RS-485。在 PLC 和其他设

备通信时，应给 PLC 安装相应接口的通信板或通信模块。三菱 FX 系列常用的通信板型号有 FX_{2N}-232-BD、FX_{2N}-485-BD 和 FX_{2N}-422-BD。

8.2.1　FX_{2N}-232-BD 通信板

利用 FX_{2N}-232-BD 通信板，PLC 可与具有 RS-232C 接口的设备（如个人计算机、条码阅读器和打印机等）进行通信。

1　外形与安装

FX_{2N}-232-BD 通信板的外形如图 8-7 所示。在安装通信板时，拆下 PLC 上表面一侧的盖子，再将通信板上的连接器插入 PLC 电路板的连接器插槽内，如图 8-8 所示。

图 8-7　FX_{2N}-232-BD 通信板的外形

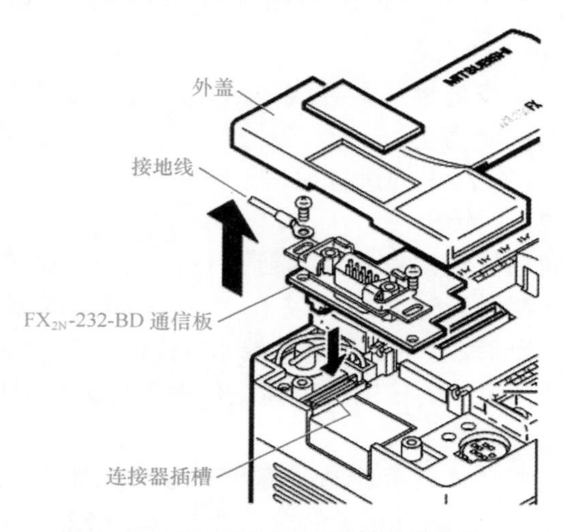

图 8-8　FX_{2N}-232-BD 通信板的安装

2　RS-232C 接口的电气特性

FX_{2N}-232-BD 通信板上有一个 RS-232C 接口。RS-232C 接口又称 COM 接口，是美国 1969 年公布的串行通信接口，至今还广泛应用在计算机和 PLC 等工业控制中。RS-232C 标准有以下特点。

① 采用负逻辑，用 5 ～ 15V 表示逻辑“0”，用 -5 ～ -15V 表示逻辑“1”。

② 只能进行一对一方式通信，最大通信距离为 15m，最高数据传输速率为 20kbit/s。

③ 该标准有 9 针和 25 针两种类型的接口，9 针接口使用更广泛，PLC 采用 9 针接口。

④ 该标准的接口采用单端发送、单端接收电路，如图 8-9 所示，这种电路的抗干扰性较差。

3　RS-232C 接口的针脚功能定义

RS-232C 接口有 9 针和 25 针两种类型，FX_{2N}-232-BD 通信板上有一个 9 针的 RS-232C 接口，各针脚功能定义如图 8-10 所示。

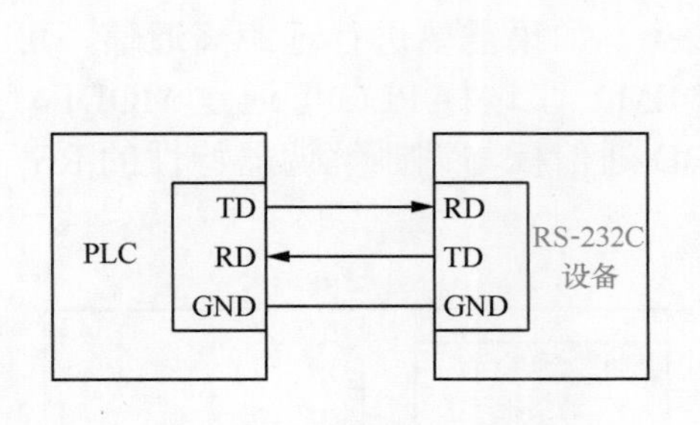

（a）信号连接

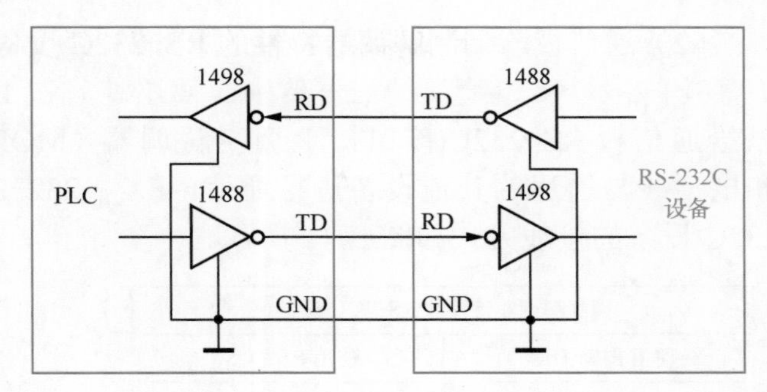

（b）电路结构

图 8-9　RS-232C 接口电路

针脚号	信号	意义	功能
1	CD（DCD）	载波检测	当检测到数据接收载波时，为 ON
2	RD（RXD）	接收数据	接收数据（RS-232C 设备到 232-BD）
3	SD（TXD）	发送数据	发送数据（232-BD 到 RS-232C 设备）
4	ER（DTR）	发送请求	数据发送到 RS-232C 设备的信号请求准备
5	SG（GND）	信号地	信号地
6	DR（DSR）	发送使能	表示 RS-232C 设备准备好接收
7，8，9	NC	不接	

图 8-10　RS-232C 接口的各针脚功能定义

4 通信接线

PLC 要通过 FX_{2N}-232-BD 通信板与 RS-232C 设备进行通信，必须使用电缆将通信板的 RS-232C 接口与 RS-232C 设备的 RS-232C 接口连接起来，根据 RS-232C 设备特性不同，电缆接线主要有两种方式。

（1）通信板与普通特性的 RS-232C 设备的接线

FX_{2N}-232-BD 通信板与普通特性的 RS-232C 设备的接线方式如图 8-11 所示，这种连接方式不是将同名端连接，而是将一台设备的发送端与另一台设备的接收端连接。

普通特性的 RS-232C 设备					
使用 ER，DR*			使用 RS，CS		
意义	25 针 D-SUB	9 针 D-SUB	意义	25 针 D-SUB	9 针 D-SUB
RD（RXD）	③	②	RD（RXD）	③	②
SD（TXD）	②	③	SD（TXD）	②	③
ER（DTR）	⑳	④	RS（RTS）	④	⑦
SG（GND）	⑦	⑤	SG（GND）	⑦	⑤
DR（DSR）	⑥	⑥	CS（CTS）	⑤	⑧

FX_{2N}-232-BD 通信板 9 针 D-SUB	PLC 基本单元
② RD（RXD）	
③ SD（TXD）	
④ ER（DTR）	
⑤ SG（GND）	
⑥ DR（DSR）	

* 使用 ER 和 DR 信号时，根据 RS-232C 设备的特性，检查是否需要 RS 和 CS 信号。

图 8-11　FX_{2N}-232-BD 通信板与普通特性的 RS-232C 设备的接线方式

（2）通信板与调制解调器特性的 RS-232C 设备的接线

RS-232C 接口之间的信号传输距离不能超过 15m，如果需要进行远距离通信，可以给通信板 RS-232C 接口接上调制解调器（MODEM），这样 PLC 可通过 MODEM 和电话线与遥远的其他设备进行通信。FX_{2N}-232-BD 通信板与调制解调器特性的 RS-232C 设备的接线方式如图 8-12 所示。

调制解调器特性的 RS-232C 设备							
使用 ER，DR*			使用 RS，CS			FX_{2N}-232-BD 通信板	
意义	25 针 D-SUB	9 针 D-SUB	意义	25 针 D-SUB	9 针 D-SUB	9 针 D-SUB	
CD（DCD）	⑧	①	CD（DCD）	⑧	①	① CD（DCD）	PLC 基本单元
RD（RXD）	③	②	RD（RXD）	③	②	② RD（RXD）	
SD（TXD）	②	③	SD（TXD）	②	③	③ SD（TXD）	
ER（DTR）	⑳	④	RS（RTS）	④	⑦	④ ER（DTR）	
SG（DNG）	⑦	⑤	SG（GND）	⑦	⑤	⑤ SG（GND）	
DR（DSR）	⑥	⑥	CS（CTS）	⑤	⑧	⑥ DR（DSR）	

* 使用 ER 和 DR 信号时，根据 RS-232C 设备的特性，检查是否需要 RS 和 CS 信号。

图 8-12　FX_{2N}-232-BD 通信板与调制解调器特性的 RS-232C 设备的接线方式

8.2.2　FX_{2N}-422-BD 通信板

利用 FX_{2N}-422-BD 通信板，PLC 可与编程器（手持编程器或个人计算机）通信，也可以与 DU 单元（文本显示器）通信。三菱 FX_{2N} PLC 自身带有一个 422 接口，如果在使用 FX_{2N}-422-BD 通信板时，可同时连接两个 DU 单元或连接一个 DU 单元与一个编程工具。另外，PLC 上只能连接一个 FX_{2N}-422-BD 通信板，并且 FX_{2N}-422-BD 通信板不能同时与 FX_{2N}-485-BD 或 FX_{2N}-232-BD 通信板一起使用。

1　外形与安装

FX_{2N}-422-BD 通信板的正、反面外形如图 8-13 所示。在安装通信板时，拆下 PLC 上表面一侧的盖子，再将通信板上的连接器插入 PLC 电路板的连接器插槽内，其安装方法与 FX_{2N}-232-BD 通信板相同。

图 8-13　FX_{2N}-422-BD 通信板的正、反面外形

2　RS-422 接口的电气特性

FX_{2N}-422-BD 通信板上有一个 RS-422 接口。RS-422 接口采用平衡驱动差分接收电路。如图 8-14 所示，该电路采用极性相反的两根导线传送信号，这两根线都不接地，当 B 线电压较 A 线电压高时，规定传送的为“1”电平；当 A 线电压较 B 线电压高时，规定传送的为“0”电平。A、B

线的电压差可从零点几伏到近十伏。采用平衡驱动差分接收电路作为接口电路，可使RS-422 接口有较强的抗干扰性。

RS-422 接口发送和接收分开处理，数据传送采用 4 根导线，如图 8-15 所示，由于发送和接收独立，两者可同时进行，故 RS-422 通信是全双工方式。与 RS-232C 接口相比，RS-422 的通信速率和传输距离有很大的提高，当最高通信速率为 10Mbit/s 时，最大通信距离为 12m；当通信速率为 100kbit/s 时，最大通信距离可达 1200m，一台发送端可接 12 个接收端。

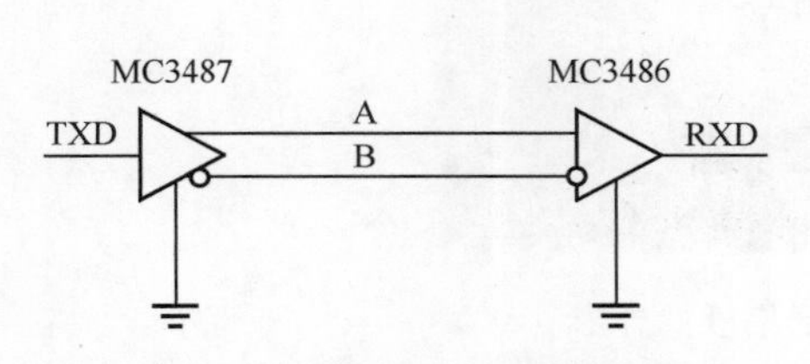

图 8-14 平衡驱动差分接收电路

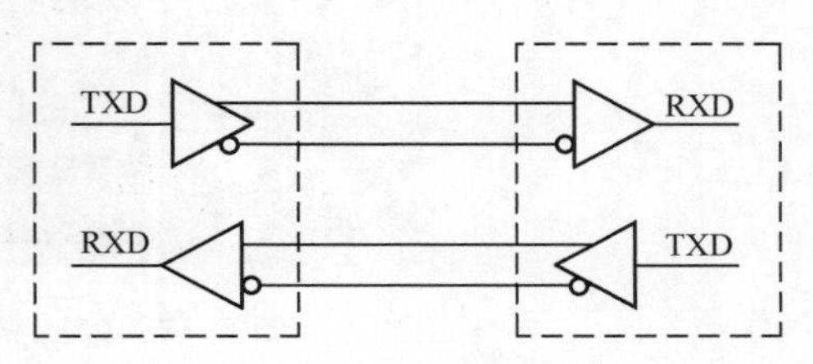

图 8-15 RS-422 接口电路

3 RS-422 接口的针脚功能定义

RS-422 接口没有特定的形状，FX_{2N}-422-BD 通信板上有一个 8 针的 RS-422 接口，各针脚功能定义如图 8-16 所示。

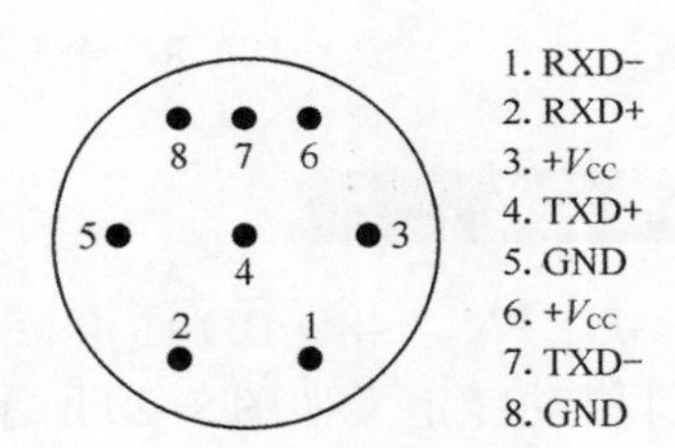

图 8-16 RS-422 接口各针脚功能定义

8.2.3 FX_{2N}-485-BD 通信板

利用 FX_{2N}-485-BD 通信板，可进行两台 PLC 并行连接通信，也可以进行多台 PLC 的 N:N 通信，如果使用 RS-485/RS-232C 转换器，PLC 还可以与具有 RS-232C 接口的其他设备（如个人计算机、条码阅读器和打印机等）进行通信。

1 外形与安装

FX_{2N}-485-BD 通信板的外形如图 8-17 所示。在使用时，将通信板上的连接器插入PLC 电路板的连接器插槽内，其安装方法与 FX_{2N}-232-BD 通信板相同。

2 RS-485 接口的电气特性

RS-485 是 RS-422A 的变形，RS-485 接口可使用一对平衡驱动差分信号线，如图 8-18 所示，发送和接收不能同时进行，属于半双工通信方式。使用 RS-485 接口与双绞线可以组成分布式串行通信网络，如图 8-19 所示，网络中最多可接 32 个站。

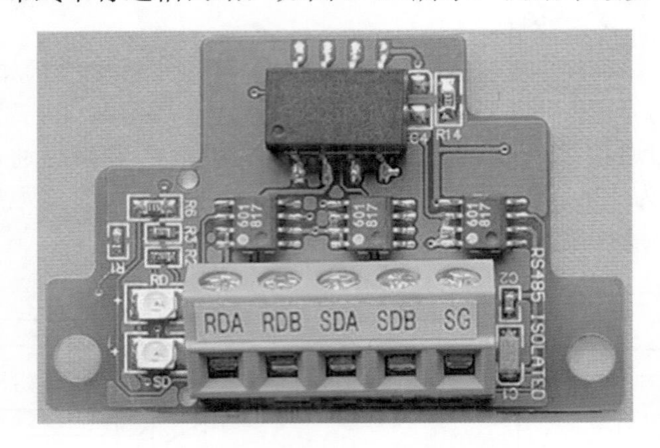

图 8-17　FX_{2N}-485-BD 通信板的外形

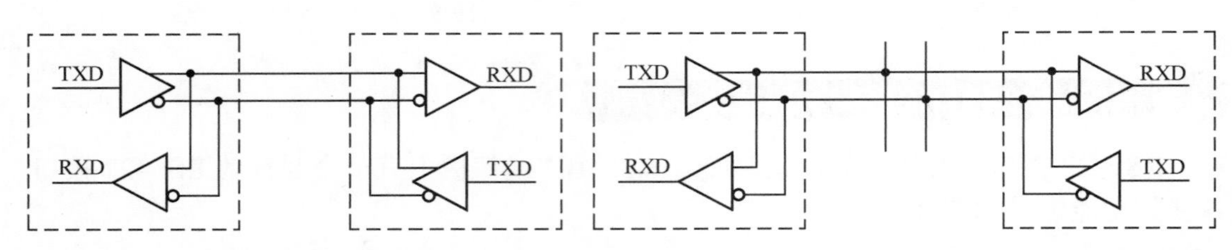

图 8-18　RS-485 接口电路　　图 8-19　RS-485 与双绞线组成分布式串行通信网络

3　RS-485 接口的针脚功能定义

RS-485 接口没有特定的形状，FX_{2N}-485-BD 通信板上有一个 5 针的 RS-485 接口，各针脚功能定义如图 8-20 所示。

SDA（TXD+）：发送数据 +
SDB（TXD−）：发送数据 −
RDA（RXD+）：接收数据 +
RDB（RXD−）：接收数据 −
SG：公共端（可不使用）

图 8-20　RS-485 接口各针脚功能定义

4　RS-485 通信接线

RS-485 设备之间的通信接线有 1 对和两对两种方式。当使用 1 对接线方式时，设备之间只能进行半双工通信；当使用两对接线方式时，设备之间可进行全双工通信。

（1）1 对接线方式

RS-485 设备的 1 对接线方式如图 8-21 所示。在使用 1 对接线方式时，需要将各设备的 RS-485 接口的发送端和接收端并接起来，设备之间使用 1 对线接各接口的同名端，另外要在始端和终端设备的 RDA、RDB 端上接上 110Ω 的终端电阻，以提高数据传输质量、减小干扰。

（2）两对接线方式

RS-485 设备的两对接线方式如图 8-22 所示。在使用两对接线方式时，需要用两对线将主设备接口的发送端、接收端分别和从设备的接收端、发送端连接，从设备之间用两对线将同名端连接起来，另外要在始端和终端设备的 RDA、RDB 端接 330Ω 的终端电阻，以提高数据传输质量、减小干扰。

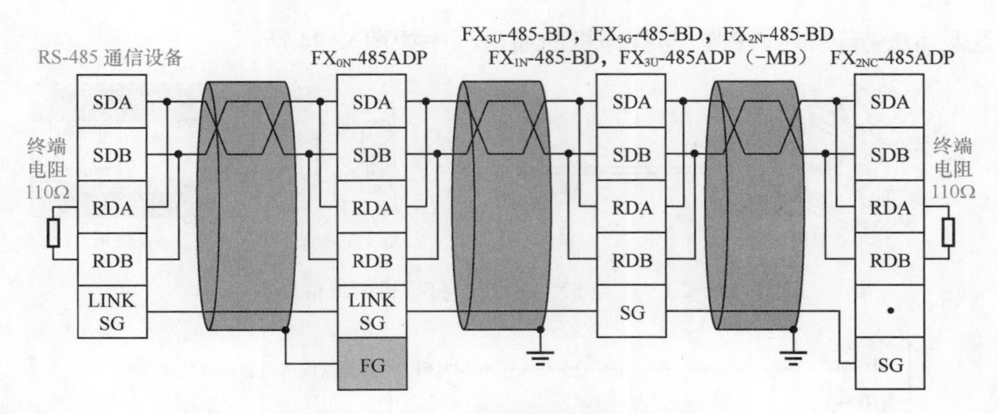

图 8-21 RS-485 设备的 1 对接线方式

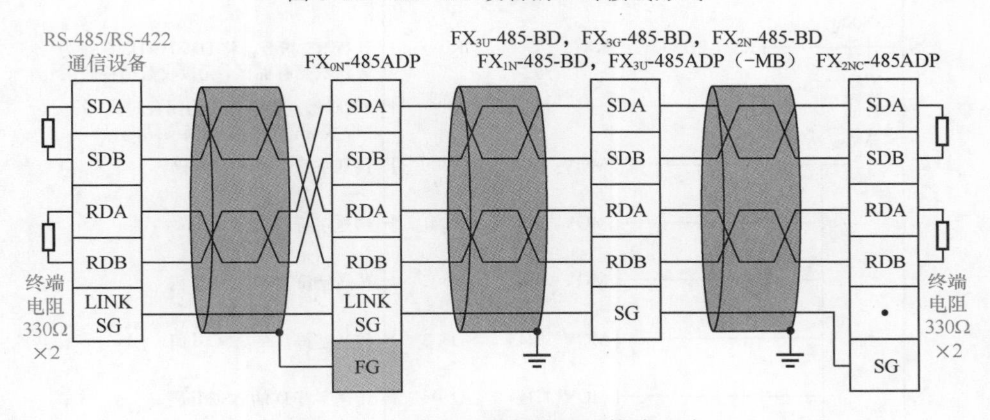

图 8-22 RS-485 设备的两对接线方式

8.3 PLC 通信

8.3.1 PLC 与打印机通信（无协议通信）

1 通信要求

用一台三菱 FX_{2N} 系列 PLC 与一台带有 RS-232C 接口的打印机通信，PLC 往打印机发送字符 0ABCDE，打印机将接收的字符打印出来。

2 硬件接线

三菱 FX_{2N} PLC 自身带有 RS-422 接口，而打印机的接口类型为 RS-232C，由于接口类型不一致，故两者无法直接连接，PLC 安装 FX_{2N}-232-BD 通信板则可解决这个问题。三菱 FX_{2N} PLC 与打印机的通信连接如图 8-23 所示，其中 RS-232 通信电缆需要用户自己制作，电缆的接线方法见图 8-11。

3 通信程序

PLC 的无协议通信一般使用 RS（串行数据传送）指令来编写，关于 RS 指令的使用方法见 6.2.9 节所述。PLC 与打印机的通信程序如图 8-24 所示。

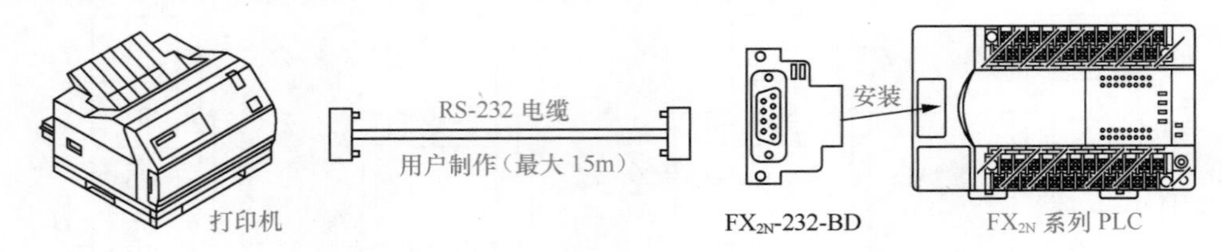

图 8-23　三菱 FX_{2N} PLC 与打印机的通信连接

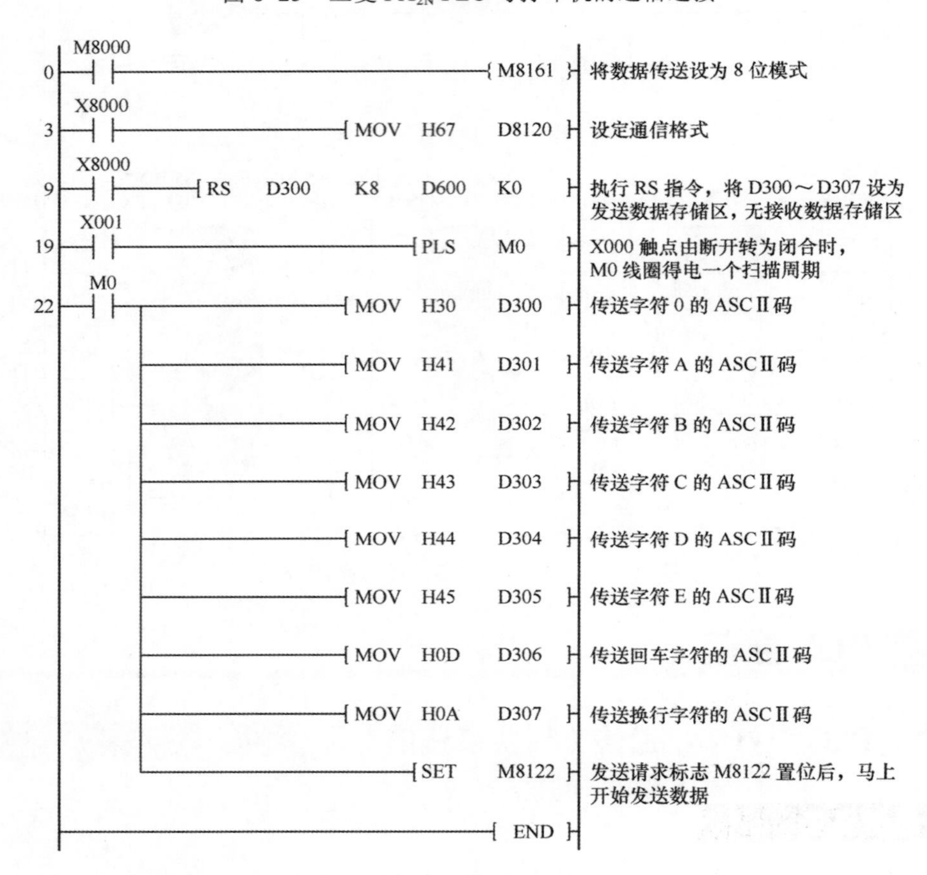

图 8-24　PLC 与打印机的通信程序

程序工作原理说明如下。

PLC 运行期间，M8000 触点始终闭合，M8161 继电器（数据传送模式继电器）为 1，将数据传送设为 8 位模式。PLC 运行时，M8002 触点接通一个扫描周期，往 D8120 存储器（通信格式存储器）写入 H67，将通信格式设为：数据长 =8 位，奇偶校验 = 偶校验，停止位 =1 位，通信速率 =2400bit/s。当 PLC 的 X000 端子外接开关闭合时，程序中的 X000 常开触点闭合，RS 指令执行，将 D300 ～ D307 设为发送数据存储区，无接收数据存储区。当 PLC 的 X001 端子外接开关闭合时，程序中的 X001 常开触点由断开转为闭合，产生一个上升沿脉冲，M0 线圈得电一个扫描周期（即 M0 继电器在一个扫描周期内为 1），M0 常开触点接通一个扫描周期，8 个 MOV 指令从上往下依次执行，分别将字符 0、A、B、C、D、E、回车、换行的 ASCII 码送入 D300 ～ D307 中，再执行 SET 指令，将 M8122 继电器（发送请求继电器）置 1，PLC 马上将 D300 ～ D307 中的数据通过通信板上的 RS-232C 接口发送给打印机，打印机则将这些字符打印出来。

4 与无协议通信有关的特殊功能继电器和数据寄存器

图 8-24 程序用到了特殊功能继电器 M8161、M8122 和特殊功能数据存储器 D8120，在使用 RS 指令进行无协议通信时，可以使用表 8-2 中的特殊功能继电器和表 8-3 中的特殊功能数据存储器。

表 8-2　与无协议通信有关的特殊功能继电器

特殊功能继电器	名称	内容	R/W
M8063	串行通信错误（通道 1）	发生通信错误时置 ON。 当串行通信错误（M8063）为 ON 时，在 D8063 中保存错误代码	R
M8120	保持通信设定用	保持通信设定状态（FX_{0N} 可编程控制器用）	W
M8121	等待发送标志位	等待发送状态时置 ON	R
M8122	发送请求	设置发送请求后，开始发送	R/W
M8123	接收结束标志位	接收结束时置 ON。当接收结束标志位（M8123）为 ON 时，不能再接收数据	R/W
M8124	载波检测标志位	与 CD 信号同步置 ON	R
M8129*1	超时判定标志位	当接收数据中断，在超时时间设定（D8129）中设定的时间内，没有收到要接收的数据时置 ON	R/W
M8161	8 位处理模式	在 16 位数据和 8 位数据之间切换发送 / 接收数据。 ON：8 位模式 OFF：16 位模式	W

*1．FX_{0N}，FX_2（FX），FX_{2C}，FX_{2N}（Ver.2.00 以下）尚未对应。

表 8-3　与无协议通信有关的特殊功能数据存储器

特殊功能继电器	名称	内容	R/W
D8063	显示错误代码	当串行通信错误（M8063）为 ON 时，在 D8063 中保存错误代码	R/W
D8120	通信格式设定	可以通信格式设定	R/W
D8122	发送数据的剩余点数	保存要发送的数据的剩余点数	R
D8123	接收点数的监控	保存已接收到的数据点数	R
D8124	报头	设定报头。初始值：STX(H02)	R/W
D8125	报尾	设定报尾。初始值：ETX(H03)	R/W
D8129*1	超时时间设定	设定超时的时间	R/W
D8405*2	显示通信参数	保存在可编程控制器中设定的通信参数	R
D8419*2	动作方式显示	保存正在执行的通信功能	R

*1．FX_{0N}，FX_2（FX），FX_{2C}，FX_{2N}（Ver.2.00 以下）尚未对应。
*2．仅 FX_{3G}，FX_{3U}，FX_{3UC} 可编程控制器对应。

8.3.2 两台 PLC 通信（并联连接通信）

并联连接通信是指两台同系列 PLC 之间的通信。不同系列的 PLC 不能采用这种通信方式。两台 PLC 并联连接通信示意图如图 8-25 所示。

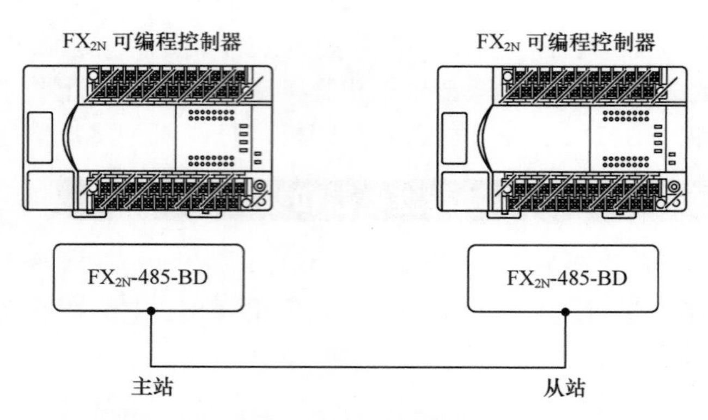

图 8-25 两台 PLC 并联连接通信示意图

1 并联连接的两种通信模式及功能

当两台 PLC 进行并联连接通信时，可以将一方特定区域的数据传送到对方特定区域。并联连接通信有普通连接和高速连接两种模式。

（1）普通并联连接通信模式

普通并联连接通信模式如图 8-26 所示。当某 PLC 中的 M8070 继电器为 ON 时，该 PLC 规定为主站；当某 PLC 中的 M8071 继电器为 ON 时，该 PLC 则被设为从站，在该模式下，只要主、从站已设定，并且两者之间已接好通信电缆，主站的 M800 ～ M899 继电器的状态会自动通过通信电缆传送给从站的 M800 ～ M899 继电器，主站的 D490 ～ D499 数据寄存器中的数据会自动送入从站的 D490 ～ D499 中，与此同时，从站的 M900 ～ M999 继电器状态会自动传送给主站的 M900 ～ M990 继电器，从站的 D500 ～ D509 数据寄存器中的数据会自动送入主站的 D500 ～ D509 中。

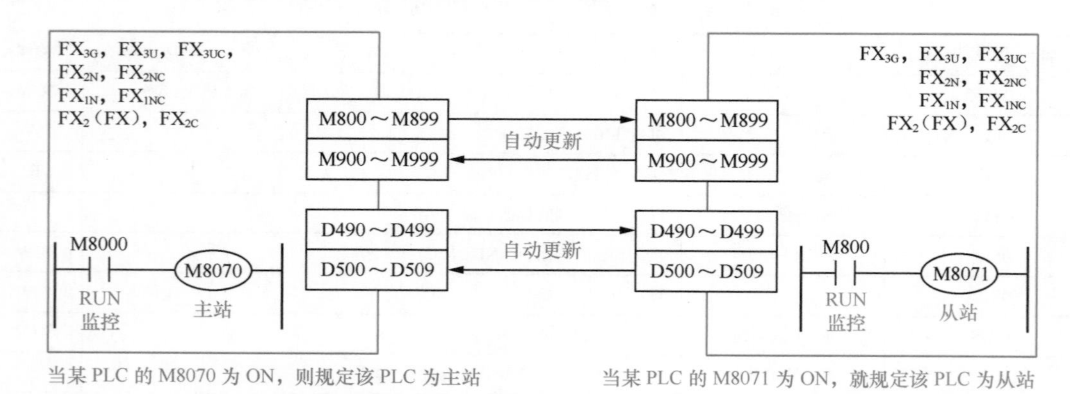

图 8-26 普通并联连接通信模式

（2）高速并联连接通信模式

高速并联连接通信模式如图 8-27 所示。PLC 中的 M8070、M8071 继电器的状态分别用来设定主、从站，M8162 继电器的状态用来设定通信模式为高速并联连接通信，在该模式下，主站的 D490、D491 中的数据自动高速送入从站的 D490、D491 中，而从站的 D500、D501 中的数据自动高速送入主站的 D500、D501 中。

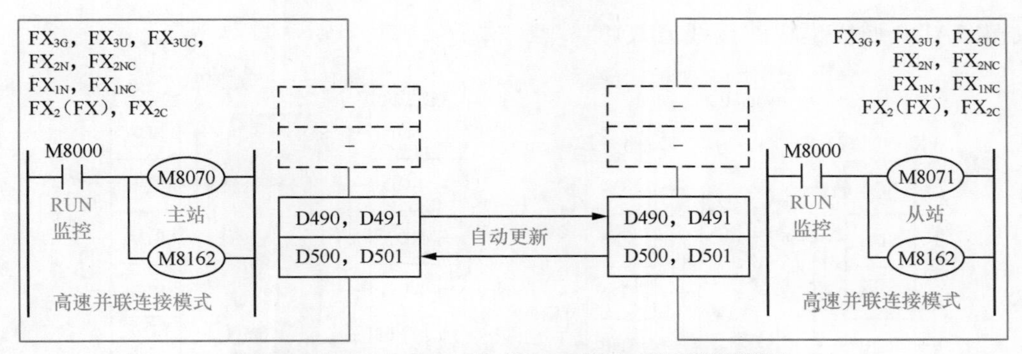

当某 PLC 的 M8162 为 ON 时，该 PLC 工作在高速并联连接模式

图 8-27 高速并联连接通信模式

2 与并联连接通信有关的特殊功能继电器

图 8-27 用到了特殊功能继电器 M8070、M8071 和 M8162，与并联连接通信模式有关的特殊继电器见表 8-4。

表 8-4 与并联连接通信模式有关的特殊继电器

特殊功能继电器		名称	内容
通信设定	M8070	设定为并联连接的主站	置 ON 时，作为主站连接
	M8071	设定为并联连接的从站	置 ON 时，作为从站连接
	M8162	高速并联连接模式	使用高速并联连接模式时置 ON
	M8178	通道的设定	设定要使用的通信口的通道。 （使用 FX_{3G}，FX_{3U}，FX_{3UC} 时） OFF：通道 1　　ON：通道 2
	D8070	判断为错误的时间（ms）	设定判断并联连接数据通信错误的时间 [初始值：500]
通信错误判断	M8072	并联连接运行中	并联连接运行中置 ON
	M8073	主站 / 从站的设定异常	主站或是从站的设定内容中有误时置 ON
	M8063	连接错误	通信错误时置 ON

对于 FX_{2N} 系列 PLC，高速并联连接通信模式的通信时间 =20ms+ 主站运算周期（ms）+ 从站的运算周期（ms）；普通并联连接通信模式的通信时间 =70ms+ 主站运算周期（ms）+ 从站的运算周期（ms）。

3 通信接线

并联连接通信采用 RS-485 端口通信，如果两台 PLC 都采用安装 RS-485-BD 通信卡的方式进行通信连接，通信距离不能超过 50m，如果两台 PLC 都采用安装 FX_{0N}-485ADP 通信模块进行通信连接，通信最大距离可达 500m。并联连接通信的 485 端口之间有 1 对接线和两对接线两种方式。

（1）1 对接线方式

并联连接通信 RS-485 端口 1 对接线方式如图 8-28 所示。图 8-28（a）所示为两台 PLC 都安装 FX_{2N}-485-BD 通信卡的接线方式，图 8-28（b）所示为两台 PLC 都安装

FX_{0N}-485ADP 通信模块的接线方式。

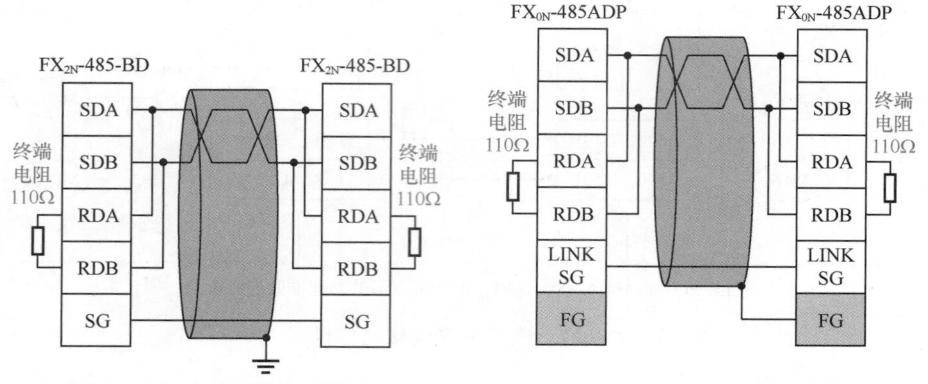

（a）安装 FX_{2N}-485-BD 通信卡的接线方式　（b）安装 FX_{0N}-485ADP 通信模块的接线方式

图 8-28　并联连接通信 RS-485 端口 1 对接线方式

（2）两对接线方式

并联连接通信 RS-485 端口两对接线方式如图 8-29 所示。

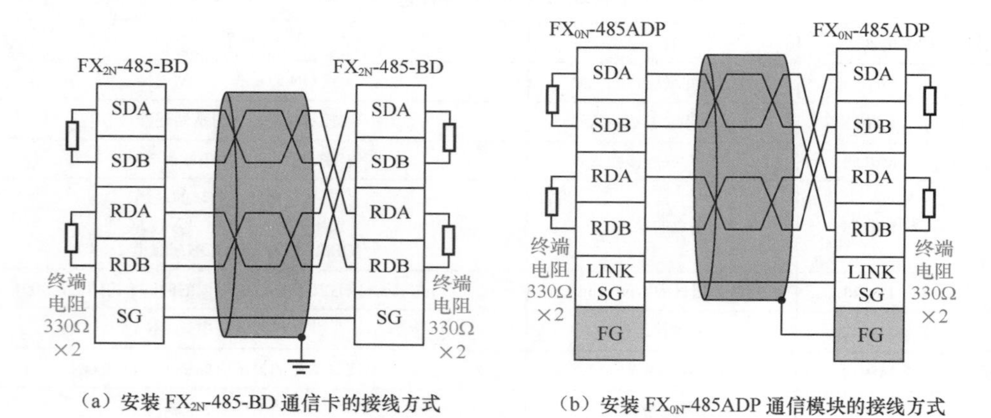

（a）安装 FX_{2N}-485-BD 通信卡的接线方式　（b）安装 FX_{0N}-485ADP 通信模块的接线方式

图 8-29　并联连接通信 485 端口两对接线方式

4　两台 PLC 并联连接通信实例

（1）通信要求

两台 PLC 并联连接通信要求如下。

① 将主站 X000 ～ X007 端子的输入状态传送到从站的 Y000 ～ Y007 端子输出，如主站的 X000 端子输入为 ON，通过通信使从站的 Y000 端子输出为 ON。

② 将主站的 D0、D2 中的数值进行加法运算，如果结果大于 100，则让从站的 Y010 端子输出 OFF。

③ 将从站的 M0 ～ M7 继电器的状态传送到主站的 Y000 ～ Y007 端子输出。

④ 当从站的 X010 端子输入为 ON 时，将从站 D10 中的数值送入主站；当主站的 X010 端子输入为 ON 时，主站以从站 D10 送来的数值作为计时值开始计时。

(2) 通信程序

通信程序由主站程序和从站程序组成，主站程序写入作为主站的 PLC，从站程序写入作为从站的 PLC。两台 PLC 并联连接通信的主、从站程序如图 8-30 所示。

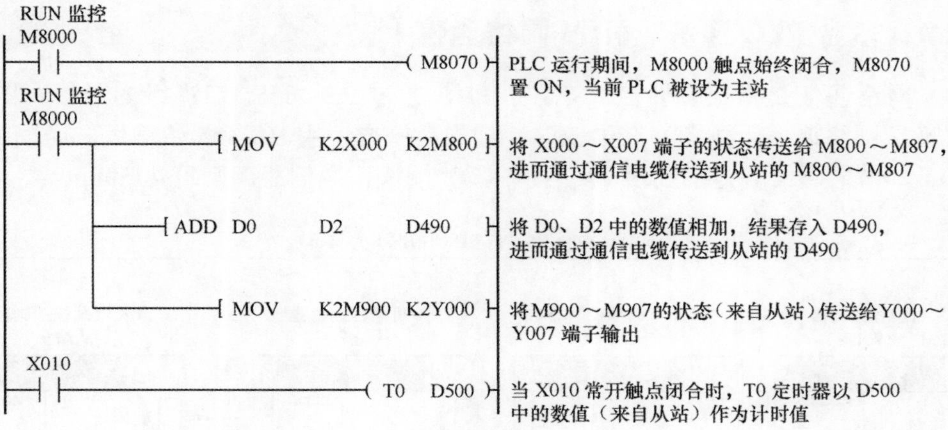

RUN 监控
M8000
(M8070) PLC 运行期间，M8000 触点始终闭合，M8070 置 ON，当前 PLC 被设为主站

RUN 监控
M8000
[MOV K2X000 K2M800] 将 X000～X007 端子的状态传送给 M800～M807，进而通过通信电缆传送到从站的 M800～M807

[ADD D0 D2 D490] 将 D0、D2 中的数值相加，结果存入 D490，进而通过通信电缆传送到从站的 D490

[MOV K2M900 K2Y000] 将M900～M907的状态（来自从站）传送给Y000～Y007 端子输出

X010
(T0 D500) 当 X010 常开触点闭合时，T0 定时器以 D500 中的数值（来自从站）作为计时值

(a) 主站程序

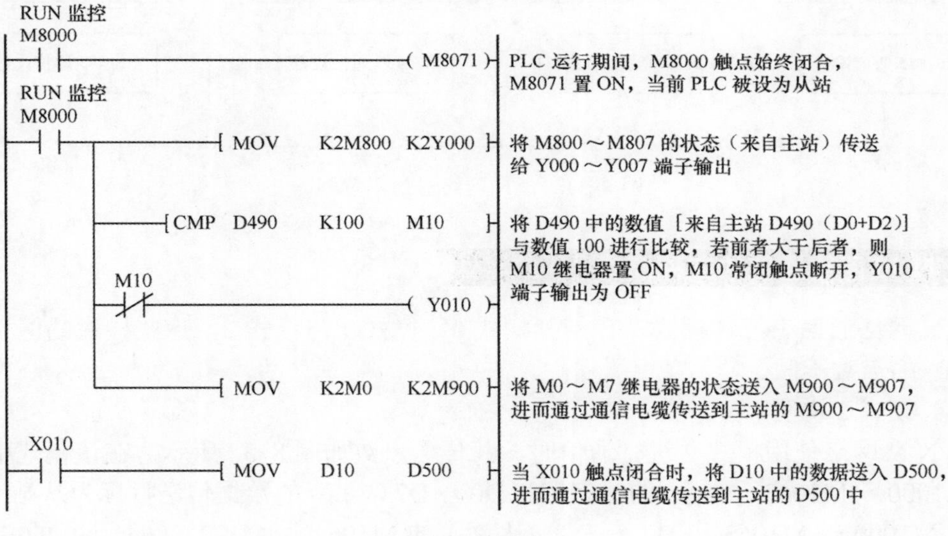

RUN 监控
M8000
(M8071) PLC 运行期间，M8000 触点始终闭合，M8071 置 ON，当前 PLC 被设为从站

RUN 监控
M8000
[MOV K2M800 K2Y000] 将 M800～M807 的状态（来自主站）传送给 Y000～Y007 端子输出

[CMP D490 K100 M10] 将 D490 中的数值［来自主站 D490（D0+D2）］与数值 100 进行比较，若前者大于后者，则 M10 继电器置 ON，M10 常闭触点断开，Y010 端子输出为 OFF

M10
(Y010)

[MOV K2M0 K2M900] 将 M0～M7 继电器的状态送入 M900～M907，进而通过通信电缆传送到主站的 M900～M907

X010
[MOV D10 D500] 当 X010 触点闭合时，将 D10 中的数据送入 D500，进而通过通信电缆传送到主站的 D500 中

(b) 从站程序

图 8-30 两台 PLC 并联连接通信的主、从站程序

主站→从站方向的数据传送途径。

① 主站的 X000 ～ X007 端子→主站的 M800 ～ M807 →从站的 M800 ～ M807 →从站的 Y000 ～ Y007 端子。

② 在主站中进行 D0、D2 加运算，其和值→主站的 D490 →从站的 D490，在从站中将 D490 中的值与数值 100 比较，如果 D490 值 >100，则让从站的 Y010 端子输出为 OFF。

从站→主站方向的数据传送途径。

① 从站的 M0 ～ M7 →从站的 M900 ～ M907 →主站的 M900 ～ M907 →主站的

Y000 ～ Y007 端子。

② 从站的 D10 值→从站的 D500→主站的 D500，主站以 D500 值（即从站的 D10 值）作为定时器计时值开始计时。

8.3.3　多台 PLC 通信（N:N 网络通信）

N:N 网络通信是指最多 8 台 FX 系列 PLC 通过 RS-485 端口进行的通信。图 8-31 所示为 N:N 网络通信示意图，在通信时，如果有一方使用 RS-485 通信板，通信距离最大为 50m，如果通信各方都使用 FX_{0N}-485ADP 模块，通信距离则可达 500m。

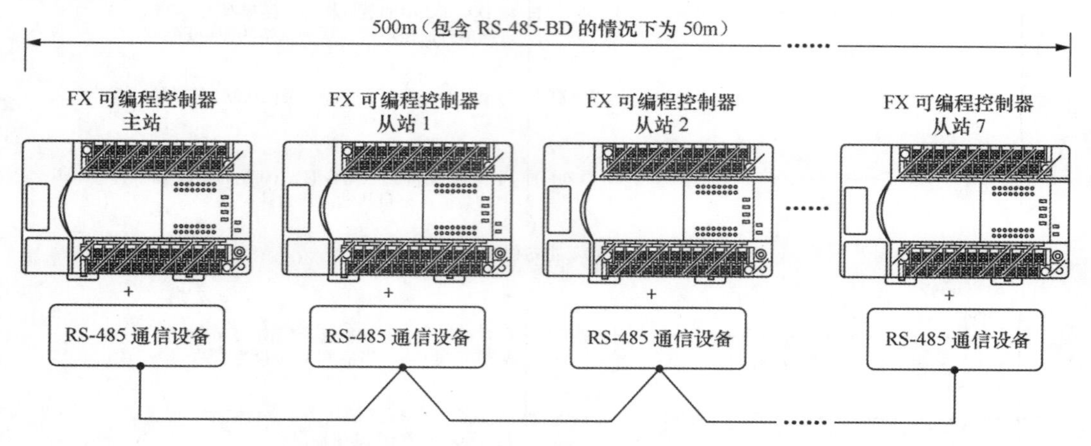

图 8-31　N:N 网络通信示意图

1　N:N 网络通信的三种模式

N:N 网络通信有三种模式，分别是模式 0、模式 1 和模式 2，这些模式的区别在于允许传送的点数不同。

（1）模式 2 说明

当 N:N 网络使用模式 2 进行通信时，其传送点数如图 8-32 所示，在该模式下，主站的 M1000 ～ M1063（64 点）的状态值和 D0 ～ D7（7 点）的数据传送目标为从站 1 ～从站 7 的 M1000 ～ M1063 和 D0 ～ D7，从站 1 的 M1064 ～ M1127（64 点）的状态值和 D10 ～ D17（8 点）的数据传送目标为主站、从站 2 ～从站 7 的 M1064 ～ M1127 和 D10 ～ D17，依此类推，从站 7 的 M1448 ～ M1511（64 点）的状态值和 D70 ～ D77（8 点）的数据传送目标为主站、从站 2 ～从站 7 的 M1448 ～ M1511 和 D70 ～ D77。

（2）三种模式传送的点数

在 N:N 网络通信时，不同的站点可以往其他站点传送自身特定软元件中的数据。在 N:N 网络通信时，三种模式下各站点分配用作发送数据的软元件见表 8-5，在不同的通信模式下，各个站点都分配不同的软元件来发送数据。例如，在模式 1 时，主站只能将自己的 M1000 ～ M1031（32 点）和 D0 ～ D3（4 点）的数据发送给其他站点相同编号的软元件中，主站的 M1064 ～ M1095、D10 ～ D13 等软元件只能接收其他站点传送来的数据。在 N:N 网络中，如果将 FX_{1S}、FX_{0N} 系列的 PLC 用作工作站，则通信不能使用模式 1 和模式 2。

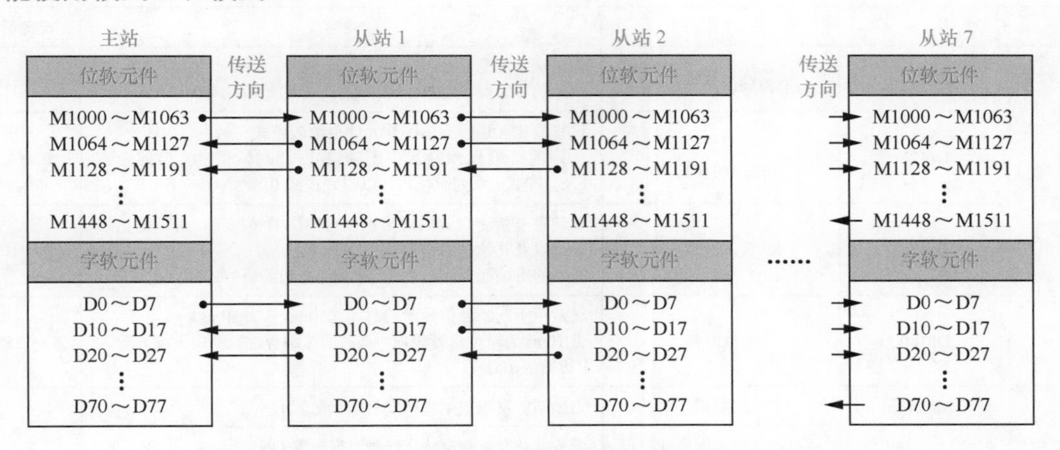

图 8-32 N:N 网络使用模式 2 进行通信时的传送点数

表 8-5 N:N 网络通信三种模式下各站点分配用作发送数据的软元件

站号		模式 0		模式 1		模式 2	
		位软元件（M）	字软元件（D）	位软元件（M）	字软元件（D）	位软元件（M）	字软元件（D）
		0 点	各站 4 点	各站 32 点	各站 4 点	各站 64 点	各站 8 点
主站	站号 0	-	D0 ～ D3	M1000 ～ M1031	D0 ～ D3	M1000 ～ M1063	D0 ～ D7
从站	站号 1	-	D10 ～ D13	M1064 ～ M1095	D10 ～ D13	M1064 ～ M1127	D10 ～ D17
	站号 2	-	D20 ～ D23	M1128 ～ M1159	D20 ～ D23	M1128 ～ M1191	D20 ～ D27
	站号 3	-	D30 ～ D33	M1192 ～ M1223	D30 ～ D33	M1192 ～ M1255	D30 ～ D37
	站号 4	-	D40 ～ D43	M1256 ～ M1287	D40 ～ D43	M1256 ～ M1319	D40 ～ D47
	站号 5	-	D50 ～ D53	M1320 ～ M1351	D50 ～ D53	M1320 ～ M1383	D50 ～ D57
	站号 6	-	D60 ～ D63	M1384 ～ M1415	D60 ～ D63	M1384 ～ M1447	D60 ～ D67
	站号 7	-	D70 ～ D73	M1448 ～ M1479	D70 ～ D73	M1448 ～ M1511	D70 ～ D77

2 与 N:N 网络通信有关的特殊功能元件

在 N:N 网络通信时，需要使用一些特殊功能的元件来设置通信和反映通信状态信息，与 N:N 网络通信有关的特殊功能元件见表 8-6。

表 8-6 与 N:N 网络通信有关的特殊功能元件

软元件		名称	内容	设定值
通信设定	M8038	设定参数	设定通信参数用的标志位 也可以作为确认有无 N:N 网络程序用的标志位 在顺控程序中请勿置 ON	
	M8179	通道的设定	设定所使用的的通信口的通道（使用 FX_{3G}/FX_{3U}/FX_{3UC} 时） 请在顺控程序中设定。 无程序：通道 1　　有 OUT　M8179 的程序：通道 2	
	D8176	相应站号的设定	N:N 网络设定使用时的站号 主站设定为 0，从站设定为 1 ～ 7，[初始值：0]	0 ～ 7

续表

软元件		名称	内容	设定值
通信设定	D8177	从站总数设定	设定从站的总站数 从站的可编程控制器中无须设定，[初始值：7]	1 ～ 7
	D8178	刷新范围的设定	选择要相互进行通信的软元件点数的模式 从站的可编程控制器中无须设定，[初始值：0] 当混合有 FX_{0N}，FX_{1S} 系列时，仅可以设定模式 0	0 ～ 2
	D8179	重试次数	即使重复指定次数的通信也没有响应的情况下，可以确认错误，以及其他站的错误。 从站的可编程控制器中无须设定，[初始值：3]	0 ～ 10
	D8180	监视时间	设定用于判断通信异常的时间（50ms ～ 2550ms） 以 10ms 为单位进行设定。从站的可编程控制器中无须设定，[初始值：5]	5 ～ 255
反映通信错误	M8183	主站的数据传送	当主站中发生数据传送序列错误时置 ON	
	M8184 ～ M8190	从站的数据传送序列错误	当各从站发生数据传送序列错误时置 ON	
	M8191	正在执行数据传送序列	执行 N:N 网络时置 ON	

3 通信接线

N:N 网络通信采用 RS-485 端口通信，通信采用 1 对接线方式。N:N 网络通信接线如图 8-33 所示。

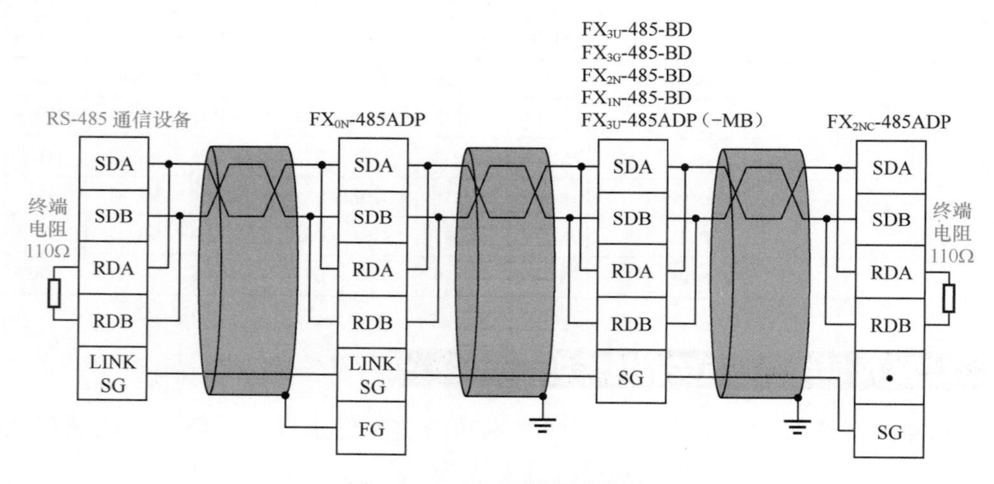

图 8-33 N:N 网络通信接线

4 三台 PLC 的 N:N 网络通信实例

下面以三台 FX_{2N} 系列 PLC 通信为例来说明 N:N 网络通信，三台 PLC 进行 N:N 网络通信的连接示意图如图 8-34 所示。

（1）通信要求

三台 PLC 并联连接通信要求实现的功能如下。

① 将主站 X000 ～ X003 端子的输入状态分别传送到从站 1、从站 2 的 Y010 ～ Y013 端子输出。例如，主站的 X000 端子输入为 ON，通过通信使从站 1、从站 2 的

Y010 端子输出均为 ON。

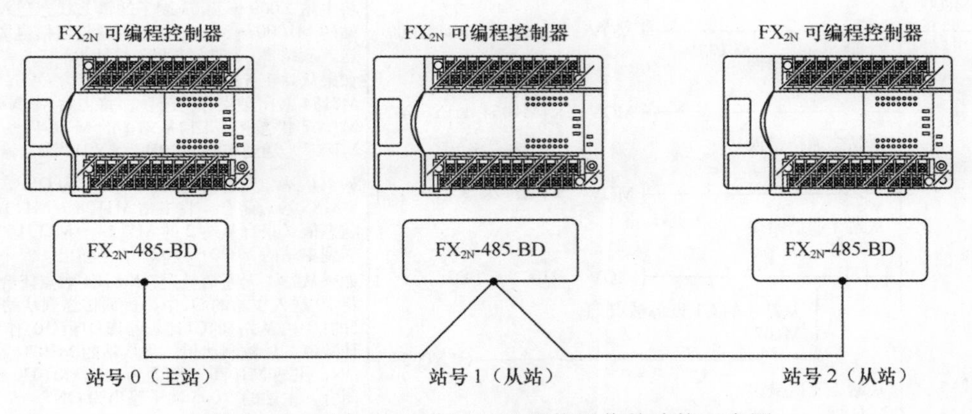

图 8-34 三台 PLC 进行 N:N 网络通信的连接示意图

② 在主站将从站 1 的 X000 端子输入 ON 的检测次数设为 10，当从站 1 的 X000 端子输入 ON 的次数达到 10 次时，让主站、从站 1 和从站 2 的 Y005 端子输出均为 ON。

③ 在主站将从站 2 的 X000 端子输入 ON 的检测次数也设为 10，当从站 2 的 X000 端子输入 ON 的次数达到 10 次时，让主站、从站 1 和从站 2 的 Y006 端子输出均为 ON。

④ 在主站将从站 1 的 D10 值与从站 2 的 D20 值相加，结果存入本站的 D3。

⑤ 将从站 1 的 X000 ~ X003 端子的输入状态分别传送到主站、从站 2 的 Y014 ~ Y017 端子输出。

⑥ 在从站 1 将主站的 D0 值与从站 2 的 D20 值相加，结果存入本站的 D11 中。

⑦ 将从站 2 的 X000 ~ X003 端子的输入状态分别传送到主站、从站 1 的 Y020 ~ Y023 端子输出。

⑧ 在从站 2 将主站的 D0 值与从站 1 的 D10 值相加，结果存入本站的 D21 中。

（2）通信程序

三台 PLC 并联连接通信的程序由主站程序、从站 1 程序和从站 2 程序组成，主站程序写入作为主站 PLC，从站 1 程序写入作为从站 1 的 PLC，从站 2 程序写入作为从站 2 的 PLC。三台 PLC 通信的主站程序、从站 1 程序和从站 2 程序如图 8-35 所示。

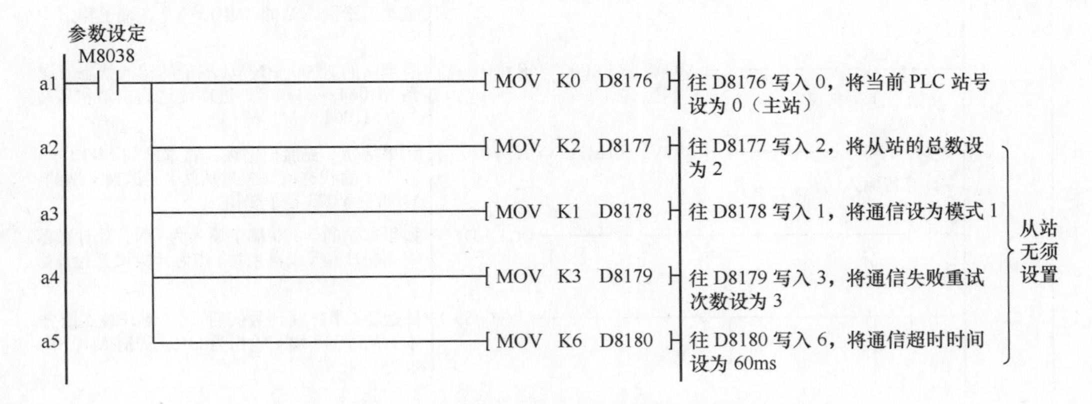

图 8-35 三台 PLC 并联连接通信的程序

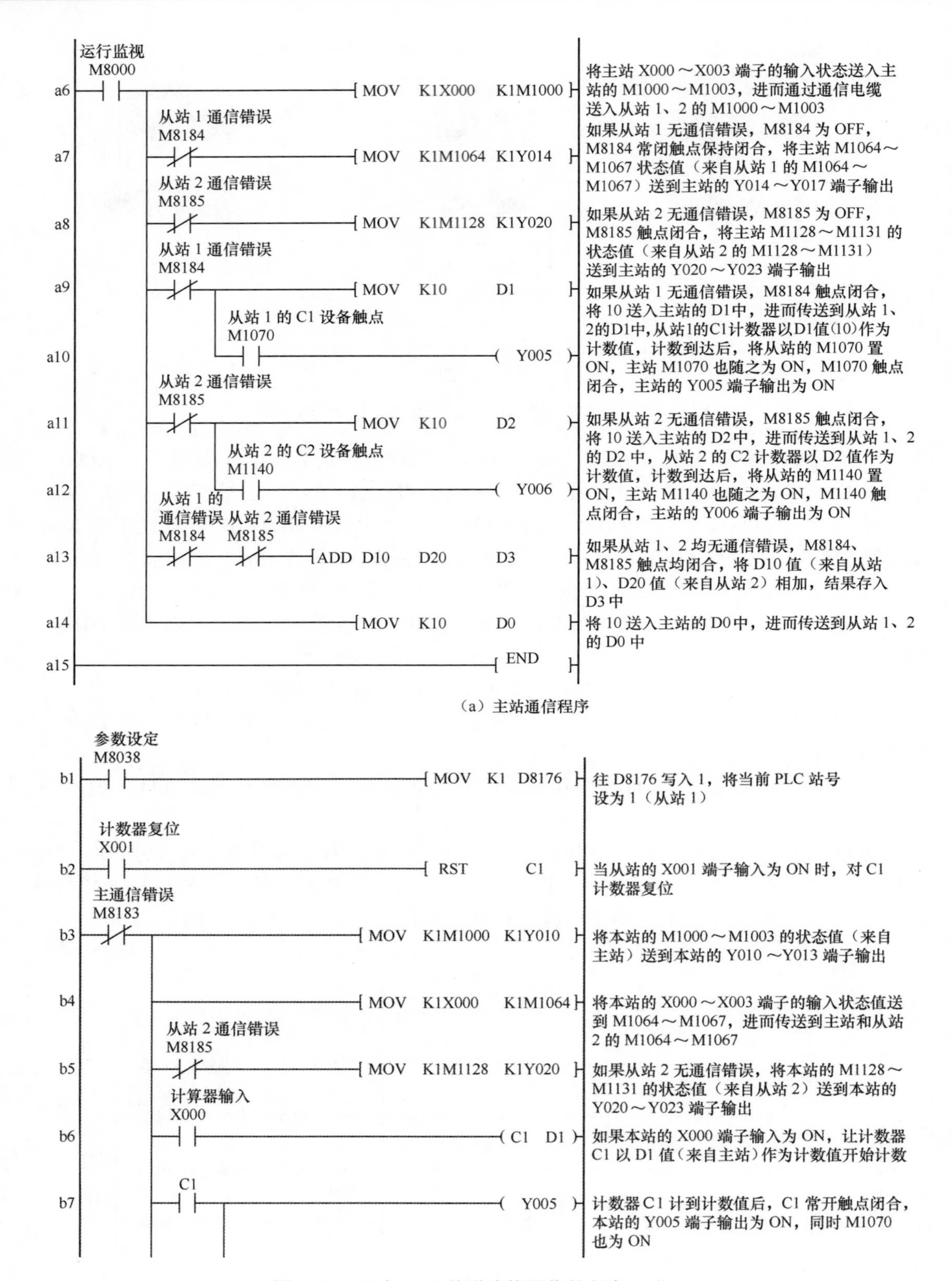

图 8-35 三台 PLC 并联连接通信的程序（续）

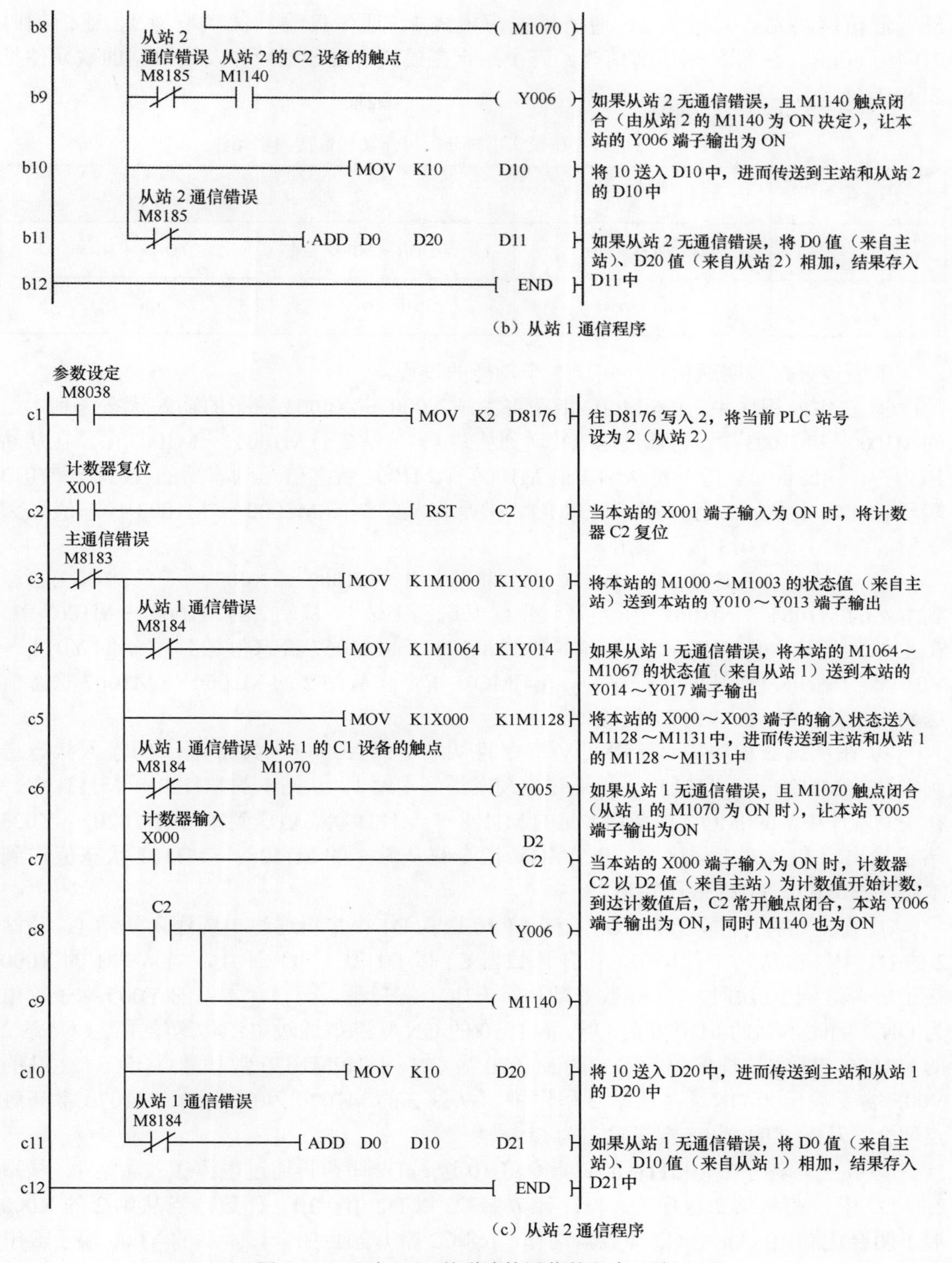

图8-35 三台PLC并联连接通信的程序（续）

主站程序中的[a1]～[a5]程序用于设置N:N网络通信，包括将当前站点设为主站，设置通信网络站点总数为 3、通信模式为模式 1、通信失败重试次数为 3、通信超时时间为 60ms。在 N:N 网络通信时，三个站点在模式 1 时分配用作发送数据的软元件见表 8-7。

表 8-7 三个站点在模式 1 时分配用作发送数据的软元件

站号 软元件	0 号站 （主站）	1 号站 （从站 1）	2 号站 （从站 2）
位软元件 （各 32 点）	M1000 ～ M1031	M1064 ～ M1095	M1128 ～ M1159
字软元件 （各 4 点）	D0 ～ D3	D10 ～ D13	D20 ～ D23

下面逐条来说明通信程序实现 8 个功能的过程。

① 在主站程序中，[a6]MOV 指令将主站 X000 ～ X0003 端子的输入状态送到本站的 M1000 ～ M1003 中，再通过电缆发送到从站 1、从站 2 的 M1000 ～ M1003 中。在从站 1 程序中，[b3]MOV 指令将从站 1 的 M1000 ～ M1003 状态值送到本站的 Y010 ～ Y013 端子输出。在从站 2 程序中，[c3]MOV 指令将从站 2 的 M1000 ～ M1003 状态值送到本站的 Y010 ～ Y013 端子输出。

② 在从站 1 程序中，[b4]MOV 指令将从站 1 的 X000 ～ X003 端子的输入状态送到本站的 M1064 ～ M1067 中，再通过电缆发送到主站 1、从站 2 的 M1064 ～ M1067 中。在主站程序中，[a7]MOV 指令将本站的 M1064 ～ M1067 状态值送到本站的 Y014 ～ Y017 端子输出。在从站 2 程序中，[c4]MOV 指令将从站 2 的 M1064 ～ M1067 状态值送到本站的 Y014 ～ Y017 端子输出。

③ 在从站 2 程序中，[c5]MOV 指令将从站 2 的 X000 ～ X003 端子的输入状态送到本站的 M1128 ～ M1131 中，再通过电缆发送到主站 1、从站 1 的 M1128 ～ M1131 中。在主站程序中，[a8]MOV 指令将本站的 M1128 ～ M1131 状态值送到本站的 Y020 ～ Y023 端子输出。在从站 1 程序中，[b5]MOV 指令将从站 1 的 M1128 ～ M1131 状态值送到本站的 Y020 ～ Y023 端子输出。

④ 在主站程序中，[a9]MOV 指令将 10 送入 D1 中，再通过电缆送入从站 1、从站 2 的 D1 中。在从站 1 程序中，[b6] 计数器 C1 以 D1 值（10）计数，当从站 1 的 X000 端子闭合达到 10 次时，C1 计数器动作，[b7]C1 常开触点闭合，本站的 Y005 端子输出为 ON，同时本站的 M1070 为 ON，M1070 的 ON 状态值通过电缆传送给主站、从站 2 的 M1070。在主站程序中，主站的 M1070 为 ON，[a10]M1070 常开触点闭合，主站的 Y005 端子输出为 ON。在从站 2 程序中，从站 2 的 M1070 为 ON，[c6]M1070 常开触点闭合，从站 2 的 Y005 端子输出为 ON。

⑤ 在主站程序中，[a11]MOV 指令将 10 送入 D2 中，再通过电缆送入从站 1、从站 2 的 D2 中。在从站 2 程序中，[c7] 计数器 C2 以 D2 值（10）计数，当从站 2 的 X000 端子闭合达到 10 次时，C2 计数器动作，[c8]C2 常开触点闭合，本站的 Y006 端子输出为 ON，同时本站的 M1140 为 ON，M1140 的 ON 状态值通过电缆传送给主站、从站 1 的 M1140。在主站程序中，主站的 M1140 为 ON，[a12]M1140 常开触点闭合，主站的 Y006 端子输出为 ON。在从站 1 程序中，从站 1 的 M1140 为 ON，[b9]M1140 常开触

点闭合，从站 1 的 Y006 端子输出为 ON。

⑥ 在主站程序中，[a13]ADD 指令将 D10 值（来自从站 1 的 D10）与 D20 值（来自从站 2 的 D20）相加，结果存入本站的 D3 中。

⑦ 在从站 1 程序中，[b11]ADD 指令将 D0 值（来自主站的 D0，为 10）与 D20 值（来自从站 2 的 D20，为 10）相加，结果存入本站的 D11 中。

⑧ 在从站 2 程序中，[c11]ADD 指令将 D0 值（来自主站的 D0，为 10）与 D10 值（来自从站 1 的 D10，为 10）相加，结果存入本站的 D21 中。

第9章 触摸屏与PLC的综合应用

触摸屏是一种新型数字系统输入设备，利用触摸屏可以使人们直观方便地进行人机交互。利用触摸屏不但可以在触摸屏上对PLC进行操控，还可在触摸屏上实时监测PLC的工作状态。要使用触摸屏操控和监测PLC，必须给触摸屏制作相应的操控和监测画面。

9.1 触摸屏结构与类型

9.1.1 基本组成

触摸屏主要由触摸检测部件和触摸屏控制器组成。触摸检测部件安装在显示器屏幕前面，用于检测用户触摸位置，然后送给触摸屏控制器；触摸屏控制器的功能是从触摸点检测装置上接收触摸信息，并将它转换成触点坐标，再送给数字电子设备。

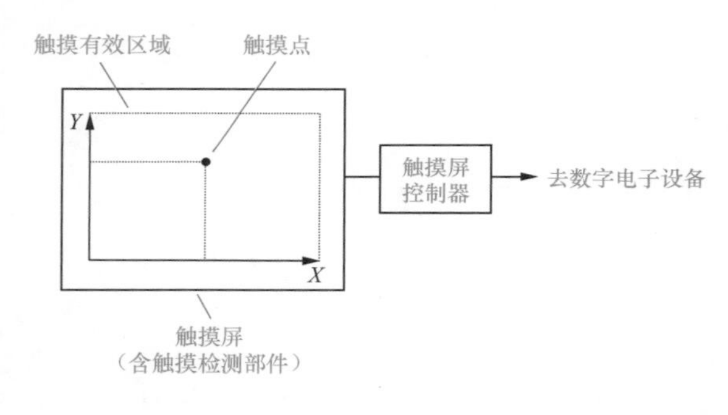

图9-1 触摸屏的基本结构

触摸屏的基本结构如图9-1所示。触摸屏的触摸有效区域被分成类似坐标的*X*轴和*Y*轴，当触摸某个位置时，该位置对应坐标一个点，不同位置对应的坐标点不同，触摸屏上的检测部件将触摸信号送到控制器，控制器将其转换成相应的触摸坐标信号，再送给数字电子设备（如计算机、PLC、变频器等）。

9.1.2 种类与工作原理

根据工作原理不同，触摸屏主要分为电阻式、电容式、红外线式和表面声波式4种。

1 电阻式触摸屏

电阻式触摸屏的基本结构如图9-2（a）所示，它由一块两层透明复合薄膜屏组成，下面是由玻璃或有机玻璃构成的基层，上面是一层外表面经过硬化处理的光滑防刮塑料层，在基板和塑料层的内表面都涂有透明金属导电层ITO（氧化铟），在两导电层之间有许多细小的透明绝缘支点把它们隔开，当按压触摸屏某处时，该处的两导电层会接触。

触摸屏的两个金属导电层是触摸屏的两个工作面，在每个工作面的两端各涂有一条银胶，称为该工作面的一对电极，为分析方便，这里认为上工作面左右两端接X电极，下工作面上下两端接Y电极，X、Y电极都与触摸屏控制器连接，如图9-2（b）所示。当两个X电极上施加一固定电压，如图9-3（a）所示，而两个Y电极不加电压时，在两个X极之间的导电涂层各点电压由左至右逐渐降低，这是因为工作面的金属涂层有一定的电阻，越往右的点与左X电极电阻越大，这时若按下触摸屏上某点，上工作面触点处的电压经触摸点和下工作面的金属涂层从Y电极（Y+或Y−）输出，触摸点在X轴方面越往右，从Y电极输出电压越低，即将触点在X轴的位置转换成不同的电压。同样地，如果给两个Y电极施加一固定电压，如图9-3（b）所示，当按下触摸屏某点时，会从X电极输出电压，触摸点越往上，从X电极输出的电压越高。

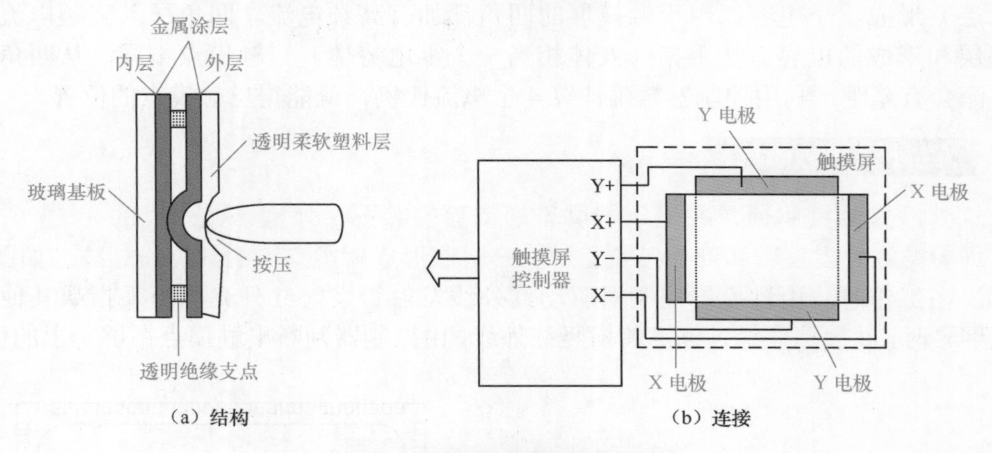

（a）结构　　（b）连接

图9-2　电阻式触摸屏的基本结构

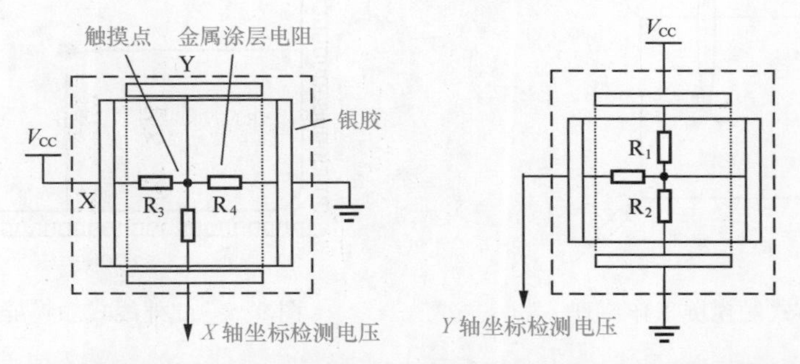

（a）X电极加电压，Y电极取*X*轴坐标电压　（b）Y电极加电压，X电极取*Y*轴坐标电压

图9-3　电阻式触摸屏工作原理说明图

电阻式触摸屏采用分时工作，先给两个X电极加电压而从Y电极取*X*轴坐标信号，再给两个Y电极加电压，从X电极取*Y*轴坐标信号。分时施加电压和接收*X*、*Y*轴坐标信号都由触摸屏控制器来完成。

电阻式触摸屏除了有四线式外，常用的还有五线式电阻触摸屏。五线式电阻触摸屏内部也有两个金属导电层，与四线式不同的是，五线式电阻触摸屏的4个电极分别加在内层金属导电层的四周，工作时分时给两对电极加电压，外金属导电层用作纯导体，在触摸时，触摸点的*X*、*Y*轴坐标信号分时从外金属层送出（触摸时，内金属层与外金属层会在触摸点处接通）。五线式电阻触摸屏内层 ITO 需 4 条引线，外层只作导体（仅仅一条），共有 5 条引出线。

2 电容式触摸屏

电容式触摸屏是利用人体的电流感应进行工作的。

电容式触摸屏是一块四层复合玻璃屏，玻璃屏的内表面和夹层各涂有一层透明导电金属层 ITO（氧化铟），最外层是一薄层矽土玻璃保护层，夹层 ITO 涂层作为工作面，从它 4 个角上引出 4 个电极，内层 ITO 为屏蔽层以保证良好的工作环境。电容式触摸屏工作原理如图 9-4 所示，当手指触碰触摸屏时，人体手指、触摸屏最外层和夹层（金属涂层）形成一个电容，由于触摸屏的四角都加有高频电流，四角送入高频电流经导电夹层和形成的电容流往手指（人体相当一个零电势体）。触摸点不同，从四角流入的电流会有差距，利用控制器精确计算 4 个电流比例，就能得出触摸点的位置。

3 红外线式触摸屏

红外线式触摸屏通常在显示器屏幕的前面安装一个外框，在外框的 *X*、*Y* 方向有排布均匀的红外发射管和红外接收管，一一对应形成横竖交错的红外线矩阵，如图 9-5 所示，在工作时，由触摸屏控制器驱动红外线发射管发射红外光，当手指或其他物体触摸屏幕时，就会挡住经过该点的横竖红外线，由控制器判断出触摸点在屏幕上的位置。

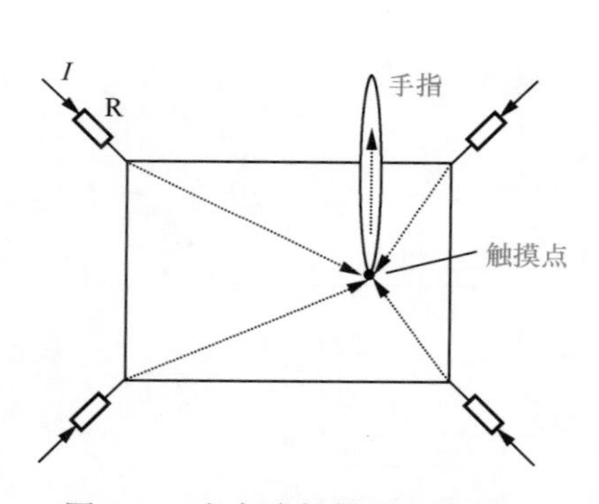

图 9-4　电容式触摸屏工作原理

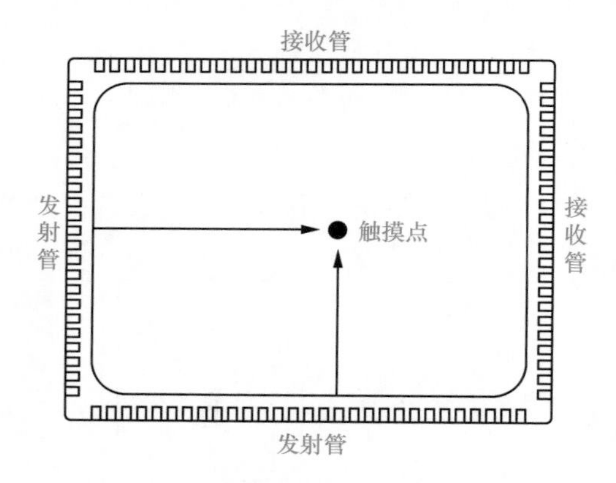

图 9-5　红外线式触摸屏工作原理

4 表面声波式触摸屏

表面声波是超声波的一种，它可以在介质（如玻璃、金属等刚性材料）表面浅层传播。表面声波式触摸屏的触摸屏部分可以是一块平面、球面或是柱面的玻璃平板，安装在显示器屏幕的前面。玻璃屏的左上角和右下角都安装了竖直和水平方向的超声波发射器，右上角则固定了两个相应的超声波接收换能器，如图 9-6 所示，玻璃屏的 4 个周边则刻有由疏到密间隔非常精密的 45° 反射条纹。

表面声波式触摸屏的工作原理说明（以右下角的 *X* 轴发射换能器为例）。

右下角的发射器将触摸屏控制器送来的电信号转化为表面声波，向左方表面传播，声波在经玻璃板的一组精密 45° 反射条纹时，反射条纹把水平方面的声波反射成垂直方向上的声波，声波经玻璃板表面传播给上方45°反射条纹，再经上方这些反射条纹聚成向右的声波传播给右上角的接收换能器，接收换能器将返回的表面声波变为电信号。

当发射换能器发射一个窄脉冲后，表面声波经不同途径到达接收换能器，最右边声波最先到达接收器，最左边的声波最后到达接收器，先到达的和后到达的这些声波叠加成一个连续的波形信号。不难看出，接收信号集合了所有在X轴方向历经长短不同路径回归的声波，它们在Y轴走过的路程是相同的，但在X轴上，最远的比最近的多走了两倍的X轴最大距离。在没有触摸屏幕时，接收信号的波形与参照波形完全一样。当手指或其他能够吸收或阻挡声波的物体触摸屏幕某处时，X轴途经手指部位向上传播的声波在触摸处被部分吸收，反应在接收波形上即某一时刻位置上的波形有一个衰减缺口，控制器通过分析计算接收信号缺口位置就可得到触摸处的X轴坐标。同样地，利用左上角的发射换能器和右上角的接收器，就可以判定出触摸点的Y坐标。确定触摸点的X、Y轴坐标后，控制器就将该坐标信号传送给主机。

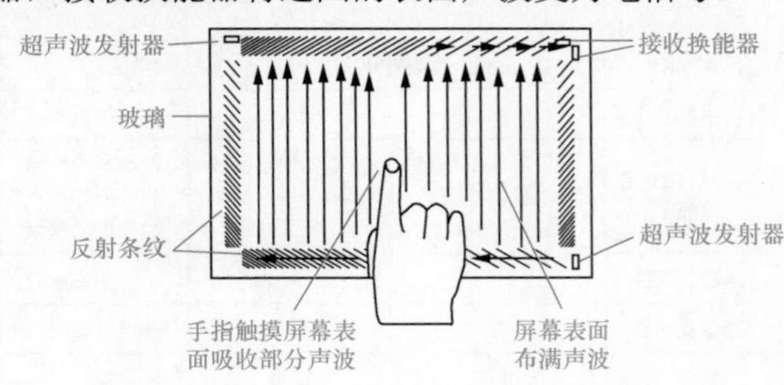

图9-6　表面声波式触摸屏工作原理

9.1.3　常用类型触摸屏的性能比较

各类触摸屏性能比较见表9-1。

表9-1　各类触摸屏性能比较

性能＼名称	RED TOUCH红外屏	国产声波屏	进口声波屏	四线电阻屏	五线电阻屏	电容屏
价格	较高	低	较高	低	高	较高
寿命	10年以上	2年以上	3年以上	1年以上	3年	2年以上
维护性	免	经常	经常	温度、湿度较高下经常	温度、湿度较高下经常	经常
防暴性	好	较好	好	差	较差	一般
稳定性	高	较差	较高	不高	高	一般
透明度	好	好	好	差	差	一般
安装形式	内外两种	内置	内置	内置	内置	内置
触摸物限制	硬物均可	硬物不可	硬物不可	无	无	导电物方可
输出分辨率	4096×4096	4096×4096	4096×4096	4096×4096	4096×4096	4096×4096
抗强光干扰性	好	好	好	好	好	好
响应速度	＜15ms	＜15ms	＜10ms	15ms	15ms	＜15ms
跟踪速度	好	第二点速度慢	第二点速度慢	较好	较好	慢
多点触摸问题	已解决	未解决	未解决	未解决	未解决	未解决
传感器损伤影响	没有	很大	很大	很大	较小	较小

续表

名称 性能	RED TOUCH 红外屏	国产声波屏	进口声波屏	四线电阻屏	五线电阻屏	电容屏
污物影响	没有	较大	较大	基本没有	基本没有	基本没有
防水性能	可倒水实验	不行	不行	很少量行	很少量行	不行
防震防碎裂性能	不怕震、不怕碎裂，玻璃碎裂不影响正常触摸	换能器怕震裂和玻璃碎后，触摸屏已报废	换能器怕震裂和玻璃碎后，触摸屏已报废	怕震裂、玻璃碎后，触摸屏已报废	怕震裂、玻璃碎后，触摸屏已报废	换能器怕震裂、玻璃碎后，触摸屏已报废
防刮防划性能	不怕	不怕	不怕	怕	怕	怕
智能修复功能	有	没有	没有	没有	没有	没有
漂移	没有	较小	较小	基本没有	基本没有	较大
适用显示器类别	纯平 / 液晶效果最好	均可	均可	均可	均可	均可

9.2 三菱触摸屏型号参数及硬件连接

三菱触摸屏又称三菱图示操作终端，它除了具有触摸显示屏外，本身还带有主机部分，将它与 PLC 或变频器连接，不但可以直观操作这些设备，还能观察这些设备的运行情况。图 9-7 所示为常用的三菱 F940 型触摸屏。

图 9-7　常用的三菱 F940 型触摸屏

9.2.1 参数规格

三菱触摸屏型号较多，主要有 F800GOT、F900GOT、F1000GOT 等系列，目前 F1000GOT 功能最为强大，而 F900GOT 更为常用。表 9-2 为三菱 F900GOT 系列触摸屏部分参数规格。

表 9-2　三菱 F900GOT 系列触摸屏部分参数规格

项目		规格			
		F930GOT-BWD	F940GOT-LWD F943GOT-LWD	F940GOT-SWD F943GOT-SWD	F940WGOT-TWD
显示元件	LCD 类型	STN 型全点阵 LCD			TFT 型全点阵 LCD
	点距（水平 × 垂直）	0.47mm×0.47mm	0.36mm×0.36mm		0.324mm×0.375mm
	显示颜色	单色（蓝 / 白）	单色（黑 / 白）	8 色	256 色

续表

项目		规格			
		F930GOT-BWD	F940GOT-LWD F943GOT-LWD	F940GOT-SWD F943GOT-SWD	F940WGOT-TWD
屏幕		“240×80 点”液晶有效显示尺寸：117m×42mm（4in 型）	“320×240 点”液晶有效显示尺寸：115mm×86mm（6in 型）		“480×234 点”液晶有效显示尺寸：155.5mm×87.8mm（7in 型）
键	所用键数	每屏最大触摸键数目为 50			
	配置（水平 × 垂直）	“15×4”矩阵配置	“20×12”矩阵配置		“30×12”矩阵配置（最后一列包括 14 点）
接口	RS-422	符合 RS-422 标准，单通道，用于 PLC 通信（F943GOT 没有 RS-422 接头）			
	RS-232C	符合 RS-232C 标准，单通道，用于画面数据传送（F940GOT 符合 RS-232C 标准，双通道，用于画面数据传送和 PLC 通信）			符合 RS-232C 标准，双通道，用于画面数据传送和 PLC 通信
画面数量		用户创建画面：最多 500 个画面（画面编号：No.0 ～ No.499） 系统画面：25 个画面（画面编号：No.1001 ～ No.1030）			
用户存储器容量		256KB	512KB		1MB

9.2.2 型号含义

三菱 F900 触摸屏的型号含义如下。

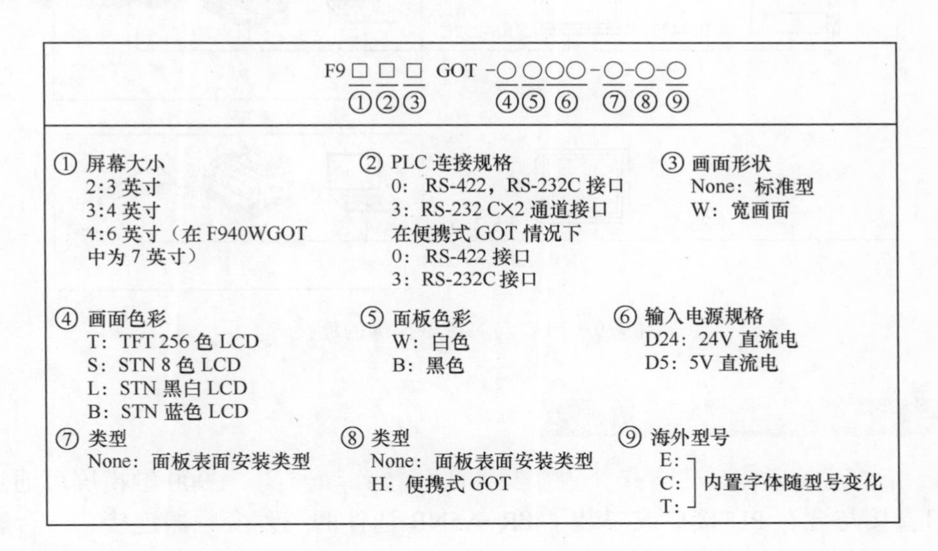

9.2.3 触摸屏与 PLC、变频器等硬件设备的连接

1 单台触摸屏与 PLC、计算机的连接

触摸屏可与 PLC、计算机等设备连接，连接方法如图 9-8 所示。F900GOT 触摸屏有 RS-422 和 RS-232C 两种接口，RS-422 接口可直接与 PLC 的 RS-422 接口连接，

RS-232C 接口可个人与计算机、打印机或条形码阅读器连接（只能选连一个设备）。

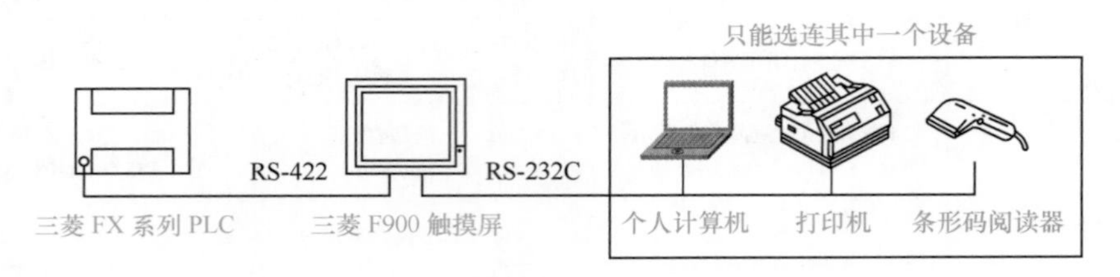

图 9-8 触摸屏与 PLC、计算机等设备的连接

触摸屏与 PLC 连接后，可在触摸屏上对 PLC 进行操控，也可监视 PLC 内部的数据；触摸屏与计算机连接后，计算机可将编写好的触摸屏画面程序送入触摸屏，触摸屏中的程序和数据也可被读入计算机。

2 多台触摸屏与 PLC 的连接

如果需要 PLC 连接多台触摸屏，可给 PLC 安装 RS-422 通信扩展板（板上带有 RS-422 接口），连接方法如图 9-9 所示。

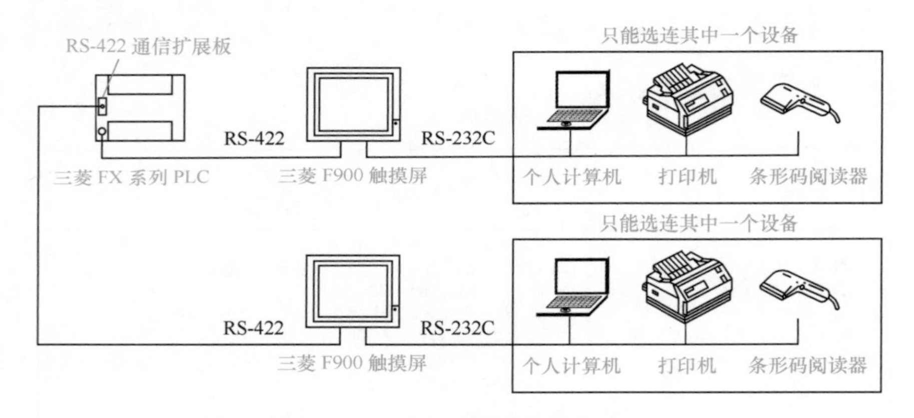

图 9-9 PLC 与多台触摸屏的连接

3 触摸屏与变频器的连接

触摸屏也可以与变频器连接，对变频器进行操作和监控。F900 触摸屏可通过 RS-422 接口直接与含有 PU 接口或安装了 FR-A5NR 选件的三菱变频器连接。一台触摸屏可与多台变频器连接，连接方法如图 9-10 所示。

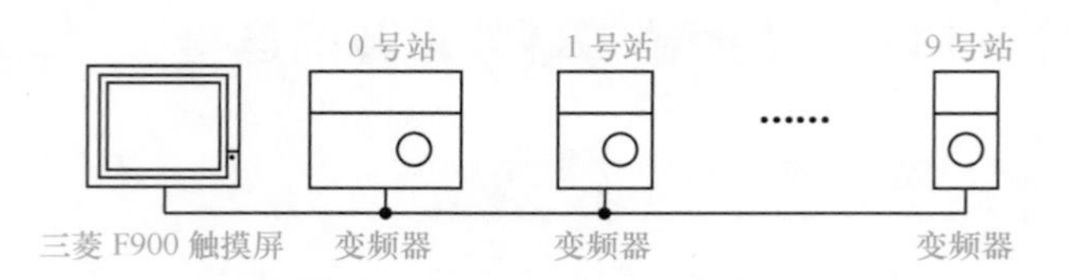

图 9-10 一台触摸屏与多台变频器的连接

9.3　三菱 GT Designer 触摸屏软件的使用

三菱 GT Designer 是由三菱电机公司开发的触摸屏画面制作软件，适用于所有的三菱触摸屏。该软件窗口界面直观、操作简单，并且图形、对象工具丰富，还可以实时在触摸屏中写入或读出画面数据。本节以 F940GOT 触摸屏为例进行说明。

9.3.1　软件的安装与窗口介绍

1　软件的安装

在购买三菱触摸屏时会随机附带画面制作软件，打开 GT Designer ver 5 软件安装文件夹，找到 Setup.exe 文件，如图 9-11 所示，双击该文件即开始安装 GT Designer ver 5 软件。

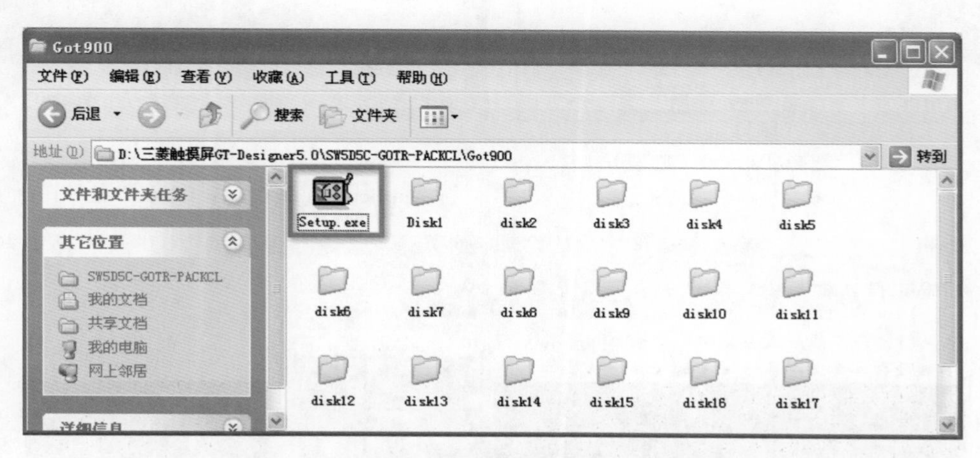

图 9-11　双击 Setup.exe 文件，开始软件安装

GT Designer ver 5 软件的安装与其他软件基本相同，在安装过程中按提示输入用户名和公司名，如图 9-12 所示，还要输入产品的 ID 号，如图 9-13 所示，安装类型选择 Typical（典型），如图 9-14 所示。

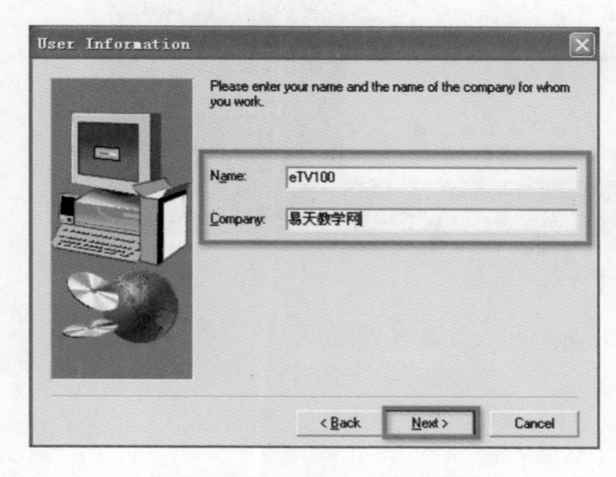

图 9-12　输入用户名和公司名

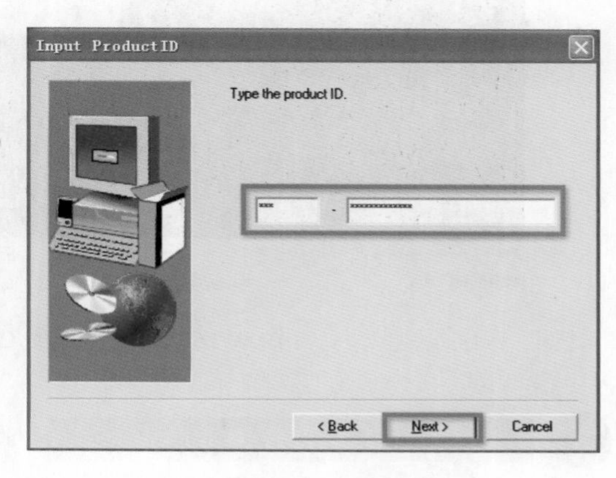

图 9-13　输入产品的 ID 号

2 软件的启动

GT Designer ver 5 软件安装完成后，单击桌面左下角的“开始”按钮，再执行“程序→ MELSOFT Application → GT Designer”菜单命令，该过程如图 9-15 所示，GT Designer ver 5 即被启动，启动完成的软件界面如图 9-16 所示。

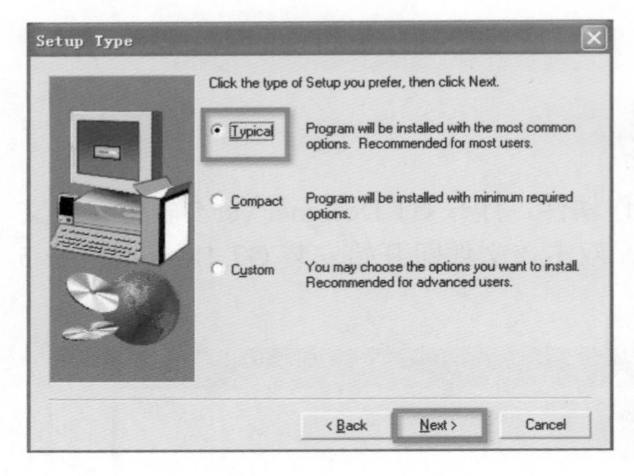

图 9-14　选择 Typical（典型）

图 9-15　执行“程序→ MELSOFT Application → GT Designer”菜单命令

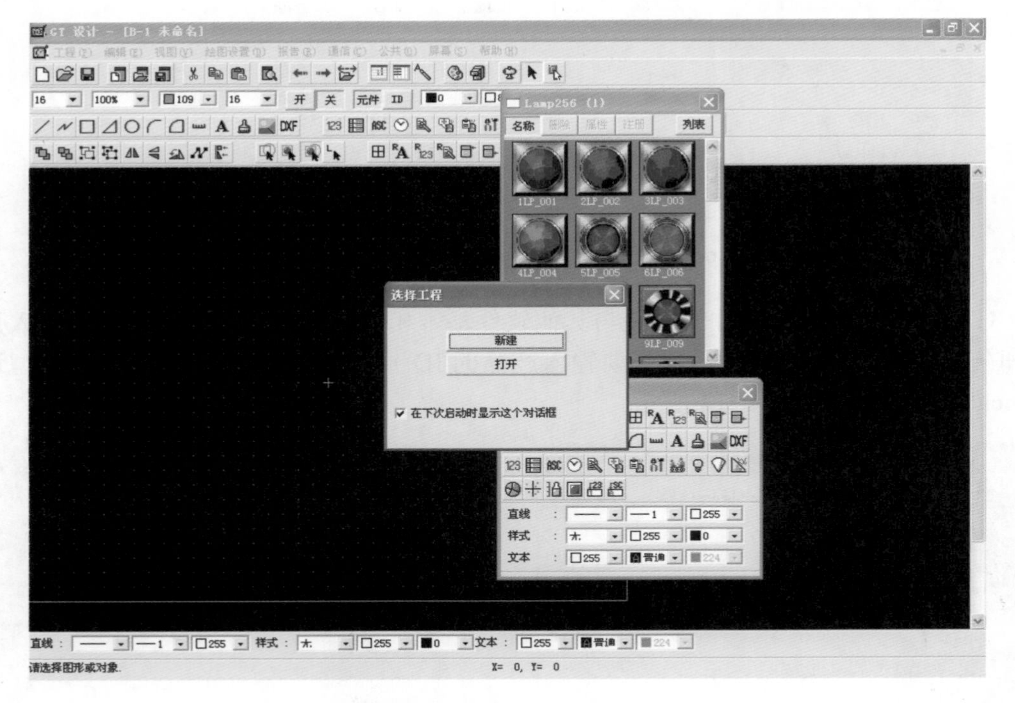

图 9-16　启动完成的 GT Designer ver 5 软件界面

3 软件窗口各部分说明

三菱 GT Designer ver 5 软件窗口各组成部分名称如图 9-17 所示，在新建工程时，如果选用的设备类型不同，该窗口内容略有变化，一般来说，选用的设备越高级，软件窗口中的工具越多。下面对软件窗口的一些重要部分进行说明。

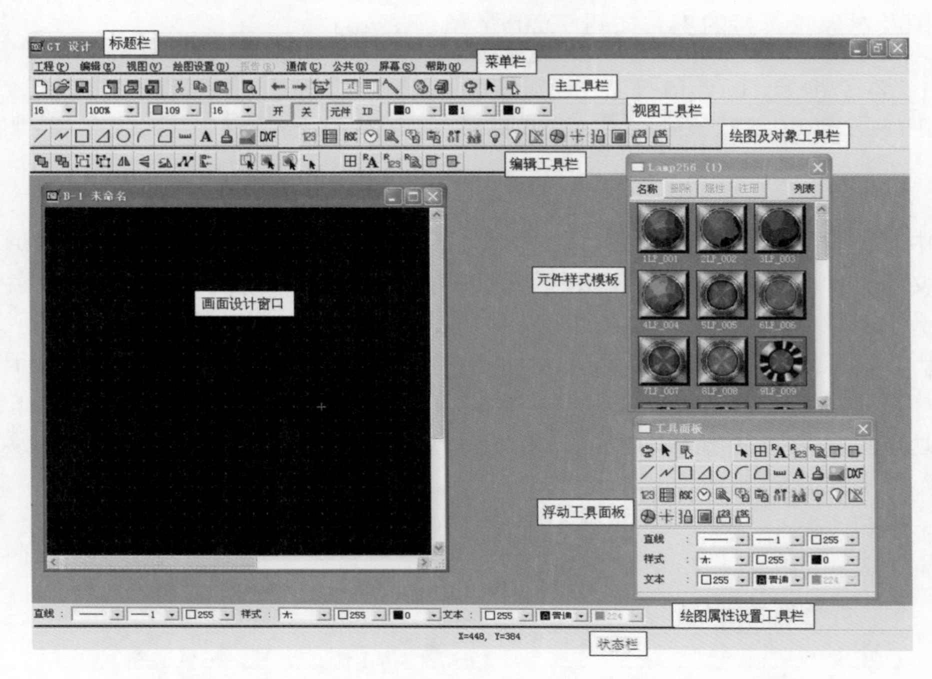

图 9-17　三菱 GT Designer ver 5 软件窗口各组成部分名称

（1）主工具栏

主工具栏的工具如图 9-18 所示。

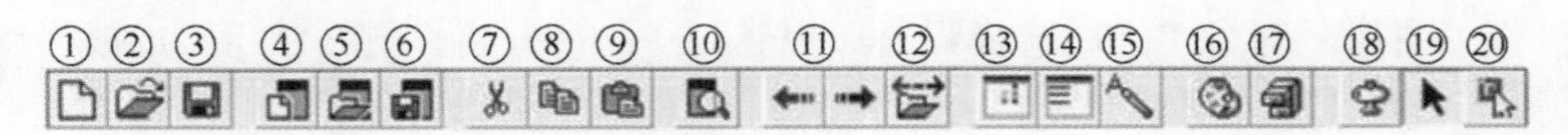

图 9-18　主工具栏的工具

其中，①新建工程；②打开工程；③保存工程；④新建屏幕；⑤载入屏幕；⑥保存屏蔽；⑦剪切；⑧复制；⑨粘贴；⑩预览；⑪切换编辑屏幕；⑫打开并显示已关闭的屏幕（为切换编辑屏幕）；⑬对象列表屏幕显示；⑭软元件列表屏幕显示；⑮注释编辑；⑯工具选项板显示；⑰模板显示；⑱面板工具箱；⑲图形和对象编辑光标；⑳模板放置光标。

（2）视图工具栏

视图工具栏的工具如图 9-19 所示。

图 9-19　视图工具栏的工具

其中，①设置光标移动距离；②放大屏幕；③设置栅格的颜色；④栅格的距离；⑤切换 ON/OFF（开启 / 关闭）对象功能；⑥设置屏幕显示数据（对象 ID、软元件）；⑦设置屏幕背景颜色；⑧设置屏幕背景颜色模式；⑨设置屏幕颜色模式；⑩切换屏幕画面目标（仅限于 GOT-F900 系列）。

（3）绘图及对象工具栏

绘图及对象工具栏的工具如图 9-20 所示。

图 9-20　绘图及对象工具栏的工具

其中，①直线；②连续直线；③长方形；④多边形；⑤圆；⑥圆弧；⑦扇形；⑧刻度；⑨文本；⑩着色；⑪插入 BMP 格式文件；⑫插入 DXF 格式文件；⑬数字显示功能；⑭数据列表显示功能；⑮ ASCII 显示功能；⑯时钟显示功能；⑰注释显示功能；⑱报警历史显示功能；⑲报警列表显示功能；⑳零件显示功能；㉑零件移动显示功能；㉒指示灯显示功能；㉓面板仪表显示功能；㉔线 / 趋势 / 条形图表显示功能；㉕统计图表显示功能；㉖散点图显示功能；㉗水平面显示功能；㉘触摸式按键功能；㉙数字输入功能；㉚ ASCII 输入功能。

（4）编辑工具栏

编辑工具栏的工具如图 9-21 所示。

图 9-21　编辑工具栏的工具

其中，①传送到前部；②传送到后部；③组合；④删除分组；⑤水平面翻转；⑥垂直翻转；⑦ 90° 逆时针；⑧编辑顶点；⑨排列；⑩选择目标（图形）；⑪选择目标（对象）；⑫选择目标（图形 + 对象）；⑬选择目标（报告线）；⑭报告图形（线）；⑮报告图形（文本）；⑯报告打印对象（数字形式）；⑰报告打印对象（注释形式）；⑱设置报告抬头行；⑲设置报告重复行。

（5）绘图属性设置工具栏

绘图属性设置工具栏的工具如图 9-22 所示。

图 9-22　绘图属性设置工具栏的工具

其中，①直线类型的设置 / 更改；②直线宽度的设置 / 更改；③直线颜色的设置 / 更改；④着色模式的设置 / 更改；⑤着色颜色的设置 / 更改；⑥填充背景颜色的设置 / 更改；⑦字符颜色的设置 / 更改；⑧字符修饰的设置 / 更改；⑨字符阴影颜色的设置 / 更改。

（6）元件样式模板

元件样式模板用于提供元件（如指示灯、开关等）样式，单击模板中某个样式的元件后，就可以在画面设计窗口放置该样式的元件。元件样式模板默认显示各种指示灯元件样式，如果要显示其他元件的样式，可单击面板右上角的“列表”按钮，弹出“模板”列表，如图 9-23（a）所示，当前显示的部件为“Lamp256（指示灯）”，在部件库中双击“Switch256（开关）”，如图 9-23（b）所示，在样式模板中会显示出很多样式的开关元件。

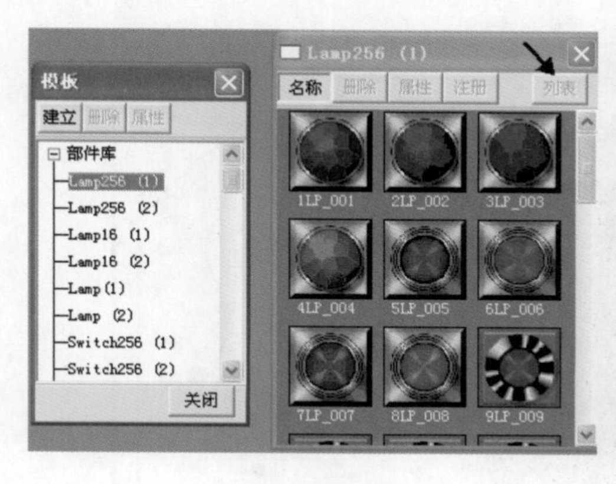

（a）“模板”列表

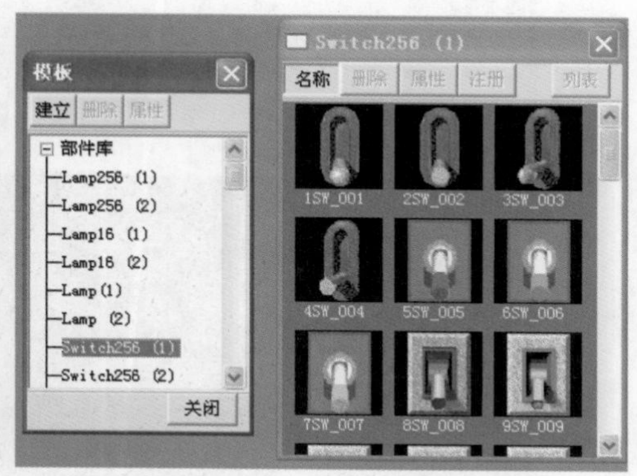

（b）选择“Switch256”选择后显示的开关元件

图 9-23　元件样式模板

9.3.2　软件的使用

1　新建工程并选择触摸屏和 PLC 的类型

GT Designer 软件启动后，在软件窗口上会出现一个“选择工程”对话框，如图 9-24 所示，如果没有出现“选择工程”对话框，可执行“工程→新建”菜单命令，如果要打开以前的文件编辑，可单击“打开”按钮，如果要开始制作新的画面，可单击“新建”按钮，马上弹出“GOT/PLC 型号”对话框，如图 9-25 所示，在对话框内选择 GOT 的型号为“F940GOT”，PLC 按钮的型号选择“MELSEC-FX”，要求选择的型号与实际使用的触摸屏和 PLC 型号一致。

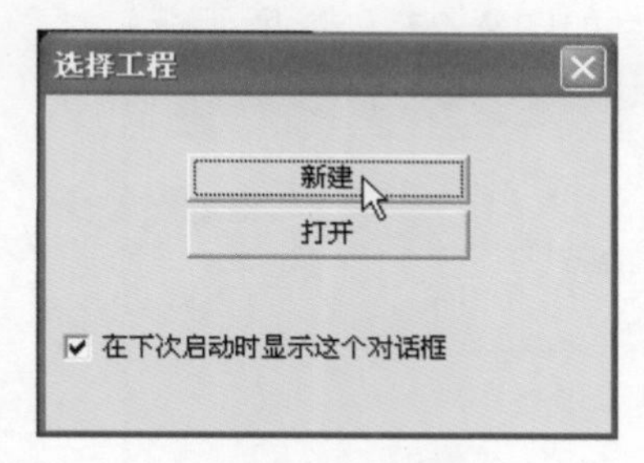

图 9-24　“选择工程”对话框

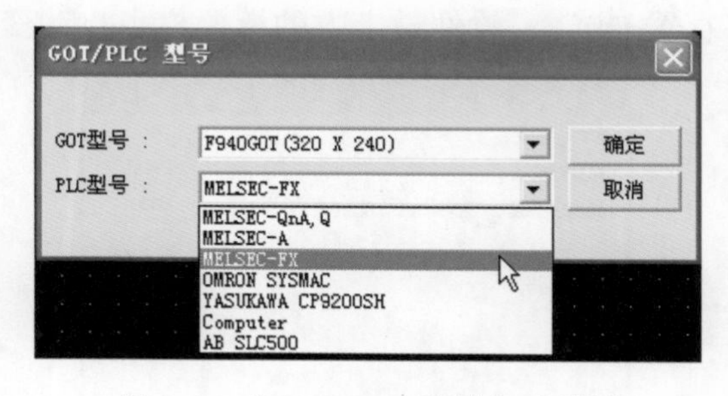

图 9-25 “GOT/PLC 型号”对话框

GOT/PLC 型号选择完成后单击“确定”按钮，GT Designer 软件界面会有一些变化，在工作窗口的左方出现一个矩形区域，如图 9-26 所示，触摸屏画面必须在该区域内制作才有效。

2　制作一个简单的触摸屏画面

利用触摸屏可以对 PLC 进行控制，也可以观察 PLC 内部元件的运行情况。下面制作一个通过触摸屏观察 PLC 数据寄存器 D0 数据变化的画面。

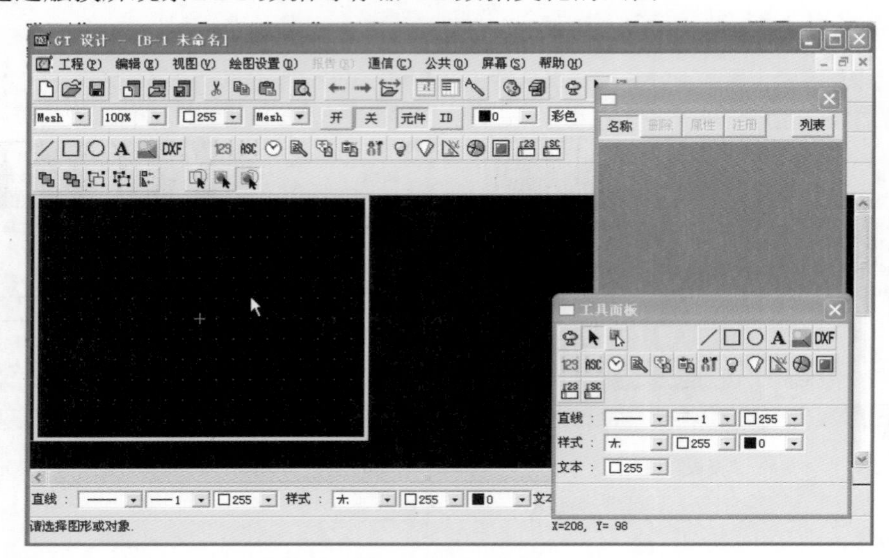

图 9-26　工作窗口的左方出现一个矩形区域

（1）设置画面的名称

触摸屏画面制作与 PowerPoint 幻灯片制作类似，F940GOT 允许制作 500 个画面，为了便于画面之间的切换，要求给每个画面设置一个名称（制作一个画面可省略）。设置画面名称过程如下。

执行“公共→标题→屏幕”菜单命令，弹出“屏幕标题”对话框，默认标题名为“1”，如图 9-27（a）所示，若要更改标题名，可单击“编辑”按钮，弹出下一个对话框，如图 9-27（b）所示，在标题栏输入新标题“1- 观察数据寄存器 D0”，单击“确定”按钮，返回到上一个对话框，再单击“确定”按钮，就将当前画面的名称设为“1- 观察数据寄存器 D0”，软件最上方的标题栏也自动变为该名称，如图 9-27（c）所示。

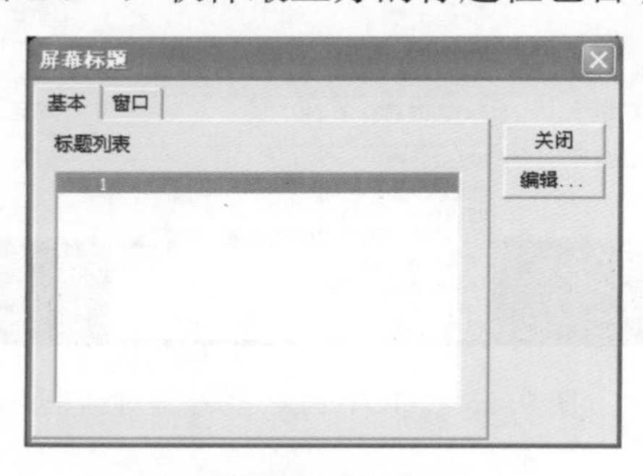

（a）“屏幕标题”对话框

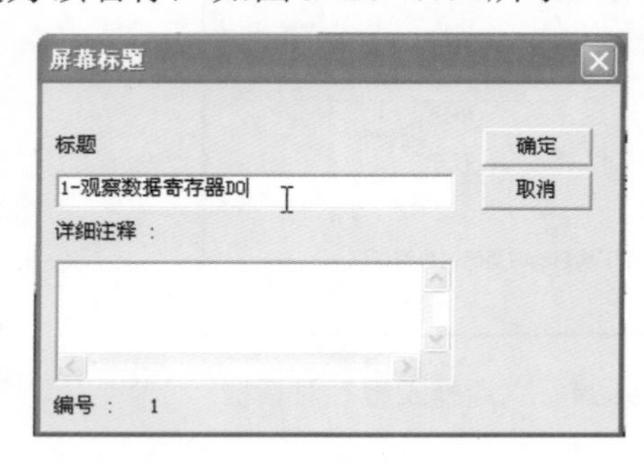

（b）更改标题

（c）标题栏显示更改后的标题

图 9-27　设置画面的名称

（2）创建文本

单击工具栏或工具面板上的A图标，或执行“绘图设置→绘画图形→文本”菜单命令，弹出“文本设置”对话框，如图9-28（a）所示，在对话框文本输入框内输入“数据寄存器D0的值为：”，再将文本颜色设为“红色”，文本大小设为“1×1”，单击“确定”按钮后，文本会出现在工作区，如图9-28（b）所示，且跟随鼠标移动，在合适的地方单击，就将文本放置下来。若要更改文本，可在文本上双击，又会弹出图9-28（a）所示的“文本设置”对话框。

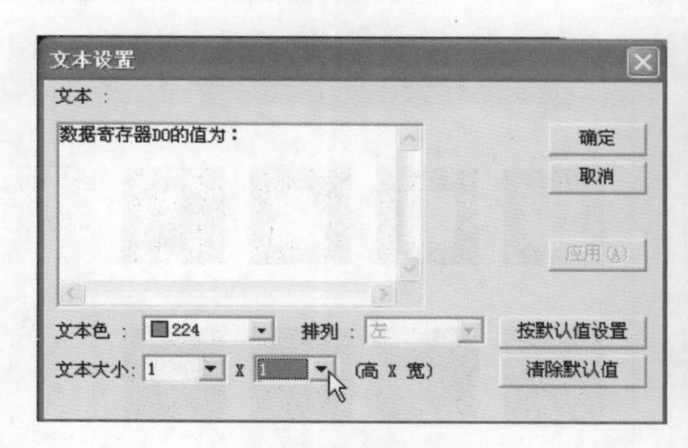

（a）“文本设置”对话框

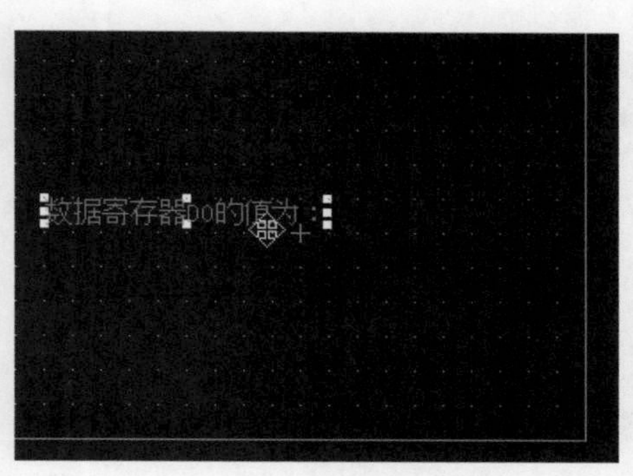

（b）显示创建的文本

图9-28　创建文本

（3）放置对象

要显示数据寄存器D0的值，须在画面上放置“数值显示”对象，并进行有关的设置。放置对象过程如下。

单击工具栏或工具面板上的图标，也可执行“绘图设置→数据显示→数值显示”菜单命令，会弹出“数值输入”对话框，如图9-29（a）所示，在“基本”选项卡下单击“元件”按钮，弹出“元件”对话框，如图9-29（b）所示，将元件设为“D0”，单击“确定”按钮，返回到“数值输入”对话框，如图9-29（c）所示，将D0的数据类型设为“无符号二进制数”，若要设置元件数值显示区外形，可选中“图形”复选框，并单击“图形”按钮，会弹出图9-29（d）所示的“图像列表”对话框，可从中选择一个元件数值显示区的图形样式，本例中不对数值显示区进行图形设置。在“数值输入”对话框中选择“格式”选项卡，如图9-29（e）所示，设置格式为“无符号位十进制数、居中”，其他保持默认值，再单击“其他”选项卡，如图9-29（f）所示，该选项卡下的内容保持默认值。“数值输入”对话框中的内容设置完成，单击“确定”按钮，数值显示对象即出现在软件工作区内，如图9-29（g）所示，该对象中的“10000”为ID号，“D0”为显示数值的对象，“012345”表示显示的数值为6位。

（4）绘制图形

为了使画面更美观整齐，可在屏幕合适位置绘制一些图形。下面在画面上绘制一个矩形，绘制过程如下。

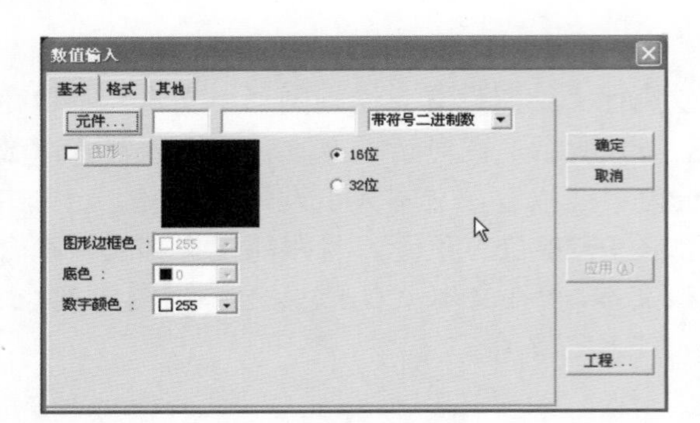

（a）“数值输入”对话框

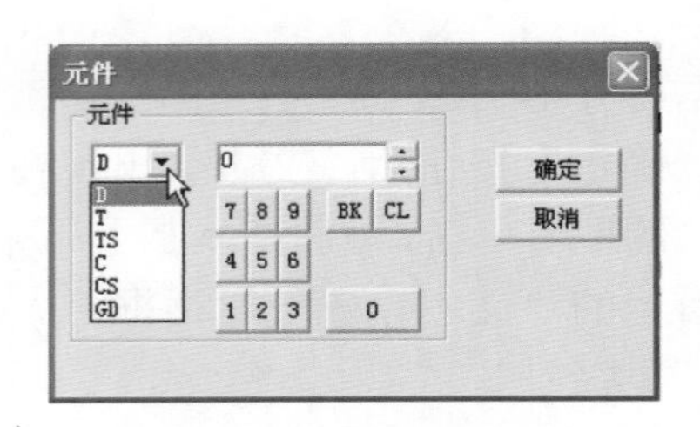

（b）“元件”对话框

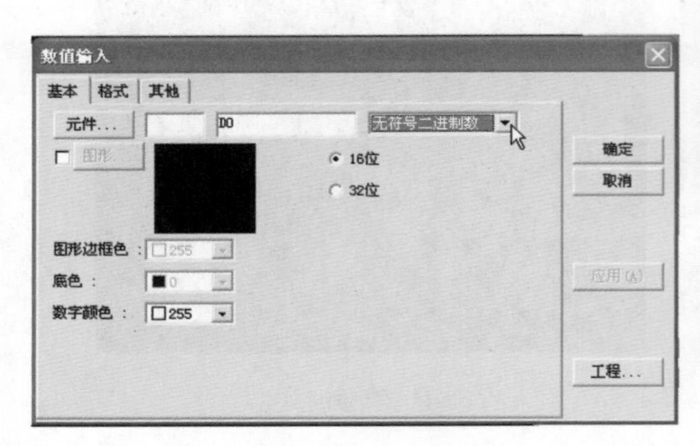

（c）设置元件为 D0

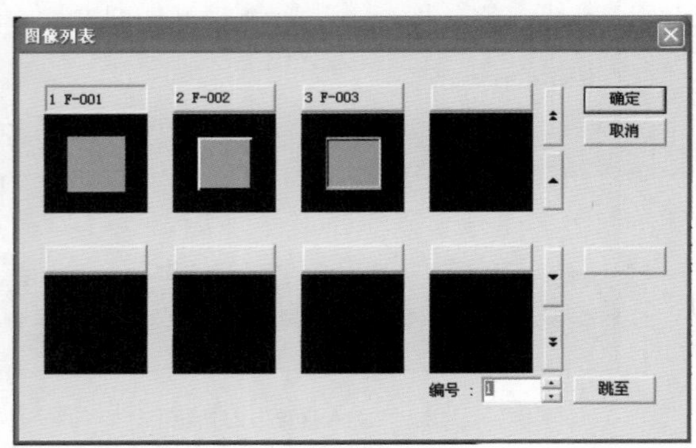

（d）“图像列表”对话框

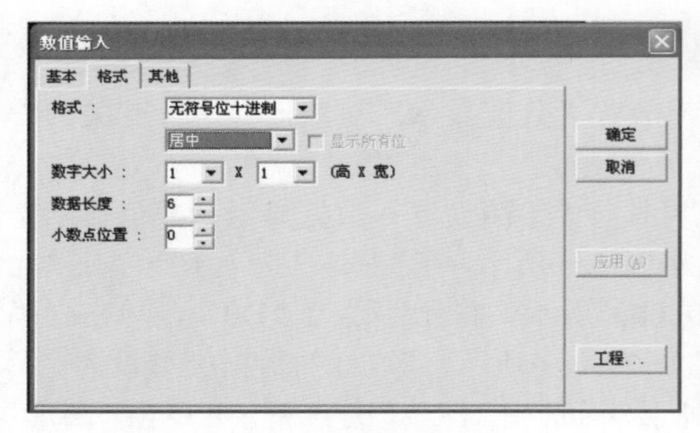

（e）“格式”选项卡

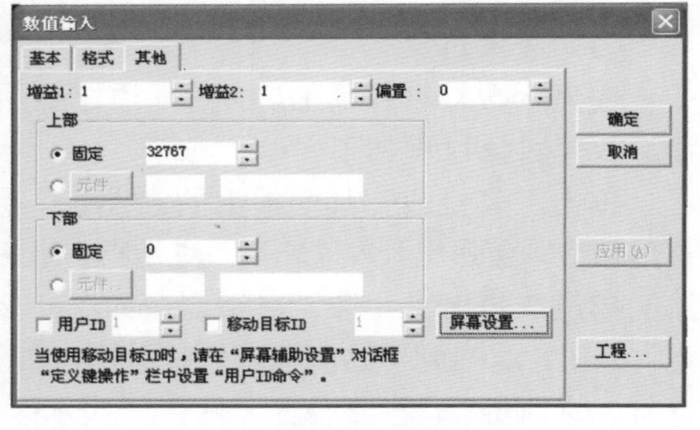

（f）“其他”选项卡

（g）数值显示

图 9-29　放置对象

单击工具栏或工具面板上的□图标，或执行“绘图设置→绘画图形→矩形”菜单命令，再将鼠标移到工作区，鼠标变成十字形光标，在合适位置按下左键拉出一个矩形，如图 9-30（a）所示，松开左键即绘制好一个矩形。在工具面板上可设置矩形的属性，如图 9-30（b）所示，也可在矩形上双击，弹出“设置矩形”对话框，如图 9-30（c）所示，将矩形颜色改为蓝色。

（a）拉出矩形

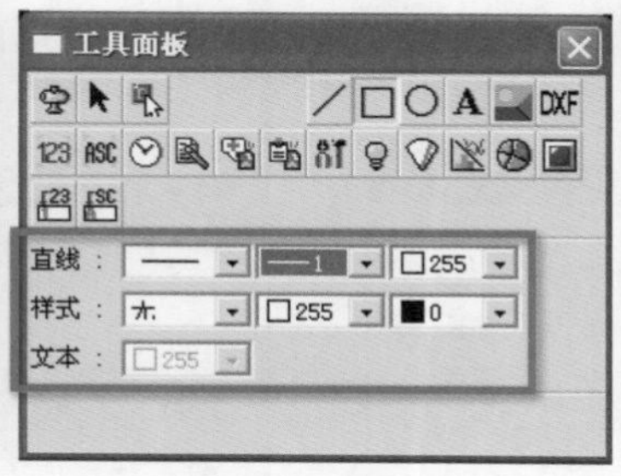

（b）设置矩形属性

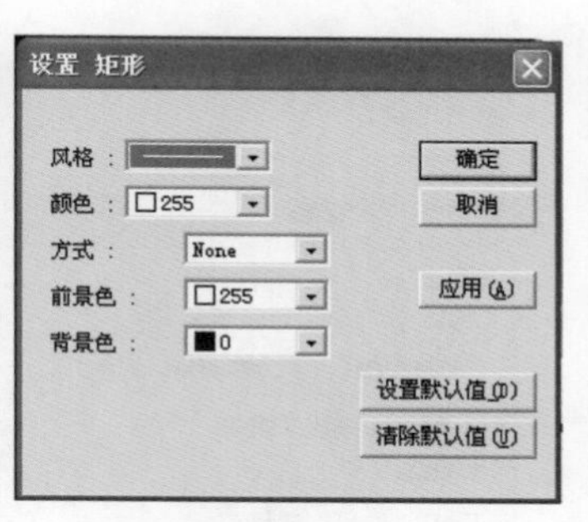

（c）“设置矩形”对话框

图 9-30　绘制图形

全部制作完成的画面如图 9-31 所示。

图 9-31　全部制作完成的画面

9.3.3　画面数据的上传与下载

GT Designer 软件不但可以制作触摸屏画面，还可以将制作好的画面数据上传到触摸屏中，也可以从触摸屏中下载画面数据到计算机中重新编辑。

1　画面数据的上传

在 GT Designer 软件中将画面数据上传至 F940GOT 的操作过程如下。

① 将计算机与 F940GOT 连接好。

② 执行“通信→下载至 GOT →监控数据”菜单命令，会出现“监控数据下载”对话框，如图 9-32（a）所示，选择“所有数据”和“删除所有旧的监视数据”选项，并确认 GOT 型号是否与当前触摸屏型号一致，再单击“设置”按钮，出现图 9-32（b）

所示的“选项”对话框，在该对话框中设置通信的端口为 COM，波特率为 38400bit/s，单击“确定”按钮，返回“监控数据下载”对话框，在该对话框中单击“下载”按钮，弹出“下载”对话框，如图 9-32（c）所示，阅读其中有关版本注意事项，若满足要求则单击“确定”按钮，弹出图 9-32（d）所示的对话框，单击“Yes”按钮，即开始将制作好的画面数据上传至 F940GOT。

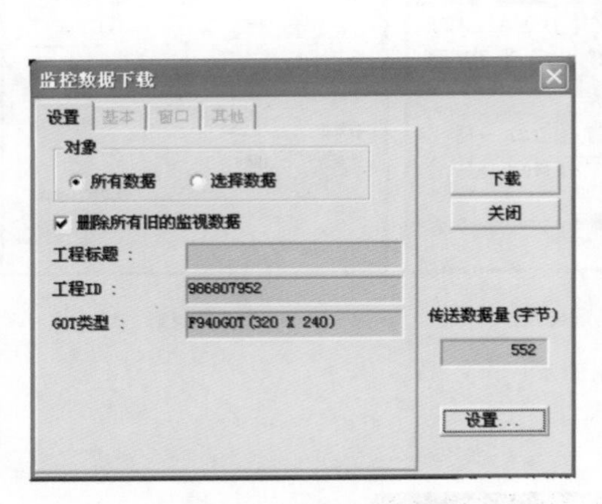

（a）“监控数据下载”对话框

（b）“选项”对话框

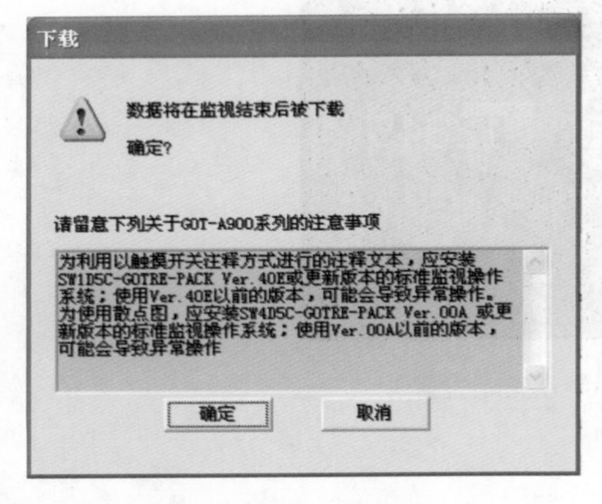

（c）“下载”对话框

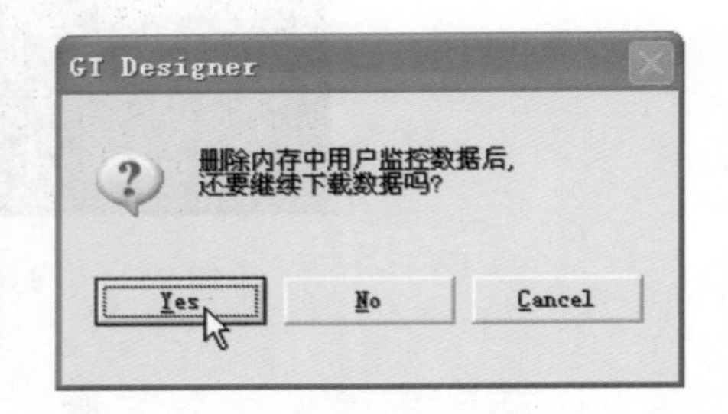

（d）提示对话框

图 9-32　画面数据的上传

2　画面数据的下载

在 GT Designer 软件中可将 F940GOT 中的画面数据下载至计算机进行保存和编辑，具体过程如下。

① 将计算机与 F940GOT 连接好。

② 执行“通信→从 GOT 上载”菜单命令，会出现“数据上载监控”对话框，如图 9-33（a）所示，单击“浏览”按钮，选择上载文件保存路径，并选择“全部数据”选项，

其他选项可根据需要选择，若有口令，则要输入口令，单击“设定”按钮，可以设置通信端口和波特率，设置结束后，单击“上载”按钮，出现图 9-33（b）所示的对话框，单击“Yes”按钮即开始将 F940GOT 中的画面数据下载到计算机指定的位置。

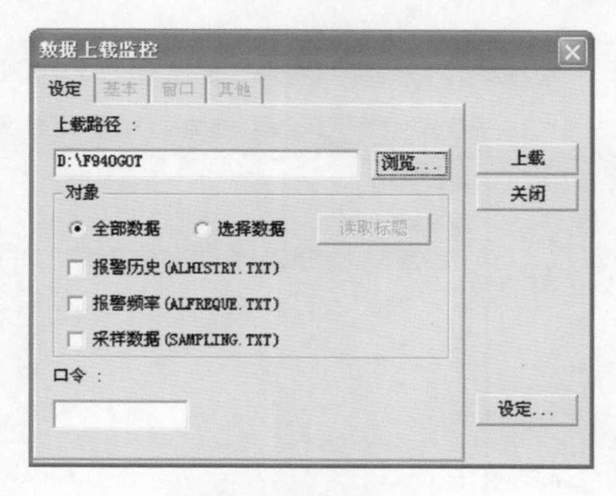

（a）“数据上载监控”对话框

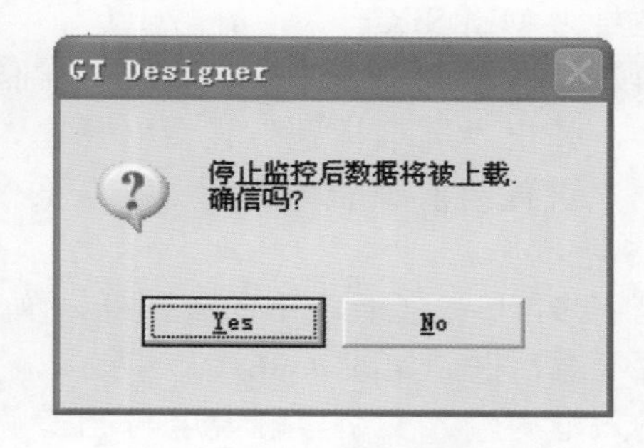

（b）提示信息对话框

图 9-33 画面数据的下载

9.4 用触摸屏操作 PLC 实现电动机正、反转控制的开发实例

9.4.1 根据控制要求确定需要为触摸屏制作的画面

为了达到控制要求，需要制作图 9-34 所示的 3 个触摸屏画面，具体说明如下。

① 3 个画面名称依次为主画面、两个通信口的测试和电动机正、反转控制。

② 主画面要实现的功能为：触摸画面中的“两个通信口的测试”键，切换到第 2 画面；触摸“电动机正、反转控制”键，切换到第 3 画面；在画面下方显示当前日期和时间。

③ 第 2 画面要实现的功能为：分别触摸“Y0”和“Y1”键时，PLC 相应输出端子应有动作；触摸“返回”键，切换到主画面。

④ 第 3 画面要实现的功能为：分别触摸“正转”“反转”和“停转”键时，应能控制电动机正转、反转和停转；触摸“返回”键，切换到主画面。

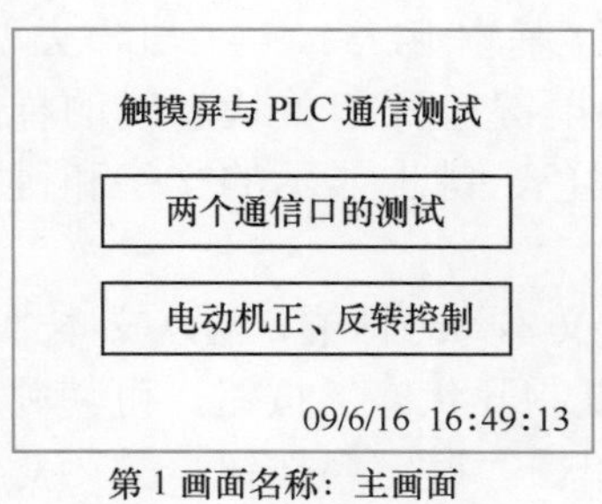

第 1 画面名称：主画面

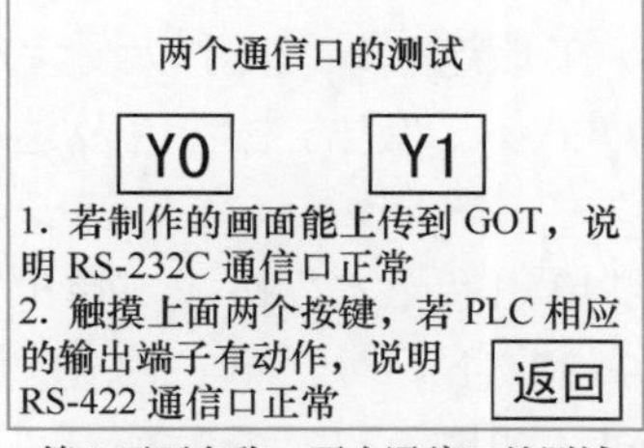

第 2 画面名称：两个通信口的测试

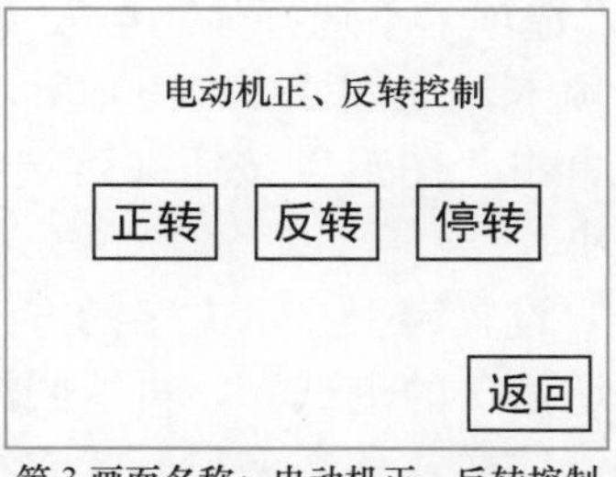

第 3 画面名称：电动机正、反转控制

图 9-34 需要制作的 3 个触摸屏画面

9.4.2　用 GT Designer 软件制作各个画面并设置画面切换方式

1　制作第 1 个画面（主画面）

第一步：启动 GT Designer 软件，新建一个工程，并选择触摸屏型号为 F940GOT、PLC 型号为 MELSEC-FX。

第二步：执行“公共→标题→屏幕”菜单命令，弹出“屏幕标题”设置对话框，在该对话框中设置当前画面标题为“主画面”，如图 9-35 所示。

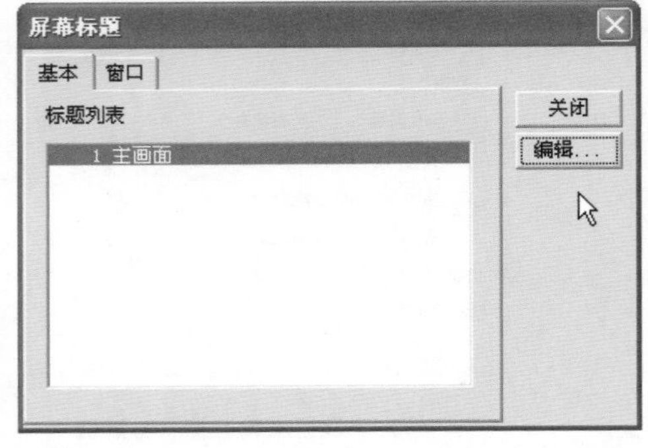

图 9-35　“屏幕标题”对话框

第三步：单击工具栏中的A图标，弹出“文本设置”对话框，如图 9-36（a）所示，在“文本”输入框内输入文字“触摸屏与 PLC 通信测试”，并将文本颜色设为“黄色”，文本大小设为“2×1”，单击“确定”按钮，文本会出现在工作区，在合适的地方单击，就将文本放置下来，如图 9-36（b）所示。

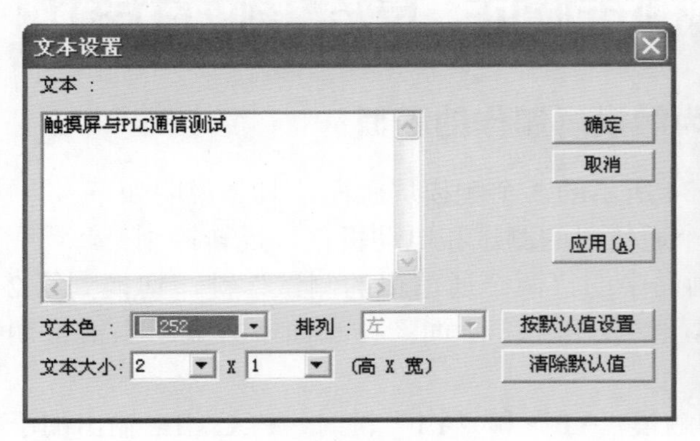

（a）“文本设置”对话框

触摸屏与PLC通信测试

（b）工作区中的文本

图 9-36　放置文本

第四步：单击工具栏中的▣图标，弹出“触摸键”对话框，如图 9-37（a）所示，在“基本”选项卡下选择显示触发为“键”，在“形状”选项中选择“基本形状”，再单击“类型”选项卡，如图 9-37（b）所示，在该选项卡中可以设置触摸键在开和关状态时的样式（单击“图形”按钮即可选择样式）、键的主体色及边框色、键上显示的文字和键的大小。

设置键上显示文字的方法是单击“文本”按钮，弹出“文本”对话框，输入文本“两个通信口的测试”，再返回图 9-37（b）对话框，单击“复制开状态”按钮，可使关状态键的样式和文字与开状态相同，如图 9-37（c）所示，单击“确定”按钮，关闭对话框，在软件工作区会出现设置的触摸键，如图 9-37（d）所示，从图中可以看出，文字超出键的范围，这时可单击左键选中它，在键周围出现大小调节块，拖动方块可调节键的大小，使之略大于文字范围，调节好的键如图 9-37（e）所示。

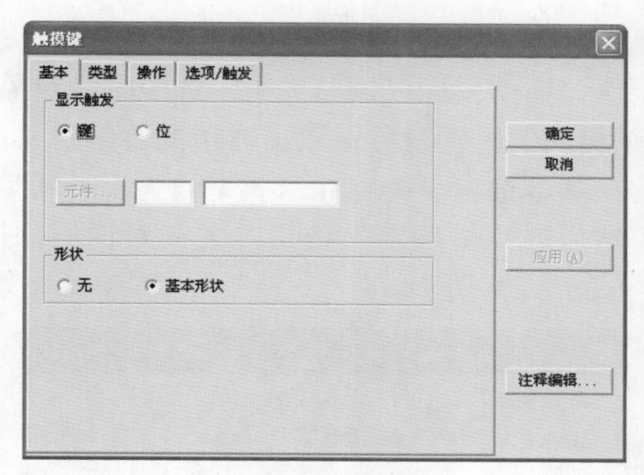

（a）“触摸键”对话框

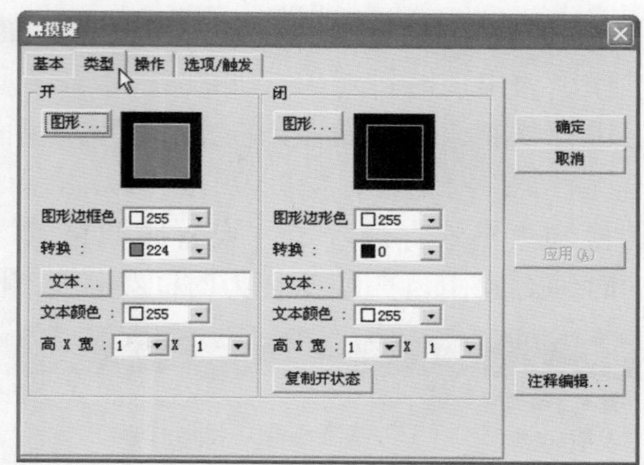

（b）“类型”选项卡

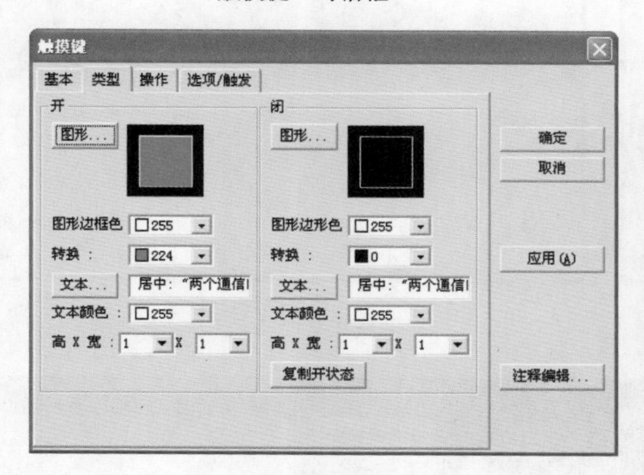

（c）“触摸键”对话键

（d）显示设置的触摸键

（e）

图 9-37　放置“两个通信口的测试”按键

第五步：用第四步相同的方法放置第二个触摸键，将键显示的文字设为“电动机正、反转控制”，结果如图 9-38 所示。

图 9-38　放置“电动机正、反转控制”按键

第六步：单击工具栏中的图标，弹出“时钟”对话框，如图 9-39（a）所示，在基本选项卡中，将显示类型设为日期，在该选项卡中可设置时钟的图形边框色、底色和颜色，若要设置时钟显示的样式，可选中“图形”选项，并单击“图形”按钮，即可选择时钟样式。单击对话框的“格

式”选项卡，可设置时钟的格式和大小，如图 9-39（b）所示，单击“确定”按钮，软件工作区内出现时钟对象，如图 9-39（c）所示，拖动鼠标可调节大小。选中时钟对象，然后进行复制、粘贴操作，在工作区出现两个相同的时钟对象，双击右边的时钟对象，弹出“时钟”对话框，如图 9-39（d）所示，在基本选项卡中将显示类型设为“时间”，再切换到“格式”选项卡，设置时间格式，然后单击“确定”按钮，关闭对话框，选中的时钟对象由日期型变化为时间型，如图 9-39（e）所示。

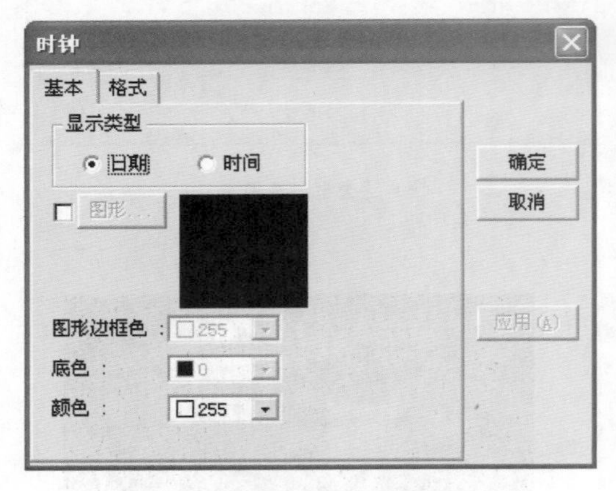

(a)“时钟”对话框

(b)“格式”选项卡

(c) 时钟对象

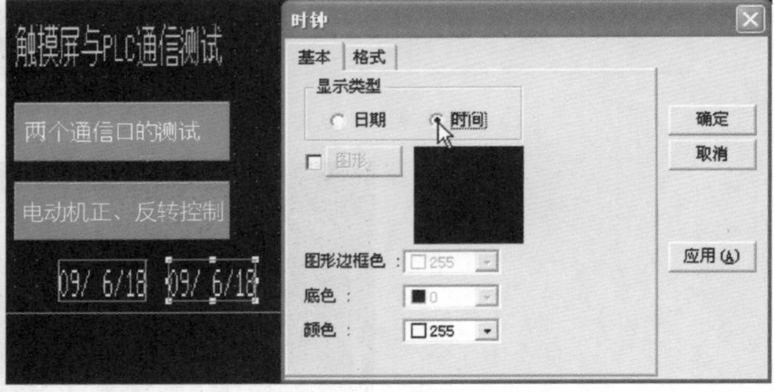

(d) 设置时间格式

(e) 效果图

图 9-39　放置时钟对象

第七步：排列对象。如果画面上的对象排列不整齐，会影响画面美观，这时可用鼠标选中对象通过拖动来排列，也可使用“排列”命令，先选中要排列的对象，单击鼠标右键，出现快捷菜单，如图 9-40（a）所示，选择“排列”命令，弹出“排列”对话框，如图 9-40（b）所示，在该对话框中可对选中的对象进行水平或垂直方向的排列，单击水平方向的“居中”按钮，再单击“确定”按钮，选中的对象就在水平方向居中排列整齐。

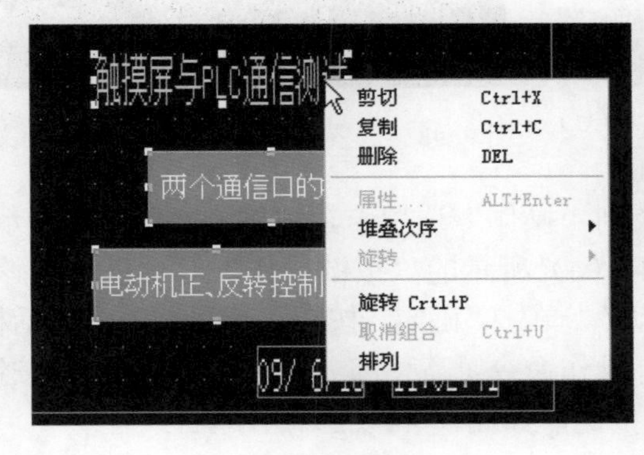

（a）右键快捷菜单

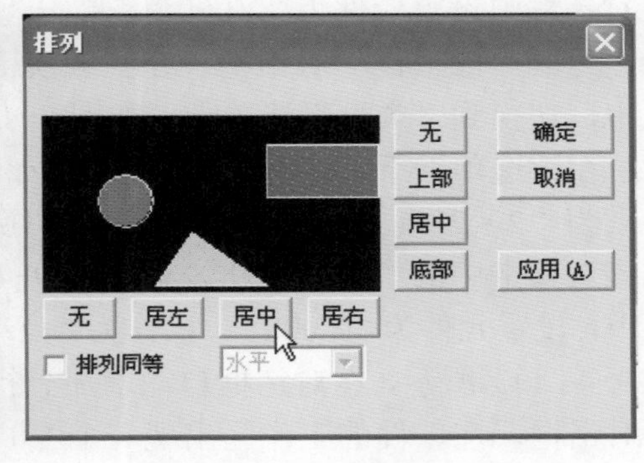

（b）“排列”对话框

图 9-40　排列对象

第八步：预览画面效果。执行“视图→预览”菜单命令，会出现画面预览窗口，如图 9-41 所示，在该窗口的“格式”菜单下可设置画面“开”“关”状态和画面显示的颜色，画面显示的时间与画面切换到“开”时刻的时间一致（计算机的时间）。

另外，在编辑状态时，操作工具栏中［开｜关｜元件｜ID｜■0］不同的图标，可以查看画面开、关、元件名显示、ID 号显示和设置画面的背景色。

2　制作第 2 个画面（两个通信口的测试画面）

第一步：执行“屏幕→新屏幕”菜单命令，弹出“新屏幕”对话框，在该对话框中将新画面标题设为“两个通信口的测试”，如图 9-42 所示，单击“确定”按钮，进入编辑新画面状态，软件界面最上方的标题栏会显示当前画面标题。

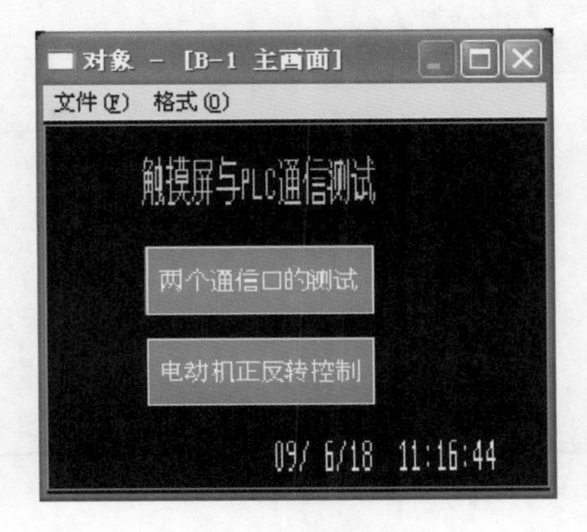

图 9-41　预览画面效果

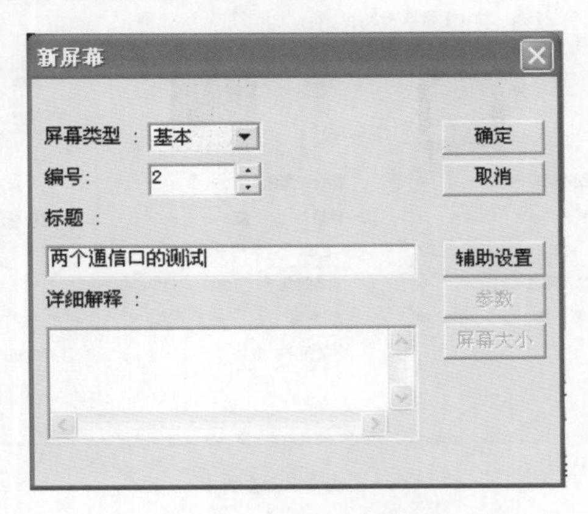

图 9-42　设置第 2 个画面标题

第二步：利用工具栏中的A工具，在画面上放置文本“两个通信口的测试”，如图 9-43 所示。

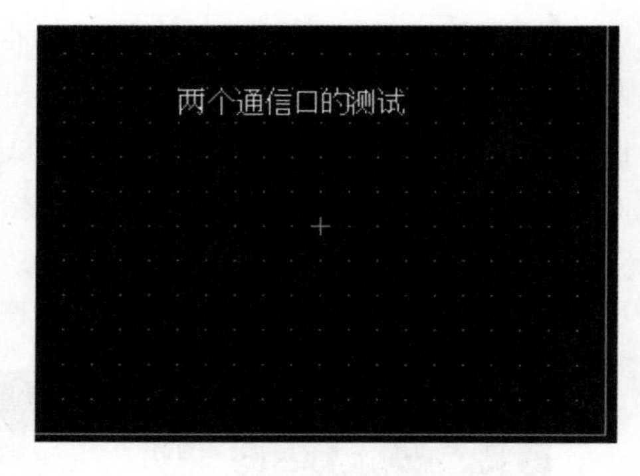

图 9-43　放置“两个通信口的测试”文本

第三步：单击工具栏中的图标，弹出“触摸键”对话框，如图 9-44（a）所示，在“基本”选项卡下选择显示触发为“位”，再单击“元件”按钮，弹出图 9-44（b）所示的“元件”对话框，在该对话框中设置元件为“Y000”，单击“确定”按钮，返回“触摸键”对话框。在“触摸键”对话框中，切换到“类型”选项卡，如图 9-44（c）所示，在该选项卡下，将键显示文本为“Y0”，大小设为“2×2”，并复制开状态，再切换到“操作”选项卡，如图 9-44（d）所示，单击该选项卡中的“位”按钮，弹出图 9-44（e）所示的“按键操作”对话框，在该对话框中，设置元件为“Y000”，操作为“点动”，单击“确定”按钮，返回上一个对话框，如图 9-44（f）所示，在对话框自动增加一行操作命令（高亮部分），单击“确定”按钮，关闭对话框，在软件的工作区出现一个 Y0 按键，如图 9-44（g）所示。

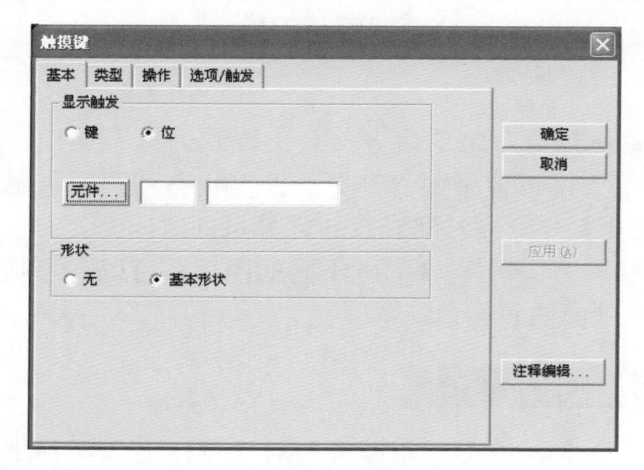

（a）“触摸键”对话框

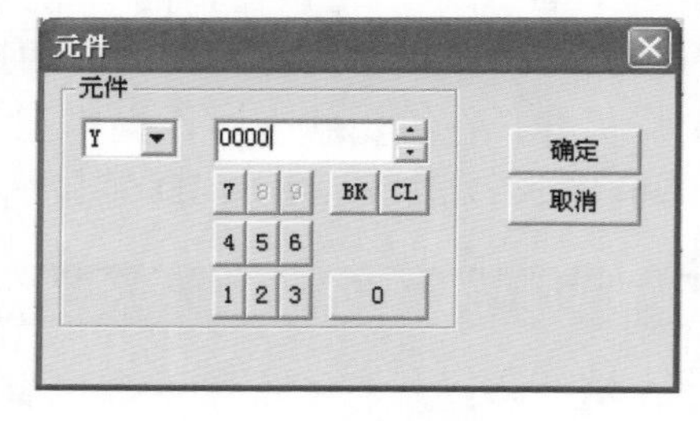

（b）“元件”对话框

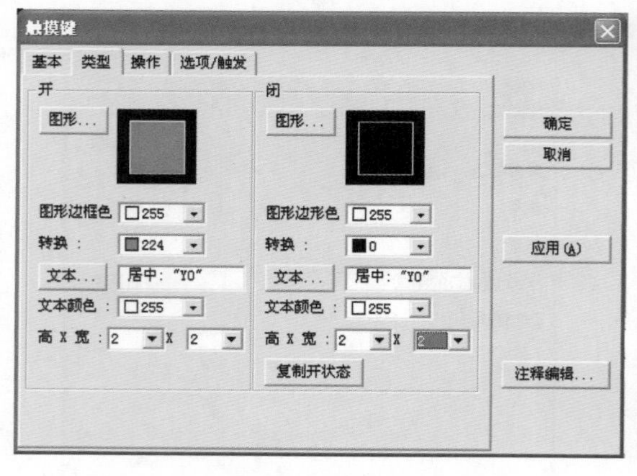

（c）“类型”选项卡

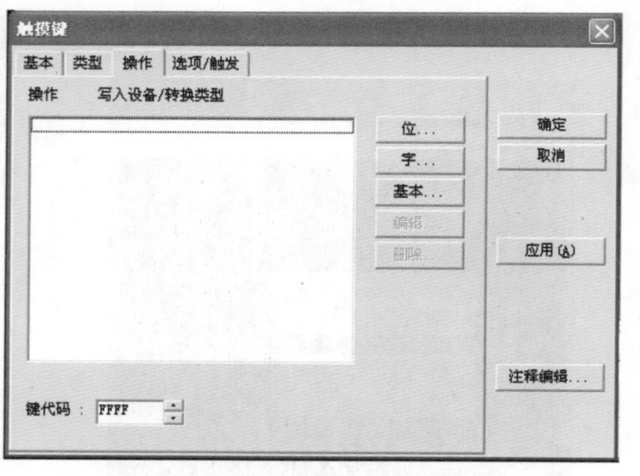

（d）“操作”选项卡

图 9-44　放置 Y0 按键

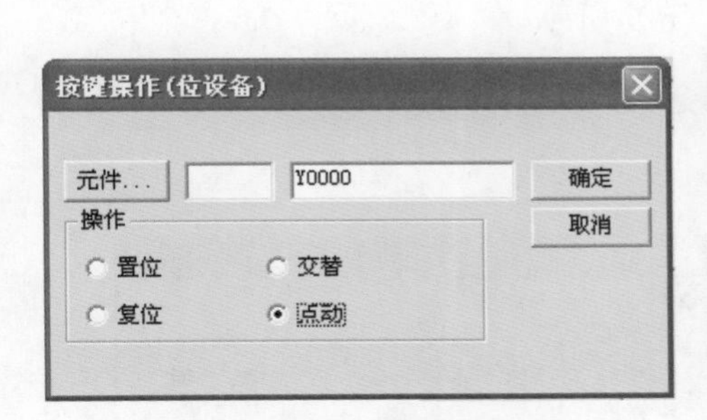

(e) “按键操作”对话框

(f) 增加的操作命令

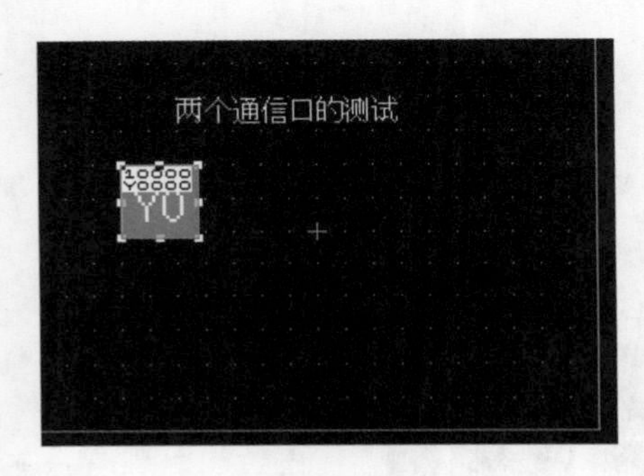

(g) Y0按键

图9-44 放置Y0按键（续）

第四步：用与第三步相同的方法再在画面上放置一个Y1按键，如图9-45所示，也可采用复制Y0按键，然后通过修改来得到Y1按键。

第五步：利用工具栏中的A工具，在画面上放置说明文本，如图9-46所示。

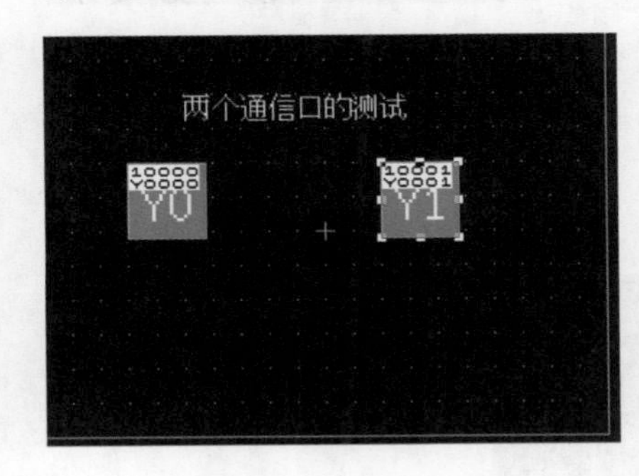

图9-45 放置Y1按键

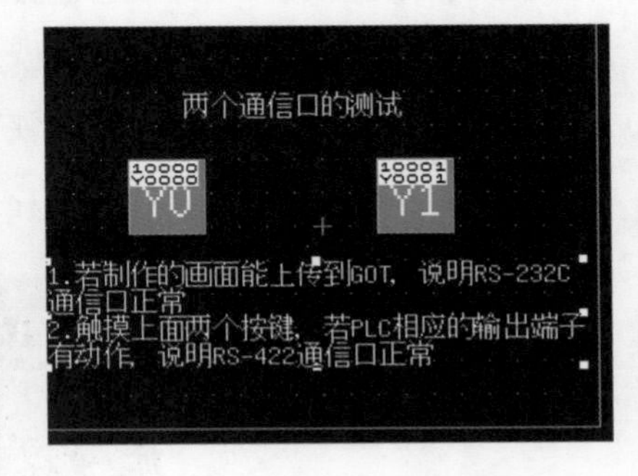

图9-46 放置说明文本

第六步：在画面上放置“返回”按键。单击工具栏中的图标，弹出“触摸键”对话框，在“基本”选项卡中选择显示触发为“键”，然后切换到“类型”选项卡，单击“文本”按钮，并输入显示文本“返回”，再切换到“操作”选项卡，如图9-47（a）所示，单击“基本”按钮，弹出图 9-47（b）所示的“键盘操作”对话框，在该对话框中选择“确定”选项并单击“浏览”按钮，弹出图 9-47（c）所示的“屏幕图像”对话框，依次单击“主画面”（返回的目标画面）“跳至”和“确定”按钮，返回到“键盘操作”对话框，单击“确定”按钮，返回“触摸键”对话框，再单击“确定”按钮，关闭对话框，同时在软件工作区出现“返回”按键，如图 9-47（d）所示。

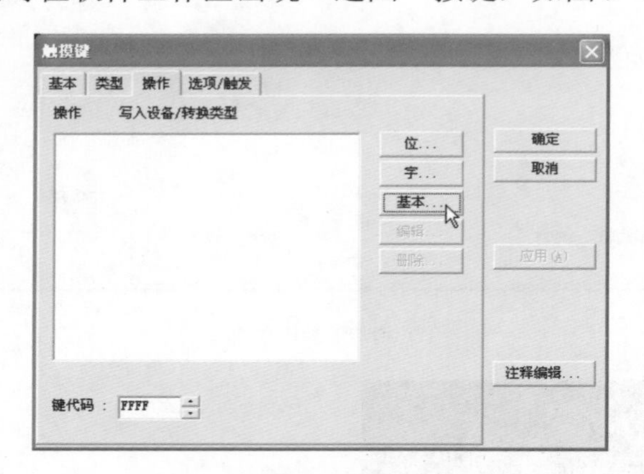

（a）“触摸键”对话框

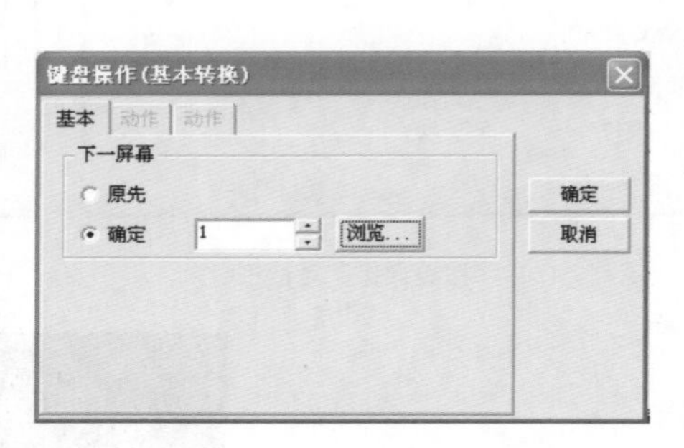

（b）“键盘操作”对话框

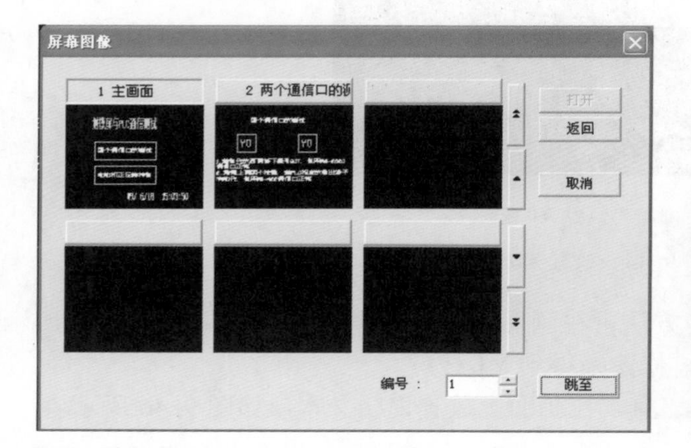

（c）“屏幕图像”对话框

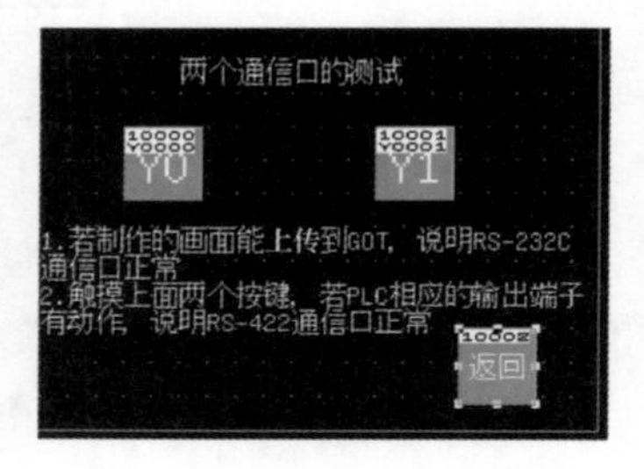

（d）“返回”按键

图 9-47 放置“返回”按键

制作完成的第 2 个画面如图 9-48 所示。

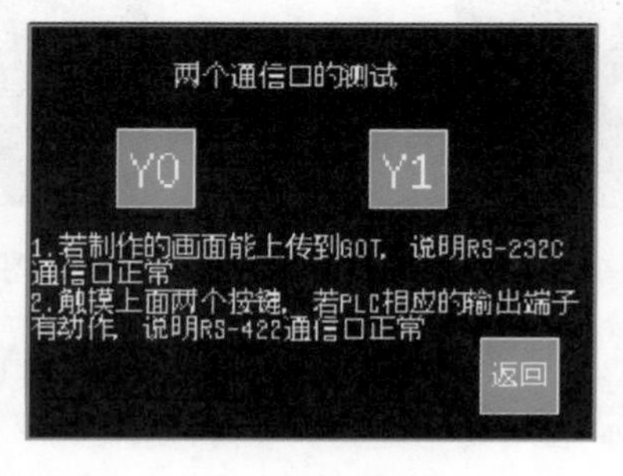

图 9-48 制作完成的第 2 个画面

3 制作第3个画面（电动机正、反转控制画面）

第一步：执行“屏幕→新屏幕”菜单命令，弹出“新屏幕”设置对话框，在该对话框中将画面标题为“电动机正、反转控制”，如图9-49所示。

第二步：利用工具栏中的A工具，在画面上放置文本“电动机正、反转控制”，如图9-50所示。

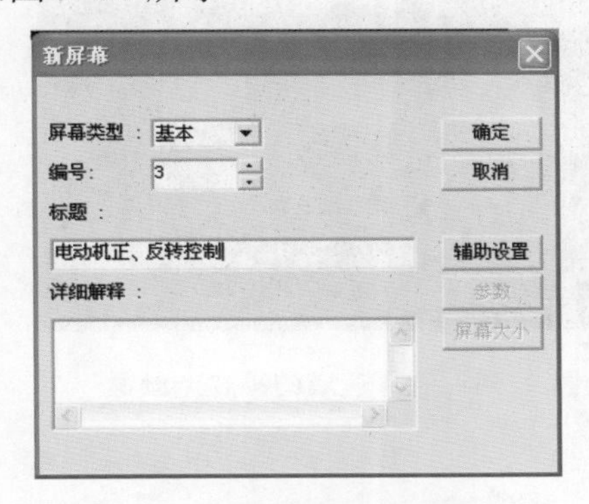

图9-49 设置第3个画面的标题

图9-50 放置文本

第三步：单击工具栏中的▣图标，弹出“触摸键”对话框，在“基本”选项卡下选择“显示触发”为“位”，再单击“元件”按钮，弹出“元件”对话框，在该对话框中设置元件为“X000”；在“触摸键”对话框的“类型”选项卡中将键显示文本设置为“正转”，并复制开状态，再切换到“操作”选项卡，单击该选项卡中的“位”按钮，在弹出的“按键操作”对话框中，设置元件为“X000”，操作为“置位”，然后返回到“触摸键”对话框，单击“确定”按钮，关闭对话框，软件工作区出现“正转”按键，如图9-51所示。

第四步：在画面上放置“反转”和“停转”按键的过程与第三步基本相同，在放置这两个按键时，除了要将按键显示文本设为“正转”和“停转”外，还要将两个按键元件分别设为X001和X002，另外，X001的动作设为“置位”，X002的动作设为“复位”。放置完3个按键的画面如图9-52所示。

图9-51 放置“正转”按键

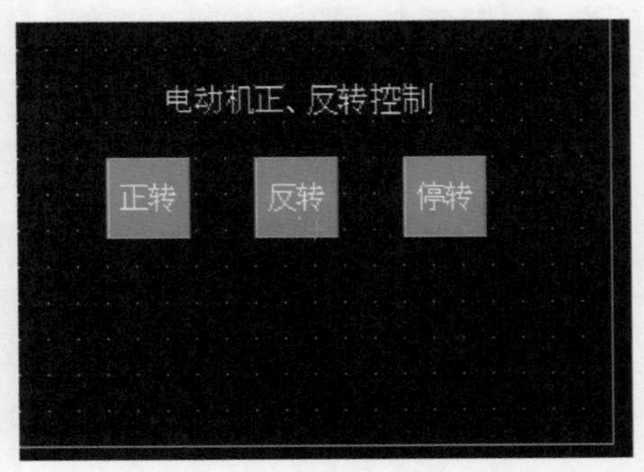

图9-52 放置完3个按键的画面

第五步：放置“返回”按键。本画面的“返回”按键功能与第2个画面一样，都是返回主画面，因此可采用复制的方法来得到该键。单击工具栏中的←（上一屏幕）图标，切换到上一个画面，选中该画面中的“返回”按键，并复制它，再单击➡（下一屏幕）图标，切换到下一个画面，然后进行粘贴操作，即在该画面中得到“返回”按键，如图 9-53 所示。制作完成的第 3 个画面如图 9-54 所示。

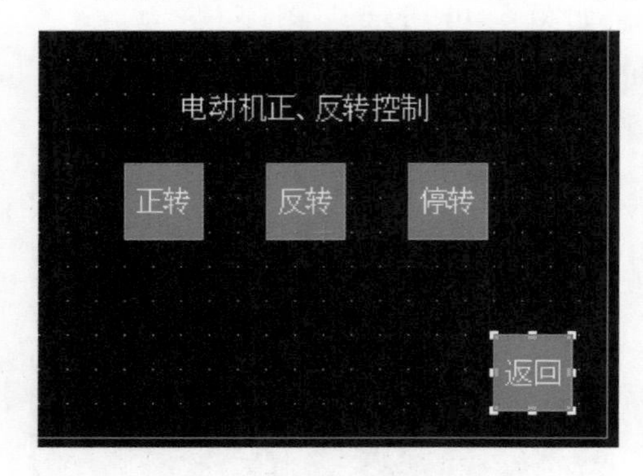

图 9-53 放置“返回”按键

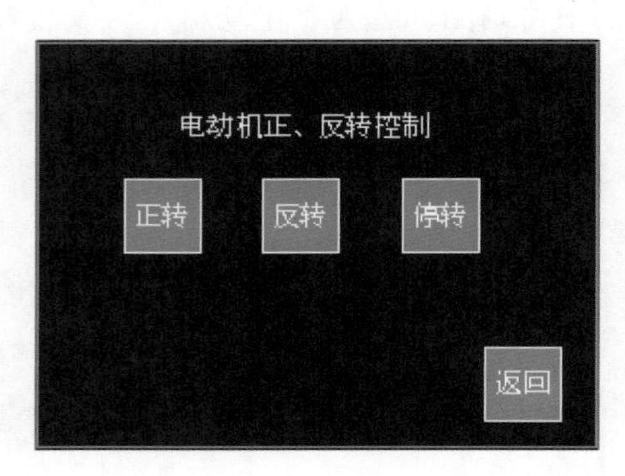

图 9-54 制作完成的第 3 个画面

4 设置画面切换

在制作第 2、3 个画面时，在画面上放置“返回”按键，并将其切换画面均设为主画面。在第 1 个画面中有“两个通信口的测试”和“电动机正、反转控制”两个按键，下面来设置它们在操作时的切换功能。

第一步：单击工具栏中的⬅图标，切换到主画面，在主画面的“两个通信口的测试”按键上双击，弹出“触摸键”对话框，在“基本”选项卡下将“显示触发”设为“键”，然后切换到“操作”选项卡，单击“基本”按钮，弹出“键盘操作”对话框，如图 9-55（a）所示，选中“确定”选项，再单击“浏览”按钮，弹出“屏幕图像”对话框，如图 9-55（b）所示，在该对话框中依次单击“两个通信口的测试”“跳至”和“确定”按钮，返回到“键盘操作”对话框，单击“确定”按钮，返回“触摸键”对话框，再单击“确定”按钮，关闭对话框，“两个通信口的测试”按键的切换功能设置结束。

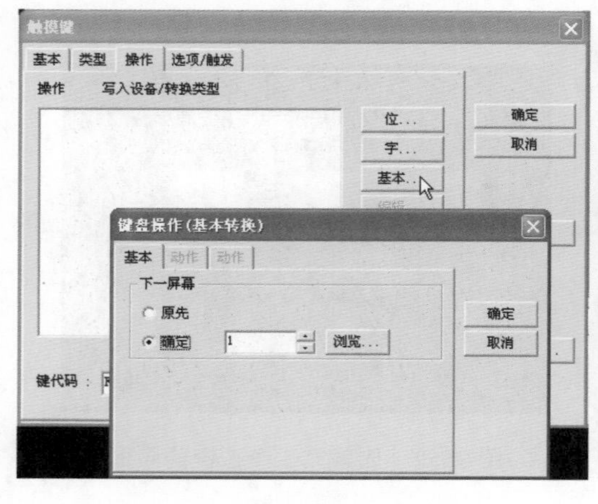

（a）“键盘操作”对话框

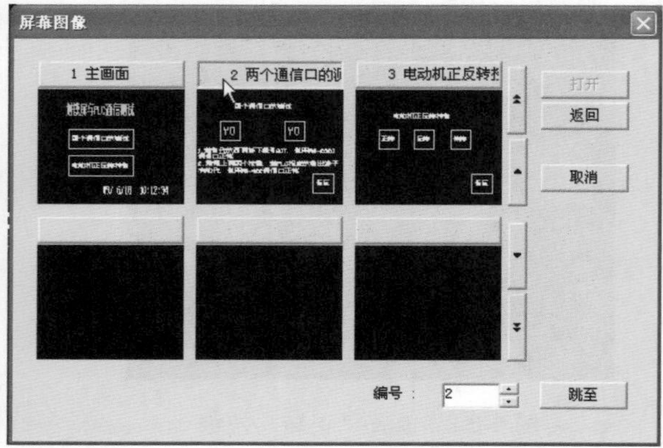

（b）“屏幕图像”对话框

图 9-55 设置画面切换

第二步：用同样的方法将第 1 个画面中“电动机正、反转控制”按键切换目标设为第 3 个画面中的“电动机正、反转控制”。

9.4.3　连接计算机与触摸屏并上传画面数据

用 GT Designer 软件制作好触摸屏画面后，再将计算机与触摸屏连接起来，两者使用 FX232-CAB-1 电缆进行连接，如图 9-56 所示，该电缆一端接计算机的 COM 接口（又称 RS-232 接口），另一端接触摸屏的 COM 接口。计算机与触摸屏连接好后，在 GT Designer 软件中执行下载操作，将制作好的画面数据上传到触摸屏，上传的具体操作方法见 9.3.3 所述。

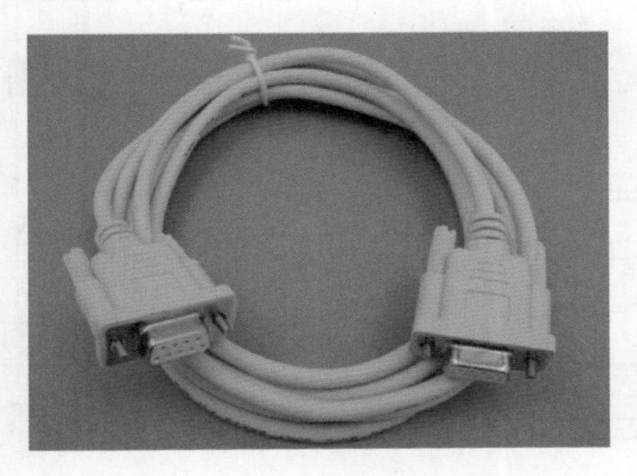

图 9-56　FX232-CAB-1 电缆（连接计算机与触摸屏）

9.4.4　用 PLC 编程软件编写电动机正、反转控制程序

触摸屏是一种操作和监视设备，控制电动机运行还是要依靠 PLC 执行有关程序来完成的。为了实现在触摸屏上控制电动机运行，除了要为触摸屏制作控制画面外，还要为 PLC 编写电动机运行控制程序，并且 PLC 程序中的软元件要与触摸屏画面中的对应按键元件名一致。

启动三菱 PLC 编程软件，编写图 9-57 所示的电动机正、反转控制程序，程序中的 X000、X001、X002 触点应为正转、反转和停转控制触点，与触摸屏画面对应按键元件名保持一致，否则操作触摸屏画面按键无效或控制出错。

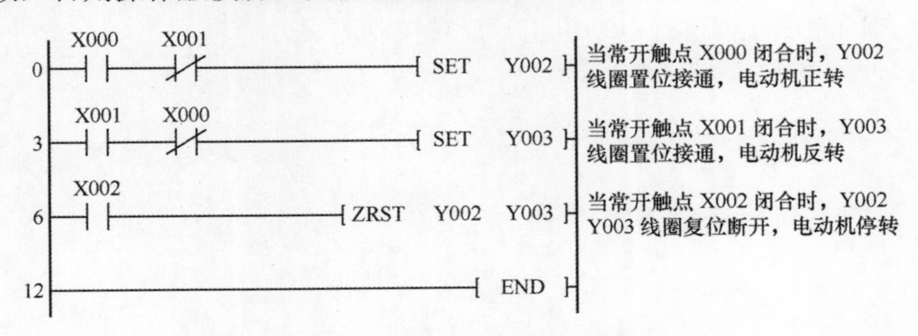

图 9-57　电动机正、反转控制程序

用 FX-232AWC-H（简称 SC09）电缆或 FX-USB-AW（又称 USB-SC09-FX）电

缆将计算机与 PLC 连接起来，在 PLC 编程软件中执行下载操作，将编写好的程序下载到 PLC 中。

9.4.5　触摸屏、PLC 和电动机控制线路的硬件连接和触摸屏操作测试

触摸屏、PLC 和电动机控制线路的硬件连接如图 9-58 所示，触摸屏和 PLC 使用图 9-59 所示的 RS-422 电缆连接，电缆的圆头插入 PLC 的 RS-422 接口，扁头插到触摸屏的 RS-422 接口。

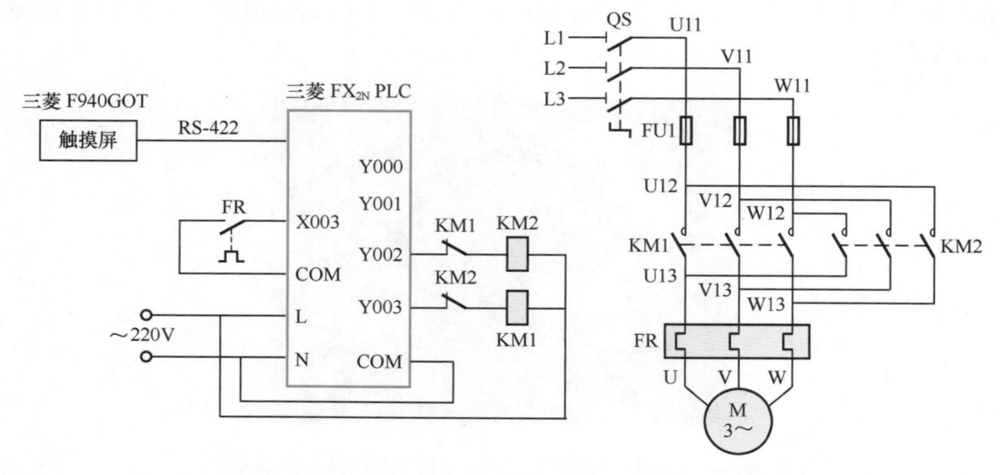

图 9-58　触摸屏、PLC 和电动机控制线路的硬件连接

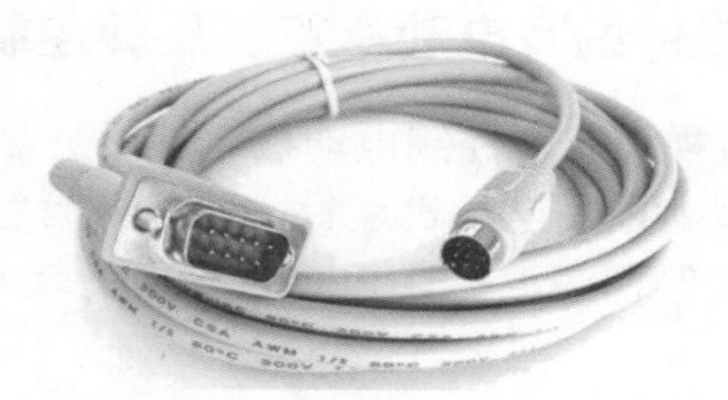

图 9-59　触摸屏和 PLC 的连接电缆（RS-422）

触摸屏、PLC 和电动机控制线路连接完成并通电后，在触摸屏上操作画面上的按键，先进行通信口的测试，再进行电动机正、反转控制测试。